大（巨）型滑坡治理关键技术研究及实践

杨启贵　王汉辉　邹德兵　闵征辉 等　著

WUHAN UNIVERSITY PRESS
武汉大学出版社

图书在版编目(CIP)数据

大(巨)型滑坡治理关键技术研究及实践/杨启贵等著. —武汉：武汉大学出版社,2024.12

ISBN 978-7-307-23890-9

Ⅰ.大…　Ⅱ.杨…　Ⅲ.滑坡—防治　Ⅳ.P642.22

中国国家版本馆 CIP 数据核字(2023)第 150420 号

责任编辑:王　荣　　责任校对:汪欣怡　　版式设计:韩闻锦

出版发行：**武汉大学出版社**　(430072　武昌　珞珈山)

(电子邮箱：cbs22@whu.edu.cn　网址：www.wdp.com.cn)

印刷:湖北恒泰印务有限公司

开本:787×1092　1/16　印张:24.5　字数:514 千字　插页:1

版次:2024 年 12 月第 1 版　2024 年 12 月第 1 次印刷

ISBN 978-7-307-23890-9　定价:129.00 元

前　言

我国滑坡灾害发生极为频繁，每年滑坡灾害统计数据显示，西南地区云南、贵州、四川、重庆、西藏占80%左右。该地区大(巨)型滑坡具有数量多、规模大、机制复杂、危害严重等显著特点，给滑坡防治工作带来巨大挑战，受到人们广泛关注。

随着我国水电开发向西南地区的大江大河、高山峡谷推进，很多水利水电工程选址受到大(巨)型滑坡影响，难以规避，从而影响水利水电工程的建设及长期运行。例如，水布垭水电站枢纽消能区左岸分布大岩淌滑坡($5.88\times10^6m^3$)和台子上滑坡($7.8\times10^6m^3$)，右岸分布马岩湾滑坡($1.8\times10^6m^3$)；乌东德金坪子滑坡分布在水电站拦河大坝坝址下游约900m，滑坡体体积为$6.2\times10^8m^3$，其中处于蠕滑状态的Ⅱ区体积约有$2.7\times10^7m^3$；乌江白马羊角滑坡位于坝址上游库内6.5km，总体积约$9.15\times10^7m^3$；西藏波密易贡湖易贡滑坡，体积约$3.5\times10^8m^3$。这些大(巨)型滑坡无一不对水利水电工程的建设及运行构成巨大威胁，成为工程建设者必须攻克的难题。

长江设计集团有限公司以杨启贵、王汉辉为代表的滑坡设计治理团队，砥砺前行，经过数十年的探索和技术创新，成功设计治理了水布垭大岩淌、台子上、马岩湾滑坡，乌东德金坪子滑坡，三峡库区北门坡、玉皇阁、四道沟、邓家屋场及猴子石滑坡，白马羊角滑坡，亭子口大园包滑坡，皂市水阳坪滑坡等一大批有影响力的大(巨)型滑坡工程，并在此基础上，凝练形成一系列滑坡治理新技术，获得数十项发明专利及多项国家和省部级奖励。这些成果经过工程实践的充分检验，大部分成果写入国家和行业规程规范，有力推动了滑坡治理技术的进步。

本书引用了大量的设计科研成果和文献资料，得到了多家单位和专家的大力支持，在此，向他们表示衷心的感谢！谨以此书献给所有参与和关心上述大(巨)型滑坡研究、论证和建设的单位、专家、学者，并向他们表示崇高的敬意与衷心的感谢！

本书由杨启贵、王汉辉总体策划，参与撰写的人员主要有邹德兵、闵征辉、丁刚、谭海、闫福根、郭建华、刘权庆、黄小艳、郭志华、卢增木等。全书由邹德兵、闵征辉统稿，杨启贵、王汉辉审定。

由于作者水平有限，错误和不当之处在所难免，敬请同行专家和广大读者赐教指正。

作　者

2023年12月

目　录

第1章 绪　　论

1.1 研究背景

中国是一个滑坡灾害发生极为频繁的国家，据统计全国有400多个市(县/区)、1万多个村庄受到滑坡灾害严重侵害，有证可查的滑坡灾害点为41万多处，总面积为1.7352×10^6km²，占我国国土总面积的18.10%(黄润秋，2007)。根据2014年国土资源部发布的《中国国土资源公报》统计数据(见图1-1)，每年因地质灾害造成的死亡、失踪人数数百至数千人，经济损失数十亿至数百亿元，其中因滑坡灾害造成的损失占地质灾害总损失的60%以上。

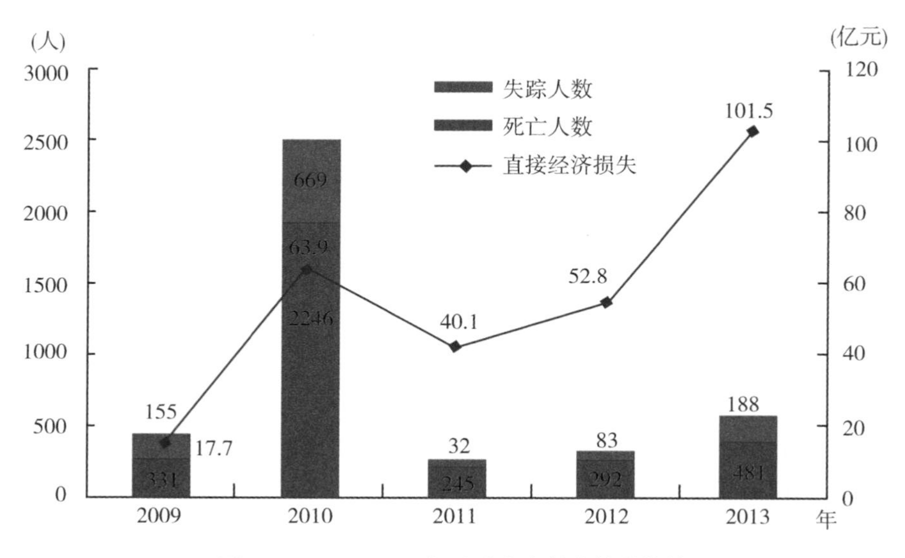

图1-1　2009—2013年地质灾害损失情况统计

根据自然资源部全国地质灾害通报，2019年全国共发生地质灾害6181起，其中滑坡

4220起、崩塌1238起、泥石流599起、地面塌陷121起、地裂缝1起和地面沉降2起，分别占地质灾害总数的68.27%、20.03%、9.69%、1.96%、0.02%和0.03%(图1-2)，共造成211人死亡、13人失踪、75人受伤，直接经济损失27.7亿元。

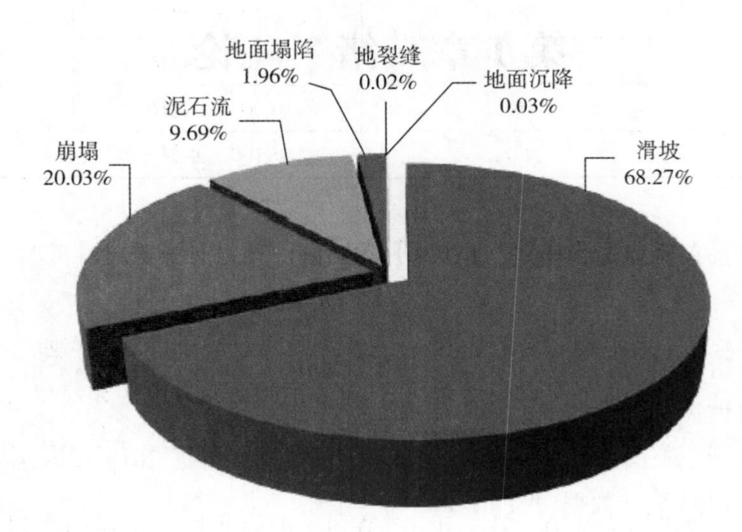

图1-2　2019年地质灾害类型构成

在我国每年的滑坡灾害中，西南地区云南、贵州、四川、重庆、西藏占80%左右(图1-3)。该地区大(巨)型滑坡具有数量多、规模大、机制复杂、危害严重等显著特点，给滑坡防治工作带来巨大挑战，受到人们广泛关注。这是因为该地区位于环青藏高原东侧的大陆地形第一个坡降带范围内，是世界上板块内构造活动最活跃的地区，地壳内、外动力条件强烈交织与转化，促使高陡边坡发生强烈的动力过程，从而促进大型滑坡灾害的发育。

随着我国水电开发进一步向西南地区的大江大河、高山峡谷推进，很多水电站坝址位于大(巨)型滑坡附近，无法规避，如不治理将直接影响水电站的建设、运营，因此必须进行治理。例如，乌东德金坪子滑坡距坝址下游约900m，滑坡体体积为$6.2\times10^8m^3$，其中处于蠕滑状态的Ⅱ区体积就有$2.7\times10^7m^3$；乌江白马羊角滑坡位于距白马坝址上游约6.5km处，总体积约$9.15\times10^7m^3$；白鹤滩水电站金江滑坡距坝址上游约5km，体积约$1.5\times10^8m^3$；雅砻江卡拉水电站，在选坝河段30 km范围内发育10个特大型、巨型古滑坡体，滑坡体体积为$4.0\times10^7\sim1.2\times10^8m^3$。

大(巨)型滑坡一般具有以下典型特点：①滑坡体方量大，动辄数千万至上亿立方米；②滑坡体厚度大，通常在50m至数百米；③结构、性质和成因复杂，常分区、分层、多次复合滑动；④滑坡推力大，滑坡推力数千至数万千牛；⑤一旦失稳，造成的危害十分严重。

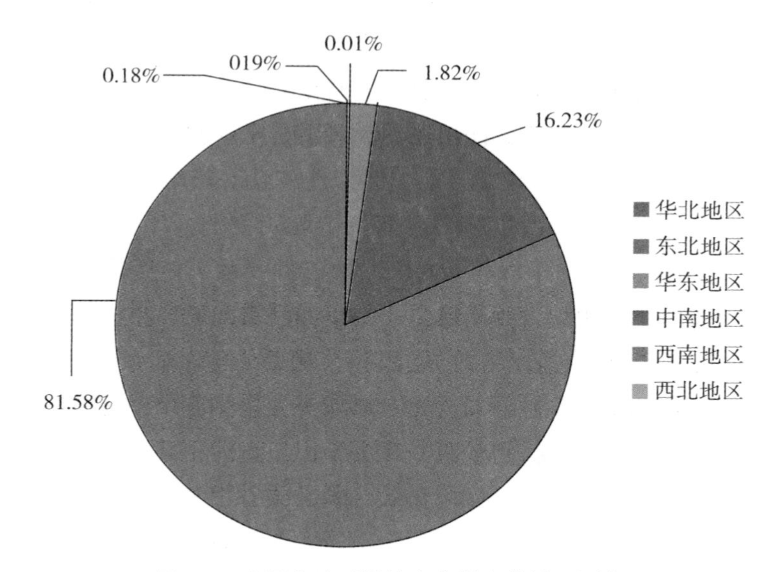

图 1-3　全国分地区滑坡灾害损失统计(比例)

1.2　加固治理关键技术问题

大(巨)型滑坡的危害是巨大的，学术界、工程界对滑坡治理开展了深入研究，在滑坡分布、滑坡分类、发生机理、勘察技术、实验手段、计算方法、加固治理、预测预报、测量监测等方面积累了丰富的实践经验。本书立足工程实践，紧紧围绕工程设计与加固治理这一核心点，着重对滑坡安全系数控制标准、加固治理成套技术这两大方面进行研究。

1. 大(巨)型滑坡治理安全控制标准

在滑坡治理工程设计中，首先须对滑坡体的稳定性进行分析评价。如何判定滑坡体是否稳定？有多少安全储备？是否需要进行加固处理？这要借助一个“限值”，利用这个限值作为评价滑坡体是否安全稳定的一个判据。工程设计中将这个判据定义为安全系数或安全标准。影响安全系数取值的因素众多，主要包括地质条件、物质组成、地下水、作用荷载及组合、力学参数、计算方法、滑坡规模等，导致人们对滑坡安全标准不容易准确把握，尤其对大(巨)型滑坡而言，安全系数标准对工程方案与投资的影响很大。

由于不同滑坡体自身及其周围环境的极端复杂性和多变性，对不同的滑坡体，由于个体差异，客观上应该有针对性地采取不同的稳定安全标准。安全标准的取值高低或者安全标准的控制，决定了滑坡体治理以后所具有的安全度与风险度，关系到滑坡治理工程的方案制定与投资的大小，也直接涉及设计单位和设计者自身的工程责任。

针对大(巨)型滑坡治理中采用常规安全系数进行安全标准控制的一些问题，本书拟突破以绝对安全系数满足设计标准作为滑坡治理目标的传统观念，在安全系数标准方面做了有益的探索：一是，针对超大规模滑坡，提出采用在现状安全系数的基础上增加一定安全裕度或将工程影响降低的安全系数进行补偿还原的"相对安全系数"作为滑坡治理标准；二是，对于持续变形的滑坡，提出了以"控制变形速率"作为滑坡治理的控制标准。

2. 大(巨)型滑坡治理成套技术

滑坡治理通常可选用的治理措施主要包括减载、反压、防渗、排水、前缘防护、抗滑桩、格构锚固、挡土墙、土质改良等常规措施。本书立足于常规，更进一步，对其中常用的排水、抗滑桩、锚固、阻滑键技术进行深入研究，并经过多个重大工程实践证明治理效果。

(1)立体排水技术：以乌东德金坪子滑坡为例，解决软岩地层排水洞成洞、滑体内多层地下水分层排水、超深仰孔孔内保护及孔口保护等关键技术问题，确保立体排水网络技术在降低地下水位效果的可靠性。

(2)沉头桩技术：为节约工程投资，基于常规抗滑桩，厘清沉头桩计算理论，确定沉头桩桩前滑坡推力和桩后抗力形式，研发沉头桩布置、施工技术。

(3)钢轨桩技术：变废为宝，利用铁路废弃的钢轨作为抗滑桩，研究解决大截面钢轨抗滑桩应用中钢轨强度取值、钢轨加糙、钢轨连接工艺等关键技术问题。

(4)多排抗滑桩布置技术：明确多排抗滑桩间剩余下滑力和弯矩最大值的分配规律，得出双排桩桩后推力、桩前抗力的分布形态，并分析滑体抗剪强度参数对其影响，确定桩-土耦合作用、土体非线性的拟合及滑坡失稳判据，为双排及以上多排抗滑桩的布置提供理论依据。

(5)新型锚索结构：根据现场实际施工需要，解决锚索抗滑桩施工中推送锚索困难、卡索，预应力损失，运行中水泥砂浆拉裂，锚索耐久性无法保证等问题，研发适用于滑坡治理的新型锚索结构。

(6)阻滑键技术：研究滑坡治理中的阻滑键结构型式，揭示该结构复杂抗滑机理，论证"梯键"结构的断面、间距及总体布置等设计参数与影响因素，为阻滑"梯键"的布置提供理论及实践依据。

(7)组合技术：将上述各技术组合应用于在大(巨)型滑坡治理。

第2章　大(巨)型滑坡治理安全标准

2.1　规范中有关滑坡治理安全标准及对比分析

滑坡体防治工程的设计安全标准是我们认为该滑坡体所应该具有的安全系数。它代表滑坡体所应该具有的安全度，也是决定滑坡体治理的工程方案和投资大小的基本依据，是一项极其重要的工程数据。

为规范设计，各行业关于滑坡治理设计规范依据刚体极限平衡法，对滑坡安全标准进行了明确规定，本节拟对相关规范的规定作简要对比分析。

2.1.1　《滑坡防治工程设计与施工技术规范》(DZ/T 0219—2006)

《滑坡防治工程设计与施工技术规范》(DZ/T 0219—2006)，根据受灾对象、受灾程度、施工难度和工程投资等因素，可按表2-1对滑坡防治工程级别进行综合划分，相应设计安全系数取值参照表2-2。

表2-1　一般滑坡防治工程分级表

级别		Ⅰ	Ⅱ	Ⅲ
危害对象		县级和县级以上的城市	主要集镇，或大型工矿企业、重要桥梁，国道专项设施	一般集镇，县级或中型工矿企业，省道及一般专项设施
受灾程度	危害人数(人)	>1000	500~1000	<500
	直接经济损失(万元)	>1000	500~1000	<500
	潜在经济损失(万元)	>1000	5000~10000	<5000
施工难度		复杂	一般	简单
工程投资(万元)		>1000	1000~500	<500

表 2-2 滑坡防治工程设计安全系数推荐表

安全系数类型	工程级别与工况											
	Ⅰ级防治工程				Ⅱ级防治工程				Ⅲ级防治工程			
	设计		校核		设计		校核		设计		校核	
	工况Ⅰ	工况Ⅱ	工况Ⅲ	工况Ⅳ	工况Ⅰ	工况Ⅱ	工况Ⅲ	工况Ⅳ	工况Ⅰ	工况Ⅱ	工况Ⅲ	工况Ⅳ
抗滑动	1.3~1.4	1.2~1.3	1.10~1.15	1.10~1.15	1.25~1.30	1.15~1.30	1.05~1.10	1.05~1.10	1.15~1.20	1.10~1.20	1.02~1.05	1.02~1.05
抗倾倒	1.7~2.0	1.5~1.7	1.30~1.50	1.30~1.50	1.6~1.9	1.4~1.6	1.20~1.40	1.20~1.40	1.5~1.8	1.3~1.5	1.10~1.30	1.10~1.30
抗剪断	2.2~2.5	1.9~2.2	1.40~1.50	1.40~1.50	2.1~2.4	1.8~2.1	1.30~1.40	1.30~1.40	2.0~2.3	1.7~2.0	1.20~1.30	1.20~1.30

注：工况Ⅰ—自重；工况Ⅱ—自重+地下水；工况Ⅲ—自重+暴雨+地下水；工况Ⅳ—自重+地震+地下水。

2.1.2 《公路滑坡防治设计规范》(JTG/T 3334—2018)

《公路滑坡防治设计规范》(JTG/T 3334—2018)规定，滑坡防治工程安全等级，应根据滑坡危害程度、公路等级、周围环境及其工程重要性，按表 2-3 确定。

滑坡稳定性分析应根据作用于滑坡体的荷载情况，作用力出现的频率和持续时间的长短，考虑下列三种工况：

(1)正常工况，公路投入运营后经常发生或持续时间长的工况；

(2)非正常工况Ⅰ，公路滑坡处于暴雨或连续降雨状态下的工况；

(3)非正常工况Ⅱ，公路滑坡处于地震作用状态下的工况。

滑坡稳定性系数不得小于表 2-4 所列的稳定安全系数值。对非正常工况Ⅱ，滑坡稳定安全系数应符合现行《公路工程抗震规范》(JTG B02—2013)的规定。

表 2-3 滑坡防治工程安全等级

滑坡危害程度	安全等级		
	高速公路、一级公路	二级公路	三、四级公路
轻	Ⅰ	Ⅲ	Ⅲ
中等	Ⅰ	Ⅱ	Ⅲ

续表

滑坡危害程度	安全等级		
	高速公路、一级公路	二级公路	三、四级公路
严重	Ⅰ	Ⅱ	Ⅱ
特严重	Ⅰ	Ⅰ	Ⅱ

注：1. 滑坡防治工程安全等级由高到低依次为Ⅰ级、Ⅱ级、Ⅲ级。

2. 滑坡影响区有桥梁、隧道、高压输电塔、油气管道等重要建筑物，以及村庄和学校的二、三、四级公路时，滑坡防治工程安全等级宜提高一级。

3. 区域内唯一廊道的二、三、四级公路，滑坡防治工程安全等级宜提高一级。

表 2-4　滑坡防治工程设计稳定安全系数

滑坡防治安全等级	稳定安全系数 ***K***	
	正常工况	非正常工况Ⅰ
Ⅰ	1.20~1.30	1.10~1.20
Ⅱ	1.15~1.20	1.10~1.15
Ⅲ	1.10~1.15	1.05~1.10

注：1. 高速公路、一级公路滑坡防治，地质条件复杂或危害程度严重、特严重时，稳定系数可取大值；危害程度较轻时，稳定安全系数可取小值。

2. 滑坡影响区域内有桥梁、隧道、高压输电塔、油气管道等重要建筑物，以及村庄和学校时，稳定系数可取大值。

3. 水库区域公路滑坡防治，周期性库水位升降变化频繁、高水位与低水位间落差大时，稳定安全系数可取大值。

4. 临时工程，稳定安全系数可取 1.05。

2.1.3　《滑坡防治设计规范》(GB/T 38509—2020)

《滑坡防治设计规范》(GB/T 38509—2020)规定，滑坡防治工程重要性等级可根据滑坡灾害可能造成的经济损失和威胁对象等因素，按表 2-5 进行划分。

表 2-5　滑坡防治工程设计稳定安全系数

滑坡防治工程等级		特级	Ⅰ	Ⅱ	Ⅲ
威胁对象	威胁人数(人)	≥5000	≥500 且<5000	≥100 且<500	<100
	威胁设施	非常重要	重要	较重要	一般

滑坡防治设计的荷载组合应采用如下工况进行设计的校核：

(1)工况Ⅰ—基本组合，设计工况，考虑基本荷载；

(2)工况Ⅱ—特殊组合，校核工况，考虑基本荷载+降雨荷载；

(3)工况Ⅲ—特殊组合，校核工况，考虑基本荷载+地震荷载；

(4)工况Ⅳ—特殊组合，校核工况，考虑基本荷载+降雨荷载+地震荷载。

设计安全系数应依据滑坡防治等级和荷载组合，按表 2-6 选取。

表 2-6　滑坡抗滑稳定设计安全系数取值

防治等级	设计	校核		
	工况Ⅰ	工况Ⅱ	工况Ⅲ	工况Ⅳ
Ⅰ级	1.30	1.25	1.15	1.05
Ⅱ级	1.25	1.20	1.10	1.02
Ⅲ级	1.20	1.15	1.05	不考虑

此外，目前水利水电工程中尚没有关于滑坡设计的专门规范，一般水利工程滑坡防治时借用《水利水电工程边坡设计规范》(SL 386—2007)中边坡的安全标准，水电工程滑坡防治时借用《水电水利工程边坡设计规范》(DL/ T 5353—2006)①中边坡的安全标准。上述两本规范中关于滑坡(边坡)的安全系数标准描述如下。

2.1.4　《水利水电工程边坡设计规范》(SL 386—2007)

《水利水电工程边坡设计规范》(SL 386—2007)指出水利水电工程边坡的最小安全系数应综合考虑边坡的级别、运用条件、治理和加固费用等因素。边坡的级别应根据相关水工建筑物的级别及边坡与水工建筑物相互间的关系，并对边坡破坏造成的影响进行论证后确定。表 2-7 为 SL 386—2007 规定的边坡级别，表 2-8 为 SL 386—2007 规定的边坡抗滑稳定

① 编者注：在本书中出现 6 种水利水电相关的规范，虽现已废止，但在相应治理工程设计时并未废止，故本书仍沿用原设计参考的规范。

安全系数标准。

表 2-7　边 坡 级 别

建筑物级别	对水工建筑物的危害程度			
	严重	较严重	不严重	较轻
	边坡级别			
1	1	2	3	4、5
2	2	3	4	5
3	3	4	5	
4	4	5		

其中，“严重”为相关水工建筑物完全破坏或功能完全丧失；“较严重”为相关水工建筑物遭到较大的破坏或功能受到比较大的影响，需进行专门的除险加固后才能投入使用；“不严重”为相关水工建筑物遭到一些破坏或功能受到一些影响，及时修复后仍能使用；“较轻”为相关水工建筑物仅受到很小的影响或间接地受到影响。

表 2-8　边坡抗滑稳定安全系数标准

运用条件	边 坡 级 别				
	1	2	3	4	5
正常运用条件	1. 30～1. 25	1. 25～1. 20	1. 20～1. 15	1. 15～1. 10	1. 10～1. 05
非常运用条件Ⅰ	1. 25～1. 20	1. 20～1. 15	1. 15～1. 10	1. 10～1. 05	
非常运用条件Ⅱ	1. 15～1. 10	1. 10～1. 05		1. 05～1. 00	

2. 1. 5　《水电水利工程边坡设计规范》(DL/ T 5353—2006)

《水电水利工程边坡设计规范》(DL/ T 5353—2006)规定，水利水电工程边坡按其所属枢纽工程等级、建筑物级别、边坡所处位置、边坡重要性和失事后的危害程度，来划分边坡类别和安全等级，见表 2-9。

表 2-9 水利水电工程边坡类别和级别划分

级别 \ 类别	A 类枢纽工程区边坡	B 类水库边坡
Ⅰ级	影响 1 级水工建筑物安全的边坡	滑坡产生危害性涌浪或滑坡灾害可能危及 1 级建筑物安全的边坡
Ⅱ级	影响 2 级、3 级水工建筑物安全的边坡	可能发生滑坡并危及 2 级、3 级建筑物安全的边坡
Ⅲ级	影响 4 级、5 级水工建筑物安全的边坡	要求整体稳定且允许部分失稳或缓慢滑落的边坡

水利水电工程边坡稳定分析应区分不同的荷载效应组合或运用状况，采用极限平衡方法中的下限解法时，其设计安全系数应不低于表 2-10 中的数值。

表 2-10 水利水电工程边坡设计安全系数

级别 \ 类别及工况	A 类枢纽工程区边坡			B 类水库边坡		
	持久状况	短暂状况	偶然状况	持久状况	短暂状况	偶然状况
Ⅰ级	1. 30 ~ 1. 25	1. 20 ~ 1. 15	1. 10 ~ 1. 05	1. 25 ~ 1. 15	1. 15 ~ 1. 05	1. 05
Ⅱ级	1. 25 ~ 1. 15	1. 15 ~ 1. 05	1. 05	1. 15 ~ 1. 05	1. 10 ~ 1. 05	1. 05 ~ 1. 00
Ⅲ级	1. 15 ~ 1. 05	1. 10 ~ 1. 05	1. 00	1. 10 ~ 1. 00	1. 05 ~ 1. 00	≤1. 00

2.1.6 对比分析

1. 判断程序大致相似

有关滑坡(边坡)的国家标准及各行业规范对治理安全标准的规定大致遵从以下程序：确认滑坡发生后的危害性，按滑坡危害性大小对滑坡进行分级，根据分级确定不同大小治理安全标准，同级安全标准中按不同运行工况进行次级划分。

《滑坡防治工程设计与施工技术规范》(DZ/T 0219—2006)将滑坡失稳后的危害判据分为受灾人数和受灾经济损失；《滑坡防治设计规范》(GB/T 38509—2020)将滑坡失稳后的危害判据分为受灾人数和受灾设施的重要性。这两规范之间的同级别滑坡的受灾人数并不相同，如《滑坡防治工程设计与施工技术规范》(DZ/T 0219—2006)中Ⅰ级滑坡的判别标准是“>1000”人，而《滑坡防治设计规范》(GB/T 38509—2020)中Ⅰ级滑坡的判别标准是“≥500 且<5000”人，这会给规范执行者带来困惑；其次，判断受滑坡危害的工程设施的重要

性是很主观性的，也会给规范执行者造成困扰。因此，按滑坡受灾人数及经济损失判断滑坡的级别是最直接和清晰的，但应把工程设施的重要性折合为经济损失才便于规范的执行，这要求国家标准或地矿部标准增加大量的附表或说明。另一种较可行的方法是将滑坡危害大小直接与工程设施的级别匹配，如《公路滑坡防治设计规范》(JTG/T 3334—2018)、《水利水电工程边坡设计规范》(SL 386—2007)等直接将滑坡危害大小与公路等级或水工建筑物级别匹配。由此，在逐步完善有关滑坡的国家标准的前提下，尽快“因行业制宜”地制定各行业关于滑坡治理的规范，以便这些规范能清晰、直接地指导滑坡治理设计工作。

2. 安全系数区间有差异

目前各类有关滑坡的规范规定的安全系数区间一般为 1.30～1.05，不同行业的规范中对于安全系数区间的设定有细分差异。但安全系数变化 0.1 对于不同规模的滑坡，尤其大(巨)型滑坡的治理加固会造成巨大的影响。

公路、市政行业的规范对滑坡只设定防治等级，没有对应的边坡级别。而水利水电行业的规范则细分了边坡级别及相应的安全系数。这个安全系数绝对值的大小基本是根据经验值总结得来的，在区间内大值肯定代表较高的安全度，但其在数理统计方面的含义并不明确。各行业规范对滑坡安全系数的区间差异的设定并无理论依据，更多的是来自工程实践经验。

当前的结构规范在荷载及抗力采用概率统计、取用不同分项系数的基础上，经过数理推导可以给出对应不同可靠度目标的结构失效概率，这是比较严谨的。例如，对于某些结构安全可靠度指标，如表 2-11 所示。

表 2-11　某些结构构件安全可靠度指标 β

破坏类型	安全等级		
级　别	一级	二级	三级
延性破坏	3.7	3.2	2.7
脆性破坏	4.2	3.7	3.2

那么，对于适筋配置的钢筋混凝土结构或钢筋结构，二级延性破坏的 β 值为 3.2，经过数理推导，β 值所对应的失效概率 $P_f = 1/1476 \approx$ 万分之七。

岩土参数的离散性及变异性较大，目前较难做到基于概率理论的分项系数法来判别滑坡的稳定安全系数，但总体向失效概率的概念发展是滑坡稳定计算的方向。

3. 边坡级别与风险

各规范中安全系数与工程的重要性是关联的，即工程越重要，则安全系数标准越高。各规范都遵循了这一原则，但又各有不同点，尤其是水利水电行业关于边坡的规范，更强调了滑坡对建筑物的危害性。

工程的重要性亦即风险性，指滑坡体失稳可能造成的灾害大小与可承受的程度。工程的重要性所包含的内容较宽泛，往往需要考虑国民经济、社会影响和政治因素等，滑坡体失稳所造成的灾害影响也常常从经济损失、社会影响和政治影响等方面进行评价。滑坡治理工程的重要性越强，意味着滑坡产生灾害的社会影响和政治影响越大，经济损失越严重，这时滑坡治理设计的安全标准应相对高一些；反之，亦然。

在《水电枢纽工程等级划分及设计安全标准》(DL 5180—2003)第10.0.1条中，关于水工建筑物边坡的级别，就是根据边坡所影响的建筑物的级别及边坡失事的危害程度，将边坡级别划分为3级，并规定了边坡失事仅对建筑物运行有影响而不危害建筑物和人身安全的，经论证该边坡级别可降低一级。

但是，关于水电枢纽工程近坝库岸及其下游边坡或滑坡体的级别和最小稳定安全系数值，在《水电枢纽工程等级划分及设计安全标准》(DL 5180—2003)条文中没有明确的规定。在该规范的“条文说明”中只是指出：“枢纽工程区近坝库岸和下游河道上的两岸边坡和滑坡体，可能因枢纽工程建设而改变其稳定条件，或者天然状态下其稳定性本来就不能满足安全要求，威胁大坝和其他水工建筑物的安全，对此必须给予重视，进行专门研究处理。与建筑物边坡比较，其稳定安全性影响因素更加复杂，(规范中)10.0.3条的规定(即抗滑稳定安全系数应不小于表10.0.3的规定)可供参考。”

《水电枢纽工程等级划分及设计安全标准》(DL 5180—2003)中提到的表10.0.3(详见表2-12)中，采用平面刚体极限平衡方法进行计算时，水工建筑物边坡在不同的荷载组合或运用状况下的最小抗滑稳定安全系数。表中所列的安全标准取值，在进行水电站坝址区附近的滑坡体治理工程设计中，有一定的参考作用。

《水电枢纽工程等级划分及设计安全标准》(DL 5180—2003)的“条文说明”中还指出：“表10.0.3所示的安全系数值，是一个区间范围，在工程设计中，应根据边坡与建筑物的关系、边坡规模、稳定性状和计算参数与边界条件的确定性程度，具体分析确定其最小稳定安全系数值。”

2.2　影响安全系数的主控因素

在滑坡及边坡处理工程领域，大量的稳定性分析和敏感性分析计算结果均表明，安全系数实际上是许多复杂因素共同作用下的函数，主控因素包括地质条件、岩土物理力学参数、荷载等方面。

2.2.1　地质条件

勘察规范规定，应通过地质调查与测绘、地质钻探、挖探(坑探、槽探、井探、洞探)、物探(电法勘探、地质雷达、地震勘探、声波探测、电视测井)、地下水观测等各种调查和勘探手段，查明滑坡的要素、规模、空间分布范围、成因、性质、类型、水文地质特征、稳定状态与危害程度等。

现有的规程规范所给出的安全标准，大部分是针对工程设计的全部工作阶段，并没有考虑设计阶段的不同、工作深度的不同而有所区别。但是在不同的勘察设计阶段，各种设计条件的不确定性是客观存在的，而且随着勘察设计工作的逐步深入和完善，这些不确定因素也会逐步趋于明朗。由于滑坡体治理工程的地质条件复杂程度和不确定性远远超过建筑物基础的地质条件，而滑坡治理工程设计成果的确信度在很大程度上取决于对地质条件的认知程度，地质勘探工作的深度又是随设计所处的阶段不同而不同的。因此严格来说，地质勘探深度不同，对滑坡体的客观地质条件的揭示认知程度不同，设计安全系数应该是不同的。

1. 对滑坡体工程地质条件的揭示及认知准确性与程度

在前期阶段，地质勘探工作对滑坡体的客观地质条件揭示得非常有限，对滑坡体的认知还存在较多的盲点，不确定因素和未知因素较多，对其稳定性的把握不准确，这时安全系数的取值就可以相应增大；随着地质勘探工作的深度加深，对滑坡体的地质客观条件揭示得越充分，对其内在与外在的环境因素、形成原因及其变形破坏机制等的认知越深刻，对稳定性的把握就会越准确，这时安全系数的取值就可以相对减小。因此，在不同的设计工作阶段，不论地质勘探工作深度如何，制定统一的定值安全标准，是不严谨的。严格的做法是，在不同的设计工作阶段，根据对滑坡体的工程地质条件的揭示及认知准确性与程度，采取不同的安全系数。诚然，在当前的传统观念及建设体制下，不同设计阶段采用不同的安全系数在审查程序操作上还存在一定的阻力，但不同阶段采用不同的治理工程量裕度，即不同的工程量阶段系数是符合设计规范的。

2. 滑坡体的规模大小和现状天然稳定性

滑坡治理设计安全标准的取值，应考虑滑坡体的规模大小和现状稳定性而分别对待，不宜统一规定强制性的设计安全标准。当滑坡体的规模不大，采取一般的抗滑加固工程措施将其稳定安全系数提高，在技术、经济上是可行的，比较容易达到设计标准；但对于规模很大、现状稳定性也较差的滑坡体，试图通过抗滑加固来提高稳定安全系数是不可取的，应根据滑坡体的自然特性，本着避让与保护的原则，尽力维持其平衡状态。

因此，对于规模很大、治理难度很大、提高其稳定安全系数需要付出高昂代价的滑坡体，应进行技术、经济比较：在大多数情况下，没有必要耗费巨额的投资去达到更高的安全标准，而采取"保护防治法"更合理，即从环境保护和安全监测方面入手，杜绝一切可能降低稳定性的破坏与扰动，维持并监视滑坡体的稳定动态，防止灾害发生；或者组织移民搬迁，将滑坡造成的灾害损失降低到最低程度。

3. 滑动面的形状

滑动剪切面是陡还是缓，是起伏不定还是平顺光滑，滑坡前缘是敞开顺倾还是收敛反翘，这些不仅关系到自重及上覆荷载对滑坡稳定所产生的作用大小与利弊，而且关系到对滑坡体的稳定性、滑坡类型、失稳模式等最基本属性的判定，也影响滑坡防治工程方案措施的制定。

自重及上覆荷载对滑坡稳定的作用大小与利弊主要取决于滑动剪切面的形态、f值和土体容重等两大因素。其中，土体容重对安全系数的影响敏感度很低，重要的是滑动剪切面的形态和f值。自重及上覆荷载沿滑动剪切面的分力即是下滑力(计作F)，滑动面越陡，下滑分力F越大；自重及上覆荷载对垂直滑动面的分力与f值的乘积即是阻滑力(计作T)，滑动面越缓、f值越大，两者的乘积越大，亦即阻滑力T越大。对于承载结构而言，Q是作用且是不利作用；而对于滑坡而言，Q既是作用也是抗力，只有将其分解后，F值是不利作用，T是抗力。Q的利弊大小取决于T/Q的值，$T/Q > 1$则对滑坡有利，$T/Q < 1$则对滑坡有弊。$T/Q > 1$出现在滑动面较缓或滑动面虽不缓但f值较大的情况。所以，如果滑动剪切面较陡且平顺光滑(即f值较小)，滑坡前缘敞开或向滑动方向倾斜，自重及上覆荷载对滑坡稳定性产生的不利影响会很明显；如果滑动剪切面较缓且起伏不定(即f值较大)，前缘剪出口收敛或有所反翘，则对滑坡体的稳定是很有利的。

4. 地下水分布

我们在水布垭大岩淌滑坡稳定性分析计算时，地下水位每变化0.1h(h为滑体土的厚度)，安全系数相差0.05~0.07。地下水位相差0.1h对抗滑稳定安全系数的影响程度，与

主滑带的内摩擦角 ϕ 值相差 1°的影响力相当。大量的工程实例分析研究还发现，对绝大多数滑坡体而言，滑坡体内的地下水位高低及其分布形态，除了直接的孔隙水压力荷载效应对安全系数产生非常明显的影响以外，地下水位的高低还影响到安全系数对滑带土抗剪强度的敏感度。其中，c 值的敏感性与滑坡体内地下水位高低关系不大；而内摩擦角 ϕ 则不同，地下水位越高，ϕ 值每增加 1°，抗滑稳定安全系数的增加值相对减小。

地下水位线的高低对安全系数的影响很大，定量评价滑坡体的稳定性时，对地下水位线的处理，一般是根据数量与观测时间很有限的钻孔水位观测资料，同时考虑其他一些自然因素(如气候、运行环境、滑体土的透水性等)，再对地下水位线进行概化拟定。因此，在制定安全标准时，应该知道概化选取的地下水位线与实际情况所偏离的趋向和大致程度，做到制定出的安全标准尽量弥补地下水位线的偏离趋向和偏离程度。例如，当所选取的地下水位线与实际相比偏高，稳定分析计算所得出的安全系数值就会偏低，这时安全标准的制定可相应取较小值；反之，亦然。

2.2.2　岩土体物理力学参数

在极限平衡分析中，影响滑坡体抗滑稳定安全系数的土体物理力学参数主要有：滑体和滑带土的抗剪强度，黏聚力、内摩擦角，滑坡体和滑带土的容重。采用有限元法分析滑坡体的稳定性，还需要的参数主要有滑坡体和滑带土的弹性模量、泊松比。根据统计成果，滑带土的抗剪强度指标(c、ϕ)是对滑坡体稳定性及其安全系数最具影响力的参数，这已成为工程界的基本共识。因此，在进行滑坡体的稳定计算分析时，对滑坡体材料的抗剪强度应作出符合实际的评价，并注意滑坡治理安全标准的制定一定要与抗剪强度指标取值的方法与偏向(即偏于保守还是危险，是采用残余强度还是峰值强度，是反演分析还是实验所得参数等)相适宜。

1. 安全标准与滑带土抗剪强度指标

抗剪强度指标对安全系数的影响灵敏度很高：对主滑带为弧形，或虽为折线但近似弧形的滑坡，主滑带的黏聚力 c 值相差 10kPa，安全系数的误差可以达到 0.03~0.05；内摩擦角 ϕ 值每差 1°，安全系数的误差可以达到 0.05~0.07。在进行滑坡体的稳定性计算分析时，要想得出正确的分析结论，首先要比较透彻地了解滑坡体的岩土物理力学特性，关键是对滑坡剪切面的抗剪强度作出符合实际的评价，拟定出合理的设计强度指标。

滑坡剪切面的抗剪强度指标(c、ϕ)，一般通过实验并经过数理统计获得，但取样是抽样调查，实验本身又很难完全模拟真实自然条件，实验成果的取值也缺乏公认的统一准则。通常首先根据实验成果作出滑带上抗剪强度随剪切过程的变化曲线，然后根据滑坡体的性质选取峰值强度或残余强度。在选取计算参数时，还应考虑工程蓄水运行后滑带物质软化、强度指标改变的可能性。不可未经分析而机械地直接引用实验成果，应当分析实验条件、实验的代表性和取值方法，再结合自然条件，合理地选取计算参数。

常规的抗剪强度实验方法有各种室内实验和现场实验，其中，室内实验的常用方法有直接剪切实验、三轴剪切实验和无侧限抗压实验，现场原位实验方法有十字板剪切实验和大型直接剪切实验。在工程设计中，室内抗剪强度实验采用摩尔-库伦强度准则进行常规的剪切实验，整理得到的强度指标。

选用的剪切实验方法必须尽可能模拟滑坡的实际情况，既要结合滑坡的性质、滑动面的结构、滑坡目前所处的环境、稳定状态及发展趋势来选择实验方法，同时还必须与滑坡稳定计算所选用的方法相适应。

(1)对于即将启动的新滑坡，由于滑面尚未完全形成，可取其峰值强度作为抗剪强度指标。

(2)对于正在活动的滑坡，滑面已完全形成，可取其残余强度作为抗剪强度指标。

(3)对于目前暂稳定的古滑坡，其强度指标介于峰值强度与残余强度之间，较难确定。此时，可采用现场原位大型剪切实验，或取原状样做滑动面重合剪或三轴剪切实验。

(4)当滑动面(带)主要为粗颗粒或砾(碎)石含量较高时，或为薄的软弱夹层，或为岩层接触时，最好选用现场大型剪切实验。

在进行滑坡稳定分析时，如果确定滑坡体中已经存在一个滑裂面，此时，不论残余强度有多低，均应使用残余强度指标，除非有足够的证据说明这些滑动面已有很好的胶结特性。如果滑坡体中不存在明显的滑裂面，此时可以参考土石坝设计规范中对各种不同适用期采用的抗剪强度指标：如滑坡土体在正常运用条件下的抗剪强度，可使用原状土样，在实验室进行三轴仪的固结排水或直剪仪的固结慢剪实验测定；坡外水位骤降和地震条件下的抗剪强度，可采用固结不排水剪测定。土的残余强度问题主要与层面和结构面的软弱夹层先期受剪颗粒重新排列，并出现剪切面有关，实验测定土的残余强度大多采用直剪仪。

2. 抗剪强度指标取值的偏向

滑坡体不同部位的滑带土，其黏粒含量、矿物成分及地下水饱和度存在较大的差异。例如，滑坡前部往往地下水丰厚，并经常受到江(河)水的入侵，甚至可能淹于水下，滑带土饱和度大；另外，由于地下水的运移携带作用，又往往导致滑坡前部滑带土的黏粒含量和亲水矿物成分高于其他部位，因此，滑坡前部滑带土的力学性能相对更差。因滑坡前部取样困难，实验取样点往往集中于滑坡中、后部，所得到的实验数据统计平均值明显偏大(偏于不安全)。这时滑动剪切带的平均抗剪强度指标可以采用实验成果的小值平均值，也可以考虑采用较大的安全系数与之匹配。

通过实验研究，充分了解滑坡体的岩土物理力学性质的复杂性和主要特点，明确对滑坡剪切面拟定出的强度指标与实际情况所偏离的方向，以及偏离度的大小，以便在拟定安全系数时，考虑与之匹配。当所选取的岩土物理力学参数值与实际相比偏小，则稳定分析计算所得出的安全系数偏低，制定安全标准时相应地可取较小值；当所选取的岩土物理力学参数值与实际相比偏大，则稳定分析计算所得出的安全系数偏高，制定安全标准时相应地可取较大值。

3. 力学参数反演分析

实验是获取滑动面抗剪强度指标的重要手段和基础，但由于滑动面的成因，成分和结构的复杂性和不均匀性，以及其强度随外界因素(如含水量)的可变性，往往导致试样的代表性不够。同时，试验结果本身也要受取样方法、试样制备、实验方法、实验操作等因素的影响。因而实验数据一般不能直接用于稳定计算分析，设计值必须根据边坡的实际状态和发展趋势及反演计算结果、工程类比综合分析拟定。

在滑坡滑面明确、边界条件及地下水位较清楚、滑坡稳定性较明确的条件下，反演分析是宏观分析滑动面力学性能的重要手段，它是以滑坡体的整体形态结构特征和可靠的地下水调查分析资料为依据，设定滑坡体的现状安全系数，反求滑动剪切面的抗剪强度。反演分析结果所反映的是与滑坡整体稳定现状对应的综合平均力学参数。

更好的做法是，在反演分析的同时，参考大量的类似工程数据和少量的样本实验成果，根据土(岩)的主要性质和工程经验类比，采用综合分析的方法，确定主滑动面上的平均抗剪强度。

在进行滑坡稳定反演分析时，一般应确定滑坡体中已经存在一个滑裂面，此时应使用残余强度指标。滑动面上的残余强度黏聚力往往相当小(经验上判断不超过10kPa)，而黏聚力的大小往往对边坡稳定分析的影响十分敏感，因此，在反演分析中，通常可以取黏聚力为零，然后假定现状安全系数(通常取现状安全系数为0.95~1.0)，反推求出内摩擦角。

4. 相对安全标准

反演分析时，由于已经定义了滑坡体的“现状安全系数”，反演分析所得这些参数是与“现状安全系数”相对应的。制定设计安全标准时，一定要与滑坡体的现状稳定性相适宜，安全标准如果定得太高，会造成工程量的浪费，甚至根本达不到要求，在这种情况下，采取“相对安全系数”较妥当。

2.2.3 作用荷载

关于安全标准与作用荷载及其组合的配套问题，在《水电枢纽工程等级划分及设计安全标准》(DL 5180—2003)(以下简称《等级划分及安全标准》)条文中已有体现。在《等级及安全标准》第10章“建筑物边坡抗滑稳定安全标准”条文中指出，水工建筑物的边坡稳定计算分析应区分不同的荷载组合或运用状况，规定了采用平面刚体极限平衡方法中的下限解法进行计算时，抗滑稳定安全系数不小于表2-12中的规定(即《等级划分及安全标准》中表10.0.3)。

表2-12 水工建筑物边坡最小抗滑稳定安全系数

边坡级别	荷载组合或运用状况		
	基本组合(正常运用)	特殊组合Ⅰ(非常运用)	特殊组合Ⅱ(非常运用)
1级	1.30~1.25	1.20~1.15	1.10~1.05
2级	1.25~1.15	1.15~1.05	1.05
3级	1.15~1.05	1.10~1.05	1.00

目前国内制定滑坡体的安全标准，也基本上是参照表2-12，按不同的作用荷载及其组合或运用状况确定。

例如：在三峡库区的滑坡治理中，就是参照《建筑地基基础设计规范》(GB 50007—2011)的规定，对不同的荷载组合即不同的运用工况，取不同的设计安全系数：正常工况取1.15，特殊工况(校核工况)取1.05。显然这种做法对于滑坡体来说过于简单，但其中关于作用荷载及其组合与安全系数的对应关系是值得借鉴的。

有些工程在制定安全标准时，忽视了对不同的运用工况应该取不同的设计安全标准，结果是非常运用工况与正常运用工况采用同一个标准，从而使得设计方案保守和工程量浪费。

1. 自重及上覆荷载

自重及上覆荷载对于滑坡体的稳定性来说，其作用有利有弊，视其作用部位而定：当作用于滑坡体的下滑部位时，对滑坡体的稳定性是不利的；当作用于滑坡体的阻滑部位时，对滑坡体的稳定性有利。滑坡治理工程中采用的“削坡减载、反压固脚”措施，就是合理利用自重及垂直外加荷载的“利”而避其“弊”。

自重及上覆荷载的作用大小与利弊主要取决于滑动剪切面的形态和土体容重等两大因素。其中，土体容重对安全系数的影响敏感度很低，重要的是滑动剪切面的形态。

滑体自重是进行滑坡稳定性分析的最基本荷载，它的取值比较简单：地下水位以上的自重取其天然容重，地下水位以下采用总应力法时自重取饱和容重，采用有效应力法时自重取有效容重。

2. 地下水孔隙水压力

地下水孔隙水压力的作用对滑坡体的稳定性是不利的，对安全系数的影响很大。当运用有效应力法分析滑坡体的稳定性时，地下水孔隙水压力是进行滑坡稳定性分析的基本荷载。采用极限平衡法计算滑坡体稳定性时，一般采用条分法，孔隙水压力的取值通常按静水压力进行简化，包括土条侧边及底面孔隙水压力。

确定土中的孔隙水压力对滑坡的作用是一个十分困难的问题。土体内的孔隙水压力作用通常按下面两种情况拟定：

(1)按水自重渗流场拟定。其基本特点是土体的骨架保持不变，并可以通过稳定或非稳定渗流场的分析或现场观测得到。

(2)由作用在土体单元上的总应力发生变化产生。其基本特点是土体的渗透系数小，如饱和黏性土地基快速开挖或快速填筑，或者土坡外水位骤降的情况。此时有效应力存在一个从起始状态到新状态过渡的过程，而黏性土的渗透系数很小，无法在短期内将水挤出，这样就出现一个随时间消散的附加的孔隙水压力场，这种孔隙水压力恰是导致许多工程失事的直接原因。

要较好地解决孔隙水压力的问题，需要引入一些经验或理论分析方法，或通过现场实测来确定。一个简单的偏保守的方法是假定没有任何水排出，在不排水条件下研究土的孔隙水压力和强度，也就是根据滑坡体内的地下水位浸润线的高度差来确定孔隙水压力。

滑坡体地下水位浸润线的分布，是随季节、滑坡体的部位、滑体土的透水性、运行工况的不同而变化的。例如，滑坡前缘的地下水位线常常取决于江水位的涨落，当江水位快速下降而滑体土透水性较弱时，就会产生骤降工况；滑坡体中、后部的地下水位主要取决于大气降雨和滑体组成物质的透水性，当透水性较好时，地下水位随不同季节和降雨强度的大小而变化，当透水性较弱时，地下水位线比较稳定。

在考虑荷载作用时，应考虑季节变化和降雨强度重现期等不同运行状况的组合问题。

3. 震动荷载

震动荷载主要指地震作用，有些行业(如采矿、水利水电)也考虑开挖爆破震动作用对滑坡体稳定安全系数的影响。

为便于了解地震对滑坡安全系数的影响，表2-13中列出了在四种不同地震烈度条件下，水布垭大岩淌滑坡体抗滑稳定安全系数的计算结果。

表 2-13　地震作用对大岩淌滑坡体安全系数的影响分析结果

计算工况		安全系数	安全系数变化
不考虑地震作用		1.200	
地震	Ⅳ度，0.016g	1.16	下降 3%
	Ⅴ度，0.032g	1.13	下降 5.8%
	Ⅵ度，0.065g	1.08	下降 10%
	Ⅶ度，0.1g	1.02	下降 15%

根据《水工建筑物抗震设计规范》(SL 203—1997)，拟静力法地震荷载的计算公式为：

$$P_i = K_h \cdot C_z \cdot \alpha \cdot W_i \tag{2-1}$$

式中，P_i 为水平地震系数，根据地震烈度选定；C_z 为综合影响系数，取 1/4；α 为地震加速度分布系数，根据滑坡相关规范确定；W_i 为土条条块的实际重量。

计算结果显示，地震烈度在Ⅵ度以上时对滑体的安全系数影响较大，安全系数降低幅度达 10%以上。

由于Ⅵ度以上的地震作用重现期一般在 50 年左右，在制定滑坡体设计安全标准时，地震作用应属非常(校核)工况。有些地区(例如三峡库区、清江一带)属弱震区，50 年超越概率 10%水平的地震基本烈度一般在Ⅵ度以下，按照抗震规范可不考虑抗震设防问题。

另有资料显示，爆破震动作用使露天采矿岩质边坡(构造角砾岩)的安全系数下降 11%左右，即使采取了有效的爆破控制措施，使得降震效果达到 30%~40%，爆破震动对岩体边坡的安全系数下降影响也保持在 7%~8%。可以肯定，这种爆破震动作用对土质滑坡体的安全系数影响将远大于 10%。因此，在采矿区或者大型基本建设工程的开挖爆破施工期，爆破震动作用对滑坡体稳定安全系数的影响应按基本荷载考虑。

4. 滑坡体前缘坡外水压力和水位骤降作用

当滑坡体前缘外水位高于滑坡剪出口时，应计入外水对滑体的静水压力。当滑体透水性不好时，还应考虑外水水位骤降对滑坡稳定性的影响。

滑坡前缘外水对滑坡体的静水压力随外水水位变化而变化，并不是水位越高越不利，需要对不同的外水水位进行分析，了解坡外水位变动对滑坡稳定性的影响程度，找出最不利的坡外水位。表 2-14 中列出了水布垭马岩湾滑坡体在前缘不同的江水位作用下的安全系数。

计算结果表明：当前缘江水位处于高程 205.0m 附近时，安全系数最小，滑坡处于最不利状况。在进行荷载组合时，应注意取最不利的江水位高程进行滑坡稳定分析，以保证计算分析结果的稳妥性。

表 2-14　不同江水位作用下马岩湾滑坡体安全系数

江水位(高程 m)	安全系数	江水位(高程 m)	安全系数
196.0	1.023	215.0	1.007
200.0	1.021	220.0	1.013
205.0	1.002	225.0	1.022
210.0	1.003		

滑坡体前缘江(河)水位因季节的变化或者水库水位的调节等经常发生水位骤降，如果滑体物质的透水性差，滑体内的浸润线不能随着坡外水位的骤降而快速下降，对滑坡体的稳定性有时是很不利的。表 2-15 中列出了水布垭大岩淌滑坡体在前缘江水位骤降作用下的安全系数。

表 2-15　水位骤降作用下大岩淌滑坡体的安全系数

计算工况		安全系数
稳定现状		1.200
水位骤降	220m 降至 205m	1.186
	230m 降至 205m	1.150

进行荷载组合时，如果滑坡体前缘江水位骤降作用经常发生，比如抽水蓄能电站上库运行作用下的滑坡体或边坡，水位骤降作用应按设计正常工况考虑；在长江及其三峡库区、清江及其水电站库区，江水位的涨落以年为单位呈周期性变化，一般将水位骤降作用按校核工况考虑，对非常重要的滑坡治理工程，也可按设计工况考虑。

2.2.4　计算方法

除了上述地质条件、岩土体物理力学参数、荷载外，计算方法对安全系数大小也有一定影响，但影响相对较小。

刚体极限平衡法是边坡稳定性分析的基本方法，由于其安全系数概念明确、计算简单、易于被工程师掌握，且有规范可遵循，有较多的工程实例可参照，被广泛用于边坡的稳定性分析。

极限平衡法视滑坡体为刚体，并以 Mohr-Coulomb 屈服准则为基础，建立静力平衡方程，求解相应滑动面的安全系数。早期的极限平衡法计算粗糙，只能用于滑动面为平面的情况。后来越来越多的改进方法被提出，条分法便是其中最著名的一种。因条分方式的不同，又分为垂直条分、水平条分、斜条分等。传统的、目前仍应用较多的是垂直条分；其次是斜条分，主要是为了适应坡体的结构面，以便将存在结构位置当作条分界线；水平条分是为了科学反映某些外力计算，如加筋土中水平加固力、滑坡锚固力、地震动水平惯性力等。有关条分法的分类与发展，主要是以对条间作用力的假设不同(切线力、方向力及作用点位置等)及条块满足力和力矩方程的多寡划分的。最早的条分方法由瑞典人 Petersson 提出，之后经 Fellenius 于 1927 年改进，即为瑞典圆弧法。该方法适用于圆弧滑动面情况，首先将滑坡体沿圆弧面分割成多个垂直土条，然后将条块重量沿滑面切线方向作力的分解，由切向力对圆心求矩，求得安全系数。瑞典圆弧法引入了过多简化条件，但蕴含重要的条分思想，形成了近代极限平衡条分法的基本框架。

随后的几十年间，条分法经历了快速发展，其中代表性的方法主要有：简化 Janbu 法，简化 Bishop 法，美国陆军工程师团法，Lowe 法，Morgenstern-Price 法，Spencer 法，Janbu 法和剩余推力方法。

表 2-16 归纳了各类条分法以及各自适用的假定及简化条件。更近一点的研究工作大多围绕方法收敛性、减少假定等方面对已有条分法作出改进，如 Chen 等(1983)对 Morgenstern-Price 法在数值收敛性及土条侧向力分布假定方面作了进一步的改进，Donald 等(1989)给出了一种严格极限平衡上限解法。

表 2-16　二维条分法归纳

方法		滑动面形状	满足静力平衡条件		条间力假定
			力矩平衡	力平衡	
瑞典圆弧法		圆弧	✓		不计条间力
简化 Bishop 法		圆弧	✓	部分满足	不计条间竖向剪切力
Janbu 法	简化	任意		✓	条间合力方向水平
	严格	任意	✓	✓	条间合力方向与边坡坡度一致
陆军工程师团法		任意		✓	条间合力方向为平均坡度
Lowe 法		任意		✓	条间合力方向为土条底面与顶面倾角的均值
Morgenstern-Price 法		任意	✓	✓	条间合力方向设为函数
Spencer 法		任意	✓	✓	条间合力方向平行
剩余推力法		任意		✓	条间合力方向与前一土条顶面平行
Sarma 法		任意		✓	按极限状态确定

刚体极限平衡法的各种方法的计算精度、适用范围如下：

(1)瑞典圆弧法对平缓边坡高孔压水情况进行有效应力分析是非常不准确的。

(2)简化 Bishop 法在所有情况下都是精确的(除了遇到数值分析困难情况外)，其局限性表现在仅适用于圆弧滑裂面以及有时会遇到数值分析问题，如果使用简化 Bishop 法计算获得的安全系数反而比瑞典圆弧法的计算结果小，那么可以认为简化 Bishop 法中存在数值分析问题。在这种情况下，瑞典圆弧法的结果比简化 Bishop 法的结果好。

(3)仅使用静力平衡方法的结果对所假定的条间力方向极为敏感，条间力假定不适合将导致安全系数严重偏离正确值。与其他考虑条间作用力方向的方法一样，这个方法也存在数值分析问题。

(4)满足全部平衡条件的方法(如 Janbu 法，Spencer 法)在任何情况下都是精确的(除非遇到数值分析问题)。这些方法计算的成果相互误差不超过 12%，相对于一般情况可认为是正确答案的误差不会超过 6%，所有这些方法都有数值分析问题。

郑颖人等(2007)指出各种严格法(Spencer 法、Sarma(Ⅱ)法、Sarma(Ⅲ)法、Morgenstern-Price 法、Correria 法、Janbu 法)的计算结果都较相近。但滑面为圆弧面时，误差大致在 1%以内，不超过 2%；当滑面为一般滑面，误差大致在 1%~3%，不超过 4%。各种严格解法的计算结果的误差一般不会超过 10%。各种非严格法(瑞典圆弧法、简化 Bishop 法、简化 Janbu 法、陆军工程师团法、Lowe 法、Sarma(Ⅰ)法、不平衡推力法)中，除简化 Bishop 法和不平衡推力法外，各种方法都有较大误差，常用的瑞典圆弧法误差高达 20%以上。因为瑞典圆弧法没有考虑土条间有利的相互作用，其安全系数值最小，偏于保守，有时会造成很大浪费。尽管瑞典圆弧法在我国应用很广，但不宜再推广应用。简化 Bishop 法计算结果最接近严格条分法，其误差很小，大量的算例证明简化 Bishop 法计算结果总是十分接近严格条分法，因而被广泛应用，但只适用于圆弧滑面。简化 Janbu 法、陆军工程师团法、Sarma(Ⅰ)法误差较大，不宜采用，Lowe 法也有一定误差，但误差比较适中。不平衡推力法(剩余推力法)对圆弧滑面和节点倾角变化不大的折线形滑裂面，采用隐式解时具有足够的计算精度；但节点倾角变化大的折线形滑裂面，必须对滑裂面进行某些处理以减少其计算误差。

以上所列举的条分法一般是指二维极限平衡法，邵兵等(2013)指出对于有竖井开挖的复杂水工边坡，二维稳定性分析结果往往与实际有较大的偏差，最好采用三维极限平衡法进行分析。三维极限平衡法一般是由二维方法拓展来的，会增加一个静力平衡及一个力矩平衡条件，严格满足所有条件会遇到更大的困难。Hovland(1979)最早利用条分法分析三维边坡稳定性，他所采用的方法实际上是由瑞典圆弧法发展而来的。陈祖煜等(2001)介绍了一种三维极限平衡的下限解法，由二维 Spencer 法拓展而来，能够保证三个方向的静力平衡及一个整体力矩平衡条件，该方法成功应用于天生桥二级水电站厂房后坡和洪家渡水电站溢洪道进口边坡的稳定分析。下限解法可与上限解法结合起来，这两种方法可将安全系数限定在一个较小的上下限区间中，基本上获得安全系数严格意义上的解。朱大勇等(2007)提出了基于滑面正应力修正模式的三维极限平衡法。郑宏(2007)提出了一种严格三维极限平衡法，取整个滑体为受力体，并利用滑面应力修正技术，此方法能够满足6个平衡条件，但滑面应力修正似乎并不容易，尤其是对于复杂边坡。

正因如此，《水电工程边坡设计规范》(NB/T 10512—2021)6.4.2条规定：边坡稳定分析基本方法应采用平面极限平衡下限解法，当有充分论证时也可采用上限解法，其设计安全系数应符合本规范表4.0.5的规定。当用多种方法分析计算时，不同下限解法中应取其成果最高值，但不应超过上限解法中的最低值：采用上限解时，为安全计条块侧面的强度指标宜取低值，不同上限解法中应取其成果最低值。《水电工程边坡设计规范》(NB/T 10512—2021)6.4.4条也规定：边坡抗滑稳定分析可以平面二维应变分析为主，当三维效应明显时应在相同强度参数基础上进行三维稳定性分析。

2.3 滑坡治理控制标准

本书在滑坡安全系数控制标准方面做了两点有益的探索：一是，针对超大规模滑坡，提出了采用在现状安全系数的基础上增加一定安全裕度或将工程影响降低的安全系数进行补偿还原的“相对安全系数”作为滑坡治理标准；二是，对于持续变形的滑坡，提出了以“控制变形速率”作为滑坡治理的控制标准。

2.3.1 滑坡相对安全系数及其工程应用

2.3.1.1 相对安全系数定义

目前国内颁布的滑坡设计规范有地矿行业的《滑坡防治工程设计与施工技术规范》(DZ/T 0219—2006)、公路行业的《公路滑坡防治设计规范》(JTG/T 3334—2018)以及国标推荐性标准《滑坡防治设计规范》(GB/T 38509—2020)。目前水利水电行业尚没有专门的滑坡设计规范，滑坡安全系数通常套用边坡的安全级别及安全系数取一个固定值，且一般滑坡规模越大，安全系数取值越大。但大(巨)型滑坡相比边坡具有以下特点：滑坡体体量大、已经或曾经滑动过、失稳速度快、破坏能力强，完全套用边坡的固定安全系数对大(巨)型滑坡治理往往存在工程量大、施工难度大、经济上不可行等问题。

所谓相对安全系数，是相对现状安全系数而言，相对安全标准就是在现状安全系数的基础上，加一个增量，这个增量相当于给予滑坡体稳定性提高的幅度，而不是滑坡体的真实安全富裕度。相对安全系数的工程概念比较清晰，在处理滑坡地质问题和滑(边)坡地质灾害快速抢险治理中，可以避免投入大量的时间和财力去追究滑坡剪切面或者岩土边坡的精确的物理力学参数。

2.3.1.2　水布垭电站大岩淌滑坡

在水布垭水电站坝址区分布的大型滑坡体中，大岩淌滑坡体离大坝、电站、泄洪等建筑物最近。大岩淌滑坡体位于左岸大崖以东脚下，距坝轴线800余米，距溢洪道挑流鼻坎300余米，距泄洪最大挑距冲坑60余米。滑坡体总面积0.196km^{2}时，滑坡体厚度一般25~40m，最厚约64.8m，总体积约5.88×10^{6}m^3。

由大岩淌滑坡体治理工程的重要性所决定，大岩淌滑坡体的地质勘探工作相对其他滑坡体而言须更仔细，因此对大岩淌滑坡体的地质客观条件揭示得较为充分。大岩淌滑坡体形成以后，存在久远，滑坡体主体已达到新的平衡，滑带土固结已完成，结构较紧密，在原始天然状态下自身的稳定性较好，总体处于稳定状态，研究认为其天然现状安全系数在1.15以上，如果没有外来的扰动与破坏，其天然状况稳定性是可持续的。设计时根据大岩淌滑坡体的规模、重要性、参数取值、天然现状稳定性，制定了“补偿还原”的相对安全系数作为滑坡治理标准，具体思路如下：以大岩淌滑坡体目前的安全状况为准，不必再将安全系数进一步提高，而是采取“补偿还原”的思路，要求实施工程措施以后，将工程的影响导致滑坡体安全系数下降的部分补偿还原，保持其天然状况下的可持续稳定性，即可满足工程安全要求。

水布垭水利枢纽工程的修建，对大岩淌滑坡体的稳定性产生的不利影响主要有以下三个方面。

(1)滑坡距离大坝、电站、泄洪等建筑物近，工程施工和运行对滑坡体的不利影响很大。施工期滑坡体用作施工场地，大型公路的开挖和施工营地的运用对滑坡体地形的改造强烈，地表植被破坏严重，对安全系数的影响虽然无法定量估计，但这种破坏作用往往是许多滑坡失稳的根本原因。

(2)滑坡体前缘消力池的开挖切脚，使安全系数降低0.02~0.05，相当于增加单宽下滑推力2000~6000kN。

(3)泄洪雾化强降雨和清江水对滑坡前缘的强烈冲刷。如果滑体内地下水位抬升0.1h(h为滑坡体厚度)，安全系数将下降0.05~0.06；泄洪强烈冲刷将降低滑坡前缘的局部稳定性，对滑坡体整体稳定的削弱作用是不可忽略的。

对大岩淌滑坡体进行治理应属于补偿性质的，目的是将水电站工程建设对大岩淌滑坡体所产生的破坏、导致安全系数下降的部分进行抵偿，使其基本还原(由于人类破坏活动的不可估量，不可能全部还原)并维持原来自然状况下的稳定性。补充还原是基于破坏的几个方面进行补偿，破坏或降低某个方面就有针对性地进行补偿还原。

一是，前缘采取抗滑加固措施和防冲护岸措施。由于滑坡体前缘由于清江水的冲蚀，曾发生多次局部崩解，前缘局部稳定性相对较差；水垫塘开挖也是在滑体前缘进行的；水电站工程施工场地的利用对滑坡体环境的破坏影响也大部分在前缘一带；另外，考虑到数值计算所采用的力学参数代表的是滑坡体现状综合抗剪强度，实际上在滑坡体的不同部位由于地下水作用和固结条件的不同，滑带土抗剪强度存在差异性，而在滑坡体前部由于滑床平坦，地下水位高，加上清江水的浸蚀，滑带土力学性状较滑坡体中后部差。综合考虑这些因素，在滑坡体前缘采取抗滑加固措施和防冲护岸措施是合适的。

二是，局部刷方减载。在周围环境地质条件允许的情况下，为了节约工程投资，消力池开挖导致滑坡体所丧失的安全度，后缘局部采取刷方减载，部分补偿前缘消力池开挖导致的安全系数下降。

三是，地上与地下排水。关于地下排水措施的作用，由于种种原因，滑坡体地下水情况复杂，虽然进行了地下水长期观测，目前还不足以完全弄清大岩淌滑坡体的地下水分布及动态变化情况。反演分析和设计工况稳定性计算最终采用的地下水位线，是设计者根据收集的实测水位资料和地质有关描述来概化拟定的较高水位线，实际地下水位线目前还难以确认。那么，地下排水工程所产生的实质效应如何？是否能提高整体稳定安全度？这些还不得而知。另外，大岩淌滑坡体距溢洪道、泄洪建筑物不远，据分析滑坡体至少有 1/3 位于泄洪雾化强降雨中心地带，雾化雨对滑坡体产生的影响无论从强度大小还是历时长短方面，都远远超过大气降雨，而且在水电站建设期间，该滑坡体部位作为施工场地使用，地表植被遭受大面积破坏，雾化雨或者大气降雨的入渗无疑会导致地下水位的抬升。

因此认为，地下排水工程的首要任务是迅速导排因人为条件造成的地下水额外补给，防止地下水条件进一步恶化，在此基础上，期望能尽可能降低或疏干滑坡体内的原有地下水。关于地下排水措施对安全系数的影响，由于在工程状态下，滑坡体内的地下水同时存在抬升和降低的可能性，地下排水措施的有效性难以定量估计，故仅考虑其能够抵消工程影响对地下水所造成的负面作用，即维持地下水位不抬升，而暂不考虑其对增加安全系数的贡献。

根据上述设计思路和滑坡体稳定性分析结论，为补偿还原由于工程建设导致大岩淌滑坡安全系数下降，综合考虑对大岩淌滑坡采取地表防渗、地下排水，后缘局部减载，前缘局部抗滑加固和防冲护岸的综合治理工程措施。

近10年监测成果表明，大岩淌滑坡体排水量稳定，位移及变形收敛正常，表明设计采用的相对安全系数控制标准、设计思路及工程措施是合理的。

2.3.2 变形速率控制标准及其工程应用

2.3.2.1 变形速率控制标准

1. 滑坡变形规律

有学者提出了十多种判断边坡临界失稳状态的预警判据(阈值)(贺可强等，2016，2017)，例如，安全系数、可靠性概率、变形速率、变形加速度、应力、声发射率、塑性应变、塑性应变率、位移矢量角、位移切线角、降雨强度、力学判据、地震峰值加速度和综合信息预报判据等。其中以位移速率研究比较突出，因为位移是斜坡稳定状态最直观的反映，并且变形量测量方法简单，所以它在工程实践中越来越受人们的重视。1970年，斋藤迪孝对日本高场山滑坡的成功预报就以位移变形量作为预报参数。

大量的滑坡实例位移数据显示，受自重场的作用，边坡物质的变形演化过程具有典型的三阶段演化特征(图2-1)，分别为初始变形(AB段)、等速变形(BC段)和加速变形(CF段)阶段。加速变形阶段可继续细分为初加速(CD段)、中加速(DE段)、临滑(EF段)3个亚阶段。

①坡体在初始变形阶段开始产生位移变形，坡表面出现裂缝，变形曲线随时间由起初的较陡逐渐趋于平缓，因该阶段具有明显的减速变形特征，也被称为减速变形阶段。②坡体延续初始变形后期的速率继续变形，进入等速变形阶段，该阶段的主要特征是变形速率基本一致，变化不大。由于坡体变形受外界因素的干扰作用，变形曲线通常会有所波动，但其总体的变形趋势基本为一斜直线，于是该阶段又称作匀速变形阶段。③边坡物质变形发展到一定阶段后，其变形速率会加速增加，直至滑坡发生。因坡体在临滑前的变形曲线近乎直立，该阶段称为加速变形阶段。

需要注意的是，图2-1所示的三阶段变形图仅仅是边坡在自身重力作用下的理想曲线。实际上，边坡在变形演化过程中会受到降雨、地震和人类活动等各种外因的干扰和影响，实际典型的滑坡变形过程曲线见图2-2。

2. 滑坡变形预警值

统计分析不同滑坡在不同变形阶段位移速率的发展演化规律，可以为滑坡预测预报的判断提供重要的参考。表2-17给出了典型滑坡在不同阶段的位移速率统计结果。

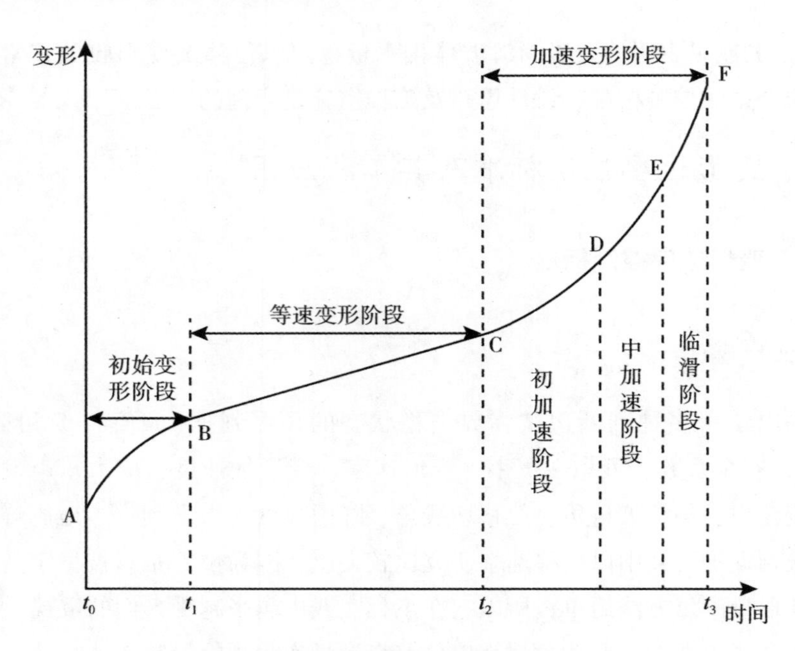

图 2-1 滑坡变形三阶段演化图

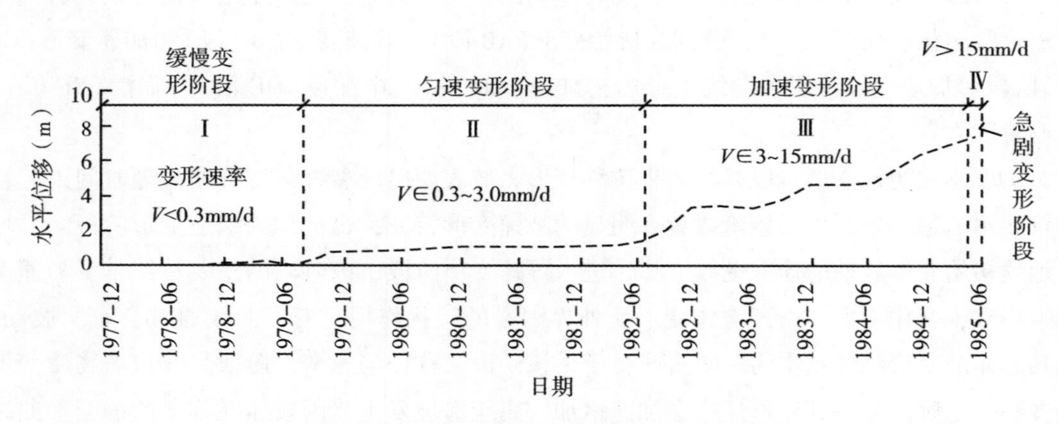

图 2-2 新滩滑坡的水平位移随时间的变化曲线

表 2-17 典型滑坡在不同阶段的位移速率统计结果(mm/d)

滑坡名称	减速变形阶段	匀速变形阶段	加速变形阶段	急剧变形阶段
鸡鸣寺滑坡	<0. 30	0. 30~1. 00	1. 00~3. 50	>3. 50
新滩滑坡	<0. 30	0. 30~3. 00	3. 00~15. 00	>15. 00
瓦依昂滑坡	<0. 30	0. 30~1. 40	1. 40~10. 00	>10. 00

续表

滑坡名称	减速变形阶段	匀速变形阶段	加速变形阶段	急剧变形阶段
石榴树包前缘测点	<0.50	0.50~1.00	1.00~10.00	>10.00
安家岭露天矿滑坡	<0.30	0.30~1.22	1.22~4.20	>4.20
Aknes 滑坡	<0.50	0.50~2.00	2.00~5.00	>5.00
黄茨滑坡	<1.00	1.00~3.50	3.50~6.00	>6.00
大冶铁矿狮子山滑坡	<0.20	0.20~0.69	0.69~4.00	>4.00
抚顺西露天矿滑坡	<0.50	0.50~1.72	1.72~21.00	>21.00
国外某边坡	<2.00	2.00~10.00	10.00~50.00	>50.00
盐池河磷矿山崩	<3.00	3.00~10.00	10.00~20.00	>20.00
金川露天矿滑坡	<1.30	1.30~4.95	4.95~44.00	>44.00
黄蜡石滑坡	<0.02	0.02~0.33	0.33~1.67	>1.67
皋兰山滑坡	<0.33	0.33~1.67	1.67~6.67	>6.67

滑坡急剧变形阶段的变形速率临界值随着斜坡的不同而异，对已有急剧变形阶段位移速率信息的滑坡进行调查统计，得到不同滑坡在急剧变形阶段位移速率预报临界值频率分布表(表2-18)。

表2-18 典型滑坡急剧变形阶段的位移速率临界值统计结果(mm/d)

位移速率(mm/d)	频数	频率(%)	代表性滑坡
[1, 10)	13	41.94	云阳县滑坡、安家岭露天矿滑坡、Aknes 滑坡、红旗岭露天矿、成昆线377号滑坡、黄龙西村滑坡、黄茨滑坡、大冶铁矿滑坡、Chuquicamata Vajont、鸡鸣寺滑坡、影森石灰石露天矿滑坡、皋兰山滑坡、黄蜡石滑坡
[10, 25)	16	51.61	敬家村滑坡、抚顺西露天矿滑坡、其他边坡共5个滑坡、盐池河磷矿山崩、大中川笛滑坡、新滩滑坡、白灰厂滑坡、石榴树包滑坡、瓦依昂滑坡、查纳滑坡、洒勒山滑坡、李家河滑坡
[25, 50)	2	6.45	金川露天矿滑坡、国外某边坡
≥50	0	0.00	
合计	31	100%	

通过对以上滑坡统计结果分析表明，滑坡进入急剧变形阶段的位移速率临界值为1~50mm/d。表明滑坡进入急剧变形阶段位移临界速率一般不超过50mm/d。即滑坡位移速率若超过50mm/d，则基本可以判断滑坡即将进入滑动阶段，此时整个滑面贯通，滑坡体开始整体滑移，重心逐渐降低。

从表2-18可以看出，所统计滑坡中，有41.94%的滑坡进入急剧变形阶段的位移速率位于区间[1mm/d，10mm/d)，代表性的滑坡有安家岭露天矿滑坡(楔形滑动)、黄茨滑坡(硬光平直面岩质滑坡)、大冶铁矿滑坡(软弱面岩质滑坡)、鸡鸣寺滑坡(硬光平直面岩质滑坡)、臯兰山滑坡(土质滑坡)，临滑阶段位移速率位于该区间的滑坡涉及多种类型，相对而言该区间土质滑坡的位移速率临界值稍大，如臯兰山滑坡。51.61%的滑坡进入急剧变形阶段的位移速率位于[10mm/d，25mm/d)范围，可见大部分滑坡急剧变形阶段位移速率临界值主要集中在10~25mm/d范围，代表性的滑坡有抚顺西露天矿滑坡(软岩结构岩质滑坡)、盐池河磷矿山崩(崩塌破坏)、新滩滑坡(堆积体滑坡)、瓦依昂滑坡(软弱面岩质滑坡)、洒勒山滑坡(黄土滑坡)，临滑阶段位移速率位于该区间的滑坡的滑动面较软弱，相对而言该区间硬性结构面岩质滑坡较少。仅有6.45%的滑坡进入急剧变形阶段的位移速率位于区间[25mm/d，50mm/d)，代表性的滑坡有金川露天矿滑坡，属于倾倒-滑移复合型破坏，其急剧变形阶段历时较长。

总体来讲，除倾倒-滑移复合型滑坡外，不同滑坡进入急剧变形阶段的临界位移速率均不超过25 mm/d，软弱滑动面滑坡进入急剧变形阶段的临界位移速率较硬性滑动面滑坡大。岩质边坡临滑阶段位移速率分布在1~25mm/d，大多硬性滑面岩质滑坡进入急剧变形阶段的临界位移速率小于10mm/d；黄土滑坡进入急剧变形阶段的临界位移速率为10~25mm/d；堆积层滑坡进入急剧变形阶段的临界位移速率差别较大，其速率值一般位于1~15mm/d区间。崩塌破坏型滑坡进入急剧变形阶段的临界位移速率一般大于20mm/d，如盐池河磷矿山崩。

2.3.2.2 乌东德金坪子滑坡的应用

1. 金坪子滑坡概况

金坪子滑坡遥感解译体积达$6.25\times10^8 m^3$，规模巨大，其稳定现状、变形趋势、可能失稳方式及规模直接关系到乌东德水电站梯级开发的成立及河段内坝址选择，因而备受各界关注。

经采用地质测绘、钻探与硐探、物探测试、岩土实验、系统变形监测等综合技术手段对金坪子滑坡进行了深入研究，得出了明确结论：金坪子滑坡不是一个具有统一滑面的滑坡体，而是由基岩露头分割、成因和结构显著不同的堆积物构成的复合型斜坡。

根据地形、成因和结构，将金坪子滑坡分为五个区：金坪子滑坡前缘江边的基岩离堆山(Ⅴ区)；金坪子村之上、当多村之下的中部基岩梁子(Ⅳ区)；基岩梁子之上的当多古崩塌堆积体(Ⅰ区)；基岩梁子西侧的蠕滑变形体(Ⅱ区)；基岩梁子之下的金坪子古滑坡堆积体(Ⅲ区)。具体分区见图2-3。

图2-3 金坪子滑坡分区示意图

Ⅳ、Ⅴ区为雄厚的原位基岩，稳定性好。Ⅰ、Ⅱ、Ⅲ区均为第四系堆积体。其中，Ⅰ区为古崩塌堆积体，整体稳定性较好；Ⅱ区为强烈变形区，处于整体蠕滑状态，稳定性较差；Ⅲ区为深嵌于古河槽之中的古滑坡堆积体，稳定性好。

金坪子Ⅱ区距离大坝坝轴线约2.5km，离右岸尾水出口约1.6km，根据《水电水利工程边坡设计规范》(DL/T 5353—2006)规定，Ⅱ区属于B类水库边坡。

金坪子滑坡Ⅱ区滑体由两层物质组成，上层为白云岩块碎石夹少量粉土，厚度20~60m，块径大于20cm的块石占20%~30%；下层为紫红色、灰黑色粉质黏土夹千枚岩碎屑，厚度一般为16~45m，由前缘向后缘变薄，在边界冲沟有出露。滑带土为紫红色粉质黏土夹少量千枚岩碎屑，土体呈硬塑状，结构紧密，厚度一般为2~9m。滑坡中前部滑带之下还分布古冲沟堆积物，良好的韵律特征表明其并未发生位移。前部、中部下伏基岩为会理群落雪组灰色白云岩、大理岩、灰岩，岩性坚硬，相对完整；中后部基岩为黑山组紫红色、灰黑色千枚岩，岩性软弱，岩体较破碎。根据Vames(1978)和Hutchinson(1988)的分类方案，该滑坡为平移式堆积层碎屑土滑坡，是低速滑坡中的一种主要类型

(Glastonbury et al., 2008)。

2. 金坪子滑坡失稳模式

从地形地质条件来看:①Ⅱ区中下部受上游侧Ⅳ区基岩、下游侧银厂坡基岩夹制,侧向约束效应明显;②Ⅱ区后缘的Ⅰ区整体稳定性较好,不会对Ⅱ区进行突然的大规模加载;③Ⅱ区前缘基岩面高程约880m,不受金沙江水位及未来白鹤滩蓄水的影响,其所处的地质环境不会发生明显改变;④Ⅱ区正下方金沙江河道内未见激流险滩等滑坡大规模失稳堵江的地质迹象。因此从地形地质条件分析,Ⅱ区不具备发生突发性大规模失稳的条件。

从变形失稳模式来看:①变形监测资料表明Ⅱ区处于整体蠕滑状态,变形特征呈现松脱式破坏的特点,前缘变形大,中部变形次之,后缘变形小;②Ⅱ区失稳模式主要表现为松脱式蠕滑变形以及前缘陡坡的小规模坍塌,以及雨季冲沟内有小型泥石流活动,失稳规模较小。

Ⅱ区在平面与立面位置上也远离枢纽工程区,基本不受大坝泄洪冲刷与雾化的影响。但其现状稳定性较差,处于整体蠕滑变形状态。据居住在Ⅰ区的部分老者叙述,Ⅱ区滑坡体缓慢活动至少已持续一个世纪,并且没有转化为局部灾难性活动的历史。

但鉴于Ⅱ区规模达$2.7\times10^7m^3$,且2009年的日平均变形量达1.38m/d,滑坡一旦大规模失稳,可能造成金沙江堵江事件而形成堰塞坝,影响乌东德水电站的正常运行。从滑坡规模上分析,Ⅱ区规模巨大,如此巨大的滑坡试图通过支挡措施将其稳定系数提高至规范规定的安全系数,治理费用是非常昂贵的,主要防护措施只能为排水。相应的防护目标为:要求维持Ⅱ区目前的整体稳定而允许其部分失稳或缓慢滑落。基于此防护目标,设计采用变形速率控制标准进行综合治理。

3. 金坪子滑坡位移速率控制标准

由表2-18可以看出,滑坡前各个时段的位移速率都有所不同,且不同滑坡在相同阶段的位移速率也差别较大,如新滩滑坡和酒埠江滑坡滑前一月的位移速率相差数倍甚至数十倍。

大量的滑坡实例与非线性理论研究成果显示,坡体开始加速变形是滑坡发生的重要标志。另外,考虑到斜坡在加速阶段的时间较短,为保证安全,应在斜坡进入等速变形阶段后期就发出预警通知。根据滑坡三个阶段规律,确定把滑坡变形进入等速变形阶段后期(取一个安全储备系数1.25)、初加速阶段、中加速阶段的位移速率作为滑坡位移速率预警阈值。经综合分析,结合金坪子滑坡长期蠕滑变形规律,拟定金坪子滑坡三个阶段位移速率控制标准暂定为2mm/d、5mm/d和10mm/d。由于金坪子滑坡的复杂性,该变形控制标准只能是一个初定值，后期需作动态调整。

4. 治理成效

监测成果表明，金坪子滑坡经地上和地下排水综合治理后，前部变形速率约 0.54mm/d，中部变形速率为 0.40~0.48mm/d，后部变形速率为 0.06~0.25mm/d，表明前、中、后缘各部位均处于缓慢蠕滑状态，采用变形速率控制标准进行治理加固是成功的。

第3章　大(巨)型滑坡治理新技术研发

3.1　常用滑坡治理措施

用于滑坡防治处理的工程措施很多，根据滑坡类型、滑坡规模大小、稳定状态、变形及应力特征、影响程度等，可区别采用非工程或工程措施治理。对于稳定性较好、对人类活动影响较小或滑坡规模巨大以致无法采用较经济措施进行稳定加固的滑坡，常采用非工程措施，如监测预警、撤离预案、生态防护等。除此之外，一般对人类有危害的滑坡需进行加固治理。滑坡治理工程措施大致可分为减滑措施和抗滑措施两大类。减滑工程措施主要是改变滑坡体的地形、土质、地下水等状态，即改善滑坡体的自然条件，从而使滑坡运动得以缓和甚至停止，主要措施包括削坡减载、地表防渗及排水、地下排水、前缘护脚、改良土质等。抗滑工程措施是利用抗滑建筑物来支挡滑坡运动的一部分或者全部，使附近及该地区内的设施及民房等免受其害，主要措施主要包括抗滑桩、挡土墙、锚固、阻滑键等。对一些岩质滑坡，也常采取锚杆、锚索、锚桩等加固处理。滑坡治理常用工程措施主要有以下 7 种。

1. 削坡减载

大多数情况下，导致滑坡体变形或失稳的荷载是其自重，滑坡治理工程中采用的削坡减载措施，就是合理利用自重及垂直外加荷载的“利”而避其“弊”，可以有效地降低滑坡运动的下滑力。削坡减载是提高滑坡体稳定性最具实效的工程措施之一。削坡减载工程施工简单，见效快，工程耗资小，对于中小规模的滑坡治理，削坡减载往往是首选的减滑措施之一。对于大型滑坡治理，特别对于滑动土体的厚度大于 30m 的滑坡体，如果仅利用抗滑建筑物来提高滑坡体的安全系数，工程耗资巨大，只有通过削坡减载才能实现滑坡治理。但削坡减载措施的开挖扰动对环境有负面影响，应力释放及地下水朝开挖面出溢产生的渗压力等作用，容易引致周边土体的牵动，产生新的变形体。尤其当许多滑坡体连锁地相互交叠，或者与滑坡体相邻的坡积土质地松散、软弱，其稳定性与滑坡体的存在具有相互依存关系时，对滑坡体进行削方开挖容易产生牵引变形，这时则不宜采用削坡减载的措施。如果必须采用削坡减载的措施，一定要查清滑坡体与相邻环境地质体的相互依存关系，设置必要的挡土墙或者其他抗滑构筑物将二者隔离。在下列情况下处理滑坡体时，不宜使用削坡减载开挖措施：

(1)滑坡体的边界条件及其滑动机制不清楚；

(2)多级、多类型、多次活动形成的滑坡群体，各滑坡单元前后缘相互交叠，两侧相互搭接；

(3)削方开挖范围内存在重要的公共设施与大量的民宅无法迁移，地表存在完好的植被与径流条件。

削坡减载工程有全部削方和部分削方两种。如果周边环境和投资允许，将不稳定的滑坡体全部削除，是最安全、稳妥的。当削坡减载受到环境条件的限制或因土方量太大而不能全部实施时，通常采用部分削方与其他减滑或抗滑措施相结合的方案。

削坡减载注意事项：

(1)削方之前，应详细地掌握滑坡体的边界条件、滑动规模、滑动面分布、地下水分布等情况；进行稳定性分析以后，当确认了滑坡体的变形运动机制为推移式时，根据滑坡计算所得出的推力曲线，准确划分其推力区和阻力区；然后按照所要求的安全标准来确定削坡减载的部位、范围，并对削方开挖边界处的岩土体进行支护，防止发生牵引变形或破坏。

(2)削方开挖一般都是以减轻滑坡体后部的土体为重点，滑坡前缘不进行削方开挖。如果前缘部分土体极为松散，也需要挖除时，要先清减滑坡体后部的土体，应自上而下地刷方施工。

(3)在滑坡运动的方向上只有一至两个滑坡运动体的情况下，可采用削坡减载措施。滑动面近似圆弧形或者滑坡后部的滑坡体厚度比下部滑体的厚度大很多时，削坡减载的效果非常显著。

(4)在滑坡体的前缘往往分布许多地下水的溢出点，削方开挖以前，应将地下水妥善引排。

(5)削坡减载的施工，原则上自斜坡上部向下部进行。施工时期以旱季为宜，在降雨时，雨水很容易入渗，发生灾害的可能性较大。

(6)当滑坡体的上方斜坡分布潜在性滑坡时，在滑坡体后部进行削坡减载，有诱发其上方的潜在性滑坡而使滑坡范围扩大的可能。因此，如其上方的滑坡规模较小，可以将其一并清除；若规模较大，采取削坡减载方案就要极其慎重。

(7)由于削坡减载主要以滑坡体后部为重点，削坡减载后，滑坡体后部的坡度相对变缓，地形成台阶状，斜坡的综合坡比应等于或稍缓于自然斜坡的坡比，一般为1：1.5~

1∶3.0。削坡减载以后的坡面土体经降雨软化后容易造成崩塌，必须根据削方后的地形设置地表排水沟，坡面上须重新种植植被，或采用砌石、混凝土格构、喷浆进行支护。

2. 地表防渗及排水

滑坡的发生和发展与地表水的作用有密切的关系，滑坡体周边汇集的地表水、降雨的渗透以及泉水、池沼及渠道的再渗透，容易诱发滑坡或使滑坡活动激化。所以，滑坡防治工程实施中，地表防渗及排水措施是必要的。地表防渗及排水措施可以减少地下水的补充来源，控制滑坡的发展，为滑坡整治争取宝贵的时间。地表防渗及排水措施可分为防止雨水入渗的地表防渗工程和将地表水迅速汇集并排除到滑坡区外的排水沟工程。

(1)地表防渗。对于大范围的滑坡区，将坡面全部覆盖起来是不切实际的，一般只在透水性特强的地区，或在地表水特别丰富、渗透性也强的地区，可做这种地表防渗工程。另外，在水利水电工程领域，由于水库泄洪雾化强降雨而导致边坡、滑坡失事的实例也很多，因此，当滑坡体位于强雾化雨区时，也应进行地表防渗处理。地表采取的防渗措施主要有全面铺设土工防渗织物、坡面浇混凝土或铺设生态混凝土砖保护、植被绿化等。

(2)排水沟。为防止区域外地表水的流入，须在滑坡周围设置周边截水沟；为把滑坡区内的雨水迅速汇集并排到滑坡区外，须在滑坡区内布设排水沟网。排水沟工程分为集水沟、排水沟和周边截水沟等，结构型式主要有混凝土或浆砌石沟渠、沥青铺面的沟渠、半圆形钢筋混凝土槽和 U 字形波纹槽等。

3. 地下排水

地下水对滑坡稳定性产生的负面作用主要表现在两个方面：首先是地下水孔隙水压力产生的荷载作用，其次是地下水对滑坡体和滑带土的物理力学性质产生的理化作用。因此，排除滑坡体地下水的目的：首先是减小孔隙水压力，提高滑坡体稳定安全系数；其次是降低滑坡体内，特别是滑动剪切带附近土体的含水率，改善土体的物理力学性能。地下排水工程可分为排除浅层地下水和排除深层地下水两类；如果需要截断滑坡区外地下水的流入，还包括拦截滑坡区外地下水和排除来自滑动面下基岩中的地下水。地下排水主要措施包括以下 4 种。

(1)盲沟。盲沟适宜用来排除分布在地表以下 3m 附近范围内的地下水，它能排除分布于渗透系数小的土层中土体颗粒孔隙内的地下水。与地表排水沟类似，盲沟有集水盲沟和排水盲沟两种。集水盲沟用来汇集其周围的地下水，其布置主要取决于地形、集水丰富程度、滑体土的透水性等，在地表的凹部和易集水处以及滑体土渗透性能较差的部位，集水盲沟的布置应相对密集些。排水盲沟一般布置在集水盲沟的排水叉口和端头，并延伸至与地表排水沟相通，把汇集的地下水排除。如果地表以下 3~5m 有含水层，为了截断和汇集排除来自滑坡体内和滑坡区外的浅层地下水，可设置大型盲沟，但这种盲沟一般设置在滑坡的上部边界附近。

(2)近水平排水孔。排除离地面3m以下的浅层地下水，可采用水平排水孔。排水孔一般上倾15°~20°，长度30~50m。在滑坡体内钻设近水平向排水孔，施工成孔一般很困难，当钻孔遇到砾石或混有大卵石的区域，有时根本无法钻进，塌孔现象也较严重。因此，水平排水孔在滑坡体中应用较少。

(3)集水井。集水井适用于集中汇集滑坡体内的地下水，不仅可以排除深层地下水，而且还能排除浅层地下水。在滑坡区内外地下水集中的区域附近，设置直径3.5m以上的竖井，在井壁上钻设多层排水孔，可使集水井附近的地下水汇集到竖井中进行抽排、虹吸式自排，或者在竖井底部设置水平钻孔或排水暗沟自流。

集水井应布置在地下水丰富的地区，最好选择在坚硬的土体基础上，依靠水平排水钻孔来集水。集水井的深度一般为15~30m，大型滑坡体内的集水井有时达到50m深。在活动的滑坡区内修集水井时，深度达到滑动剪切面(滑带)以上的部位即可。在暂未滑动的滑坡区内或滑坡区外修集水井时，深度应深入基岩2~3m。

(4)地下排水廊道及排水孔。在滑带以下的基岩内或在滑带面附近，一般分布大量的地下水，需排除，采用排水廊道与排水孔相结合的地下排水系统是有效的方法。

地下排水廊道分为周边截排水廊道和滑坡体内滑床下排水廊道两种。如果发现地下水从滑坡区外沿着明显的水脉或含水层大量流入滑坡体内，用得最多的办法是在地下水流入滑坡体以前，用周边截排水廊道将其截断并加以排除。滑坡体内滑床以下的排水廊道由纵向排水主廊道和横向集排水廊道组成。纵向排水主廊道应顺滑床凹槽方向布置，横向集排水廊道大致垂直于纵向廊道。地下排水廊道断面有矩形、梯形、圆形、半圆形、马蹄形、城门洞型等，断面一般为(2.0~2.5)m×(2.5~3.0)m。排水廊道开挖成型以后一般需进行稳定支护。

排水孔是汇集、疏排地下水的有效方法。地下排水孔幕分两种：一种为主孔，布置在排水廊道的顶拱部位；另一种为辅助孔，布置在排水廊道的侧壁。主孔一般在排水廊道洞顶对称均匀布置，孔排距2~3m。辅助集水孔一般垂直于排水廊道侧壁略向上仰钻孔，两侧各布置1~2排，孔深1~2m。排水孔内需要安装滤水管。

4. 前缘护坡

滑坡前缘因河流或沟谷水流的冲刷而诱发滑坡的实例是十分普遍的，治理措施多采取在滑坡前缘抛石、堆砌石笼、浆砌块石、浇混凝土等护脚，使滑坡坡脚免受水流冲蚀。对水库岸边的滑坡，在滑坡前缘的上游地段修筑丁坝，让滑坡前缘形成回流区，使泥沙淤积在滑坡前缘，可对滑坡起支撑作用。山区一些滑坡的前缘受到沟谷水流的长期冲刷，随着沟谷的不断深切与展宽，常因沟坡岩土体失稳而诱发滑坡，可在滑坡的下游地段修筑小型堤坝，利用堤坝将水位壅高，在滑坡前缘形成静水，阻止沟谷继续下切，并利用淤积的固体物质稳定滑坡坡脚，使滑坡保持长期稳定。对位于江河岸边的大型滑坡，必要时也可考虑将河流改道。

5. 抗滑桩

抗滑桩是将桩嵌入较坚硬稳定的地层中，依靠桩与桩周岩土体相互嵌固并将滑坡推力传递到稳定地层，利用稳定地层的锚固作用和被动抗力来平衡滑坡推力。抗滑桩是一种大截面侧向受荷的抗滑支撑建筑物，具有以下优点：

(1)抗滑能力强。在滑坡推力大、滑动带埋藏深的情况下，抗滑桩能够克服其他抗滑支撑建筑物难以克服的困难。

(2)桩位布置灵活，桩的类型可有多种选择。抗滑桩可以在滑坡体中利于抗滑的任意部位设置，可以单独使用，也可以组合成各种不同的结构型式(如排式单桩、承台式排桩、排架式桩、椅式桩、桩板式抗滑桩等)。此外在有特定需要时，抗滑桩的根数、长度、截面形态、截面大小等能任意调节。

(3)施工方便。抗滑桩采用人工或机械施工都行，人工挖井时，不需要特殊的机具设备，操作简便，造价较低。施工可以分序间隔进行，对滑坡体的扰动小，工作面多。施工干扰小，可以全年施工，便于争取工期。

(4)每根抗滑桩做完以后，能立即起抗滑作用，对整治处于活动期的滑坡更有利。

(5)通过开挖挖井，可直接反馈验证地质情况，进而便于动态优化设计。

但不是任何滑坡体都适合采用抗滑桩进行治理，抗滑桩主要适用于滑坡体中有一个明显的滑动剪切面，滑动剪切面以下是较完整的基岩或是密实的稳定基础，能提供足够的嵌固力等情况。如果滑坡体中并无明显的滑动面，或者滑动面以下的基岩很破碎，难以提供可靠的嵌固力时，抗滑桩的作用就大打折扣。因此，对于滑坡体较厚，滑床埋藏较深且下面有坚硬稳定地层，滑坡坡结构复杂，推动力很大时，特别适宜采用抗滑桩加固。对于浅层和中厚层的非塑流性滑坡，无论是土质滑坡还是岩质滑坡，只要滑体地下水含量未达到塑流状态，抗滑桩也是一种很好的支撑加固措施，尤其对于整治稳定性较差或尚在变形的滑坡体，抗滑桩效果更明显。

抗滑桩的类型多种多样，可以从不同的角度来进行划分。按施工方法，可分为人工挖孔桩(或竖井桩)和机械钻孔桩两大类。人工挖孔桩施工方法简单，不需要大型机械设备，竖井口径多为2.5~4m，深度可至30~50m，施工成本低，国内多采用人工挖孔桩。具备大口径钻探机械时，也可采用机械钻孔桩，但在滑坡推力很大或桩内产生过大的弯矩，大口径钻孔桩钻探有困难时，仍采用挖孔竖井桩。

抗滑桩的截面形态主要有圆形和矩形。在截面积相同的条件下，圆形截面的抗弯惯性矩较矩形截面的抗弯惯性矩小得多，所以从受力和节省工程量的角度来评价，矩形截面抗滑桩较好。但是矩形截面抗滑桩只适用于滑坡滑动方向明确且只可能朝单一方向滑动的滑坡体。当滑坡滑动剪切带的形态复杂，滑动方向难以确认时，应采用圆形截面桩。抗滑桩的截面尺寸根据滑坡推力的大小、桩距、嵌固段的侧壁容许压应力、施工条件等因素综合考虑确定。矩形桩的最小宽度一般不宜小于2m，常用的截面尺寸是2m×3m、2.5m×3.5m、3m×4m；圆形桩的直径通常采用2~4m。

如果滑坡体规模很大，滑体土层很厚，滑动剪切带埋藏很深，抗滑桩从地面到嵌固端的总长度往往超过30m，有时甚至达到50m，这时抗滑桩的长细比过大，桩体结构受力支撑作用效率降低。为了提高抗滑桩的受力作用效率，则可采用顶部加预应力锚索的拉锚桩、沉头式桩、承台式桩、排架式桩、椅式桩、桩板式等形式的抗滑桩。

抗滑桩的平面位置和间距须根据滑坡体的地层性质、滑坡推力曲线、滑面坡度、滑体厚度、施工条件等因素综合考虑确定。为了合理利用抗滑桩的作用机理，节省工程投资，抗滑桩布置时，在桩的前面应有一定体积且稳定性较高的岩土体，利用抗滑桩前部岩土体的一部分被动抗力与滑动面以下的基岩嵌固力一起共同作用来维持滑坡体的稳定。因此，在滑坡体的后部或拉力地带，也就是滑坡推力曲线的上升(递增)区，滑动面陡，滑坡体易形成张拉裂缝，不适宜布置抗滑桩；在滑坡体的中部，滑动面往往埋深大，下滑推力也大，一般不宜设桩；而在滑坡体的前部或者靠近前缘的部位，也就是滑坡推力曲线的下降(递减)区，下滑推力相对不大，又能提供一定的桩前抗力，滑动面也较缓，是布置抗滑桩的最佳位置，工程量也相应节省。抗滑桩的间距与滑坡推力、桩前土体的岩土地基承载能力、桩的强度、滑体土的抗剪强度、土拱效应等因素有关，根据已建工程的实践经验，抗滑桩的中心距离最小为4m，最大为15m，一般情况下为6~10m。

抗滑桩的嵌固深度与稳定地层的强度、滑坡推力、桩的刚度、桩的截面尺寸、桩间距以及是否或如何考虑桩前土体的抗力等因素有关。根据工程经验，当埋入较坚硬的基岩时，抗滑桩常用的嵌固深度取桩全长的1/4~1/3；当埋入软岩时，嵌固深度取桩全长的1/3~1/2。

6. 格构锚固

20世纪90年代末以来，格构锚固在我国中、小型滑坡处理中得到广泛应用。一般当滑坡处于非稳定时期，有变形发生时，尤其是当进一步削坡条件受到限制的情况下，采取格构锚固处理措施较为合适。格构锚固技术在结构上主要由预应力或非预应力锚索(锚杆)与混凝土格架组成，其优点：具有结构受力明确，加固效果可靠；属于柔性结构，能较好地适应地形，变形协调能力强；采用机械化施工，施工速度快；外观整齐，可美化环境；

施工速度快，后期维护与检修方便等。但格构锚固措施也存在锚索内锚固段基岩风化软弱，黏聚力较小，内锚固长度相应加长，导致工程量增加；滑体土结构松散，锚索造孔需采用套管跟进，造价较高；造孔施工时粉尘污染较严重；锚索注完浆以后，需等待凝期，不能立即起抗滑作用，对整治处于活动期的滑坡不利；一旦滑坡体稍有变形，很容易使锚索的浆体产生裂缝破坏，钢绞线乃至锚索的耐久性将受到严重影响等缺点。格构布置时应同步考虑框格尺寸与锚索或锚杆的孔排距的配套协调性，还应考虑以下四个方面的因素：

(1)坡体地貌，如坡高、陡度、坡面弯曲度等；

(2)单宽需要提供的锚固力；

(3)坡面地基的承载能力；

(4)锚索或锚杆的内锚固长度。

7. 抗滑挡土墙

在滑坡治理工程中，挡土墙工程由于受到自身结构稳定、工程量和高度的限制，不大可能有效提高滑坡的抗滑稳定安全系数，对于大型滑坡尤其如此，因此，挡土墙只能适用于小型滑坡的抗滑加固。在大中型滑坡治理工程中，挡土墙往往只作为综合治理措施的一个组成部分。工程实践证明，挡土墙的高度在8m以下时，其自身的结构稳定和对基础的承载力要求能够满足，采用浆砌石材料是经济的；高度大于8m的挡土墙，宜采用混凝土材料；高度在10m以上的挡土墙，除了对基础的地质条件要求较高以外，还必须采取锚固措施以对墙体的稳定性进行加固。

综上所述，滑坡治理通常可选用的治理措施包括：削坡减载与填土反压、地表防渗及排水、地下排水、前缘防护、抗滑桩、格构锚固、挡土墙、土质改良等。本书在研究上述措施对大(巨)型滑坡治理的适用性、可行性、可靠性、经济性的基础上，针对立体式排水、沉头桩、大截面钢轨抗滑桩、多排抗滑桩、预应力锚索、阶梯型阻滑键、前缘压脚等新技术进行深入研发。

3.2 立体式排水新技术

3.2.1 研发背景

“治坡先治水，无水不滑坡”，排水是滑坡治理工程中的一项重要措施。滑坡治理实践证明，排水对于提高滑坡稳定性具有至关重要的作用，通常也是一种比较经济的工程方案。排水包括地表防渗排水工程和地下排水工程。

3.2.1.1　地表防渗排水工程

滑坡的发生和发展与地表水的危害有密切的关系。从滑坡体周边汇集的地表水、降雨的渗透以及泉水、池沼和渠道的再渗透，容易诱发滑坡，或使滑坡活动激化。所以，凡滑坡地区的防治工程，地表防渗排水措施都是必要的。

地表防渗排水措施(包括防止雨水渗透的地表防渗工程和将地表水迅速汇集并排除到滑坡区外的排水沟工程)易于实施，投资少，收效快，虽然单独使用并不一定能使滑坡稳定。但实践证明，地表防渗排水措施有减缓滑坡运动的作用，尤其当地下水是滑坡运动的主控因素时，此措施可以阻隔地下水的补充来源，控制滑坡的发展，为滑坡整治争取宝贵的时间。

3.2.1.2　地下排水工程

滑坡体内地下水对滑坡体的稳定性产生的负面作用来自两个方面：首先是地下水孔隙水压力产生的荷载作用；其次是地下水对滑坡体和滑带土的物理力学性质产生的理化作用。

因此，排除滑坡体地下水的目的：首先是减小孔隙水压力，最大限度地降低已在边坡内形成的地下水位的高度，提高滑坡体稳定安全系数；其次是降低滑坡体内，特别是滑动剪切带附近土体的含水率，改善土体的物理力学性能。

1. 地下排水廊道及排水孔群系统

地下排水由排水廊道(或称排水洞)和排水孔组成。在厚层的滑坡体内、在滑带面附近和滑带以下的基岩内，一般分布大量的地下水需要排除，采用地下排水廊道与排水孔群相结合的地下排水系统是最有效的方法，在滑坡治理工程中应用广泛。

1)地下排水廊道

地下排水廊道应尽可能避免在活动的滑体土中开挖，一般应设置在稳定的基岩层，具体可分为周边截排水廊道和滑坡体滑床下排水廊道两种类型，二者都要钻设排水孔工程。

如果发现地下水从滑坡区外沿着明显的水脉或含水层大量流入滑坡体内，用得最多的办法是在地下水流入滑坡体以前，就用周边截排水廊道将其截断并加以排除。

滑坡体内滑床以下的排水廊道布置主要依据滑坡体内地下水的分布和滑床的几何形状，由纵向排水主廊道和横向集排水廊道组成。纵向排水主廊道应顺滑床凹槽方向布置，横向集排水廊道大致上垂直于纵向廊道。

2)排水孔

地下排水廊道开挖成型以后，出于安全和结构强度的需要，往往需要加以衬砌，依靠廊道壁汇集地下水的效果不好，这时设置排水孔幕是最有效地汇集地下水的方法。

地下排水孔幕分两种类型：一类为主孔，布置在排水廊道的顶拱部位；另一类为辅助孔，布置在排水廊道的侧壁。

主孔是汇集滑坡体内地下水的关键设施，应确保其集水功能的有效性。主孔可自排水廊道洞顶朝上钻设仰孔，但因廊道内钻孔施工困难，钻孔长度有限，一般孔深超过30m就认为廊道内钻孔不可行。如果滑坡体厚度较大，滑坡体内地下水丰富，或具有许多含水层，为了把各层的地下水都能够最大限度地汇集到排水廊道，还应设置从地面向排水廊道内钻设的穿透式排水孔(最好是大口径的钻孔)。

主孔一般在排水廊道洞顶对称均匀布置，孔排距2.0~3.0m。钻孔孔径ϕ91~110mm。孔内一般需要安装滤水管。

辅助孔一般垂直于排水廊道侧壁略向上仰钻孔，两侧各布置1~2排，孔深1.0~2.0m，孔径ϕ56mm，也需要安装滤水管。

2. 集水井及水平排水孔

集水井(或称排水竖井)适于集中汇集滑体内的地下水，不仅可以排除深层地下水，而且还能排除浅层地下水。

在滑坡区内外地下水集中的区域附近，设置直径3.5m以上的竖井，在井壁上钻设多层排水孔，可使集水井附近的地下水汇集到竖井中，再利用带有浮动开关的水泵抽排到地表沟，或者在竖井底部设置水平钻孔或排水暗沟，将集水自然流到斜坡下方的地表沟。

集水井的深度一般为15~30m，大型滑坡体内的集水井有时达到50m深度。在活动的滑坡区内修集水井时，深度达到滑动剪切面(滑带)以上的部位即可，并应尽量缩短工期。在暂未滑动的滑坡区内或滑坡区外修集水井时，深度应达到基岩，并深入基岩2~3m。

集水井原则上应布置在地下水丰富的地区及其附近，但考虑集水井施工和结构的安全问题，集水井最好选择在坚硬的土体基础上。也就是说，不要过度依靠井壁来汇集涌水，而应依靠一定长度的水平排水钻孔来集水，这样比较安全。此外，集水井在施工开挖过程中，往往可以兼作勘探竖井，对查明滑坡体地层情况、地下水分布、取样等都十分方便。

3.2.2 立体式排水技术

实际工程中常采用地下排水洞与排水孔群相结合的地下排水系统(图3-1)。当滑坡区域的地质条件差，排水洞施工困难，施工过程中多处垮塌时，为保证施工安全，排水洞不再继续开挖，尚未开挖部位的地下水只能通过排水孔疏排，排水方式单一而且施工难度较大，排水效果无法保障，致使地下水位无法降低至预定目标，不能保证滑坡安全。如果继续实施原设计方案，既不安全也不经济。为了探寻便于施工、能有效降低地下水位、节约工程投资的新思路和新方法，我们提出了孔、洞、井相结合的“大口径排水竖井及周边分层深排水孔+排水洞及仰式排水孔”立体网络排水思想(图3-2)，有效降低了地下水位，具有较强的工程现实意义。

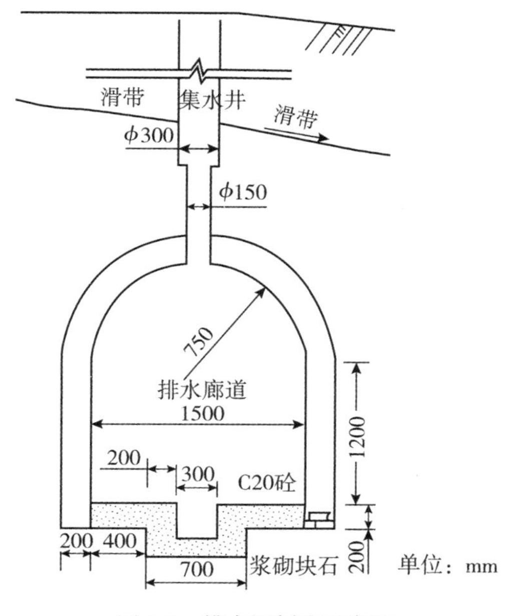

图 3-1 排水洞剖面示意图

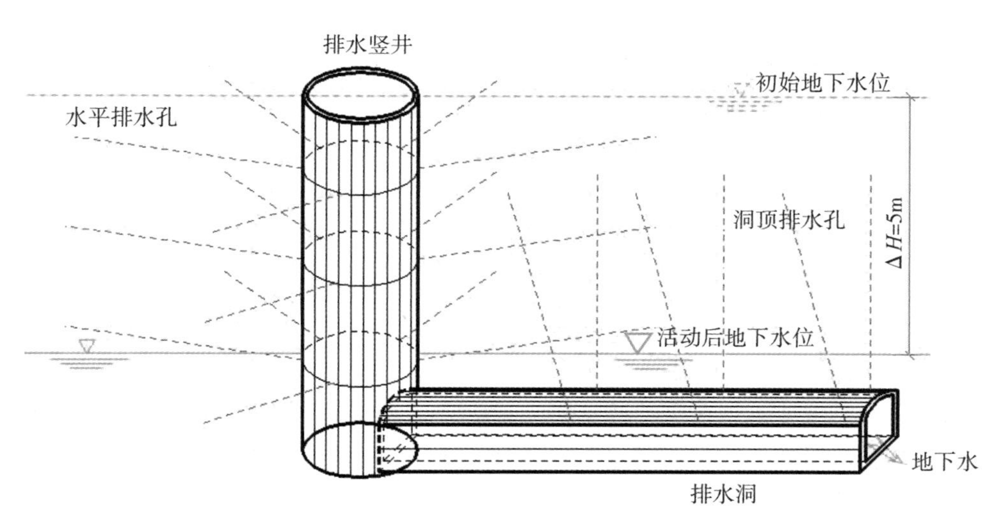

图 3-2 立体网络排水示意图

立体式排水技术已成功应用于巫山滑坡群四道桥-邓家屋场滑坡的治理中，施工支洞(兼作永久排水洞)垮塌后不再继续开挖，而是将施工支洞末端垮塌部位扩挖形成排水竖井，并在井内钻设深度 30m 的排水孔，形成集点、线、面的多层次、全方位立体排水网络，通过多种渠道疏排地下水，降低地下水位。

排水竖井深度35m左右，贯穿了基岩面以上的整个含水层，有利于彻底释放滑坡体内部可能存在的滞水。排水竖井、排水洞和排水孔相结合的立体网络排水方案的实施，有效降低了滑坡体地下水位，保障了滑坡本身及巫山新县城的安全，效益显著。

3.2.3 深排水孔搭接组合式孔内保护装置

传统的塑料滤水管或硬质U-PVC排水管孔内保护装置在安装过程中存在卡管、断管现象，以及推送安装困难、排水效果不佳等方面问题，直接影响到大(巨)型滑坡体的治理效果与施工进度，给工程安全带来很大隐患。针对这些现状，我们研发了一种新型深排水孔搭接组合式孔内保护装置，对排水孔不同高程进行功能分区划分，设置不同的集、排孔内保护方案，有针对性地优选保护装置构件并搭接组装，降低了孔内保护装置推送安装过程中卡管、断管事故的发生率，提高了孔内保护装置安装到位率，保证了排水效果。

1. 孔内保护装置结构

新型深排水孔搭接组合式孔内保护装置自上而下共分为集水区、导水区、排水区三个功能区，如图3-3所示。

1)集水区

集水区位于滑体内含水层部位，该部位含水量丰富，孔内保护装置主要起疏排地下水的作用。保护装置前端集水区由MY型硬质塑料滤水管、土工布、导向帽和管箍四类构件组成，呈圆管状，管体长略大于含水层厚度。通过管箍连接各段MY型硬质塑料滤水管(每段长2~4m)，其作用是将透水地层中地下水疏导至排水孔内。土工布($200g/m^2$)套包于整个滤水管上，并用尼龙绳缠绕固定，其作用是防止碎土及颗粒淤积在滤水管体内，造成排水孔失效。导向帽位于滤水管前端，长30cm，壁厚3mm，呈锥体状，通过承插方式与滤水管连接，其作用是减少滤水管与孔壁之间的推送阻力。管箍材质为硬质塑料，呈空心圆管状，长10cm，壁厚3mm，用于连接滤水管。

2)导水区

导水区位于滑坡体不透水层及基岩部位，该部位含水量小、透水性差，孔内保护装置主要起导水作用。保护装置中部导水区由硬质U-PVC排水管和管箍两类构件组成，其长度根据实际排水孔深度动态确定。各段排水管通过管箍进行连接，管箍材质为硬质塑料，呈空心圆管状，壁厚3mm。中部导水构件是地下水导水通道。

3)排水区

排水区位于地下排水洞洞周，该部位局部范围赋存基岩裂隙水，孔内保护装置除了起导水作用外，还要起到降低洞周地下水压力、提高洞室衬砌结构稳定性的作用。保护装置末端排水区由花管和土工布两类构件组成，长4m。花管孔孔径15mm，间距5cm，梅花型

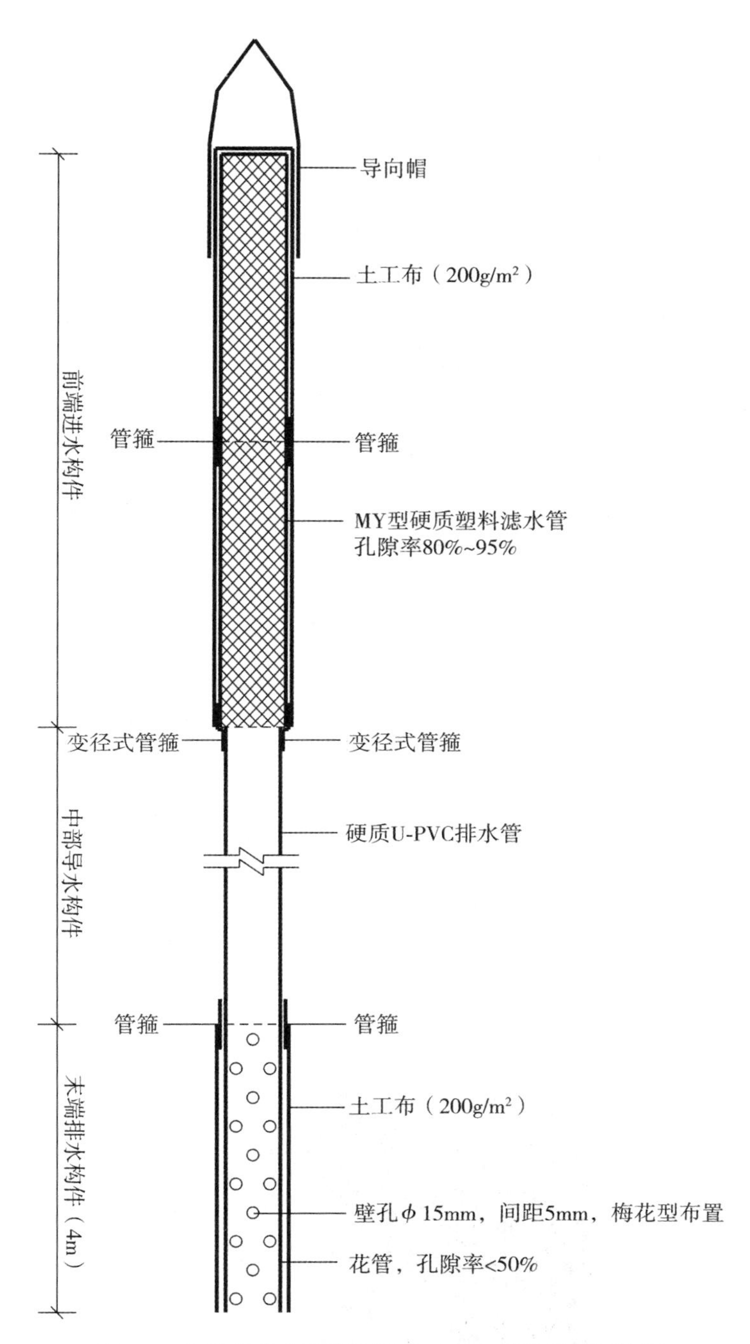

图3-3　新型深排水孔搭接组合式孔内保护装置结构图

交错布置，其作用是将中部导水构件中的地下水和洞壁围岩或衬砌后淤积的地下水排至滑坡体外。土工布($200g/m^2$)套包于花管上，并用尼龙绳缠绕固定。

上述三个功能分区之间均采用管箍进行连接，其中前端进水构件与中部导水构件采用变径式管箍连接。

2. 孔内保护装置安装方法

(1)排水孔钻孔。排水孔钻孔施工前，依据施工图纸要求确认排水孔钻孔的位置、方向、孔径和孔深，采用螺旋钻进行钻孔。螺旋钻多应用于锚索钻孔，将其应用至排水孔钻孔为首次。其优点为可极大降低钻孔过程中卡钻事故的发生率，可保证钻孔成孔质量。钻孔直径大于排水孔孔内保护装置直径 20mm。

(2)前端进水构件制作与安装。将土工布套包至 MY 型硬质塑料滤水管上，并用尼龙绳缠绕固定。通过承插方式将导向帽固定于首段滤水管前端。采用人工或机械方式沿钻孔方向推送安装首段滤水管，推送深度达 2~3m 时，通过管箍将第 2 段滤水管连接固定于首段滤水管上，并完成推送安装。按此步骤循环直至所有塑料滤水管安装完成。至此，前端进水构件制作与安装完成。

(3)中部导水构件制作与安装。通过变径式管箍连接中部导水构件首段 U-PVC 排水管和前端进水构件滤水管，并采用人工或机械方式沿钻孔方向推送安装首段排水管，推送深度达 2~3m 时，通过管箍将第 2 段排水管连接固定于首段排水管上，并完成推送安装，按此步骤循环直至末段排水管安装完成。

(4)末端排水构件制作与安装。采用打孔设备，按 15mm 孔径、5cm 间距、梅花型布置方式，进行花管制作。土工布($200g/m^2$)套包于花管上，并用尼龙绳缠绕固定。采用管箍将花管连接固定于中部导水构件末段排水管上，连接完成后，完成推送安装工作。

地下排水洞内深排水孔钻孔及搭接组合式孔内保护装置安装照片见图 3-4、图 3-5。

图 3-4　地下排水洞内深排水孔钻孔施工照片

图 3-5 深排水孔搭接组合式孔内保护装置安装照片

3.2.4 俯式深排水孔可适应变形的孔内保护装置

传统排水孔孔内保护装置采用自下往上的方式安装，卡管现象频发，施工困难，其主材一般为塑料滤水管或硬质塑料管，难以适应滑坡体的大变形，很容易在滑坡体的巨大推力作用下被剪断而丧失排水能力。针对这种现状，研发俯式深排水孔可适应变形的孔内保护装置，采用自上往下的方式安装，仅需提供与重力作用相反的悬吊力，施工简便，通过在滑带设置柔性好的 PVC 钢丝软管，能很好地适应滑带处的大变形，可大大提高排水孔的使用年限。

1. 孔内保护装置结构

俯式深排水孔可适应变形的孔内保护装置自上而下分别由排水段、适应变形段、导水段 3 部分组成，如图 3-6 所示。

1) 排水段

排水段的用途是排除含水层的地下水，其长度根据滑带以上含水层厚度确定。主体材料采用 U-PVC 塑料硬管，壁厚≥3mm，其环向抗压强度高，可以较好地支撑孔壁土体，其内部空腔可导排水流；管壁开孔，孔径 15mm，环距 2.5cm，每环 4 孔，交错布置，开孔率高，排水效果好；硬管外包一层 200~300g/m^2 土工布，进行反滤保护，保证其长久

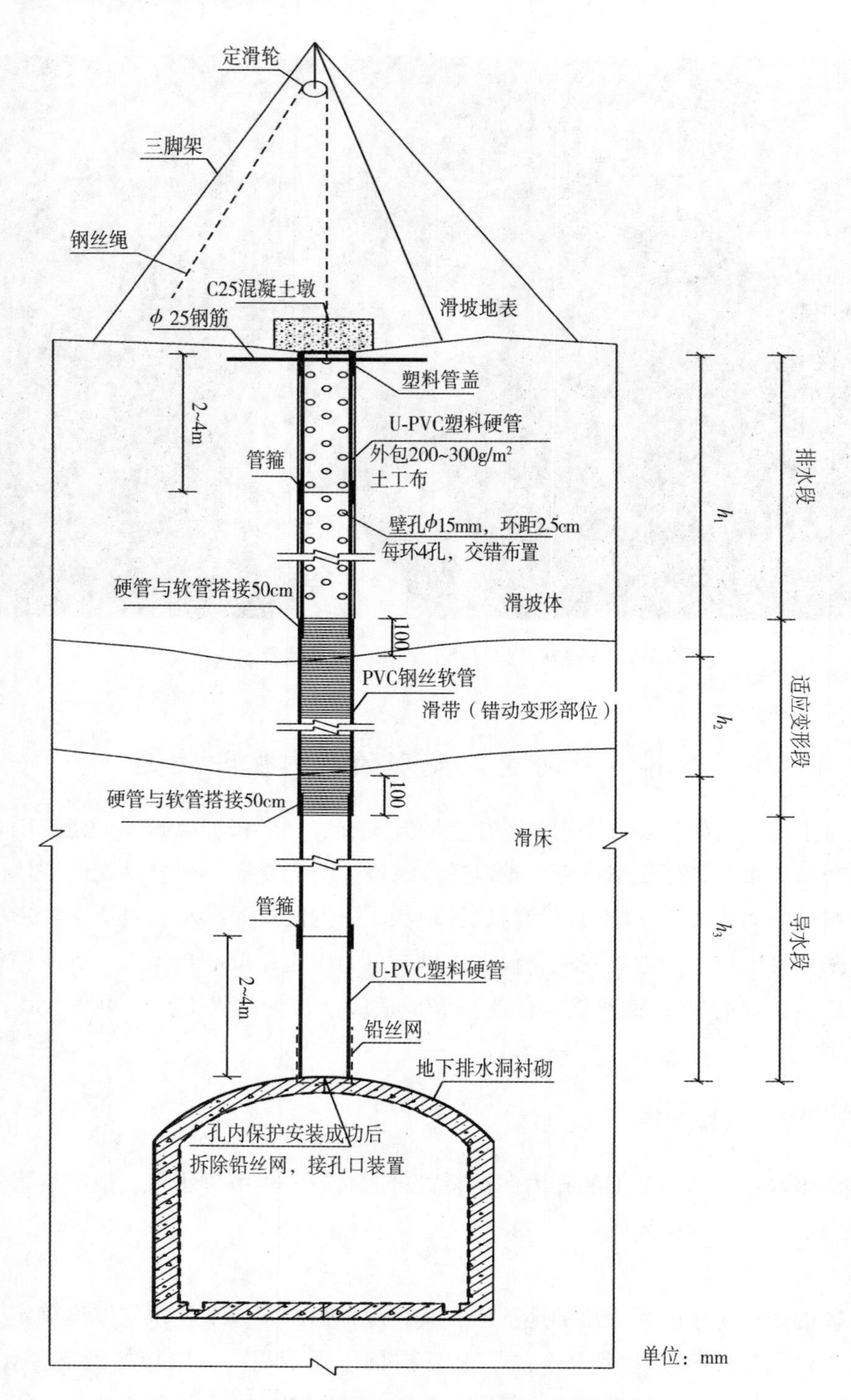

图 3-6　俯式深排水孔可适应变形的孔内保护装置结构图

运行不被淤堵；U-PVC 塑料硬管 2~4m 一节，两节硬管之间采用管箍连接，每侧接头设置 4 个铆钉固定，搭接组合式的设置方便安装。

2)适应变形段

适应变形段的用途是导排水流并能适应变形，其长度根据滑带厚度确定。主体材料采用 PVC 钢丝软管，PVC 钢丝软管是内嵌钢丝骨架的 PVC 软管，以优质 PVC 塑料材质做主体，内嵌螺旋钢丝作为增强层，因此钢丝软管在环向具备较大的抗压性能和刚度，同时在顺轴线方向具备较好的柔性，可伸缩性强，弯曲半径小，弯曲角度可达 360°。由于 PVC 钢丝软管环向抗压性能和刚度大，其置于钻孔内部后可以很好地支撑孔壁土体，防止排水孔塌孔，其内部空腔可导排水流；又由于软管在顺轴线方向柔性好，可以随滑带的蠕滑错动而伸长或弯曲，能很好地适应滑坡体的变形。

3)导水段

导水段的用途是导排水流，其长度根据排水洞至滑带之间厚度确定。主体材料采用 U-PVC 塑料硬管，壁厚≥3mm，其抗压强度高，可以较好地支撑孔壁土体，其内部空腔可导排水流；U-PVC 塑料硬管 2~4m 一节，两节硬管之间采用管箍连接，每侧接头设置 4 个铆钉固定，搭接组合式的设置方便安装。

PVC 钢丝软管内径略大于 U-PVC 塑料硬管外径，钢丝软管套在塑料硬管外搭接不少于 50cm，每侧接头设置 3 环铆钉，每环 6 个铆钉，铆钉与软管接触处设置直径 15mm 的钢垫圈，以保证软管与硬管牢固、可靠连接。

2. 孔内保护装置安装方法

(1)排水孔钻孔。钻孔开钻前，对排水孔地表坐标进行放样；钻孔过程中，自上往下进行钻孔，并逐段采取钻孔芯样，直至钻机准确钻穿地下排水洞衬砌；钻孔完成后，对钻孔芯样进行素描，分别确定滑坡体、滑带、滑床的厚度 h_1、h_2、h_3。

(2)孔内保护装置材料制作。排水段总长度为(h_1-0.5)m，U-PVC 塑料硬管按 4m 一节进行制备，人工在管壁开花孔，管外包裹土工布，土工布搭接处用机器缝合；适应变形段总长度为(h_2+2)m，截取相应长度的 PVC 钢丝软管；导水段总长度为(h_3-0.5)m，U-PVC塑料硬管按 2~4m 一节进行制备。此外，配备相应数量的管箍及铆钉。

(3)导水段装置安装。在排水孔孔口地表处设置三脚架，三脚架顶部设定滑轮，以便于孔内保护装置悬吊安装；在第 1 段塑料硬管端头包裹铅丝网后，采用钢丝绳将硬管悬吊在三脚架的定滑轮上，采用人工或机械方式逐渐放松钢丝绳，待该节塑料硬管下设至外露 0.5m 时，通过管箍将第 2 段塑料硬管套接在第 1 段上，管箍环向设铆钉进行固定后，继续放松钢丝绳进行安装。按此步骤循环直至导水段所有的塑料硬管全部安装完成。

(4)适应变形段装置安装。将 PVC 钢丝软管套接在塑料硬管外，套接长度为 0.5m，套接段采用铆钉进行固定后，放松钢丝绳进行安装，待 PVC 钢丝软管下设至顶部外露约 1m 时停止。

(5)排水段装置安装。将塑料硬管套接在 PVC 钢丝软管内，套接长度为 0.5m，套接段采用铆钉进行固定后，放松钢丝绳进行安装，其下设和套接方法同导水段，每节塑料硬管外的土工布须搭接 20cm，并采用钢丝进行绑扎固定。全部安装完成后，在塑料硬管顶部安装设置塑料管盖，同时横向插入钢筋，搁置在孔口两侧地表进行固定，并在孔口地表浇筑混凝土墩。拆除第 1 段塑料硬管端头包裹的铅丝网后，及时安装孔口保护装置。

3.2.5 仰式深排水孔可适应变形的孔内保护装置

仰式深排水孔采用塑料滤水管等传统孔内保护装置时，在运行过程中难以适应蠕滑滑坡体变形，容易被错断，使用年限短。若在错动变形的滑带部位采用软式孔内保护装置，虽然有助于适应滑坡体的大变形，但软式孔内保护装置在自下往上施工中容易发生扭曲弯折，不仅安装十分困难，安装深度也难以达到设计孔深，可能导致排水效果不佳。

针对这种现状，我们研发仰式深排水孔可适应变形的孔内保护装置，在滑带设置柔性好的 PVC 钢丝软管，在软式排水管外设置钢绞线，钢绞线底端绑扎固定，软管段穿过纸质套筒后绑扎固定，顶端插入端部封闭的钢套筒后绑扎固定。新型孔内保护装置不仅可以适应滑坡大变形，在安装过程中钢绞线可与软管联合受力来增加轴向刚度，防止软管段发生挠曲变形而导致安装失败，后期运行过程中，滑带变形引起软管错动变形后，钢绞线顶端可从钢套筒内松脱，不会约束软管的自由变形。

1. 孔内保护装置结构

仰式深排水孔可适应变形的孔内保护装置自上而下分别由排水段、适应变形段、导水段 3 部分组成，如图 3-7、图 3-8 所示。

1)排水段

排水段的用途是排除含水层的地下水，其长度根据滑带以上含水层厚度确定。主体材料采用 U-PVC 塑料硬管，壁厚≥3mm，其环向抗压强度高，可以较好地支撑孔壁土体，其内部空腔可导排水流；U-PVC 塑料硬管管壁开孔，孔径 15mm，环距 2.5cm，每环 4 孔，交错布置，开孔率高，排水效果好；U-PVC 塑料硬管外包一层 200~300g/m^2 土工布，进行反滤保护，保证其长久运行不被淤堵；U-PVC 塑料硬管 2~4m 一节，两节硬管之间采用管箍连接，每侧接头设置 4 个铆钉固定，搭接组合式的设置方便安装。

2)适应变形段

适应变形段的用途是导排水流并能适应变形，其长度根据滑带厚度确定。主体材料采用 PVC 钢丝软管，PVC 钢丝软管是内嵌钢丝骨架的 PVC 软管，以优质 PVC 塑料材质作主

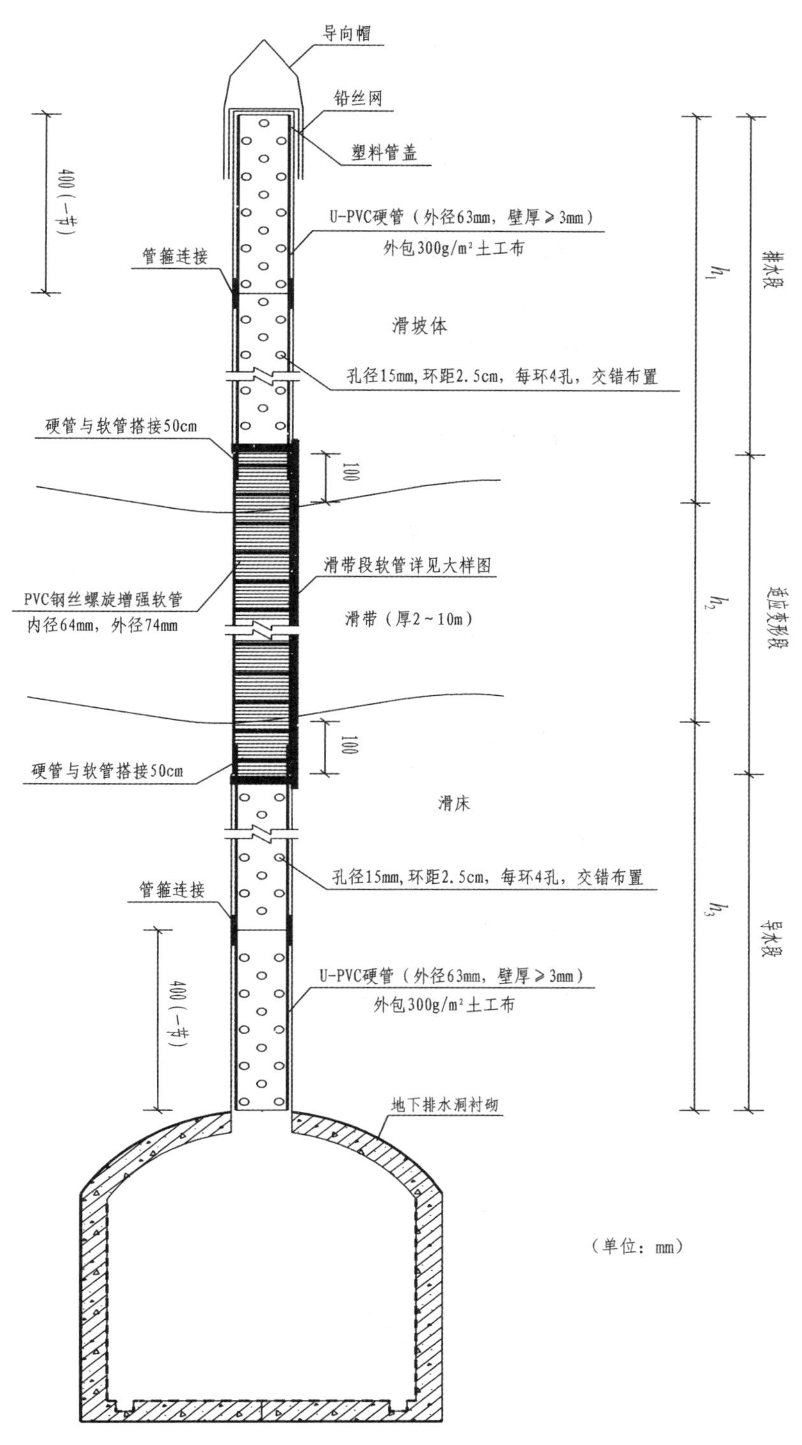

图3-7 仰式深排水孔可适应变形的孔内保护装置结构图

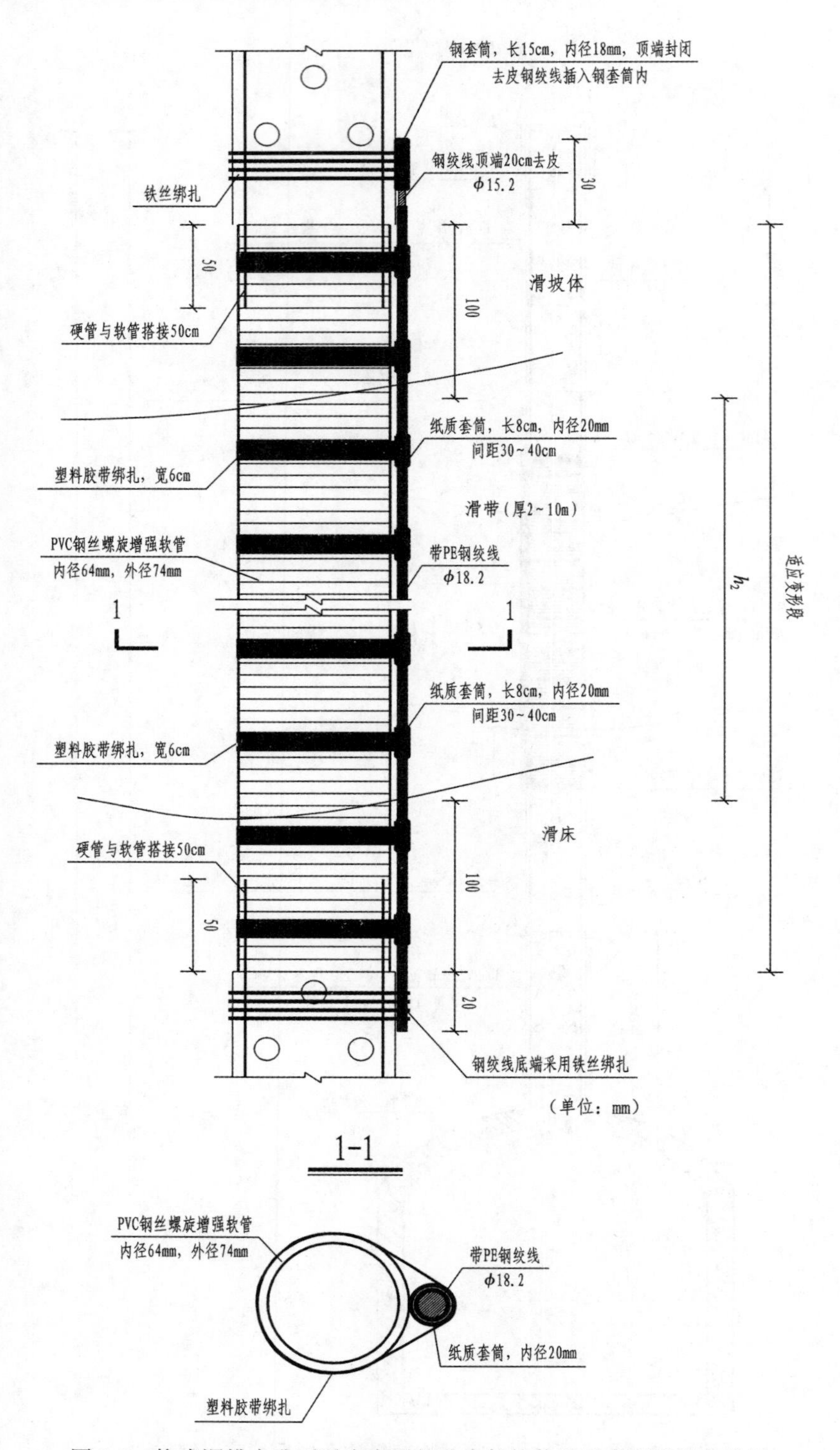

图 3-8　仰式深排水孔可适应变形的孔内保护装置适应变形段大样图

体，内嵌螺旋钢丝作为增强层，因此 PVC 钢丝软管在环向具备较大的抗压性能和刚度，同时在顺轴线方向具备较好的柔性，可伸缩性强，弯曲半径小，弯曲角度可达 360°。由于 PVC 钢丝软管环向抗压性能和刚度大，其置于钻孔内部后可以很好地支撑孔壁土体，防止排水孔塌孔，其内部空腔可导排水流；又由于软管在顺轴线方向柔性好，可以随滑带的蠕滑错动而伸长或弯曲，能很好地适应滑坡体的变形。

为了增加软管段安装时的强度，在软管外侧设置 1 根钢绞线，钢绞线伸入滑带底面以下 1.2m、滑带顶面以上 1.3m。采用铁丝将钢绞线底端与导水段硬管绑扎牢靠；滑带段软管外侧每隔 30~40cm 设置一个纸质套筒，带 PE 钢绞线从纸质套筒内穿过，并采用塑料胶带将纸质套筒和软管绑扎牢靠；排水段硬管外侧设置一个钢套筒，长 15cm，钢套筒顶端封闭，将钢绞线顶端 20cm 去皮并加涂黄油后插入钢套筒内，再采用铁丝将钢套筒和硬管绑扎牢靠。安装过程中，钢绞线和软管处于受压状态，由于钢绞线底端固定，中部和顶端被套筒限制，钢绞线可与软管联合受力，能增加软管段的轴向刚度，防止软管段发生挠曲变形而导致安装失败，保证软管段能顺利安装；运行过程中，滑带变形引起软管错动变形后，钢绞线和软管处于受拉状态，钢绞线顶端可从钢套筒内松脱，在纸质套筒内可沿轴向自由活动，不会约束软管的自由变形；此外，纸质套筒在运行过程中会发生降解，钢绞线与钢丝软管将处于彼此独立状态，进一步保证钢丝软管适应变形的能力。

3)导水段

导水段的用途是导排水流，其长度根据排水洞至滑带之间厚度确定。主体材料采用 U-PVC 塑料硬管，壁厚≥3mm，其抗压强度高，可以较好地支撑孔壁土体，其内部空腔可导排水流；U-PVC 塑料硬管 2~4m 一节，两节硬管之间采用管箍连接，每侧接头设置 4 个铆钉固定，搭接组合式的设置方便安装。导水段视排水需要在 U-PVC 塑料硬管管壁开孔，并外包一层 200~300g/m^2 土工布，具体要求同排水段。

2. 孔内保护装置安装方法

(1)排水孔钻孔。钻孔开钻前，对排水孔地表坐标进行放样；钻孔过程中，自上往下进行钻孔，并逐段采取钻孔芯样，直至钻机准确钻穿地下排水洞衬砌；钻孔完成后，对钻孔芯样进行素描，分别确定滑坡体、滑带、滑床的厚度 h_1、h_2、h_3。

(2)孔内保护装置材料制作。排水段总长度为$(h_1-0.5)$m，U-PVC 塑料硬管按 4m 一节进行制备，人工在管壁开花孔，管外包裹土工布，土工布搭接处用机器缝合；适应变形段总长度为(h_2+2)m，截取相应长度的 PVC 钢丝软管；导水段总长度为$(h_3-0.5)$m，U-PVC塑料硬管按 2~4m 一节进行制备。此外，配备相应数量的管箍及铆钉。

(3)导水段装置安装。在排水孔孔口地表处设置三脚架，三脚架顶部设定滑轮，以便于悬吊安装孔内保护装置；在第 1 段塑料硬管端头包裹铅丝网后，采用钢丝绳将硬管悬吊在三脚架的定滑轮上，采用人工或机械方式逐渐放松钢丝绳，待该节塑料硬管下设至外露 0.5m 时，通过管箍将第 2 段塑料硬管套接在第 1 段上，管箍环向设铆钉进行固定后，继续放松钢丝绳进行安装。按此循环直至导水段所有的塑料硬管全部安装完成。

(4)适应变形段装置安装。将 PVC 钢丝软管套接在塑料硬管外，套接长度为 0.5m，套接段采用铆钉进行固定后，放松钢丝绳进行安装，待 PVC 钢丝软管下设至顶部外露约 1m 时停止。

(5)排水段装置安装。将塑料硬管套接在 PVC 钢丝软管内，套接长度为 0.5m，套接段采用铆钉进行固定后，放松钢丝绳进行安装，其下设和套接方法同导水段，每节塑料硬管外的土工布须搭接 20cm，并采用钢丝进行绑扎固定。全部安装完成后，在塑料硬管顶部安装设置塑料管盖，同时横向插入钢筋，搁置在孔口两侧地表进行固定，并在孔口地表浇筑混凝土墩。

(6)孔口装置安装。拆除第 1 段塑料硬管端头包裹的铅丝网后，及时安装孔口保护装置。

仰式深排水孔可适应变形的孔内保护装置现场试验、加工及安装照片如图 3-9～图3-12 所示。

图 3-9　仰式深排水孔可适应变形的孔内保护装置现场弯曲试验

图 3-10　仰式深排水孔可适应变形的孔内保护装置现场拉伸试验

图 3-11　仰式深排水孔可适应变形的孔内保护装置加工完成

图 3-12　仰式深排水孔可适应变形的孔内保护装置现场安装

3.2.6　工程应用

我们研发的立体式排水技术，成功应用于巫山滑坡群四道桥-邓家屋场滑坡的治理中，取得了良好的经济效益和社会效益。

此外，目前大(巨)型滑坡体排水孔施工时，存在深排水孔孔内保护装置安装困难，以及不能适应蠕滑型滑坡滑带处大变形等问题，本案例针对以上问题进行了深入研究，分别研发了深排水孔搭接组合式孔内保护装置、俯式深排水孔可适应变形的孔内保护装置、仰式深排水孔可适应变形的孔内保护装置等新型结构，成功解决了以上关键技术难题。

具体工程应用详见本书 4.2 节和 4.4 节。

3.3　沉头桩新技术

3.3.1　研发背景

抗滑桩是滑坡治理工程中一种十分有效的支挡手段，沉头抗滑桩(沉头桩)就是桩顶标高低于滑坡体表面一定深度的悬臂式抗滑桩。抗滑桩的结构分析计算时，采用以弹性地基梁为理论基础的悬臂桩计算模式，相当于锚固在滑动面以下的弹性地基悬臂梁结构。沉头桩由于悬臂长度减短，相应弯矩值也小，其材料消耗量比一般抗滑桩经济，是一种经济合理、有着良好前景的滑坡支挡结构。

沉头桩具有以下两个方面突出的优点。

(1)充分发挥了岩土体本身的抗滑潜力，剪短了抗滑桩悬臂长度，减小抗滑桩桩身弯矩，因此可以减小抗滑桩截面面积和配筋，减少混凝土和钢筋用量，节约投资。

(2)缩短了抗滑桩桩长，桩顶采用碎石土回填，节约了混凝土及钢筋，节约投资。

3.3.2　沉头桩埋置深度

沉头桩的主要设计问题是解决桩在滑面以上的合理长度，合理桩位及桩上的滑坡推力大小，其内力计算同全埋式抗滑桩一样。是否采用沉头抗滑桩主要取决于滑坡体强度与滑面强度的比值，强度比值越大，采用沉头桩的好处也越大，因为它充分利用了滑坡体的强度。桩的埋置深度一般按如下 4 个方面考虑：

(1)滑坡体不出现从桩顶滑出的“越顶”破坏；

(2)过桩顶的新滑面的稳定系数必须大于设计安全系数；

(3)不出现被动土压破坏；

(4)桩前土体不出现滑动。

依据上述条件，考虑一定的安全度，就能合理确定埋入深度。因抗滑桩的高度不足使滑坡从桩顶滑出的事故常有发生，所以在抗滑桩设计中，其高度都不能任意假定，而必须通过“越顶验算”，即滑坡因前部增加支挡而从支挡工程顶部滑出的可能验算，通过搜索寻找最不利滑动面或通过有限元法自动寻找新滑动面。只有当沿新的滑动面的稳定系数大于或等于设计安全系数时，才表明桩高是满足要求的，否则应该调整桩顶高程(图 3-13)。当桩顶已位于地面时，应调整桩位。

下面通过工程算例来说明合理桩长的设计。滑坡体为重庆市长江三峡库区巫山新县城玉皇阁崩滑堆积体，其典型地质剖面如图 3-14 所示，计算参数见表 3-1。

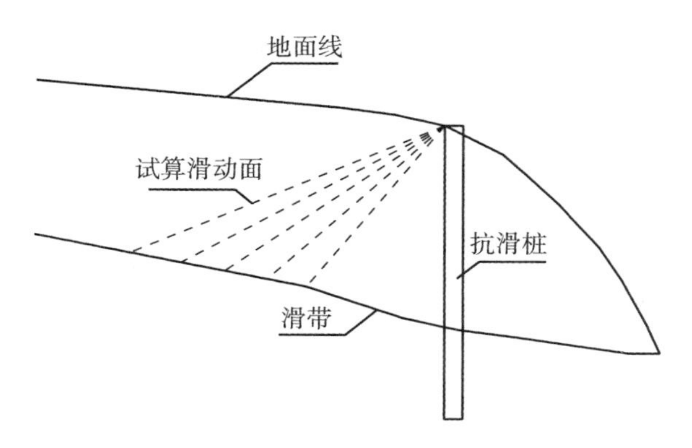

图 3-13　沉头桩稳定分析概化模型

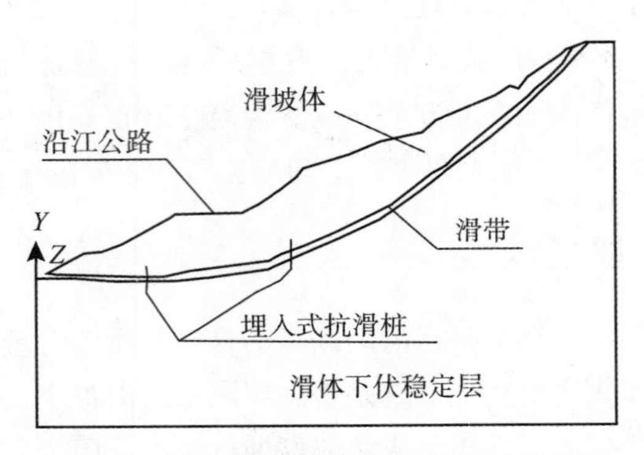

图 3-14　玉皇阁崩滑堆积体典型地质剖面

表 3-1　材料物理力学参数

材料名称	容重(kN/m³)	弹性模量(MPa)	泊松比	黏聚力(kPa)	内摩擦角(°)
滑坡体	21.4	30	0.3	34	24.5
滑带	20.9	30	0.3	24	18.1
滑体下伏稳定岩层	23.7	1.7×10^3	0.3	200	30
桩(C25 混凝土)	24	29×10^3	0.2	按弹性材料处理	

滑坡体、滑带和下伏稳定岩层采用面单元模拟，埋入式抗滑桩采用梁单元进行模拟、有限元网格中表现为线单元。由于计算是为了研究桩长与安全系数、滑面之间的关系，所以锚固段的长度简设为 3m。桩的埋设方案为公路下方，抗滑桩的长度分别为 7m、9m、11m、13m、15m、17m、19m、21.22m(全长桩)。

由图 3-15 可见，当埋入桩长度为 7~11m 时，滑坡体的破坏形式为滑面通过桩顶沿原剪出口滑出。在桩长为 13m 时，滑坡体出现两处滑动面：一处是沿桩顶滑出，同时形成新的剪出口；另一处是沿公路内侧塑性区贯通至主滑动面的次生滑面。当桩长为 15m 时，只有上述次生滑动面，滑动面位置与桩长为 13m 时相同，直至桩增长至坡面时，滑动面的位置仍然与桩长为 13m 时相同。

假设埋入式抗滑桩有足够强度的情况下，桩的长度变化能够改变滑坡体的稳定安全系数，桩长变短，稳定安全系数减小。如表 3-2 所示，桩的长度为 7m、9m、11m 时，滑坡体的安全系数从 1.13 增加到 1.19，这说明增加桩长可以增加滑坡体的稳定安全系数；继续增加桩长(桩长为 13m、15m、21.22m)，滑坡体的稳定安全系数仍然保持在 1.19，表明此时增加桩长并不能增加边坡的稳定安全系数，即增加桩长并不能提高边坡的稳定性。按

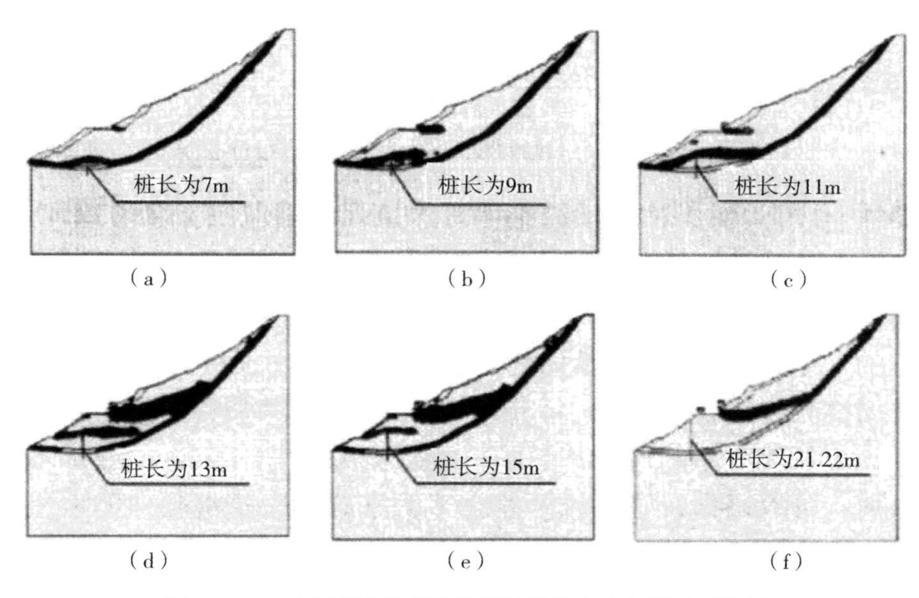

图 3-15　玉皇阁崩滑堆积体抗滑桩桩长变化与滑动面位置

前述原则，可以根据设计要求的安全系数来确定合理桩长。如本工程中设计安全系数为 1. 15，由表 3-2 可见，合理桩长为 9m。

表 3-2　桩长与崩滑堆积体边坡安全系数之间的关系

桩长(m)	0. 00	7. 00	9. 00	11. 00	13. 00	15. 00	21. 22
安全系数	21. 4	1. 13	1. 15	1. 19	1. 19	1. 19	1. 19

3. 3. 3　沉头桩内力计算

1. 沉头桩滑坡推力

滑坡推力的计算，目前国内主要采用传递系数法，其作用方向平行于上一段滑动面；其分布图式一般是从滑动面到桩顶范围按矩形分布，设计上偏安全。但实际上不同类型的滑坡体岩土和结构，推力分布不一定是矩形，还可以是三角形、抛物线形和梯形分布等。

抗滑桩桩身内力计算时将滑动面以上的滑坡推力(已在滑坡稳定性计算时得到)视为已知外力，将此推力作为作用在滑动面以上抗滑桩桩身的设计荷载。沉头桩内力计算时，假定桩顶回填土与抗滑桩桩顶之间只传递剪力，不传递弯矩，沉头段荷载通过对滑面处的静力等效转换到钢筋混凝土桩体上。

当滑坡推力为三角形分布时，具体转换过程见图 3-16。

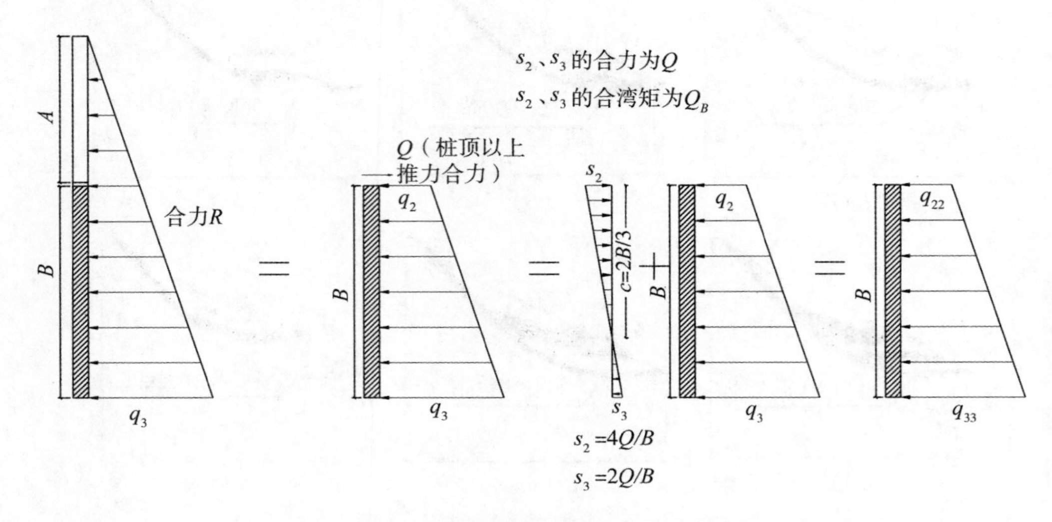

图 3-16　沉头桩荷载计算简图(滑坡推力为三角形)

当滑坡推力为矩形分布时，具体转换过程见图 3-17。

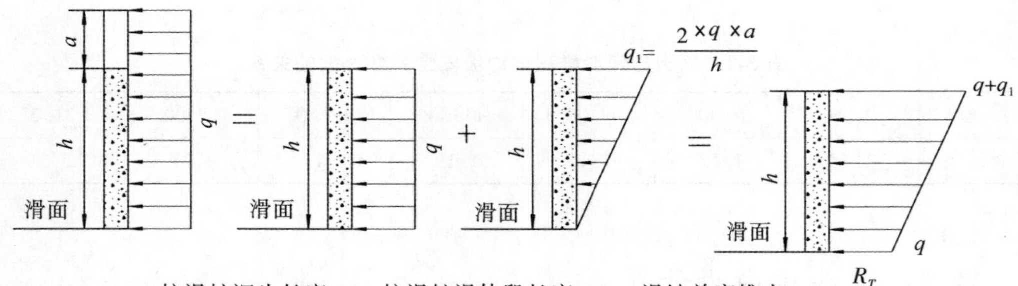

a. 抗滑桩沉头长度；h. 抗滑桩滑体段长度；R_T. 滑坡单宽推力 $q=\dfrac{R_T}{h+a}$

图 3-17　沉头桩荷载计算简图

2. 桩前抗力

桩前抗力的大小与分布。桩前抗力是指桩前滑体对桩的作用力。由于滑动面的存在，桩前滑体难以形成连续的弹性抗力，一般采用剩余抗滑力(桩在抗滑段时)和被动土压力二者的较小值：当采用剩余抗滑力时，一般采用矩形分布模式；当采用被动土压力时，一般采用三角形分布模式。

3. 地基系数

抗滑桩是竖直埋入土中的结构物，地基岩土的性质、密度和含水状态沿桩身是变化的，与其有关的地基系数难以确定，所以实际工程应用中根据一定量的实测资料多作出一些假定，如假定地基系数随深度按幂函数规律变化，表示为：

$$K = m(y + y_0)^n \tag{3-1}$$

式中，m 为地基系数随深度变化的比例系数；n 为随岩、土类别变化的指数；y_0 为与岩土类别有关的常数。

根据实测和实践经验，为便于计算，主要采用如下三种假定方法。

(1) K 法即假定地基系数为常数，相应地，式(3-1)中 $n=0$。它适用于地基为较完整的岩层，未扰动过的硬黏土和半岩质地层。

(2) m 法即假定地基系数随深度成正比增加，相应地，式(3-1)中 $n=1$，$y_0=0$，$K=my$。它适用于硬塑至半坚硬的砂黏土、碎石土或风化破碎成土状的软质岩土以及密度随深度增大的地层。

(3) m 法即假定地基系数随深度成正比增加，但表层地基系数不是零。相应地，式(3-1)中 $n=1$，$y_0 \neq 0$，$K=m(y+y_0)$。它适用于超压密土层、地面有附加荷载的地层，与之相应的是 m 法中的换算荷载法。

抗滑桩是将滑动面以下的锚固段看成弹性地基梁计算的，将滑动面以上的作用力转移到滑动面上。因此，地基的弹性抗力系数 K 或随深度变化的比例系数 m，以及桩侧地基的侧向承载能力的选取是非常重要的设计参数。

4. 桩的计算宽度

当抗滑桩的桩截面设计宽度为 B 或直径为 d 且 B 和 d 大于 0.6m 时，计算宽度 B_p 为：

矩形桩：
$$B_p = B + 1 \tag{3-2}$$

圆形桩：
$$B_p = 0.9(d + 1) \tag{3-3}$$

5. 刚性桩和弹性桩的判别

按桩身的变形情况可将抗滑桩分为刚性桩和弹性桩。前者桩截面较大，长度较短，其刚度相对于桩周岩土无穷大；后者截面小，长度大，相对刚度较小。一般，大截面挖孔抗滑桩多为刚性桩。其判别式为：

当桩在滑面下埋深 $h \leqslant \dfrac{2.5}{\alpha}$ 时，按刚性桩设计；当 $h \geqslant \dfrac{2.5}{\alpha}$ 时，按弹性桩设计。

$$K\text{法：}\quad \alpha = \sqrt[4]{\frac{C' B_P}{4EI}} \tag{3-4}$$

$$m\text{法：}\quad \alpha = \sqrt[5]{\frac{m B_P}{EI}} \tag{3-5}$$

式中，α 为桩的变形系数，1/m；m 为地基系数随深度变化的比例系数，kN/m^4；B_p 为桩的计算宽度，m；EI为桩的平均抗弯刚度，$kN\cdot m^2$，$EI=0.8E_W\cdot I$；E_w 为混凝土的弹性模量，kPa；I 为桩截面惯性矩，$I=\frac{1}{12}Bd^3$，d 为矩形桩长边(沿滑坡推力方向)边长(m)；C' 为 桩底侧向地基系数，kN/m^3，在岩石地基中C' 为 常数。

3.3.4 沉头桩嵌固长度确定

沉头桩嵌固长度确定同全埋式抗滑桩，埋入滑动面以下的长度，除满足不超过土体允许的弹性抗力外，还应考虑滑动面是否有向下发展的可能，以确保桩的稳定。悬臂桩桩身在滑动面以下的埋置深度一般为桩长的1/3~1/2，视嵌固条件而定。

3.3.5 工程应用

水布垭水电站、构皮滩水电站滑坡治理设计中对沉头桩进行了较深入的研究，并在水布垭水电站大岩淌滑坡及马岩湾滑坡、构皮滩水电站石棺材滑坡治理中全面推广应用，取得了良好效果，具体工程应用详见本书4.1节和4.3节。

3.4 大截面钢轨抗滑桩新技术

3.4.1 研发背景

钢轨抗滑桩是把抗滑桩中的纵向受拉主筋由钢筋替换为钢轨。它主要有两种型式，一种是钻孔钢轨抗滑桩，还有一种是近些年发展起来的大截面钢轨抗滑桩。

钻孔钢轨抗滑桩形成于20世纪70年代的冶金、煤炭矿山行业，由于其自身行业的特点，在钢轨供应、钻孔施工等方面比其他行业具有明显的优势。钻孔钢轨抗滑桩是在直径200~300mm钻孔中放入1~2根旧钢轨，放置时应使钢轨轨底正对滑坡推力方向，然后用混凝土或水泥砂浆充填钢轨与孔壁间的空间，形成起抗滑作用的桩。这样可充分发挥钢轨的抗滑作用并防止钢轨锈蚀。

钻孔钢轨抗滑桩截面小，适用于滑坡推力不大、岩体较完整的岩质边坡。相较于大截面抗滑桩，钻孔钢轨抗滑桩具有轻便、灵活、便于施工等优点。总的来说，钻孔钢轨桩的受力状态还研究得很不够，如钢轨上外力的具体分布至今仍不十分清楚，有待进一步研究分析，目前钢轨桩的设计计算方法是不成熟的，在实际工程中，必须结合具体条件分析应用。另外，由于旧钢轨抗拉强度取值、耐久性等问题，这种钻孔钢轨抗滑桩主要应用于应急抢险等临时工程中，永久工程中少见推广使用。

本书所要论述的为大截面钢轨抗滑桩，一般是指人工挖孔形成的抗滑桩，截面形状以矩形为主，截面宽度一般为1.5~5m，截面高度一般为1.5~7m，当滑坡推力方向难以确定时，应采用圆形桩。

3.4.2 关键技术问题

大(巨)型滑坡下滑力大，在采取截水、排水等措施的基础上，往往还需要采用大截面抗滑桩进行治理，但由于配筋率和钢筋抗拉强度(目前常用的Ⅲ级钢设计抗拉强度为360MPa)的限制，抗滑桩的混凝土抗压强度并没有得到充分发挥。采用抗拉强度高(≥880MPa)、抗弯性能好(工字型截面)的钢轨替代抗滑桩纵向受力钢筋，可形成一种抗滑能力强、工程费用节省、施工简便的钢轨抗滑桩。但将钢轨应用于大截面抗滑桩中作为受力钢筋，存在以下几个问题：

(1)钢轨，特别是旧钢轨的抗拉强度取值难以确定。

(2)钢轨表面是光滑的，类似于Ⅰ级光圆钢筋，与混凝土握裹力不足(受力钢筋要求用Ⅱ级及以上带肋钢筋)，抗滑桩承受滑坡推力产生变形后钢轨与混凝土可能脱开，发生“抽芯”现象，导致钢轨与混凝土不能联合受力。

(3)在铁路上，鱼尾板(接头夹板)主要起导向作用，两根钢轨通过鱼尾板夹紧使其对准连接，防止错位导致火车出轨；为适应钢轨因温度变化而引起的伸缩，在钢轨与钢轨、钢轨与鱼尾板之间均有一定的间隙。这就使得钢轨之间采用鱼尾板连接后，顺钢轨长度方向仍有一定活动空间。因此鱼尾板连接类似“铰接”，而钢轨抗滑桩中的钢轨则要求采用刚性连接。

此外，现行的《43kg/m~75kg/m钢轨接头夹板订货技术条件》(TB/T 2345—2008)中，鱼尾板抗拉强度较钢轨偏低(抗拉强度为785MPa或845MPa)。在大型滑坡治理中，滑坡推力大，滑面深，钢轨标准长度一般为12.5m或25m，超过标准长度钢轨须接长，钢轨抗滑桩如采用鱼尾板连接，则钢轨连接处是机械强度的薄弱处，不符合抗滑桩中钢轨需要等强连接的要求。

综上所述，目前大截面钢轨抗滑桩应用存在旧钢轨强度取值、钢轨与混凝土握裹力不足、鱼尾板连接刚度不够且连接处强度偏低等问题。

3.4.3 钢轨强度取值

1993年，我国铁路部门组织制定了《43kg/m～75kg/m 钢轨订货技术条件》(TB/T 2344—1993)系列标准，但除了断面尺寸外，由于工艺技术水平原因，冶金系统采用的还是《铁路用每米38～50公斤钢轨技术条件》(GB 2585—1981)。直到2003年，铁路系统和冶金系统仍分别采用本行业制定的标准。

2003年，铁道部组织铁道科学研究院等单位，对上述标准进行重大修订，借鉴欧洲钢轨标准，结合我国钢轨生产厂技术改造实际情况和工艺技术水平，制定了《43kg/m～75kg/m 钢轨订货技术条件》(TB/T 2344—2003)(以下简称“旧标准”)，用于运营速度为160km/h及以下铁路钢轨的生产、采购和验收检验。自2003年以来，旧标准得到广泛应用，在我国铁路建设中发挥了巨大作用，并取得良好社会效果。旧标准中钢轨的力学性能指标见表3-3。

表3-3 旧标准中钢轨和HRB400钢筋力学性能

牌号	抗拉强度 R_m(MPa)	断后伸长率 A
U71Mn	≥880	≥9%
U75V	≥980	≥9%
U76NbRE	≥980	≥9%
HRB400	≥540	≥7.5%

为适应我国高铁发展的需求，对旧标准进行了修订，目前现行有效版本为《43kg/m～75kg/m 钢轨订货技术条件》(TB/T 2344—2012)(以下简称“新标准”)。新标准中钢轨的力学性能指标见表3-4和表3-5。

表3-4 新标准中热轧钢轨力学性能

钢牌号	抗拉强度 R_m(MPa)	断后伸长率 A
U71Mn	≥880	≥10%
U75V	≥980	≥10%
U77MnCr	≥980	≥9%
U78CrV	≥1080	≥9%
U76CrRE	≥1080	≥9%

表 3-5　新标准中热处理钢轨力学性能

代号	牌 号	抗拉强度 R_m(MPa)	断后伸长率 A
H320	U71Mn	≥1080	≥10%
H340	U75V	≥1180	≥10%
H370	U78CrV	≥1280	≥10%

对比表 3-3、表 3-4 及表 3-5 中钢轨和我们常用的 HRB400 Ⅲ级钢筋的力学性能指标，钢轨抗拉强度是钢筋的 1.63~2.37 倍。考虑旧钢轨使用后，可能存在一定的疲劳损伤，力学性能指标可能有一定程度下降。

孙建平在《对滑坡推力安全系数及抗滑桩配筋钢轨设计强度取值的探讨》(2000)一文中对旧钢轨抗拉强度的取值分析如下：以往的设计规范及设计手册都未明确给出钢轨的抗拉强度值，而对一般的设计单位来讲，设计时钢轨的来源并不清楚，而且一般缺乏必要的设备对钢轨进行抽样及强度测定。这就需要在设计中分析、对比，采用合理的抗拉设计强度值。在以往的设计资料中，旧钢轨抗拉设计强度取值都比较保守，普遍采用 340MPa 或更小。孙建平(2000)认为，对于严格满足有关使用条件的旧钢轨，其抗拉设计强度可用到 365MPa，主要原因是首先在以往的设计中，曾对比了一些国产钢轨与 20MnSi 钢筋的抗拉强度(极限强度)、屈服强度及二者的化学成分。根据 20MnSi 钢筋抗拉强度(极限强度)与标准强度及设计强度之间的关系，并比较了钢轨同 20 MnSi 钢筋容许应力之间的关系，认为钢轨抗拉设计强度采用 365MPa 是可行的。其次，根据以往设计取值、工程实践效果以及施工、运营单位的信息反馈，发现已建成的抗滑桩虽然发生过失败，但没有发生过因结构强度不足而产生失败的事例。

董志明在《钢轨抗滑桩安全性分析》(2007)一文中，为了安全起见，将旧钢轨抗拉和抗压强度进行折减，折减系数为 0.7。

综合上述文献，旧钢轨强度按相应标准中钢轨抗拉强度的 70%考虑；同时参考《钢筋混凝土用钢　第 1 部分：热轧光圆钢筋》(GB/T 1499.1—2017)、《钢筋混凝土用钢　第 2 部分：热轧带肋钢筋》(GB/T 1499.2—2018)和《混凝土结构设计规范》(GB 50010—2010)的表 3-6 及表 3-7，详细数据摘录见表 3-6。

由表 3-6 可知，设计抗拉强度约为极限抗拉强度的 0.57~0.67 倍，断后伸长率 A 越高，两者的比例亦越高。考虑旧钢轨断后伸长率 A 较低(一般为≥9%至≥10%，与 HPB235 和 HPB300 两种钢筋略低或相当)，综合考虑钢轨设计抗拉强度取为极限抗拉强度的 0.6 倍。

表 3-6　普通钢筋强度标准值及设计值

牌号	屈服强度标准值 f_{yk}(MPa)	屈服强度极限值 f_{stk}(MPa)	抗拉强度设计值 f_y(MPa)	断后伸长率 A	抗拉强度设计值 f_y/屈服强度极限值 f_{stk}
HPB235	235	370	210	≥10%	0. 57
HPB300	300	420	270		0. 64
HRB335 HRBF335	335	455	300	≥17%	0. 66
HRB400 HRBF400 RRB400	400	540	360	≥16%	0. 67
HRB500 HRBF500	500	630	410	≥15%	0. 65

张银花等在《钢轨屈服强度指标取值研究》(2006)中全面分析相关试验数据得出如下结论：①U74、U71Mn、U75V、U76NbRE 四种钢轨热轧后屈服强度取值分别为 410MPa、460MPa、510MPa 和 510MPa。②U71Mn 及 U75V 或 U76NbRE 钢轨经热处理后，强度等级达到 1180MPa 时，屈服强度取值为 800MPa；强度等级达到 1230MPa 时，屈服强度取值为 820MPa。

综合考虑，最终推荐工程应用中旧钢轨设计抗拉强度取值见表 3-7 及表 3-8。

表 3-7　热轧旧钢轨抗拉强度值

钢牌号	折后抗拉强度 R_m(MPa)	设计抗拉强度 f_y(MPa)
U71Mn	616	369
U75V	686	411
U76NbRE	686	411
U77MnCr	686	411
U78CrV	756	453
U76CrRE	756	453

表 3-8 热处理旧钢轨抗拉强度值

代号	牌 号	折后抗拉强度 R_m(MPa)	设计抗拉强度 f_y(MPa)
H320	U71Mn	756	453
H340	U75V	826	495
H370	U78CrV	896	537

根据表 3-7、表 3-8 可知，即使是旧钢轨，设计抗拉强度也在 369~537MPa，比我们常用的 HRB400 的Ⅲ级钢筋抗拉强度高 2. 50%~49. 17%。

3. 4. 4 旧钢轨加糙

为解决钢轨与混凝土握裹力不足问题，需对旧钢轨表面进行加糙，加糙步骤如下。

1. 钢轨选择

钢轨加糙前，挑选、检查旧钢轨。首先，人工肉眼排除存在裂纹、弯曲严重的旧钢轨；然后进行超声波探伤，排除存在明显损伤的旧钢轨；必要时还应该进行拉伸试验。经过检查合格后的旧钢轨清除表面污物，做除锈处理后准备加糙。

2. 钢轨加糙

沿钢轨上、下、左、右共 4 个表面，每隔一定间距帮条焊一段加糙钢筋(见图 3-18)，加糙钢筋直径和间距根据受力情况确定。

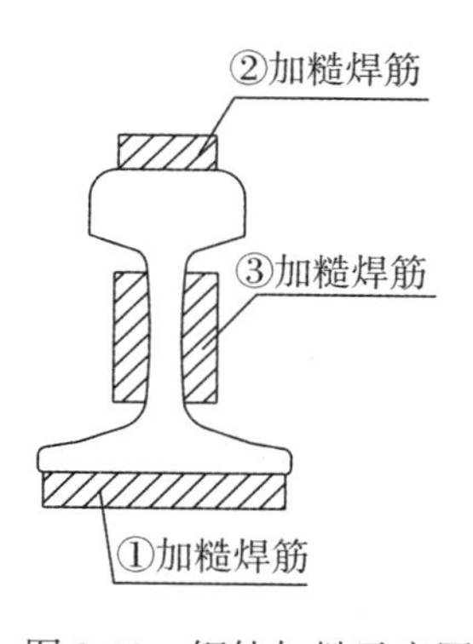

图 3-18 钢轨加糙示意图

加糙采用连续闪光焊，焊后在干燥环境下自然冷却至常温。经现场焊接试验多次比较，铁路钢轨专用焊条的焊接质量最佳。加糙不得对钢轨本身造成损伤，加糙后钢轨表面不应有裂纹、明显压痕、划痕、碰痕、打磨灼伤等伤损。

经过现场检验，本钢轨抗滑桩的钢轨加糙工艺，简单易行、经济适用，可有效解决钢轨与混凝土握裹力不足的问题，防止受荷载后钢轨与混凝土脱开，发生“抽芯”现象，解决了钢轨抗滑桩工程应用中存在的安全隐患。

3.4.5 钢轨连接

经过加糙后的旧钢轨可作为抗滑桩中的纵向受力钢筋，但钢轨标准长度通常为12.5m、25m，为满足抗滑桩纵向受力钢筋长度要求，必须进行连接。

1. 钢轨连接

钢轨的连接采用专用钢轨连接器，见图3-19及图3-20。施工时应注意，配置在钢轨抗滑桩“同一水平截面内”受拉区的钢轨接头数(钢轨连接器的个数)不超过钢轨总数的50%。

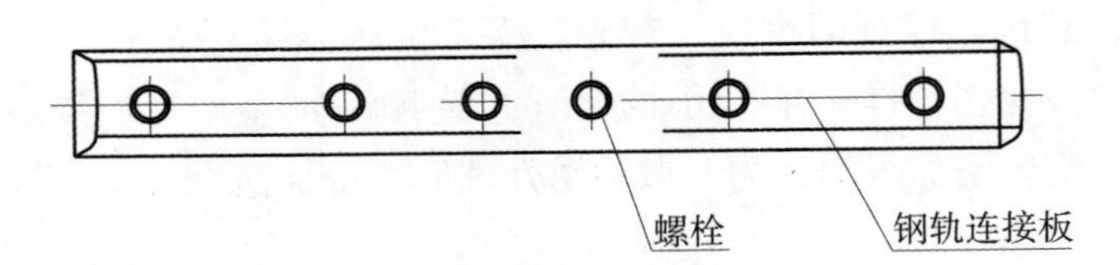

图3-19　专用钢轨连接器立视图

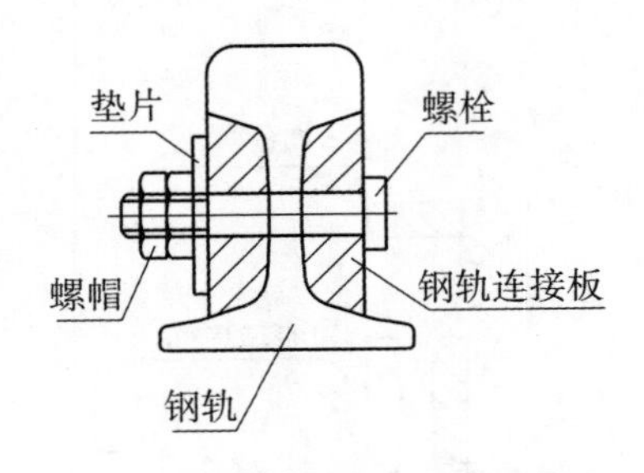

图3-20　专用钢轨连接器横剖面图

专用钢轨连接器与鱼尾板类似，但相比铁路行业的鱼尾板连接，它有以下优点：①与钢轨腹板贴合紧密且连接处没有间隙；②配套的螺栓与钢轨和连接板上孔眼尺寸一致；③选用高强材质。专用钢轨连接器属于机械连接，施工简单快捷、连接牢固可靠，具有良好的经济效益和社会效益。

2. 钢轨下放

因井内焊接作业条件差，一般在地面一次接好，利用井架上的提升滑轮配以长臂吊车将钢轨下放。

为解决深孔（可达 80~100m）施工过程中钢轨下放问题，李明等(2017)还专门研制了钢轨抗滑桩卡具。

3. 钢轨固定

由于钢轨又长又重，定位及固定其间距较困难，操作时在井内每 5~8m 设一道定位钢筋。定位钢筋一般两端插入护壁混凝土内，钢轨定位准确后采用铁丝绑扎固定。

钢轨的轨底应迎向滑坡下滑方向，钢轨横截面中轴线方向与抗滑桩长边方向一致。

钢轨抗滑桩除钢轨安装外，其他施工工艺同普通抗滑桩。

3.4.6 工程应用

钢轨抗滑桩具有抗滑能力强、施工工艺简单、工程费用省及施工难度与普通抗滑桩相当等突出优点，目前已经在构皮滩石棺材崩坡积体治理中得到应用，详见本书 4.3 节。

3.5 多排抗滑桩新技术

3.5.1 研究背景

大型滑坡治理工程中，为使抗滑桩截面不致过大，通常需要采用双排甚至多排抗滑桩进行支挡。较单排桩而言，多排桩的受力规律复杂得多，桩-土相互作用及滑坡剩余下滑力在各排桩之间如何分配、在各排桩之上如何分布都不容易明确。目前多排抗滑桩设计仍处于经验设计阶段，但实际监测数据表明，设计中假定各排桩平均分担剩余下滑力是不合理的。

抗滑桩研究的主要方法有模型试验、现场监测和数值计算等。模型试验可考虑各种复杂的地质和边界条件，所得结果较符合工程实际，现场监测可直接得到桩体的受力分布，但这两种方法费用高、耗时长，难以普及，多排桩情况下实现起来更难。相较之下，数值计算方法更经济、实用，模拟多排桩时也更容易实现，因此只要建立接近实际形态的滑坡体型，尽可能合理模拟边界条件，所得到的计算结果就能为工程设计提供重要的参考。

国内多位专家、学者采取多种手段，已针对双排抗滑桩做出卓有成效的研究，对双排桩桩间距及排距取值的合理性、各排桩受力分布形态和滑坡推力的分配等问题都得出值得借鉴的论断。但就数值计算来说，相关结论绝大多数是基于平面分析得出的，未考虑抗滑桩布置为多排多列的真实情况，且未验证所采用的计算软件的适用性。因此，为了得到更加有效的结论，有必要从模型建立上来变革，同时须验证计算软件选取的合理性。

3.5.2 技术路线及方法

本研究的技术路线如图 3-21 所示。

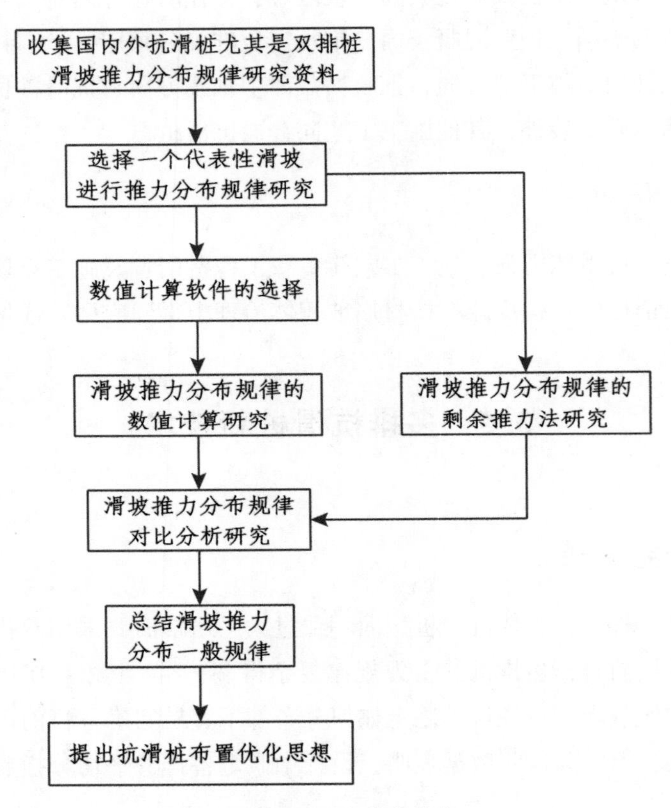

图 3-21 研究技术路线

以往对滑坡的计算多采用传递系数法及有限元法，本研究以适合分析非线性和大变形问题的有限差分软件 FLAC3D 为计算工具，以某滑坡治理工程实例为背景，研究三维状态下多排桩上的受力规律。

3.5.3 前处理工作及计算约定

3.5.3.1 计算模型

本研究以某滑坡治理工程实例为依托，对实际滑坡体型进行了合理简化，建模简图如图3-22所示。依据简图，采用ANSYS建立三维模型，对原型中滑坡体、滑带及滑床的形态进行了较为精确的模拟，并对设桩的位置进行了规划：抗滑桩均布置在抗滑段；定义沿滑动或滑动趋势方向，前面为前排桩，后面为后排桩；当桩排距变化时，前排桩位置保持不变。

参照该工程实例，抗滑桩的主要设计参数为：桩高(截面长边)4m，桩宽3m，总长60m，其中滑坡体段长40m。

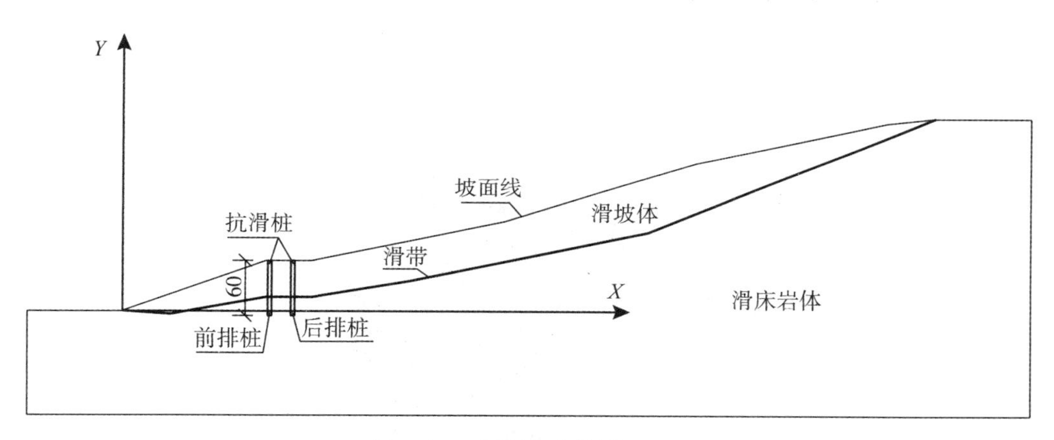

图3-22 建模简图(单位：m)

相关研究表明，当桩间距为2~8倍桩径时，桩间就会存在土拱效应，随着桩间距变大，桩的荷载分担比例减小。郑颖人等(2007)也指出，桩间距一般取桩径的2~5倍较合理，桩间距太小时，桩前滑面以下的岩土抗力不易充分发挥作用；桩间距太大时，则桩间土不能形成土拱。基于此，本节研究的桩间距在2~5倍桩宽，即6~15m的范围内取值。

根据美国的"API规范(1987年版)"、德国的《大口径钻孔灌注桩规范》、波兰的《建筑物基础》、挪威的《近海结构规范》、日本的《港口设施技术规范》等规范规定，桩排距取桩径的2.5~8倍较为合适；另外，根据一般滑坡治理工程中的抗滑桩排距取值，本研究的桩排距在小于10倍桩高，即4~32m的范围内取值。桩间距、桩排距均表示中心距离。

三维计算模型中，抗滑桩沿滑坡推力方向布置两排，每一排分布三根。计算坐标系如图3-22、图3-23(b)所示。根据桩间距的变化，模型Z轴方向的长度也不同：当桩间距分别为6m、8m、10m、12m和15m时，模型Z轴方向的长度依次为18m、24m、30m、36m和45m，以此来体现不同间距下各列桩承担不同宽度土体剩余下滑力的力学特性。模型X轴方向两侧、Z轴方向两侧及滑床底部均施加法向约束。模型网格如图3-23所示，其中Z轴方向长度和抗滑桩尺寸、间距、排距均为示意。

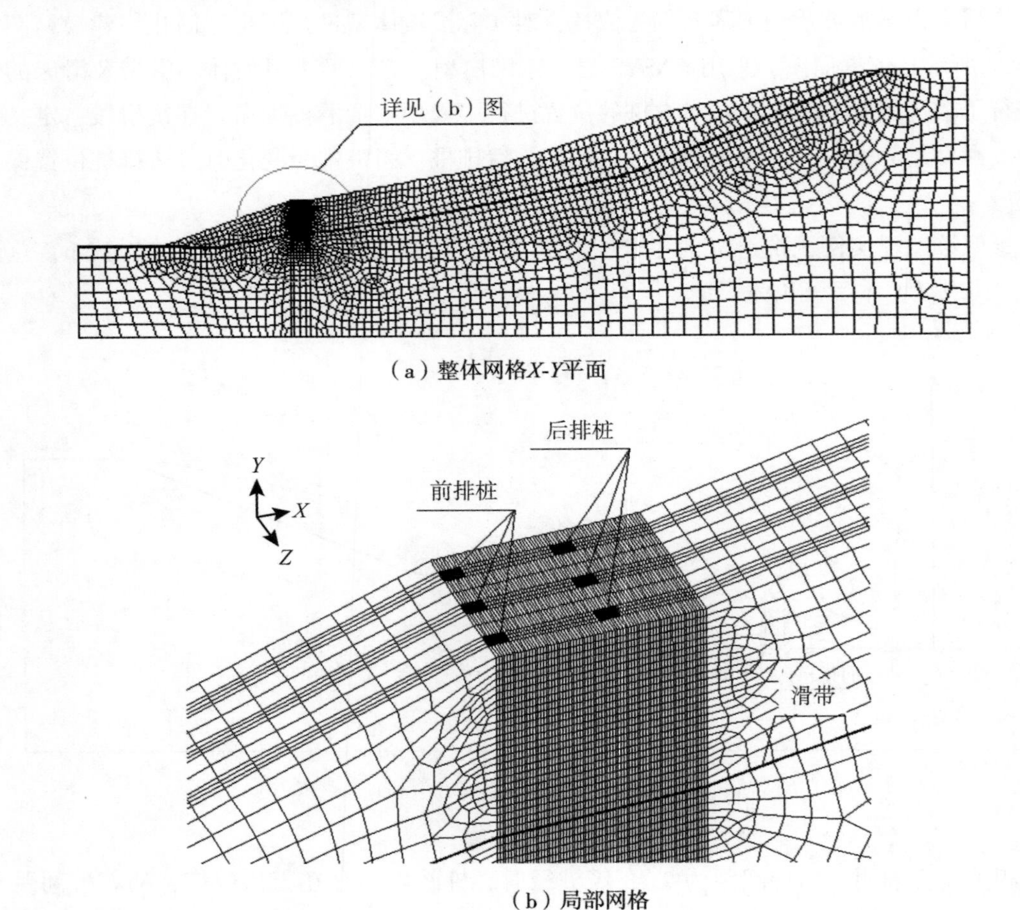

（a）整体网格X-Y平面

（b）局部网格

图3-23　模型网格

将ANSYS所建模型导入FLAC3D计算，岩土体采用六面体单元离散。其中，抗滑桩采用pile(桩)单元模拟，桩-土相互作用通过设置pile单元与FLAC3D网格的耦合弹簧参数实现。桩单元具有不受设置位置限制的优点，可与模型其他部分分开建模，利用桩单元可以轻松实现群桩的分析；桩的物理参数有横截面积、弹性模量、泊松比、惯性矩以及桩的外周长。耦合弹簧需要考虑的参数包括切向耦合弹簧刚度、单位切向耦合弹簧黏聚力及摩擦阻力、耦合弹簧法向刚度、单位法向耦合弹簧黏聚力及摩擦阻力。

3.5.3.2　材料参数

滑坡体、滑带及滑床的材料特性见表 3-9，抗滑桩各项计算参数见表 3-10。

表 3-9　岩土体材料参数

	天然容重 (kN/m^3)	变形模量 (MPa)	泊松比	黏聚力 (kPa)	内摩擦角 (°)
滑坡体	23	29	0.4	5	22
滑带	23	19	0.4	10	14.7
滑床	26	2500	0.34	650	35

表 3-10　抗滑桩物理力学参数

参数	数值	参数	数值
弹模(MPa)	25500	剪切耦合弹簧黏聚力(N/m)	4×10^3
泊松比	0.17	剪切耦合弹簧摩擦角(°)	17.6
横截面积(m^2)	12	剪切耦合弹簧刚度(MPa)	5.48×10^5
绕 y 轴惯性矩(m^4)	9	法向耦合弹簧黏聚力(N/m)	4×10^3
绕 z 轴惯性矩(m^4)	16	法向耦合弹簧摩擦角(°)	17.6
极惯性矩(m^4)	25	法向耦合弹簧刚度(MPa)	5.48×10^5
周长(m)	14		

表 3-10 中剪切和法向耦合弹簧刚度根据 FLAC3D 用户手册推荐公式计算取值，利用桩周土的模量和网格密度等条件估算了一个等效刚度。另外，根据陈育民等(2009)的建议，人工挖孔桩的桩土接触面黏聚力、摩擦角均取为桩周土的 0.8 倍。

3.5.3.3　滑坡达到极限平衡状态的判定

抗滑桩作为一种挡土结构，其设计准则要求土体抗剪强度得到充分发挥，即滑坡处于承载能力极限状态，因此，数值计算应保证滑坡处于极限平衡状态。

数值计算中，边坡处于极限平衡状态的判据通常有三种：滑面塑性区贯通、特征点塑性应变或位移发生突变、计算不收敛。郑颖人等(2007)指出，滑面塑性区贯通只能表明滑面上各点达到极限应力状态，是边坡整体破坏的必要条件，但非充分条件；可把特征点的塑性应变或位移发生突变时作为边坡处于极限平衡状态的标志，此时，有限元计算正好不收敛。

本研究在模型的滑坡面和滑带各取特征点，对滑带抗剪强度参数进行多次强度折减试算，发现当滑带塑性区刚好贯通时，特征点尚未发生位移突变，但当计算接近不收敛时，特征点位移均已呈急剧变化。因此，本书以特征点开始发生位移突变时作为滑坡极限平衡状态，此时对应的强度折减系数即为滑坡稳定安全系数。例如图 3-24 中，工况(a)稳定安全系数为 1. 135，工况(b)稳定安全系数为 1. 175。

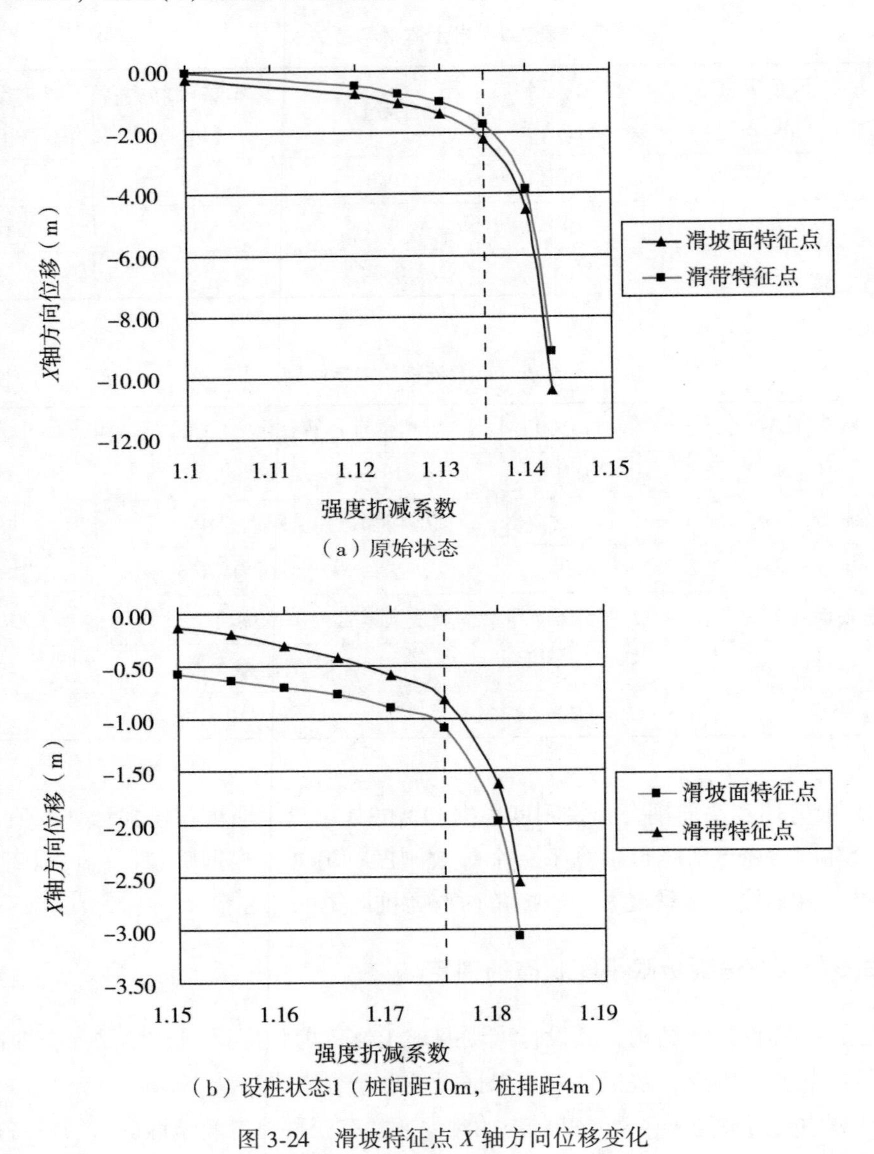

（a）原始状态

（b）设桩状态1（桩间距10m，桩排距4m）

图 3-24　滑坡特征点 X 轴方向位移变化

3.5.3.4　剩余推力法对 FLAC3D 计算结果的验证

基于刚体极限平衡法的自编程序——剩余推力传递系数法(以下简称剩余推力法)已被

广泛用于滑坡推力的计算分析，在工程应用中也已得到验证，可以认定通过剩余推力法求得的滑坡推力是基本合理的。因此，在设桩状态下，当滑坡达到极限平衡状态时，由FLAC3D 求得的抗滑桩承担的剩余下滑力若与剩余推力法的结果接近，则可说明所选计算软件 FLAC3D 应用于滑坡推力分析也是合理的。

具体验证过程：滑坡在原始状态下，由 FLAC3D 和剩余推力法分别得出其稳定安全系数为 1. 135 和 1. 128；滑坡在桩间距分别为 2~5 倍桩宽、桩排距分别为 1~8 倍桩高的各种组合设桩状态下，均取其达到极限平衡状态时双排桩所承担的剩余下滑力之和 F_{FLAC3D}，与相应的剩余推力法的计算结果 F_{TLF} 相比较，对比结果如表 3-11 所示。

表 3-11　两种方法所得滑坡剩余下滑力比较(单位：kN)

桩排距	桩间距 6m		桩间距 8m		桩间距 10m		桩间距 12m		桩间距 15m	
	k=1. 22		k=1. 185		k=1. 175		k=1. 17		k=1. 165	
	F_{FLAC3D}	F_{TLF}	F_{FLAC3D}	F_{TLF}	F_{FLAC3D}	F_{TLF}	F_{FLAC3D}	F_{TLF}	F_{FLAC3D}	F_{TLF}
4m	52400	62760	47200	53520	48400	53900	49100	56890	61000	61050
8m	52200	62760	49500	53520	49200	53900	50400	56890	62900	61050
12m	53700	62760	51600	53520	49900	53900	48700	56890	62700	61050
16m	56100	62760	52800	53520	51000	53900	50900	56890	62900	61050
20m	57100	62760	54500	53520	53000	53900	50800	56890	63900	61050
24m	57100	62760	56000	53520	54600	53900	52100	56890	64700	61050
28m	55700	62760	56200	53520	54600	53900	54500	56890	65900	61050
32m	56400	62760	56700	53520	54800	53900	54700	56890	66100	61050

表 3-11 中的数据表明，不同桩间距、桩排距下，通过两种方法求得的滑坡剩余下滑力相近，量值相当。考虑到数值计算的精度影响以及两种方法的差异性等因素，可以认为FLAC3D 用于本书计算是合理的。

3. 5. 4　双排桩受力规律

3. 5. 4. 1　剪力及弯矩分布

剪力及弯矩计算分两步进行：第一步计算滑坡体、滑带和滑床在重力作用下的变形和应力，得到设桩前的初始应力；第二步计算前将初始变形清零，将滑床、滑坡体和滑带的材料改为弹塑性，同时模拟双排全埋桩，采用 M-C 屈服准则进行非线性计算。

计算成果包括不同桩间距、桩排距下的桩剪力、弯矩分布图，其中桩间距分别为 6m、

10m、15m，桩排距分别为4m、20m、32m时，桩剪力、弯矩分布见图3-25~图3-30。

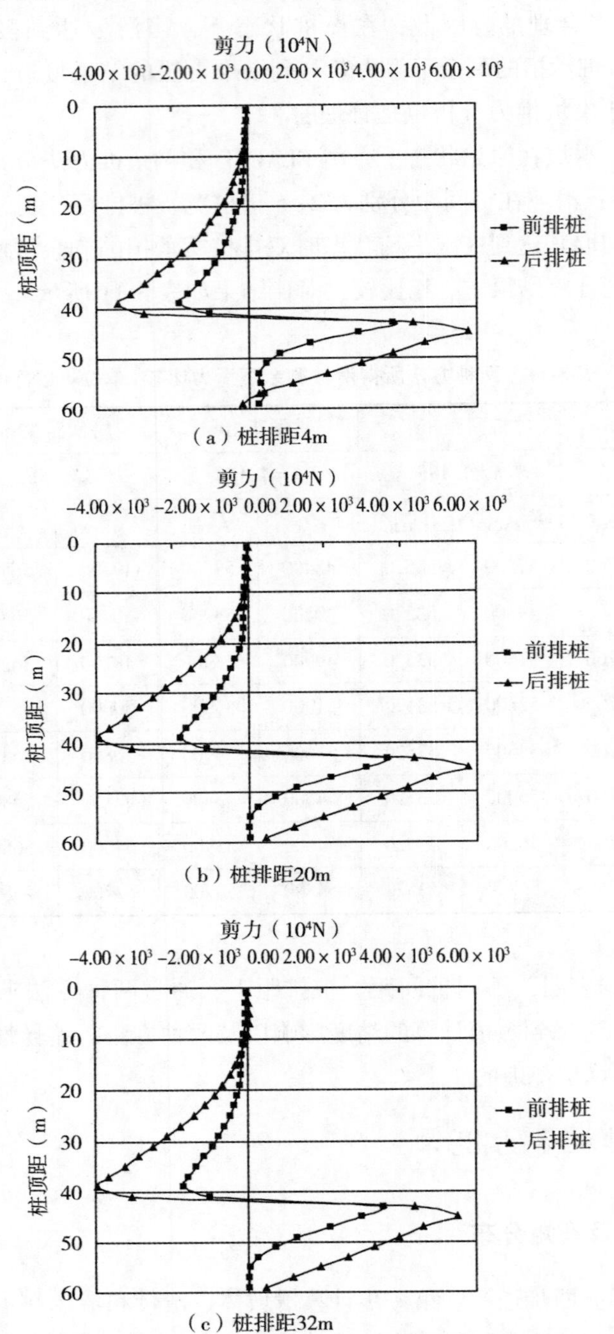

图3-25　桩间距为6m时不同桩排距下的桩剪力分布

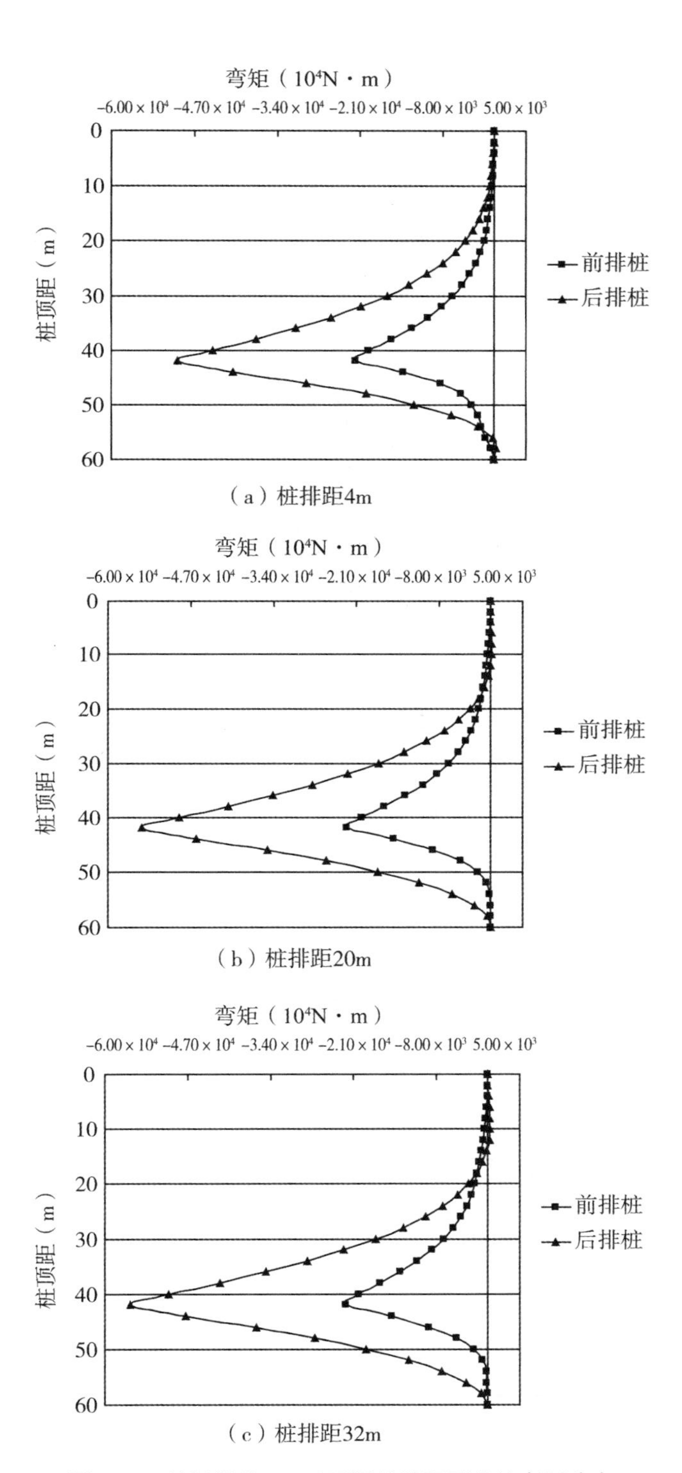

图 3-26　桩间距为 6m 时不同桩排距下的桩弯矩分布

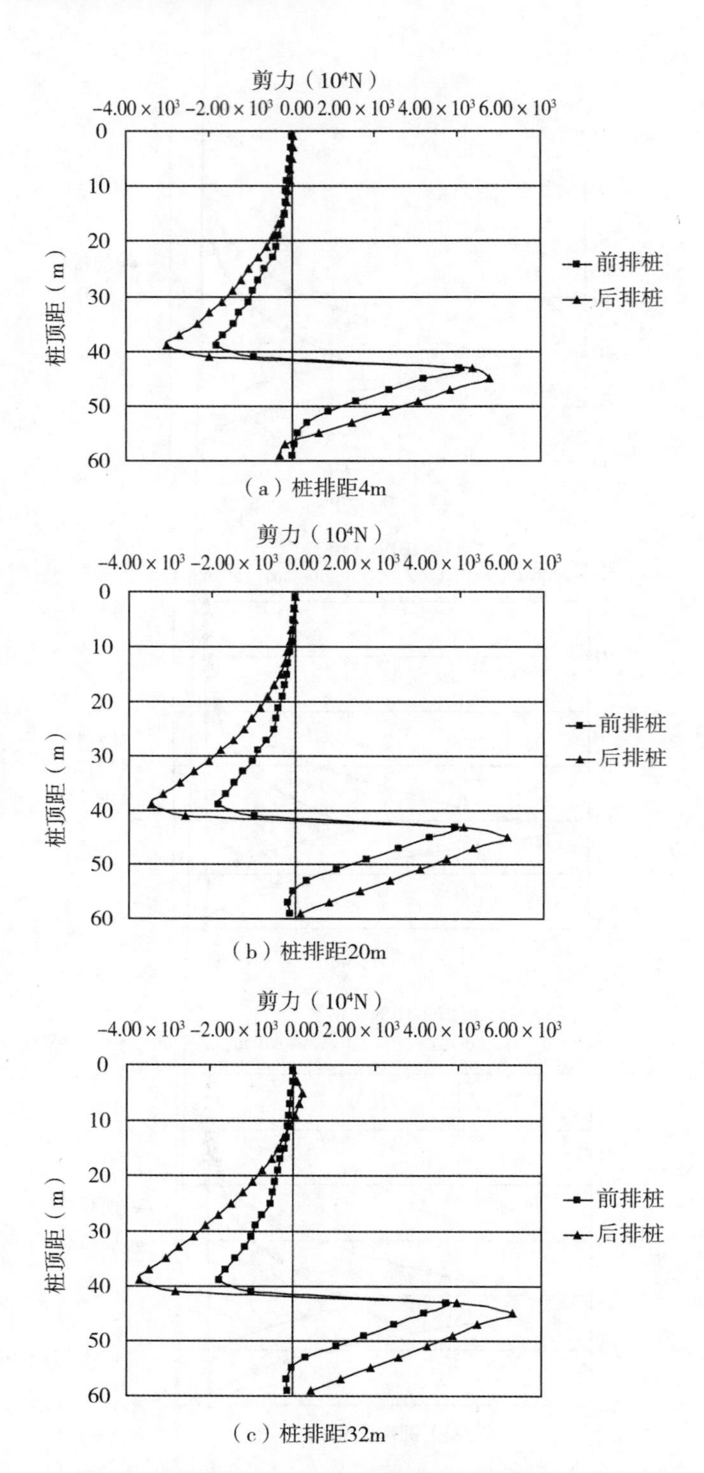

（a）桩排距4m

（b）桩排距20m

（c）桩排距32m

图 3-27　桩间距为 10m 时不同桩排距下的桩剪力分布

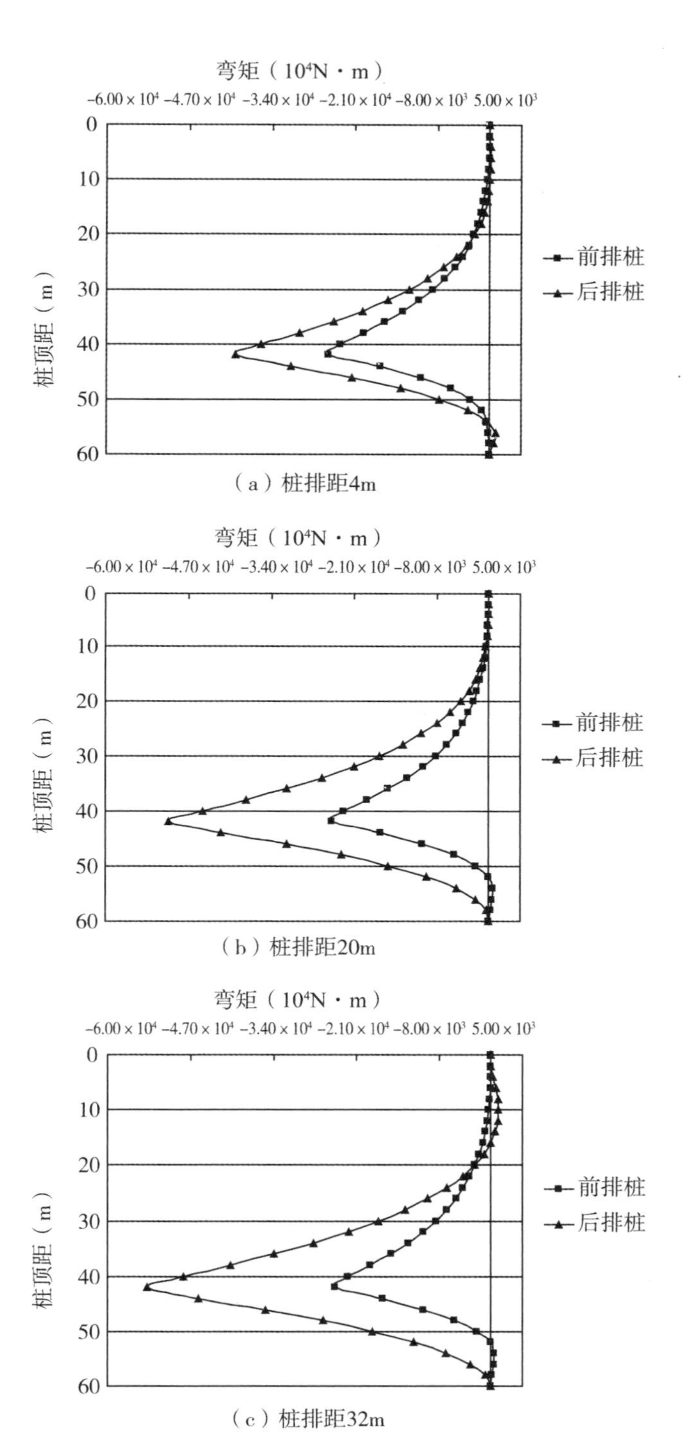

图 3-28　桩间距为 10m 时不同桩排距下的桩弯矩分布

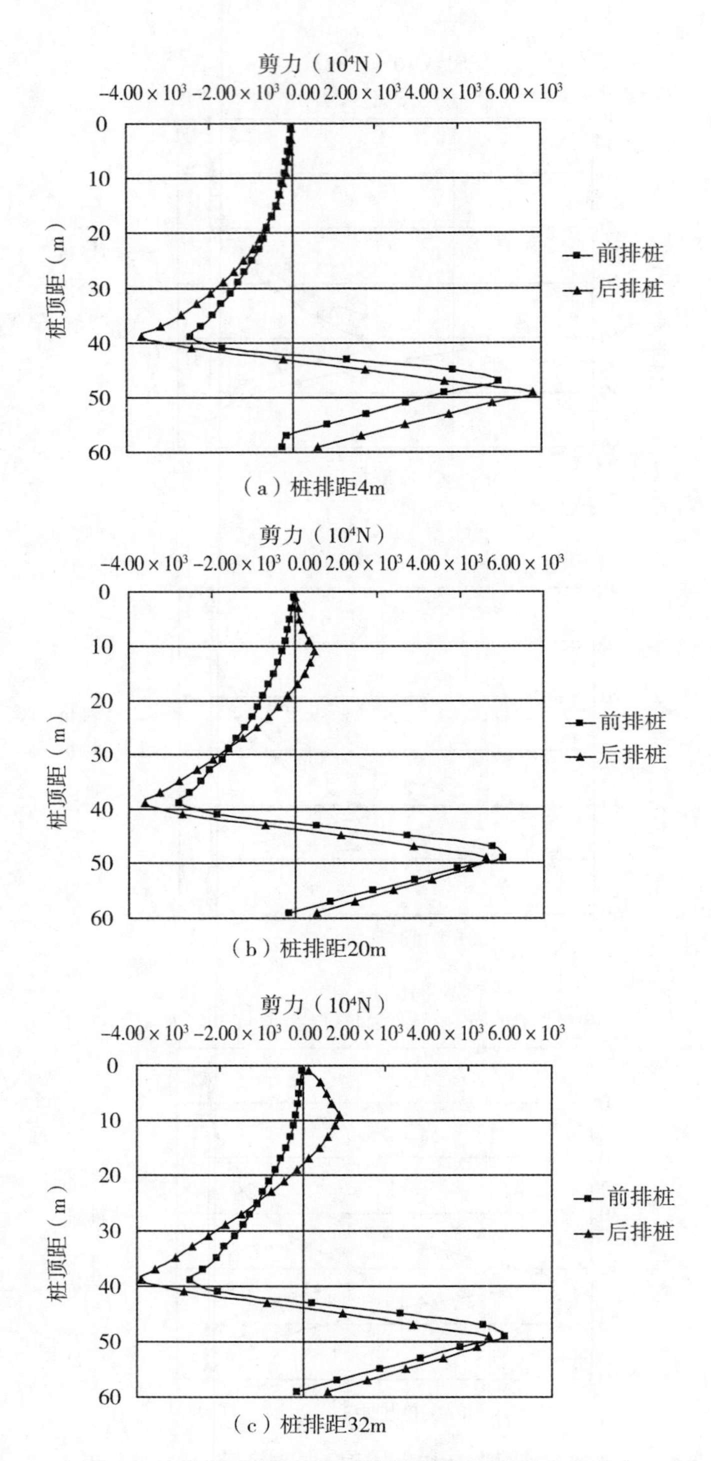

图 3-29　桩间距为 15m 时不同桩排距下的桩剪力分布

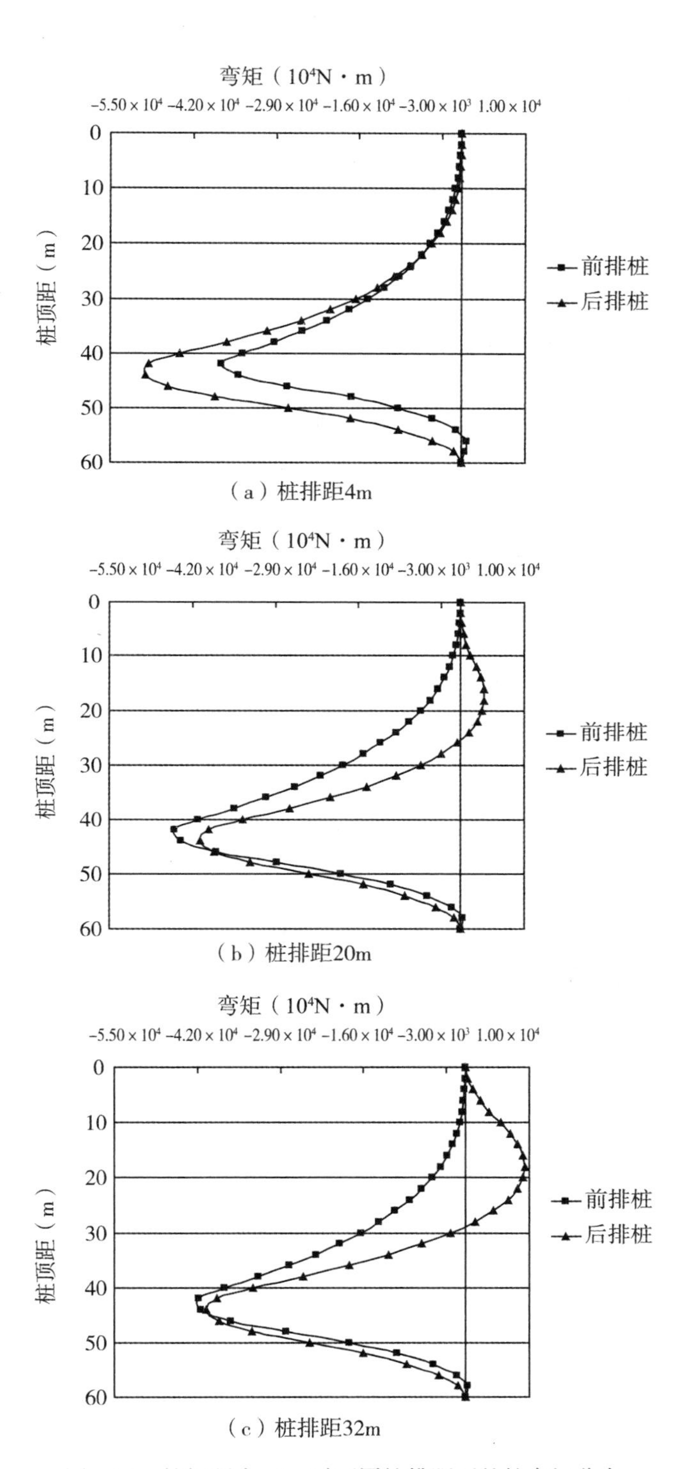

（a）桩排距4m

（b）桩排距20m

（c）桩排距32m

图 3-30　桩间距为 15m 时不同桩排距下的桩弯矩分布

对比图 3-25~图 3-30 可以看出：

(1)在各种桩间距、桩排距下，前、后排桩的剪力、弯矩分布形态基本类似，变化规律基本相同。

(2)本节研究双排桩设置于抗滑段，前、后排桩均起到抵抗剩余下滑力的作用。滑坡推力首先作用于后排桩，经由桩间滑体变形传至前排桩。后排桩的抗滑作用理论上大于前排桩，因此前排桩的内力数值一般小于后排桩。

(3)随着桩排距增大，前排桩的剪力、弯矩值逐渐减小，后排桩的剪力、弯矩值逐渐增大，且后排桩内力值变化更明显。

(4)桩间土拱效应理论上随桩间距增大而减弱。由于后排桩起到的抗滑作用更大，土拱效应的变化对后排桩受力的影响也更大。当桩间距达到 5 倍桩宽时，土拱效应已非常微弱，此时前、后排桩的内力值差别最小，前、后排桩内力分布接近。

(5)桩间距越大，各排桩承担的剩余下滑力也越大，当桩间距较大(5 倍桩宽)时，后排桩桩顶出现反弯矩，且此时随着桩排距增大，反弯矩也增大。

3.5.4.2 剩余下滑力分配

根据全埋桩的受力可知，桩承受的滑坡剩余下滑力大小即等于桩位于滑带顶面处的剪力值。表 3-12、表 3-13 列出了不同桩间距、桩排距下，前、后排桩各自承担的剩余下滑力，表 3-14 给出了其比值结果。

表 3-12 前排桩剩余下滑力 （单位：kN）

桩排距 桩间距	4m	8m	12m	16m	20m	24m	28m	32m	稳定安全系数
6m	18070	17400	17210	17480	17840	17460	16930	16890	1. 22
8m	17950	18270	19110	18400	18660	18120	17560	17550	1. 185
10m	18200	18570	18760	18280	18470	18510	17960	17730	1. 175
12m	18670	19020	18040	18640	18010	18540	18990	18110	1. 17
15m	24600	27230	27500	27470	27780	27770	27340	26980	1. 165

表 3-14 中横排数据表明同一桩间距下，前、后排桩剩余下滑力的分担比基本上随桩排距增大而减小；纵列数据表明同一桩排距下，前、后排桩的分担比基本上随桩间距增大而增大。由此可见，对于布置在抗滑段的双排桩，若桩间距越小、桩排距越大，前排桩的抗滑效果也会越低于后排桩。前排桩的存在与其说是起到分担滑坡剩余下滑力的作用，不

如说是增加了后排桩的桩前抗滑作用。

表 3-13　后排桩剩余下滑力　　（单位：kN）

桩排距 桩间距	4m	8m	12m	16m	20m	24m	28m	32m	稳定安全系数
6m	34330	34800	36490	38620	39260	39640	38770	39510	1.22
8m	29250	31230	32490	34400	35840	37880	38640	39150	1.185
10m	30200	30630	31140	32720	34530	36090	36640	37070	1.175
12m	30430	31380	30660	32260	32790	33560	35510	36590	1.17
15m	36400	35670	35200	35430	36120	36930	38560	39120	1.165

表 3-14　前、后排桩剩余下滑力分担比

桩排距 桩间距	4m	8m	12m	16m	20m	24m	28m	32m
6m	$\frac{3.4:6.6}{0.53}$	$\frac{3.3:6.7}{0.50}$	$\frac{3.2:6.8}{0.47}$	$\frac{3.1:6.9}{0.45}$	$\frac{3.1:6.9}{0.45}$	$\frac{3.1:6.9}{0.44}$	$\frac{3.0:7.0}{0.44}$	$\frac{3.0:7.0}{0.43}$
8m	$\frac{3.7:6.3}{0.59}$	$\frac{3.7:6.3}{0.58}$	$\frac{3.6:6.4}{0.57}$	$\frac{3.5:6.5}{0.53}$	$\frac{3.4:6.6}{0.52}$	$\frac{3.2:6.8}{0.48}$	$\frac{3.1:6.9}{0.45}$	$\frac{3.1:6.9}{0.45}$
10m	$\frac{3.8:6.2}{0.61}$	$\frac{3.8:6.2}{0.61}$	$\frac{3.8:6.2}{0.60}$	$\frac{3.6:6.4}{0.56}$	$\frac{3.5:6.5}{0.53}$	$\frac{3.4:6.6}{0.51}$	$\frac{3.3:6.7}{0.49}$	$\frac{3.2:6.8}{0.48}$
12m	$\frac{3.8:6.2}{0.61}$	$\frac{3.8:6.2}{0.61}$	$\frac{3.8:6.2}{0.60}$	$\frac{3.7:6.3}{0.58}$	$\frac{3.5:6.5}{0.55}$	$\frac{3.6:6.4}{0.55}$	$\frac{3.5:6.5}{0.53}$	$\frac{3.3:6.7}{0.50}$
15m	$\frac{4.0:6.0}{0.68}$	$\frac{4.3:5.7}{0.76}$	$\frac{4.4:5.6}{0.78}$	$\frac{4.4:5.6}{0.78}$	$\frac{4.3:5.7}{0.77}$	$\frac{4.3:5.7}{0.75}$	$\frac{4.1:5.9}{0.71}$	$\frac{4.1:5.9}{0.69}$

由表 3-14 可知，当桩间距为 6m，桩排距为 32m 时，前排桩承担的比例最小，前、后排桩分担比小于 3∶7；当桩间距增至 15m，桩排距为 12m 时，前、后排桩分担比大于 4∶6。归纳起来可得出：当桩间距在 2～5 倍桩宽、桩排距在 1～8 倍桩高范围内变化时，前、后排桩的分担比在 4∶6 和 3∶7 之间变化。由此可见，目前众多设计中仍采用各排桩平均分担剩余下滑力的理念显然是不合理的。

3.5.4.3　弯矩最大值分配

表 3-15、表 3-16 列出了不同桩间距、桩排距下，前、后排桩各自承担弯矩的最大值，表 3-17 给出了其比值结果。

表 3-15　前排桩弯矩最大值　　（单位：kN·m）

桩排距 桩间距	4m	8m	12m	16m	20m	24m	28m	32m	稳定安全系数
6m	217500	213900	210600	215300	225900	220300	209800	222500	1.22
8m	263900	252700	266500	245800	252700	241800	22120	226500	1.185
10m	251700	258100	260000	243500	246500	252800	24470	243600	1.175
12m	266000	264400	267600	256600	253200	260500	26280	261500	1.17
15m	376000	425500	440100	438500	448300	428800	41890	418700	1.165

表 3-16　后排桩弯矩最大值　　（单位：kN·m）

桩排距 桩间距	4m	8m	12m	16m	20m	24m	28m	32m	稳定安全系数
6m	496100	507500	544700	581100	546500	571700	552300	560300	1.22
8m	440600	418700	438300	486300	514700	560600	546600	558800	1.185
10m	398300	409800	423800	457000	500600	531800	525900	538100	1.175
12m	406300	428000	428900	454900	474000	481300	502200	531400	1.17
15m	490200	457100	414600	397800	394500	386400	383700	389000	1.165

表 3-17　前、后排桩弯矩最大值之比

桩排距 桩间距	4m	8m	12m	16m	20m	24m	28m	32m
6m	3.0∶7.0 0.44	3.0∶7.0 0.42	2.8∶7.2 0.39	2.7∶7.3 0.37	2.9∶7.1 0.41	2.8∶7.2 0.39	2.8∶7.2 0.38	2.8∶7.2 0.40
8m	3.8∶6.2 0.61	3.8∶6.2 0.60	3.7∶6.3 0.60	3.4∶6.6 0.51	3.3∶6.7 0.49	3.0∶7.0 0.43	2.9∶7.1 0.40	2.9∶7.1 0.41
10m	3.9∶6.1 0.63	3.9∶6.1 0.63	3.8∶6.2 0.61	3.5∶6.5 0.53	3.3∶6.7 0.49	3.2∶6.8 0.48	3.2∶6.8 0.47	3.1∶6.9 0.45
12m	4.0∶6.0 0.65	3.9∶6.1 0.64	3.8∶6.2 0.62	3.6∶6.4 0.56	3.5∶6.5 0.53	3.5∶6.5 0.54	3.4∶6.6 0.52	3.3∶6.7 0.49
15m	4.3∶5.7 0.77	4.8∶5.2 0.93	5.1∶4.9 1.06	5.2∶4.8 1.10	5.3∶4.7 1.14	5.3∶4.7 1.11	5.2∶4.8 1.09	5.2∶4.8 1.08

由表3-15、表3-16可知，同一桩间距下，随着桩排距增大，前排桩弯矩最大值变化不明显，后排桩弯矩最大值基本上呈逐步增大的变化规律，但当桩间距较小(2倍桩宽)或较大(5倍桩宽)时，则无此规律；同一桩排距下，随着桩间距增大，基本上呈现前排桩弯矩最大值逐步增大、后排桩弯矩最大值逐步减小的规律。

由表3-17可知，桩间距越小、桩排距越大时，前、后排桩弯矩最大值的差别基本上也越大。当桩间距为6m，桩排距为32m时，前、后排桩比值小于3∶7；当桩间距增至15m，桩排距为20m时，前、后排桩比值大于1∶1。归纳起来可得出，当桩间距在2~4倍桩宽、桩排距在1~8倍桩高范围内变化时，前、后排桩的弯矩最大值之比基本上在4∶6和3∶7之间变化；当桩间距为5倍桩宽时，前、后排桩的弯矩最大值之比则接近甚至大于1∶1。

传统的多排桩设计对各排桩按照平均分担剩余下滑力处理，假定剩余下滑力分布形态后，计算出桩的弯矩分布，然后根据其承担的弯矩最大值配筋。显然，由此得出的配筋方式必然导致前排桩安全裕度过大，而后排桩强度不足，从而可能导致多排桩发生“多米诺骨牌式”渐进破坏。因此，实际工作中应根据不同桩间距、桩排距下的前、后排桩的弯矩最大值之比对两排桩分别设计，可从桩截面积、混凝土标号以及配筋率等方面来体现前、后排桩强度上的差别。

3.5.5　三排桩受力规律

在双排桩研究的基础上，只考虑桩间距10m的情况，进一步研究三排桩支挡时各排桩受力分布及分配的规律。计算步骤同双排桩模型，于第二步加入pile单元模拟三排全埋桩，采用M-C屈服准则进行非线性计算。同样定义沿滑动或滑动趋势方向，前面为第1排桩，中间为第2排桩，后面为第3排桩。

3.5.5.1　剪力及弯矩分布

图3-31、图3-32整理了桩排距分别为4m、8m、12m、16m时各排桩的剪力及弯矩分布。

由图3-31、图3-32可以看出，三排桩的剪力、弯矩分布规律与双排桩类似：

(1)不同排距下，各排桩的剪力、弯矩分布形态基本类似，变化规律基本相同。

(2)各排桩按编号顺序内力数值逐渐增大。

(3)随着桩排距增大，各排桩的剪力、弯矩值基本呈现增大趋势，但变化均不明显。

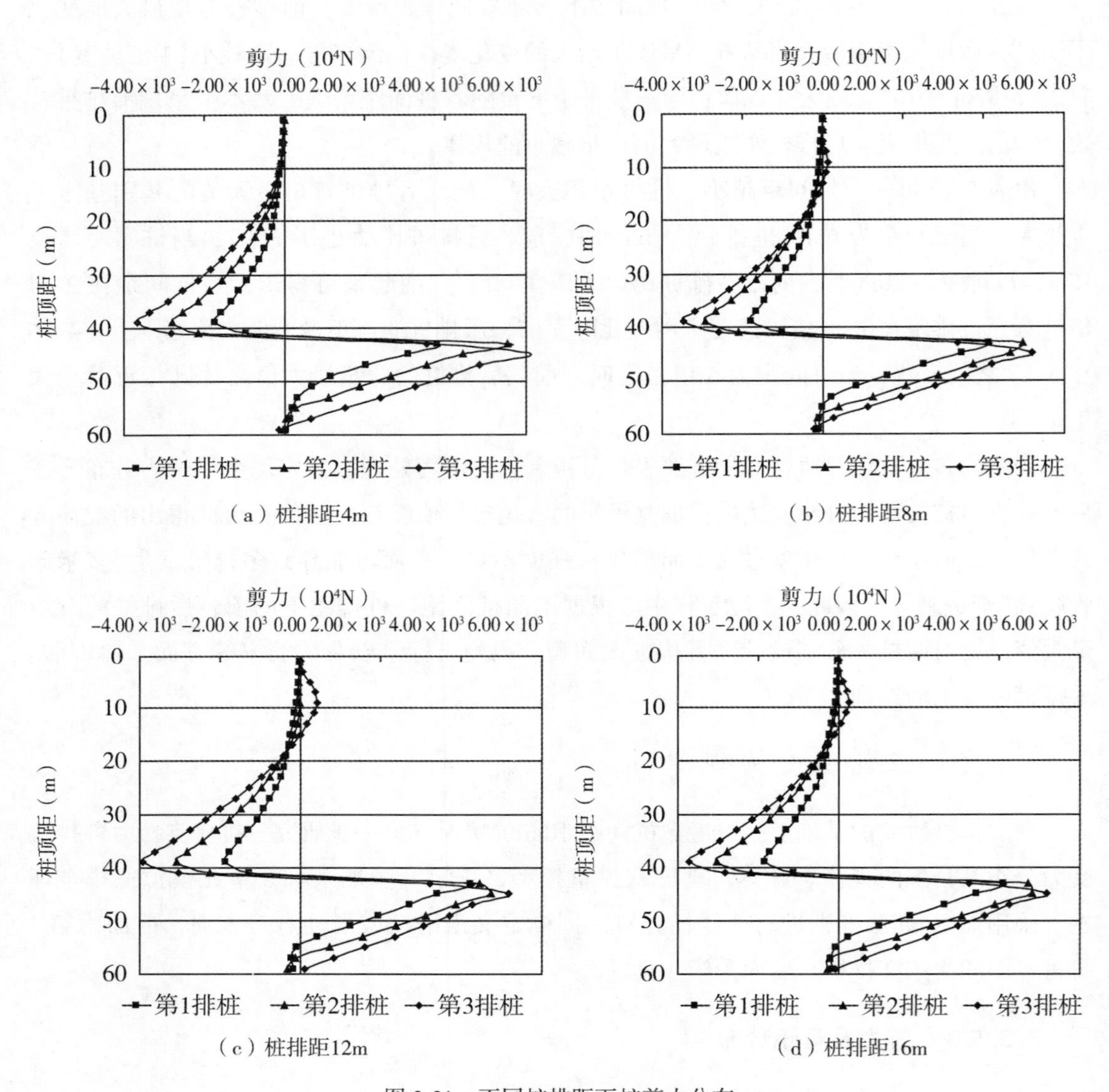

图 3-31　不同桩排距下桩剪力分布

3.5.5.2　剩余下滑力分配

表 3-18 列出了不同桩排距下，各排桩各自承担的剩余下滑力，表 3-19 给出了其比值结果。

由表 3-18、表 3-19 可见，当桩排距增大时，各排桩剩余下滑力基本呈增大趋势，但变化不明显，其中第 3 排桩所承担的剩余下滑力基本上达到第 1 排桩的 2 倍。对比双

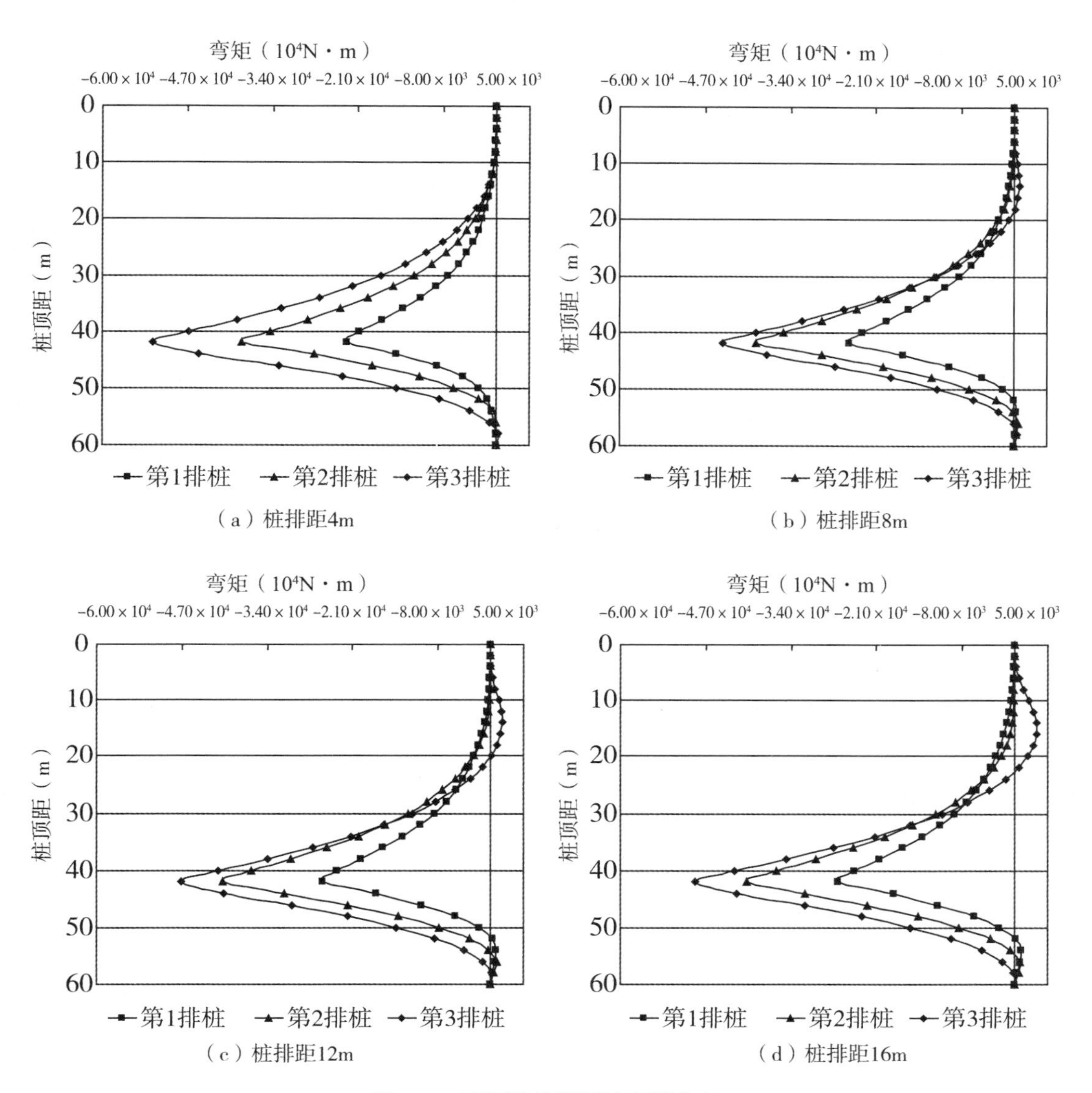

（a）桩排距4m

（b）桩排距8m

（c）桩排距12m

（d）桩排距16m

图 3-32　不同桩排距下桩弯矩分布

排桩的研究成果，同样的桩间距(10m)下，三排桩支挡时，滑坡的稳定安全系数提高了 0.02。

表 3-20 对比了通过数值方法和剩余推力法得出的滑坡剩余下滑力，两种方法得出的结果相近，也进一步验证了 FLAC3D 用于该计算的合理性。

表 3-18　各排桩剩余下滑力　　（单位：kN）

桩排距	第 1 排桩	第 2 排桩	第 3 排桩	稳定安全系数
4m	17460	28000	36730	1. 195
8m	18000	29180	34600	1. 195
12m	18310	30120	37070	1. 195
16m	18770	30720	39340	1. 195

表 3-19　各排桩剩余下滑力分担比

桩排距	4m	8m	12m	16m
分担比	2. 1 : 3. 4 : 4. 5	2. 2 : 3. 6 : 4. 2	2. 1 : 3. 5 : 4. 3	2. 1 : 3. 5 : 4. 4

表 3-20　两种方法所得滑坡剩余下滑力比较

桩排距	$k=1.195$	
	F_{FLAC}(kN)	F_{TLF}(kN)
4m	82190	83000
8m	81780	83000
12m	85500	83000
16m	88830	83000

3. 5. 5. 3　弯矩最大值分配

表 3-21 列出了不同桩排距下，各排桩各自承担弯矩的最大值，表 3-22 给出了其比值结果。

表 3-21　各排桩弯矩最大值　　（单位：kN · m）

桩排距	第 1 排桩	第 2 排桩	第 3 排桩	稳定安全系数
4m	227500	387500	523900	1. 195
8m	250900	392500	443500	1. 195
12m	256300	408300	470600	1. 195
16m	268800	408400	487000	1. 195

表 3-22 各排桩弯矩最大值之比

桩排距	4m	8m	12m	16m
比值	2.0∶3.4∶4.6	2.3∶3.6∶4.1	2.3∶3.6∶4.1	2.3∶3.5∶4.2

由表3-21、表3-22可见，随着桩排距增大，各排桩弯矩最大值也基本呈变大趋势，但变化也不明显，其中第3排桩所承担弯矩的最大值基本上达到第1排桩的2倍。该结果进一步论证了传统多排桩设计的不合理性。

3.5.6 工程应用

本书基于FLAC3D平台，充分考虑了桩-土耦合作用以及土体非线性特性，深入研究了计算软件的适用性、滑坡失稳判据、多排桩内力分布、剩余下滑力及弯矩最大值分担比等技术难点，得出如下结论：

(1)选择FLAC3D数值计算软件进行抗滑桩的受力规律分析是合适的。在多种桩间距、桩排距组合状态下，由FLAC3D计算得出的滑坡剩余下滑力数值与采用剩余推力法推求的结果基本接近，验证了FLAC3D用于本书计算的合理性。

(2)滑坡失稳以特征点位移发生突变为判别依据。采用FLAC3D对算例进行大量试算发现，当滑带塑性区刚好贯通时，特征点位移尚未发生突变，但当计算逼近不收敛时，特征点位移均已呈现急剧变化，因此，将特征点位移开始突变作为滑坡整体失稳的标志是合适的。

(3)无论在双排桩还是三排桩支挡情况下，各排桩的剪力、弯矩分布形态大致相似，数值大小则主要受桩排距影响。

双排桩支挡情况下，前排桩承担的剩余下滑力随桩排距增大而减小，其内力也越来越小；后排桩承担的剩余下滑力随桩排距增大而增大，其内力也越来越大，其中后排桩变化更明显。

三排桩支挡情况下，各排桩承担的剩余下滑力基本随桩排距增大而增大，其内力也基本呈增大趋势，但变化均不明显。

(4)各排桩并非平均分担滑坡剩余下滑力，前排桩(或第1排桩、第2排桩)的存在只是增加了后排桩(或第3排桩)的抗滑作用，主要承担剩余下滑力的还是后排桩(或第3排桩)。

双排桩支挡情况下，当桩间距在2~4倍桩宽、桩排距在1~8倍桩高范围内变化时，前、后排桩的最大弯矩比值基本在4∶6和3∶7之间变化；当桩间距较大(5倍桩宽)时，前、后排桩的最大弯矩比值则接近甚至大于1∶1。

三排桩支挡情况下，第3排桩所承担弯矩的最大值基本上达到第1排桩的2倍，第2排桩所承担弯矩的最大值介于其间。这与传统多排桩设计中假定分担比对等的理念有较大差别，应予以注意。

(5)桩间距一般取2~4倍桩宽为宜。桩间距太小时，土拱效应难以充分发挥；桩间距太大时，桩间土拱结构无法形成，可能出现桩间土溜滑的情况。因此，从工程经济及工程安全的角度考虑，桩间距不宜过小或过大。

(6)桩排距取3~8倍桩高为宜，此时各排桩共同受力的可靠性佳。桩排距太小时，桩排间的土体抗滑作用未能得到充分利用；桩排距太大时，前排抗滑桩的抗滑效果差，多排桩转化为单排桩的受力模式，共同受力可靠性差，共同抗滑效率低。

上述研究成果已经在水布垭水电站大岩淌滑坡及马岩湾滑坡、构皮滩水电站石棺材滑坡治理中全面推广应用，取得了良好效果，具体工程应用详见本书的4.1节和4.3节。

3.6 新型预应力锚索

3.6.1 研发背景

自从20世纪60年代锚索技术引入我国以来，该技术在诸多工程领域得到广泛的应用，尤其在水利水电方面取得的成绩更显著。目前，锚索已成为水利水电工程坝基、边坡、滑坡(锚拉桩、锚索框架等)、地下洞室支护加固的重要技术。

锚索施工一般按以下施工程序进行：测量定位→造孔→锚索制作→锚索安装→锚索灌浆→锚索分级张拉→锚墩混凝土浇筑。其中，传统锚索制作和安装的过程是将包括钢绞线、灌浆管、内隔离支架、波纹管、前端导向帽、外对中支架等基本锚索构件进行组合并形成统一整体，随后通过人工将制作完成的锚索整体推送至钻孔内。

传统结构制作锚索对后期安装施工有诸多不利影响，其结构特征及引发的问题具体归纳为如下5个方面。

(1)锚索结构具有长、多、重、柔的特征。

为确保锚索的锚固段置于稳定坚固的深层岩体中，大(巨)型滑坡防治工程中的锚索长度一般较长，普遍在60m以上。

传统锚索采用一次性整体组装的制作工艺，使其包含的各式构件众多(包括钢绞线、灌浆管、内隔离支架、波纹管、前端导向帽、外对中支架等)，同时也使其总重显著增加。以2000kN级锚索为例，采用14根1×7标准型钢绞线(公称直径15.2mm，公称面积139mm^2，理论重量1.101kg/m)，按照40m的总长度估算，纯钢绞线部分的理论重量达

0.62t，加入其他构件后的实际总重或攀升至0.8t左右。

尽管锚索主要构件的力学强度较高，但由于在三维空间中其长度与截面高度的巨大悬殊(按照40m的总长度估算为40m∶0.15m)。在其自重和搬运等外力作用下，锚索结构会发生显著的挠曲变形，具有线状柔性的特征。

(2)锚索送入钻孔困难，卡索情况频发，调整难度大。

由于锚索易发生挠曲变形，同时滑坡体内形成的钻孔通道亦存在整体弧度和局部的粗糙起伏(深孔钻进时，随着潜孔钻连接钻杆根数的增加，钻头在重力作用下逐渐发生下垂，形成的钻孔通道难以维持直线，故一般存在下弯弧度甚至不规则状)，随着锚索体进入钻孔内长度的增加，局部将承受来自粗糙岩壁的摩擦阻力，继续推进的难度不断提升。特别地，当锚索最外层构件——对中支架凸起端和孔壁凸起点发生锁固后，将造成卡索现象。

当锚索施工过程发生推送困难、卡索问题后，则需要众多搬运工人协调操作，经过反复送入、抽回尝试方能继续推进。考虑到锚索重量大，上述协调过程难度较大。

(3)锚索构件易损伤，影响其基本功能和耐久性。

当锚索送入钻孔后，特别是推进困难或卡索时，其波纹管、钢绞线等构件和钻孔壁会发生互相挤压和摩擦运动，可能导致的损伤包括：波纹管破裂，外锚固段钢绞线受损，内锚固段钢绞线HDPE护套破裂以及油脂外漏等。

上述构件破坏不仅导致锚索的基本抗拉功能受到影响，同时由于多层防护屏障的损坏，也使得锚索易发生腐蚀，耐久性较差。

(4)锚索体易扭转，预应力损失严重。

由于锚索体的线状柔性特征，在搬运及推送过程中，锚索体易沿轴向发生绕曲、旋转而呈现出似“麻花状”扭曲状态，导致后期锚索绞线在张拉过程中所受摩擦力增加，锚固力发生沿程损失，造成锚索预应力损失，最终影响到锚索的锚固效果。

(5)外锚头钢绞线存在防腐问题，无法进行补偿张拉与放松，降低锚索使用寿命。

目前锚索施工使用的保护装置是采用法兰连接方式将保护罩油箱固定于钢垫板上，严格意义上讲，此种保护装置并非完全封闭物体，见图3-33。边坡锚索外锚头长时间处于阳光暴晒、高温的外部环境，保护罩内油体受热膨胀气化，增大罩内压力，加剧油体渗漏发生。随着时间的推移，保护装置内油体将逐渐减少，油面线逐渐降低，甚至会出现保护装置内无油的情况。在实际工程中只是在保护装置安装完成后的较短时间内，保护装置是被油体完全充满的，其远达不到工程上对外露钢绞线的防水防腐保护要求。

3.6.2　一种新型锚索对中支架装置

3.6.2.1　要解决的技术问题

本研究要解决的是：在锚索安装过程中存在锚索对中支架所受摩擦阻力大、推送锚索

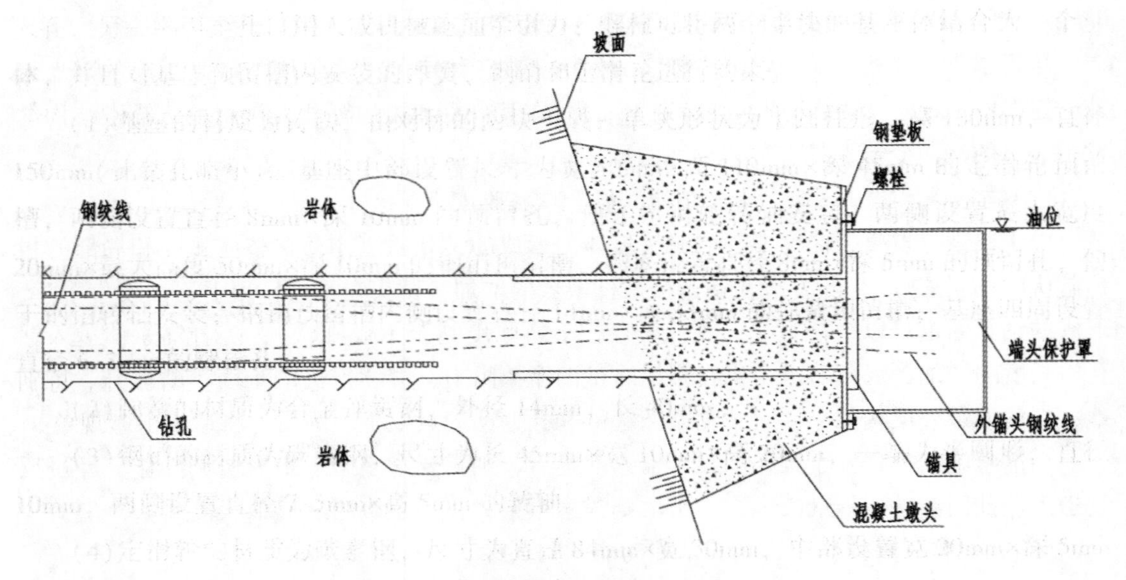

图 3-33　传统端头保护装置示意图

困难、卡索现象频发、锚索体易被扭转、预应力损失严重等方面的问题，直接造成锚索施工效率低、锚固效果不佳等不良后果。针对这种现状，我们研发一种简单实用、高效经济的锚索对中支架装置。

3.6.2.2　技术方案

新型锚索对中支架装置主要由对中支架底座、对中支架凸起部位、万向轮安装槽、万向轮、预留孔五个部分组成。其中，对中支架底座的作用是将装置固定在锚索波纹保护管上；凸起部位用于锚索在钻孔轴向对中，防止锚索在钻孔中出现紧贴孔壁的现象；万向轮安装槽位于凸起部位中心处，用于万向轮安装，为万向轮提供安装平台；万向轮用于减少对中支架凸起部位与孔壁的摩擦阻力，降低送索难度，使锚索体扭转后能在反向扭矩下转为平顺状态，保证锚索施工效率和加固效果。预留孔为注浆浆液的扩散通道，确保锚索安装张拉完成后，对中支架处在浆液结石保护体内。

新型锚索对中支架装置材质为硬质塑料，其底座大小为360mm×80mm×2mm，长度可根据不同吨位等级锚索的波纹保护管外周长进行调整。对中支架凸起部位与预留孔沿长度方向相间布置于对中支架底座上，其中对中支架凸起部位形状为棱柱，最大凸起高度为19mm。万向轮安装槽位于凸起部位中心处，由槽座和槽盖两部分组成，槽座为内凹半球体，内部镂空，两者均设置预留螺丝孔道。万向轮由1个直径14mm的大硬质PVC实心球和若干个直径为2.5mm的小硬质PVC实心球组成。安装过程为：首先将大球与小球置于安装槽球形槽座内，然后将槽盖放置于槽座上方，最后通过螺丝将两者进行拼接。预留孔由2个矩形孔(20mm×5mm)和1个跑道型环状孔组成，三者沿宽度方向相间布置，跑道型环状孔位于中间，矩形孔位于其两侧。通过万向轮的任意向转动可有效减少对中支架与孔壁的摩擦阻力。以上列出的装置大小尺寸为标准值，实际使用尺寸可根据具体工程要求做调整，结构图详见图3-34、图3-35。

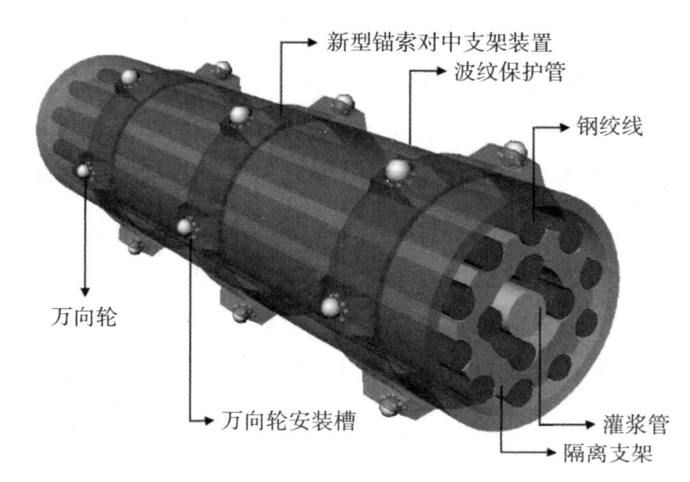

图3-34　带新型对中支架的锚索三维示意图

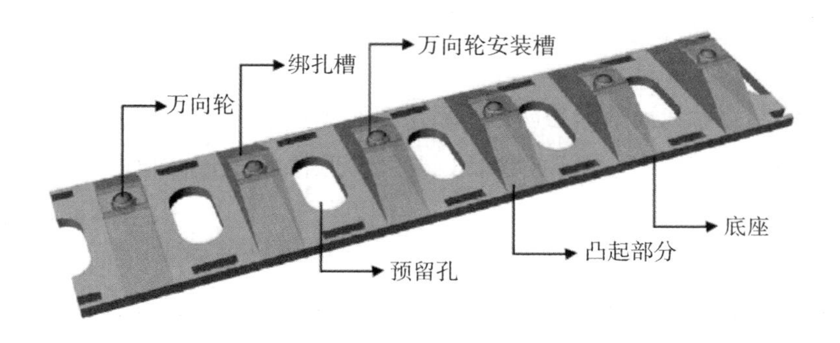

图3-35　对中支架三维展示图

3.6.2.3　技术优势

与传统对中支架相比，新型锚索对中支架装置具有以下突出优点。

(1)极大地降低了对中支架与钻孔孔壁的摩擦阻力，保证了锚索能够顺利推送至设计预埋深度，避免卡索现象发生，提高锚索施工效率。

传统锚索体对中支架与钻孔孔壁的摩擦力为凸起部位与孔壁的滑动摩擦。新型锚索对中支架装置的优势在于，万向轮可有效地将对中支架与钻孔孔壁的滑动摩擦转化为万向轮球体与钻孔孔壁的滚动摩擦。在通常情况下，物体的滚动摩擦只有滑动摩擦阻力的1/60~1/40，因此，本装置极大程度地降低了锚索推送过程中的锚索体受到的摩擦阻力，从结构上降低了锚索的安装难度，提高了锚索一次安装成功率及施工功效，节约了施工工期，对于边坡加固抢险工程更是意义重大。

(2)保证锚索安装完成后，锚索体在钻孔内呈顺直状态，有效地降低锚索张拉过程中预应力损失，保证锚索锚固质量。

由于新型对中支架具有万向轮装置，不仅降低了锚索推送轴线摩擦阻力，还可降低锚索的径向摩擦阻力，使锚索体在回转扭矩作用下自行调整平顺。因此，避免了在推送过程中锚索体发生扭转，保证了锚索安装完成后，锚索在钻孔内始终处于顺直状态。这种处于顺直状态的锚索，在张拉过程中，锚固力的沿程损失可极大地降低，确保了锚索预应力达到设计额定值。因此，新型对中装置降低了锚索预应力损失，保证了锚索的加固效果及工程的施工质量。

3.6.3 多层嵌套、同轴分序组装式锚索结构及安装

3.6.3.1 要解决的技术问题

新型锚索对中支架装置主要解决的技术问题为：针对传统锚索结构“尺寸长”“构件多”“笨重”“线状柔性”的特性所导致施工过程中存在的锚索运送不便、推送或调整困难、卡索情况频发、锚索构件受损、形态扭曲致预应力损失严重等一系列相关问题。我们研发出一种简单实用、安全可靠、经济高效的新型锚索结构，满足锚索工程施工及功能所需。

3.6.3.2 技术方案

(1)打破常规的“锚索整体组装成型、一次性推索入孔”的固有思路，对锚索体进行“化整为零”的拆解，分为外包层、中架层及轴心层共三层，并由外至内先后进行分序组装，以降低各序施工时锚索构件的数量和重量。

(2)对锚索外包层、中架层及轴心层中涉及隔离和对中功能的重要构件进行全新设计，使得上述三层可以按照同轴标准进行嵌套组装，确保锚索分序组装时各层均能顺利完成推送过程。

(3)多层嵌套、同轴分序组装式锚索结构(2000kN)的构造、安装方法及功能特征。

该新型锚索结构由外包层、中架层及轴心层共三层嵌套安装后形成。

1. 外包层

外包层位于锚索最外圈，主要由外对中支架、波纹管和导向帽组成，采用直接推送进入钻孔的方式进行安装，安装时依靠外对中支架确保外包层居中定位。由于外对中支架、波纹管和导向帽三者均属轻质材料，总重非常小，故搬运所需人力非常少；同时波纹管作为主体柔性材料，当面临竖向转运或推送受阻等情况时，均能利用其挠曲特点进行转向或调整。

2. 中架层

中架层位于外包层内侧，主要由8根钢绞线(第1圈)和内隔离支架A组成，制定安装分为内隔离支架A加工、钢绞线固定和推送三步进行。

(1)内隔离支架A加工：本新型锚索结构中的内隔离支架A选用材质为硬质塑料，形状类似于一个齿轮(为便于叙述，以下借用齿轮术语进行描述)，其齿顶圆直径(齿轮外径)为120mm，齿轮内径为72mm，齿宽(沿绞线轴线方向)60mm，共包含8个齿高21mm、齿槽宽22mm的弧形齿槽，用于独立放置单根钢绞线。

在齿顶圆面沿中心开凿一条3mm(宽度)×2mm(深度)的槽道，用于埋置无锌铅丝。

对各齿在齿顶圆处沿齿宽方向两侧进行倒角处理，倒角(水平向夹角)为30°，倒角深度(沿齿轮径向)为10mm；对内径圆面沿齿宽方向两侧进行倒角处理，倒角(水平向夹角)为30°，倒角深度(沿齿轮径向)为10mm。以上倒角处理用于确保内隔离支架A在与外包层的波纹管和核心层的内隔离支架B(详见后述)相互接触时可沿倒角面发生相对滑动而不会发生卡固。

(2)钢绞线固定：将8根钢绞线放置于内隔离支架的弧形齿槽中，同时将无锌铅丝埋入上述槽道中，利用无锌铅丝对钢绞线进行缠绕、捆缚。

(3)推送：利用内隔离支架A进行居中定位，将中架层直接推送入已在钻孔中就位的外包层内，完成同轴嵌套安装。推送过程中，由于已经完成外包层的布置，经过紧束后的中架层只需在内壁规则且半径更大的波纹管中移动，所受摩擦阻力的摩擦面积及量级均非常低；同时由于中架层钢绞线数量占比不到传统锚索结构全部钢绞线的60%，故搬运所需人力也相对较少，推送、调整难度也明显降低。

3. 轴心层

轴心层位于中架层内，处于锚索总体结构的中心部位，主要由6根钢绞线(第2圈)、

1根灌浆管和内隔离支架B组成，制定安装分为内隔离支架B加工、钢绞线及灌浆管固定和推送三步进行。

(1)内隔离支架B加工：本新型锚索结构中的内隔离支架B选用材质为硬质塑料，轮廓类似于内隔离支架A，其齿顶圆直径为70mm，齿轮内径为27mm，齿宽40mm，共包含6个齿高21mm、齿槽宽22mm的弧形齿槽，用于独立放置单根钢绞线。

在齿顶圆面沿中心开凿一条3mm(宽度)×2mm(深度)的槽道，用于埋置无锌铅丝。

对各齿在齿顶圆处沿齿宽方向两侧进行倒角处理，倒角(水平向夹角)为60°，倒角深度(沿齿轮径向)为6mm。以上倒角处理用于确保内隔离支架B在与中架层的内隔离支架A相互接触时可沿倒角面发生相对滑动而不会发生卡固。

(2)钢绞线及灌浆管固定：将6根钢绞线放置于内隔离支架B的弧形齿槽中，同时将无锌铅丝埋入上述槽道中，利用无锌铅丝对钢绞线进行缠绕、捆缚。此外，将灌浆管穿入隔离支架B的内孔中随即完成定位。

(3)推送：利用内隔离支架B进行居中定位，将轴心层沿内隔离支架A的内孔直接送入中架层内，完成同轴嵌套安装。推送过程中，由于轴心层钢绞线数量占比不到传统锚索结构全部钢绞线的40%，故搬运所需人力更少，推送、调整难度也更低。

至此，完成本锚索结构的多层嵌套、同轴分序的全序组装。

以上列出的装置大小尺寸为标准值，实际使用尺寸可根据具体工程要求做调整，本新型锚索结构图详见图3-36~图3-45。

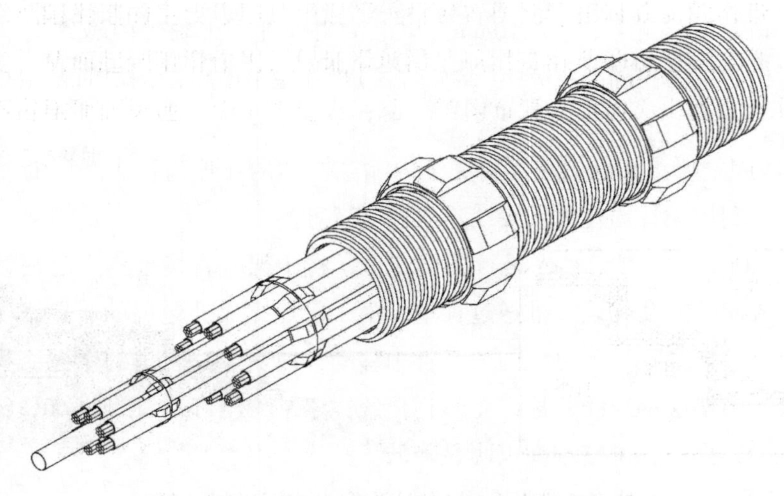

图3-36　多层嵌套、同轴分序组装式锚索结构示意图

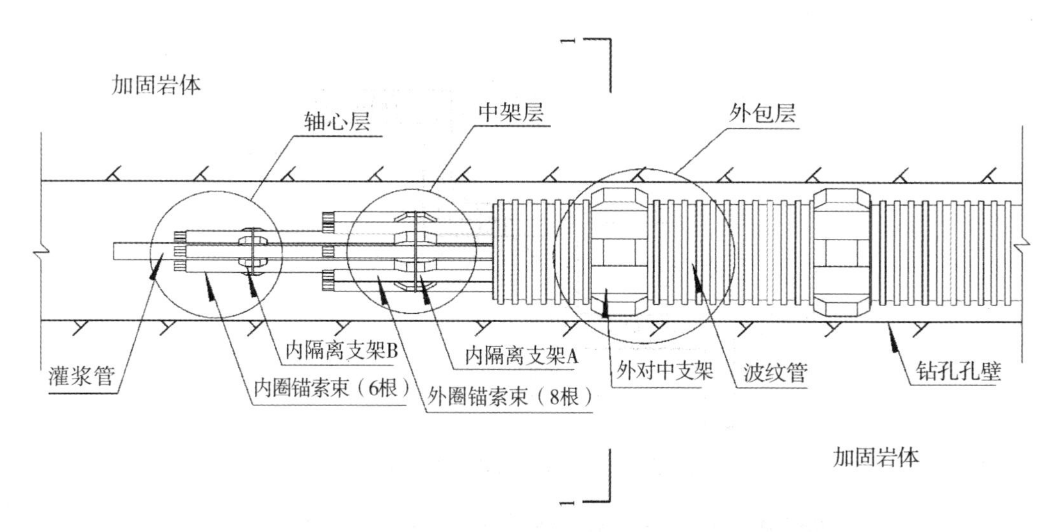

图 3-37　多层嵌套、同轴分序组装式锚索结构装配分解视图

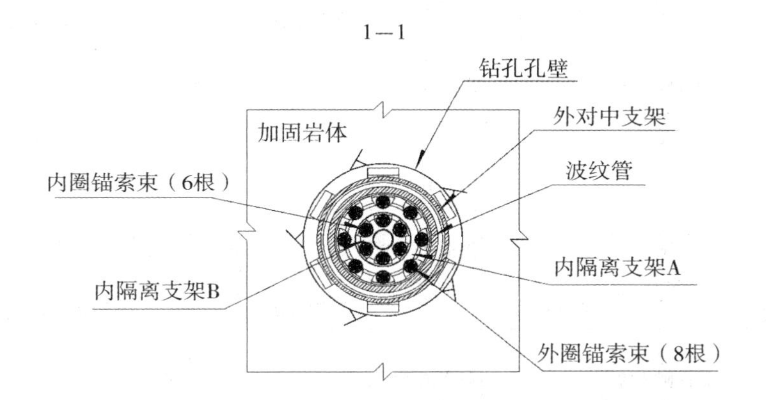

图 3-38　多层嵌套、同轴分序组装式锚索结构典型剖面图

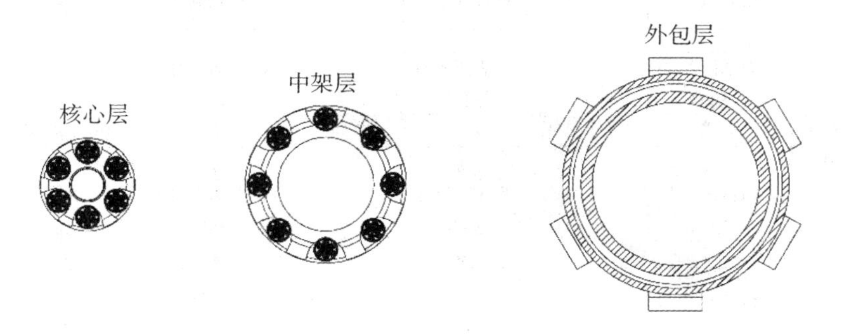

图 3-39　锚索外包层、中架层及轴心层剖面

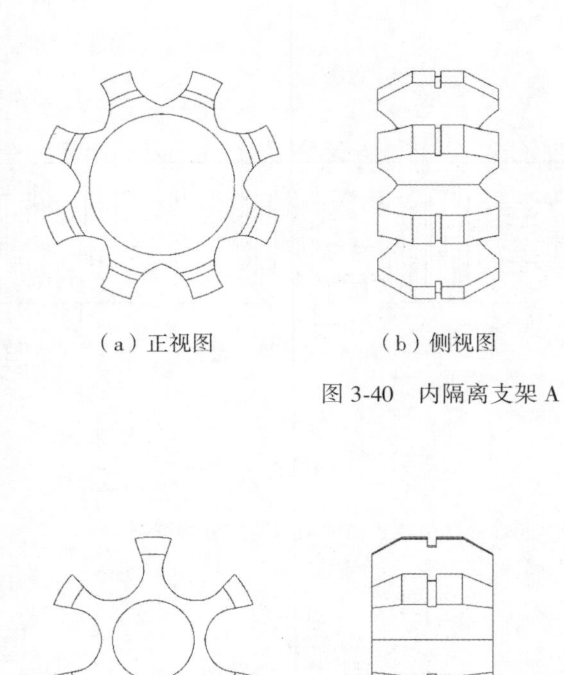

（a）正视图　　（b）侧视图　　（c）轴侧视图

图 3-40　内隔离支架 A

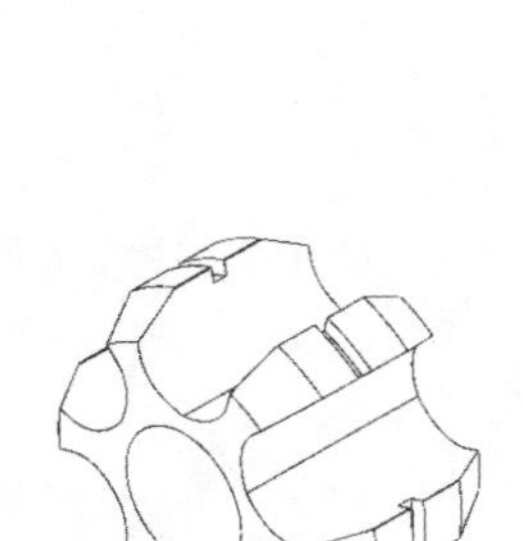

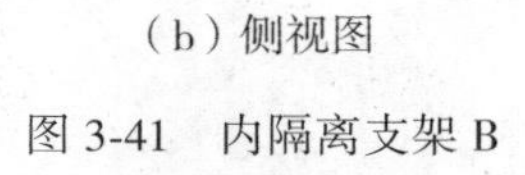

（a）正视图　　（b）侧视图　　（c）轴侧视图

图 3-41　内隔离支架 B

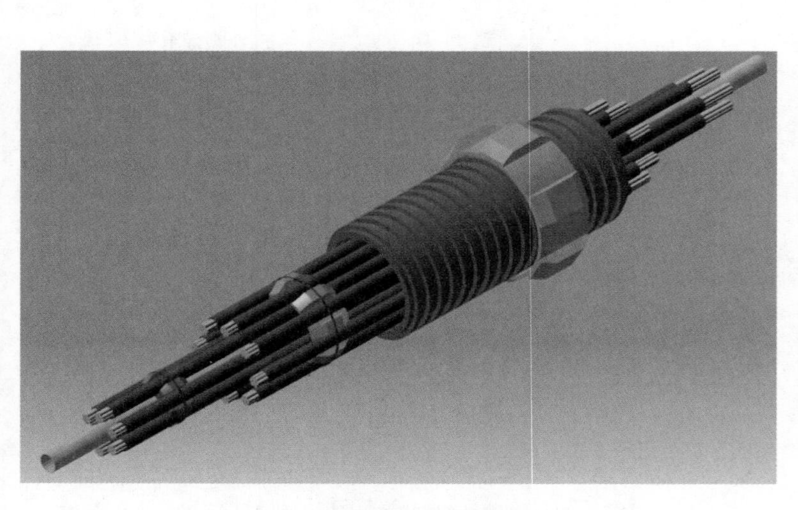

图 3-42　锚索总装配效果图

图 3-43　锚索外包层效果图

图 3-44　锚索中架层效果图

图 3-45　锚索核心层效果图

3.6.3.3 技术优势

“多层嵌套、同轴分序组装式锚索结构及安装方法”对传统锚索及施工工艺进行了重大改进，较好地解决了常规锚索结构因“尺寸长”“构件多”“笨重”“线状柔性”特性所导致的施工过程中存在锚索运送不便、推送或调整困难、卡索情况频发、锚索构件受损、形态扭曲致预应力损失严重等一系列相关问题。与传统锚索及施工工艺相比，新型锚索结构及安装方法具有以下突出优点。

(1)降低锚索搬运、安装所耗用的人力。

通过将锚索体进行“化整为零”的拆解，分为外包层、中架层以及轴心层共三层，并采用同轴、分序嵌套方式组装，使得各序施工时锚索的重量仅为原锚索总重的1/2，甚至更低，有效减少单项锚固工程所需劳工数量。

(2)保证锚索顺利推送，避免卡索现象发生，提高锚索结构的可靠度。

锚索和钻孔孔壁的摩擦、咬合作用是阻碍锚索成功安装、导致锚索构件损伤的最主要因素。利用外包层轻质、可挠曲形变、自适应调节能力强的特点，可顺利完成该层构件从转运到钻孔内推送的安装过程，大幅度降低波纹管受挤压导致破损的概率。在此基础上，利用外包层作为保护屏障，继续安装中架层将避免其与孔壁直接接触，保护钢绞线、钢绞线 HDPE 护套的完整性。

利用研发的内隔离支架(类型 A 及类型 B)，可方便地对中架层和轴心层所需包含的钢绞线进行紧束处理，使得二者以更小的整体直径进行推送。此外，内隔离支架倒角面可有效避免安装时锚索各层结构因相对运动而发生卡固的可能。

以上嵌套组装过程还确保了锚索体总体呈平顺状态，并对锚索的承载构件和防护构件均不产生明显磨损。既有效降低了锚索预应力的沿程损失，保证了锚索的加固效果，又提高了锚索体在腐蚀环境中工作的耐久性。

(3)安装功效高，便于快速施工。

通过分序嵌套安装方式，从结构上降低了锚索的安装难度，减少了因卡索情况发生而对锚索进行反复送入、抽回调整或对锚索各构件摩擦损坏情况进行检查所耗用的时间，提高了锚索一次安装成功率及施工功效，对于边坡加固抢险工程更是意义重大。

3.6.4 锚索外锚头钢绞线新型保护装置

3.6.4.1 要解决的技术问题

锚索外露头钢绞线防腐保护是锚索施工的收官环节。目前工程上使用的锚索一般为无黏结锚索，该类锚索在张拉完成后一般需要根据初期阶段性观察和监测结果，对完成锁定的锚索进行补偿张拉或放松。因此，锚索都留有一定长度的外锚头钢绞线(长度为数十厘米)，用于补偿张拉或放松。为保证后期锚索张拉和放松效果，外锚头钢绞线必须进行防水、防腐处理，目前工程是通过加装端头保护罩装置让外锚头钢绞线浸入油体内，从而实现对钢绞线的防水包裹和防腐保护。传统端头保护装置示意图如图3-33所示。

鉴于锚索外墩头多是在阳光暴晒环境下，工程实践表明，采用当前传统端头保护罩装置对外锚头钢绞线进行保护存在如下问题。

(1)保护装置漏油现象频发，无法保证其内部始终被油体充满。

目前锚索施工使用的保护装置是采用法兰连接方式将保护罩油箱固定于钢垫板上，严格意义上讲，此种保护装置并非完全封闭物体。因此，当锚索施工完成，保护装置被固定于坡面后，油体在自重作用下会顺着法兰间隙(保护装置与钢垫板连接处)、混凝土墩细微裂缝等部位向箱体外部渗漏；再者，锚索的每根钢绞线由7根直径2.5mm钢丝螺旋绞制而成，钢丝之间存在一定的空隙，油体便会沿绞线间隙向锚索深部扩散，导致漏油现象频发；另外，边坡锚索外锚头长时间处于阳光暴晒、高温的外部环境，保护罩内油体受热膨胀气化，增大罩内压力，加剧油体渗漏发生。随着时间的推移，保护装置内油体将逐渐减少，油面线逐渐降低，甚至会出现保护装置内无油的情况。这也从另一个角度说明，在实际工程中只是在保护装置安装完成后的较短时间内，保护装置是被油体完全充满的，其远达不到工程上对外露钢绞线的防水防腐保护要求。

(2)巡视人员无法直观判断保护装置内油位高度。

当锚索施工完成后，工程人员需要定期对锚索的实际运行情况进行巡视。由于目前采用的端头保护装置为不透明钢管，巡视人员无法通过肉眼直观判断当前保护罩装置内油体剩余量，更无法判断外锚头钢绞线是否完全浸入油体内。因此，采用目前端头保护装置极易造成外锚头钢绞线防水防腐装置已长期失效，却未被及时发现。

(3)外锚头钢绞线未得到充分防水防腐保护，腐蚀现象频发，无法进行补偿张拉与放松，降低锚索使用寿命。

由于锚索外锚头钢绞线未能时刻浸入油体内，在外部介质(水、空气)作用下，外锚头钢绞线在短时间内便会出现腐蚀现象。腐蚀对钢绞线的影响不仅在于截面积的减少，而且腐蚀产生的腐蚀坑所形成的应力集中现象对钢绞线力学性能(如预应力)将造成严重影响。腐蚀现象的发生同时会造成外锚头钢绞线的有效长度被缩小，最终导致无法进行后期的补偿张拉与放松。若腐蚀现象长时间未被发现，可能造成整条钢绞线失效，进而导致锚索失效，影响被加固物的安全。

本研发解决的技术问题是：目前锚索施工，端头保护装置无法保证外锚头钢绞线始终浸入油体内，造成钢绞线在空气、水等外界介质作用下发生严重腐蚀现象，进而导致后期无法对锚索进行补偿张拉与放松，大大降低了锚索使用寿命。针对这种现状，我们研发一种简单实用、高效经济的锚索外锚头钢绞线新型保护装置。

3.6.4.2　技术方案

本锚索外锚头钢绞线新型保护装置主要由保护罩、连接指示管、补给油箱和补给油箱支撑4个部分组成，以下分别阐述这4个部分的结构及作用。

1. 保护罩

保护罩为直径250mm、长300mm的圆柱形钢管(本次以3000kN级锚索为样本，直径可根据锚索吨位调整)，厚度为3mm。其顶部设置进油管和排气管，两者的直径为10mm，长度为50mm，两者均配有螺帽盖。保护罩通过法兰的4个连接螺栓与钢垫板进行连接，实现将其固定于坡面的目的。保护罩法兰与钢垫板中间放置橡胶垫片，橡胶垫片厚度为2mm，橡胶垫片用于保证两者连接的封闭性。保护罩安装后注满油体，确保外锚头钢绞线始终浸入油体内。

2. 连接指示管

连接指示管为直径15mm的白色半透明塑料管，长度需根据实际工程情况确定。其作用为：首先，通过连接指示管将补给油箱的出油管与保护罩的进油管进行连接；其次，通过连接指示管可直观判断保护罩内是否充满油体。

3. 补给油箱

补给油箱为立方体箱体(钢材质，大小为400mm×100mm×500mm)，其顶部设置进油管与排气管，下部设置出油管，其中进油管与出油管为直径10mm、长50mm的圆柱体，排气管为直径10mm的"U"形管。进油管与排气管均配有螺帽盖，出气管螺帽盖带有3个直径1mm的小孔，以使补给油箱在给保护罩自动补给油体时吸入空气平压。底板两侧分别设置2个连接耳板，耳板内预留螺栓孔道。在重力作用下补给油箱可以自动向保护装置内补给油体，从而保证保护罩内始终被油体充满。当通过连接指示管内发现油位线低于连接指示管底部高度时，则需通过补给油箱的进油管对补给油箱进行补油，补给完成后，封闭进油管与排气管管口的安装螺帽。

4. 补给油箱支撑

补给油箱支撑为L型钢板，包括支撑板(450mm×150mm，厚度5mm)与连接板(长度根据实际需求确定，宽度为150mm，厚度5mm)，支撑板设有4个圆形预留螺栓孔道，用于与补给油箱连接。连接板内设置2个连接螺栓，用于连接板与钢垫板的连接，实现对补给油箱支撑的固定。补给油箱支撑的作用为给补给油箱提供支撑平台。

锚索外锚头钢绞线新型保护装置的结构详见图3-46~图3-49。

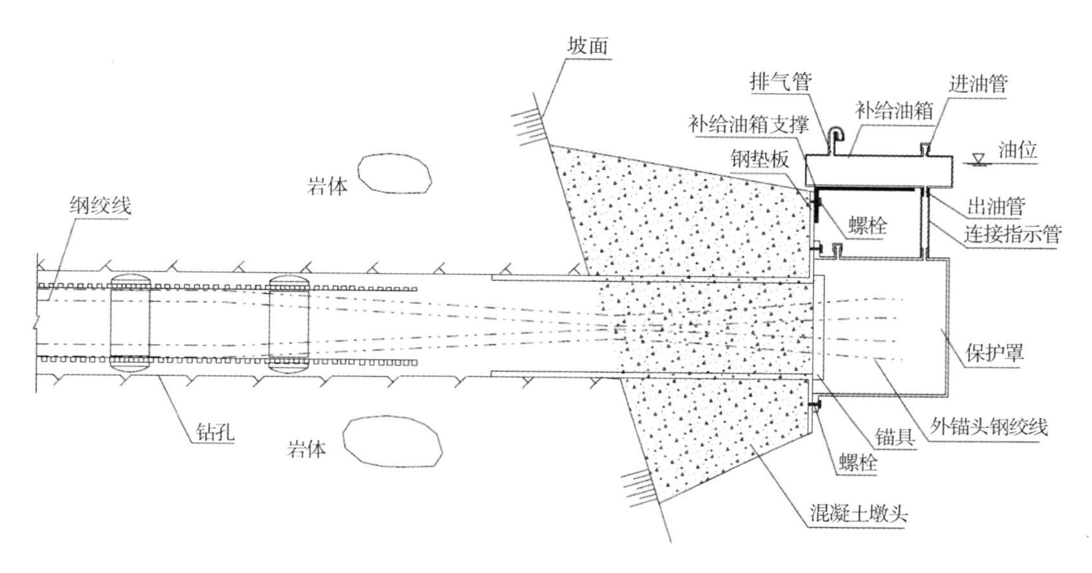

图3-46 锚索外锚头钢绞线新型保护装置结构图

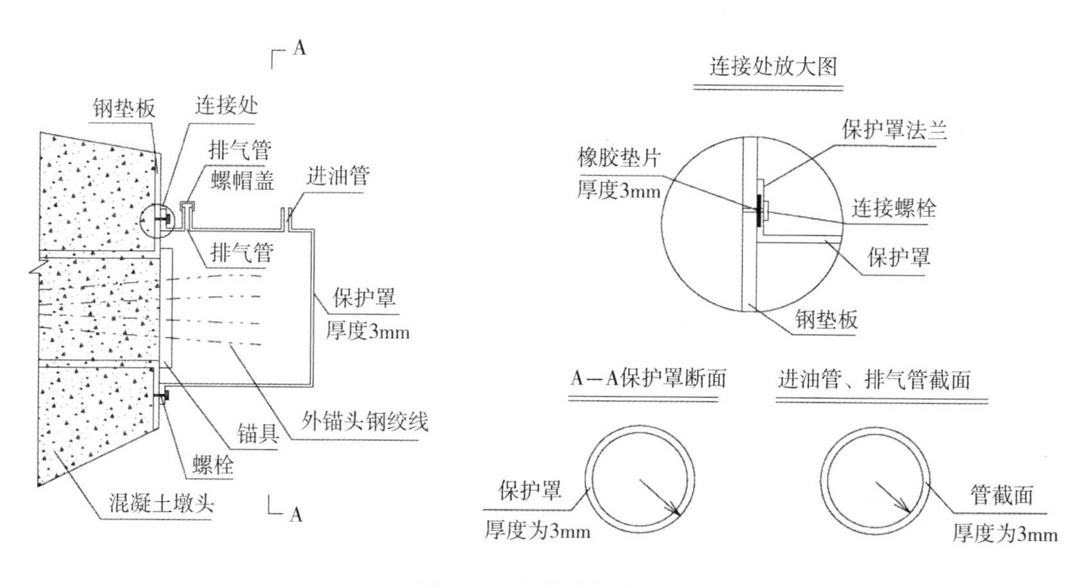

图3-47 保护罩大样图

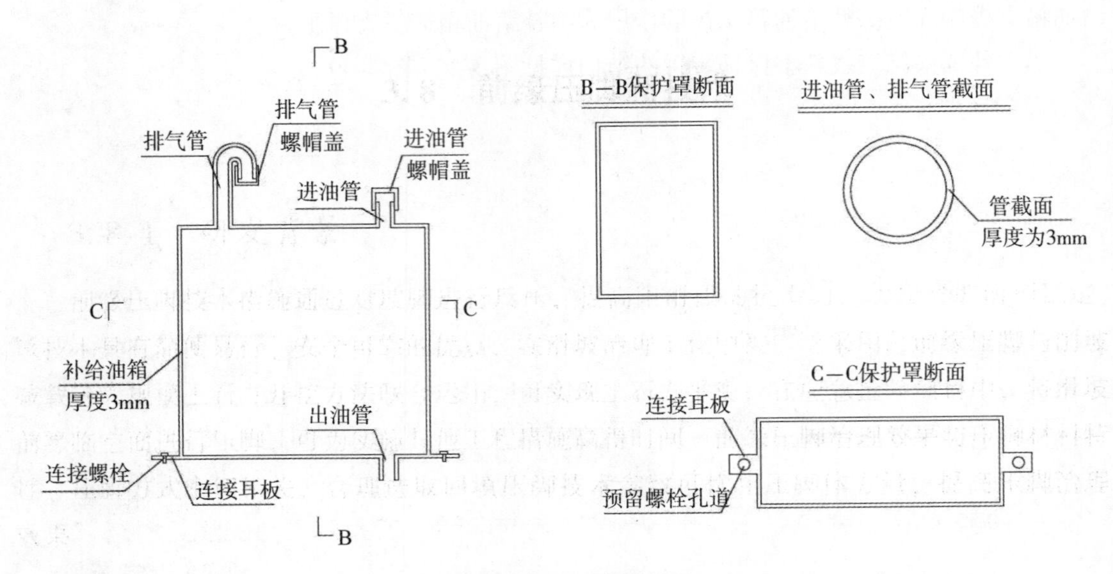

图 3-48　补给油箱大样图

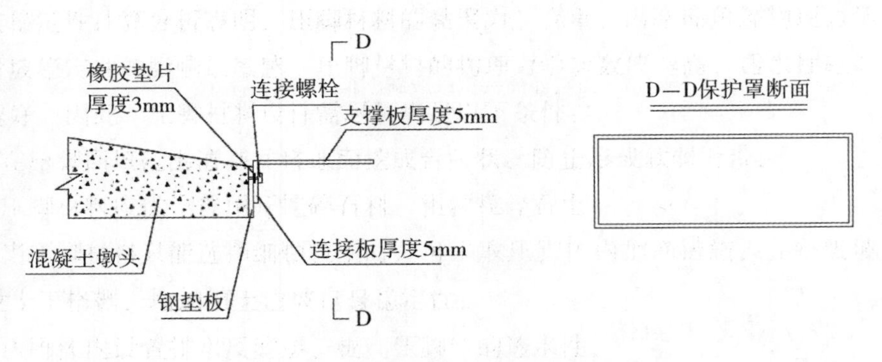

图 3-49　补给油箱支撑大样图

3.6.4.3 技术优势

锚索外锚头钢绞线新型保护装置，较好地解决了目前锚索施工过程中，由于传统的端头保护装置漏油，无法保证其内部始终被油体充满，且巡视人员无法直观判断保护装置内油位高度，最终导致外锚头钢绞线未得到充分防水防腐保护，腐蚀现象频发，无法进行补偿张拉与放松，降低锚索使用寿命等一系列问题。与传统的端头保护装置相比，本锚索外露钢绞线新型保护装置具有以下突出优点。

(1)本装置在重力作用下可自动向保护罩内补给油体，可保证外锚头钢绞线始终浸入油体内，且巡视人员可直观判断保护装置内油位高度。

传统的锚索端头保护装置由于漏油现象频发，导致外锚头钢绞线常常暴露在空气、水等的外界介质中，无法满足工程对外锚头钢绞线防水防腐保护的要求。本装置通过补给油箱、连接指示管和保护罩三者的联动作用，当保护罩内发生漏油、油位下降的时候，在重力作用下补给油箱内油体通过连接指示管将自动对保护罩进行油体补给，从而保证保护罩内油体始终充满于油箱，确保钢绞线始终浸入油体内。通过该装置完全能够满足工程对外锚头钢绞线防水防腐保护的要求。另外，本装置可以保证巡视人员直观了解到保护装置内油位的高度，并根据观察结果决定是否进行人工补充油体操作。因此，本装置解决了端头外钢绞线的防腐难题。

(2)本装置确保了外锚头钢绞线可随时进行补偿张拉与放松，提高了锚索使用寿命。

由于本装置能够实现对外锚头钢绞线的防水防腐保护，可确保钢绞线力学能得到极好的保护(如：预应力)。因此，工程人员可以根据锚索实际运行状况、外界条件变化情况(如：锚索预应力监测值发生变化、岩体发生松动等)，随时对外锚头钢绞线进行补偿张拉与放松。另外，采用该装置可保证钢绞线长期具备较好的工作特性，提高了锚索的使用寿命。

3.6.5　孔底反向牵拉装置

3.6.5.1　要解决的技术问题

本次研发解决的技术问题是：目前锚索施工采用传统的孔口推送安装方法时，存在推送锚索困难、锚索体易被扭转、预应力损失严重等问题，直接造成了锚索施工效率低、锚固效果不佳等不良后果。针对这种现状，我们研发一种简单实用、高效经济的锚索孔底反向牵拉装置及锚索安装新方法。本次研发的核心是将孔口推送柔性索体变为孔底牵引柔性索体，以保证锚索平顺安装，并避免安装后的锚索张拉时出现应力损失。

3.6.5.2　技术方案

1. 牵拉装置设计

牵拉装置主要由基座、弹簧、钢销、定滑轮、钢丝绳、螺栓6个部分组成。基座是整个装置的基础，其上开槽可供弹簧、钢销、定滑轮等进行安装，四周有4个对称的螺栓孔可供安装螺栓；弹簧和钢销安装在基座两侧的预留槽内，钢销内侧端部设有转轴，在弹簧推力的作用下，钢销处于向外张开的状态；定滑轮安装在基座中间的预留槽内，定滑轮中间设有转轴，可自由转动；钢丝绳跨过定滑轮，工作时一端系于锚索内端头上以牵引锚索入孔，另一端引至孔口用人或机械施加牵引力；螺栓可将两个半块的基座体结合为一个整体，并且对基座预留槽内安装的弹簧、钢销和定滑轮进行约束。

(1)基座的材质为铸铁，由对称的两块组成，单块形状为半圆柱形，高130mm，直径150mm(比钻孔略小)。基座中部设置尺寸为宽40mm×高110mm×深45mm的定滑轮预留槽，两侧设置直径8mm×深10mm的预留孔，便于定滑轮转轴安装；两侧设置最大宽度20mm×最大高度50mm×深10mm的钢销预留槽，槽底设置直径8mm×深5mm的预留孔，便于钢销转轴安装；钢销预留槽内侧设置直径14mm×深33mm的弹簧预留槽；基座四周设置直径6.5mm的螺栓孔。

(2)弹簧的材质为合金弹簧钢，外径14mm，长40mm。

(3)钢销的材质为碳素钢，尺寸为长45mm×宽10mm×高20mm，一端为半圆形，直径10mm，两侧设置直径7.5mm×高5mm的转轴。

(4)定滑轮的材质为碳素钢，尺寸为直径84mm×宽30mm，中部设置宽20mm×深5mm的轮槽，定滑轮两侧中央设置直径7.8mm×高10mm的转轴。

(5)钢丝绳材质为普通钢丝，直径不小于4mm，其长度根据锚索孔深确定，一般为“2倍锚索孔深+孔口外操作长度”。

(6)螺栓材质为碳素钢，直径为6.5mm。

本装置的组装过程为：首先将钢丝绳穿过定滑轮，其次将定滑轮、弹簧和钢销放置在基座的预留槽内，然后将另一块基座拼接上来，最后在基座四周的4个螺栓孔内安装螺栓进行紧固。

以上列出的装置大小尺寸为标准值，实际使用尺寸可根据具体工程要求做调整。锚索孔底反向牵拉装置三维示意图、结构图详见图3-50、图3-51。

2. 锚索安装新方法和锚索安装过程

(1)利用钻杆将本装置往钻孔内部推送安装，钢销在孔壁反向压力的作用下略微收缩(张开宽度同钻孔设计直径并时刻紧贴孔壁)，当装置被推送至孔底扩孔段后，钢销在弹簧的作用下进一步张开，使钢销端部卡在孔底扩孔段岩台上，进而将整个装置卡在钻孔底部。

(2)将钢丝绳一端系于锚索内端头上，将钢丝绳另一端置于孔口，在孔口通过人或机械对钢丝绳施加拉力，利用孔底定滑轮的作用转化为对锚索索体牵引力，最终将锚索索体牵拉至设计孔深。

安装方法示意图详见图3-52。

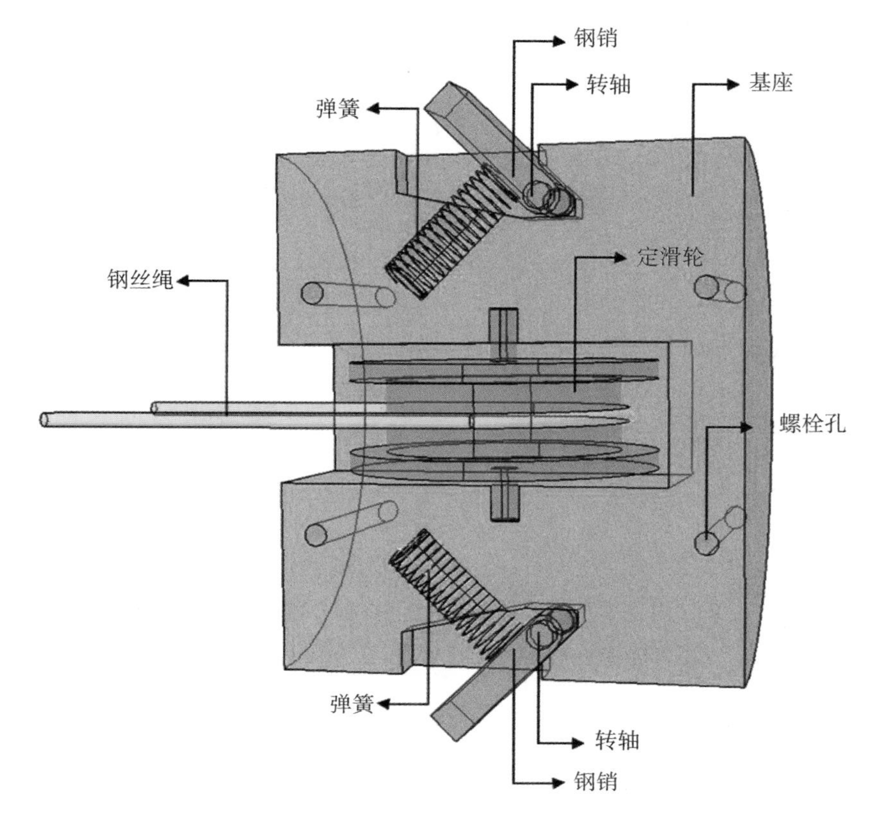

图 3-50 锚索孔底反向牵拉装置三维示意图

3.6.5.3 技术优势

锚索孔底反向牵拉装置和锚索安装新方法，较好地解决了目前锚索施工过程中，传统的孔口推送安装方法存在锚索安装困难，锚索体在钻孔内转动扭曲，预应力损失严重，锚索施工效率低，加固质量难以满足工程要求等一系列问题。与传统安装方法相比，锚索孔底反向牵拉装置和锚索安装新方法具有以下突出优点。

(1)利用孔底的定滑轮装置，通过反向牵拉的方法将锚索安装由尾部的“推送”改为头部的“牵引”，避免弯曲、扭转现象及安装困难，提高锚索施工效率。

锚索的力学特性为线状柔性体，采用传统的孔口推送安装方法时，推力沿锚索轴向的传力效果明显降低。锚索孔底反向牵拉装置和锚索安装新方法优势在于，在孔口对钢丝绳施加拉力，通过孔底定滑轮的作用转化为对锚索索体的反向拉力，最终将锚索索体牵拉至设计孔深，安装过程中锚索索体全长处于受拉状态，很好地利用了线状柔性体沿轴向拉力

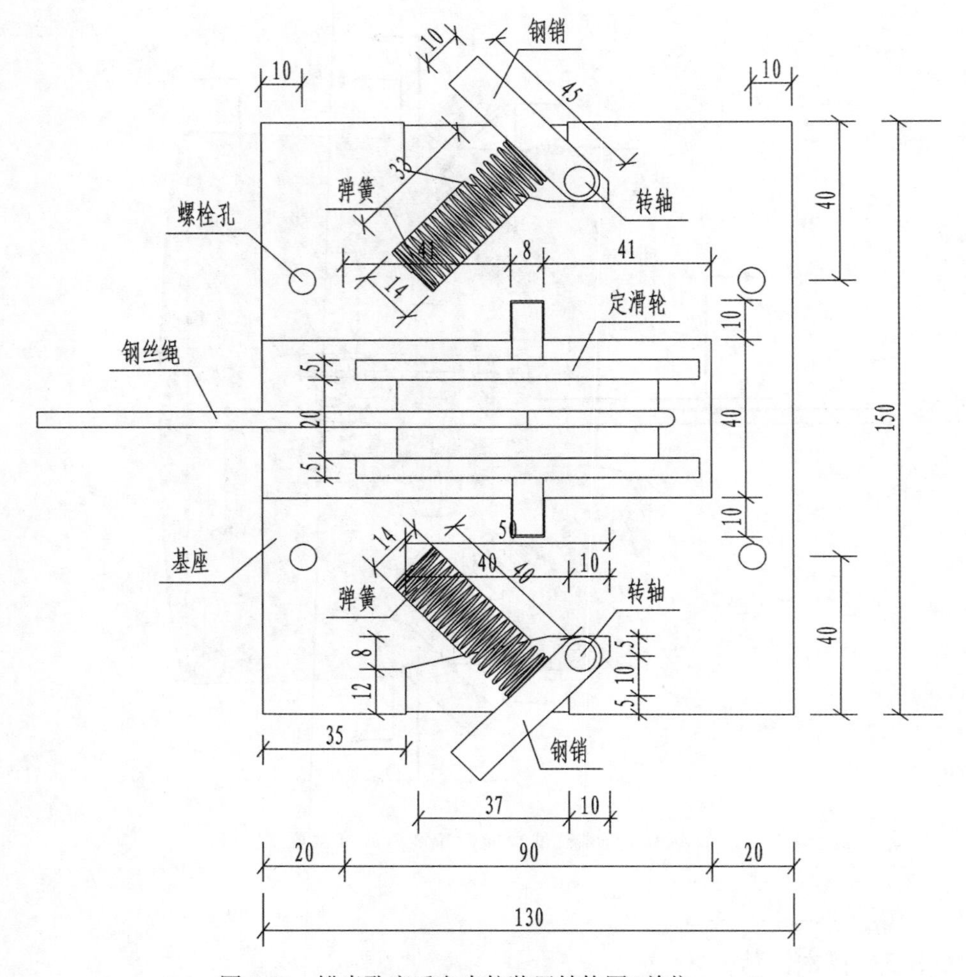

图 3-51　锚索孔底反向牵拉装置结构图(单位：mm)

传力效果好的特点。因此，本装置采用孔底反向牵拉的安装方法，大幅降低了锚索的安装难度，提高了锚索一次安装成功率及施工功效，节约了施工工期，对于边坡加固抢险工程更是意义重大。

(2)保证锚索安装完成后，锚索体在钻孔内呈顺直状态，有效地降低锚索张拉过程中预应力损失，保证锚索锚固质量。

采用传统锚索孔口推送安装方法时，在推送过程中锚索体会沿轴向发生压曲、扭转，使得后期锚索张拉过程中与孔壁的摩擦力增加，造成锚索预应力损失。由于采用孔底反向牵拉的安装方法，锚索索体全长处于受拉状态，索体在拉力的作用下处于顺直状态，在后期张拉过程中，锚固力的沿程损失被极大降低，确保了锚索预应力达到设计额定值。因

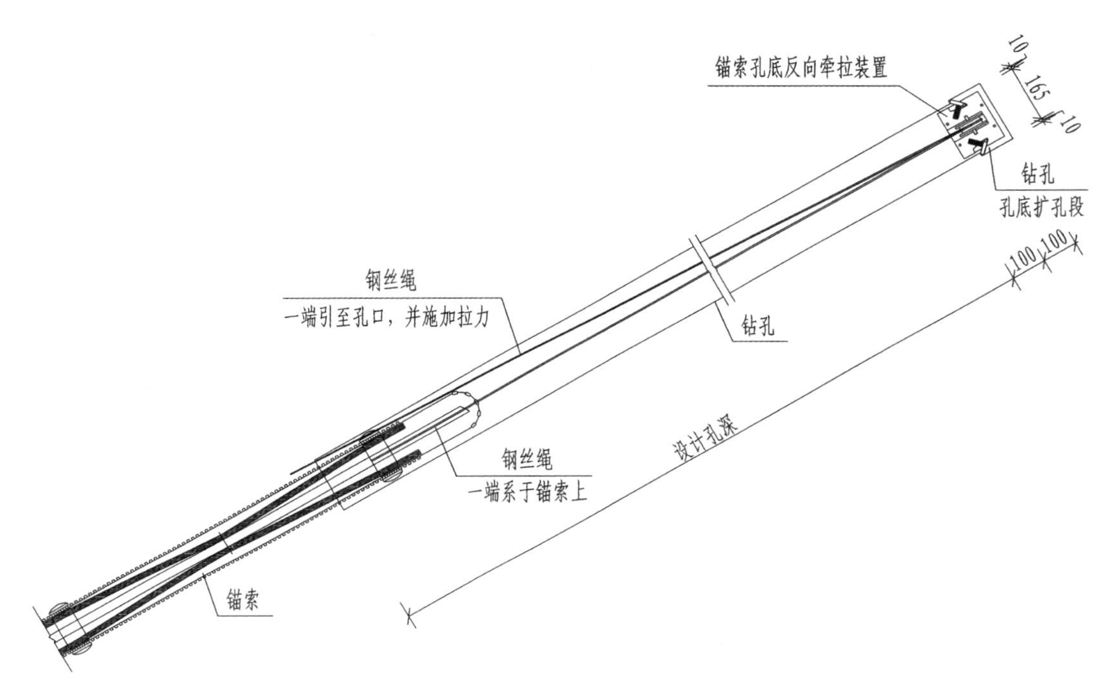

图 3-52 锚索孔底反向牵拉装置施工示意图(单位：mm)

此，孔底反向牵拉装置施工降低了锚索预应力损失，保证了锚索的加固效果及工程的施工质量。

3.6.6 工程应用

新型锚索结构已经在乌东德水电站锚索施工中应用，应用效果良好。

金沙江乌东德水电站装机容量 10200MW，水库总库容为 7.408×10^9m^3，最大坝高 270m，为大(1)型 I 等工程。坝址区左、右岸边坡最大高度分别达 1036m、830m，坡度达 50°~60°，均为特高陡边坡。特高陡边坡预应力锚索数量达 18000 束，最大长度达 100m，最大吨位达 300t，由于施工排架的空间狭窄，锚索施工非常困难。前期开展了大量研究工作，发明滚动中支架装置、多层嵌套组装式结构、孔底反向牵拉装置、外锚头钢绞线保护装置，成功解决了大吨位百米级锚索施工的难题。

应用上述研究成果，大幅降低了锚索施工难度，一次安装到位率达到 95%以上，施工效率提高约 40%；有效保证了锚索的安装质量，合格率达到 100%；节省成本 2000 万元以上。

3.7 阶梯型阻滑键新技术

3.7.1 研发背景

对于天然基岩滑坡，如果滑面清楚、单一，滑面抗剪能力特差，而其上下岩体较完整时，可采用沿滑面开挖若干条平洞或竖井，并用混凝土回填密实，做成阻滑键抗滑。当滑坡滑带较厚，设置单个阻滑键无法有效起到“销榫”作用将滑坡体和滑床连接在一起；而若采用抗滑桩，由于设计剩余下滑推力巨大且滑坡体深厚，计算所需的抗滑桩断面与排数均较大。由于单体阻滑键的支挡作用不显著，因此可考虑将各单体阻滑键连接起来而形成连续的阶梯型阻滑键，这样就可在滑坡沿滑带滑动时发挥“销榫”效果，起到有效的抗剪切作用。

3.7.2 阶梯型阻滑键结构型式及抗滑机理

阶梯型置换阻滑键(以下简称阶梯型阻滑键)为骑滑带布置的地下多级纵横相连的阶梯型空间整体钢筋混凝土结构，是一种新型滑坡治理技术，既可有效克服常规抗滑结构的限制和不足，又能充分发挥整体加固作用，起到有效的抗滑作用，可较好处理上述的滑坡治理难题。阶梯型阻滑键的主要作用是用混凝土材料置换性状相对软弱的滑带土，提高滑移面的抗剪强度，从而起到阻滑作用，保证滑坡沿地质滑带滑动的稳定安全性。因其设置于地下，具有不占压地面场地、不干扰地表活动、结构布置灵活的突出优点，其结构形态及布置示意如图 3-53 所示。

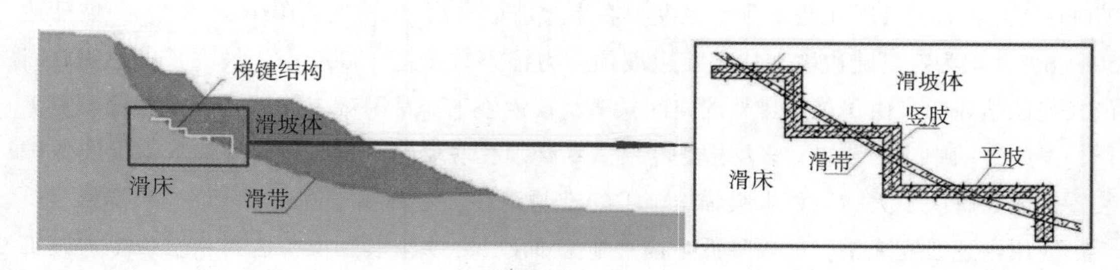

图 3-53 阶梯型阻滑键结构形态及布置示意图

阶梯型阻滑键结构是许多榀顺滑动方向骑滑带布置的地下多级水平肢(平肢)和竖直肢(竖肢)首尾相连的纵向阶梯型结构，各榀纵向结构又通过多级横向布置的主平肢相互连接而形成连续的空间整体阻滑结构。阶梯型阻滑键结构的实施是通过地下纵横洞井系统开挖后回填浇筑钢筋混凝土而形成。其中，水平肢和竖直肢段分别由纵向分级开挖的相应平洞和竖井回填构成，主平肢则由分级横向施工主洞开挖后回填形成。

阶梯型阻滑键结构的阻滑机理是通过键体与滑坡岩土体的共同作用而起到有效加固设置区域岩土体和充分发挥整体抗滑支挡作用。结构的内在抗滑机理主要体现在有效减小滑带区域的剪切变形量，降低塑性区的发展程度，阻滞滑坡体的整体位移，调动滑坡体区域的岩土体抗力，改善滑床基岩的应力状态等方面，而其外在抗滑机制则对应于结构能有效加固设置区域岩土体和充分发挥整体抗滑支挡这两种作用。

阶梯型阻滑键结构相互连接的整体体型使其呈现出复杂受力特点，各项内力、变形值在结构全部桩段间连续均匀分配，各桩段内的剪力、弯矩和变形分布也更加均衡，轴向支撑作用更加显著，从而更有效地发挥结构阻滑作用，且自身受力状态良好。

3.7.3　阶梯型阻滑键结构设计参数及影响因素

由于阶梯型阻滑键结构属于新型阻滑技术，没有现成的计算方法可利用。为此，本项研究采用了工程经验判断、理论公式计算和数值模型分析等多种技术手段，理论公式计算又采用了多种计算模型方案，用多种方法从多角度进行了全面的分析计算，确保了该技术措施的可靠性和有效性。

针对滑坡治理工程，对滑带土抗剪强度指标、结构桩体截面尺寸、结构横向排距、结构布置分级体型和结构混凝土材料等级等主要设计参数开展了抗滑作用效果的影响研究，研究成果见图3-54~图3-57。

由图3-54可知：

(1)随着滑带土抗剪强度指标的提高，设置阶梯型阻滑键结构的滑坡稳定安全状况日益改善，整体的阻滑加固效果也更加明显。

(2)单纯增加阶梯型阻滑键结构的桩体截面尺寸对改善滑坡稳定状态的影响相对有限。

(3)随着阶梯型阻滑键结构横向排距的加大，滑坡稳定安全系数稍降低。

(4)随着阶梯型阻滑键结构布置分级体型的增加，结构整体性作用更加明显，协调能力更加显著，阻滑效果也更加突出。

(5)单纯增加结构材料强度对提高结构抗滑效果及改善滑坡稳定状态的作用十分有限，但可提高结构的极限承载能力。

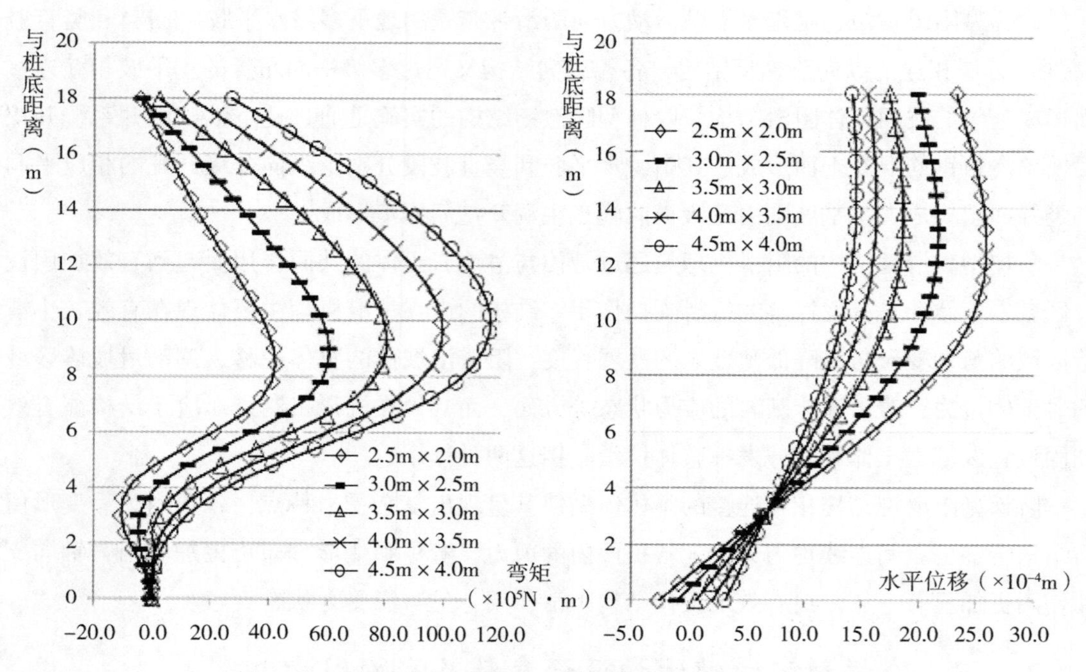

图 3-54　不同截面尺寸阶梯型阻滑键弯矩及水平位移分布图

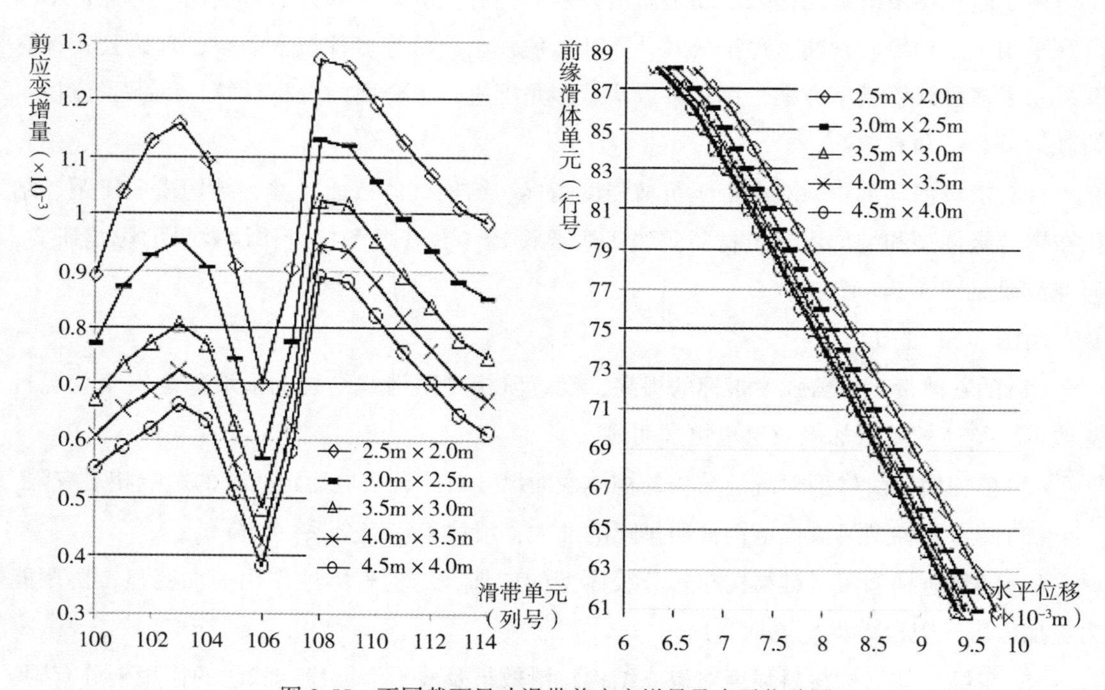

图 3-55　不同截面尺寸滑带剪应变增量及水平位移图

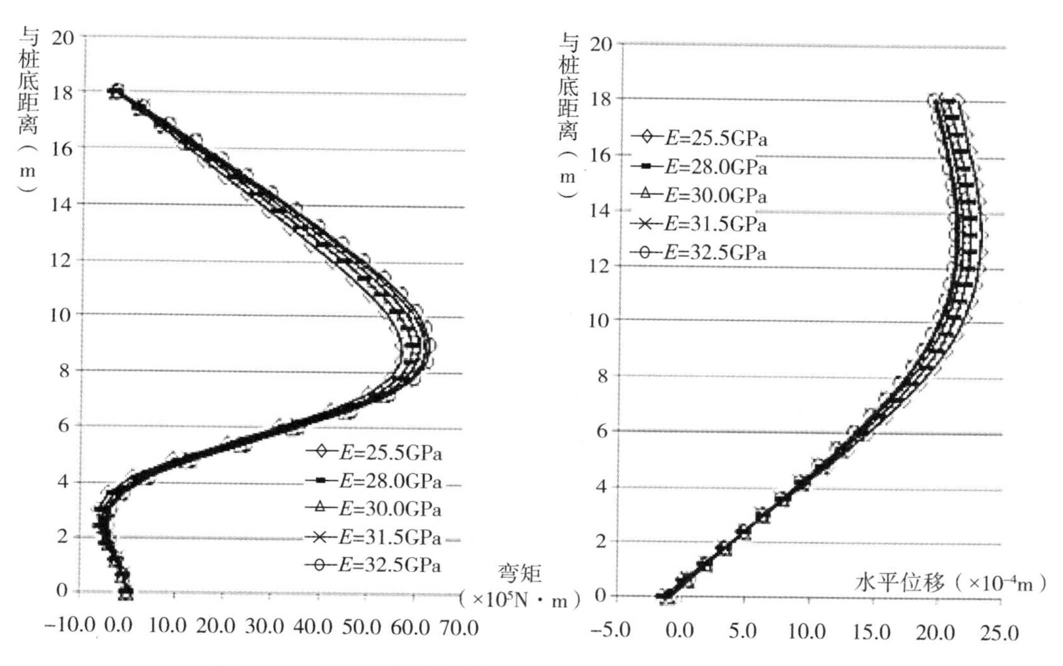

图 3-56 不同材料强度阶梯型阻滑键弯矩及水平位移分布图

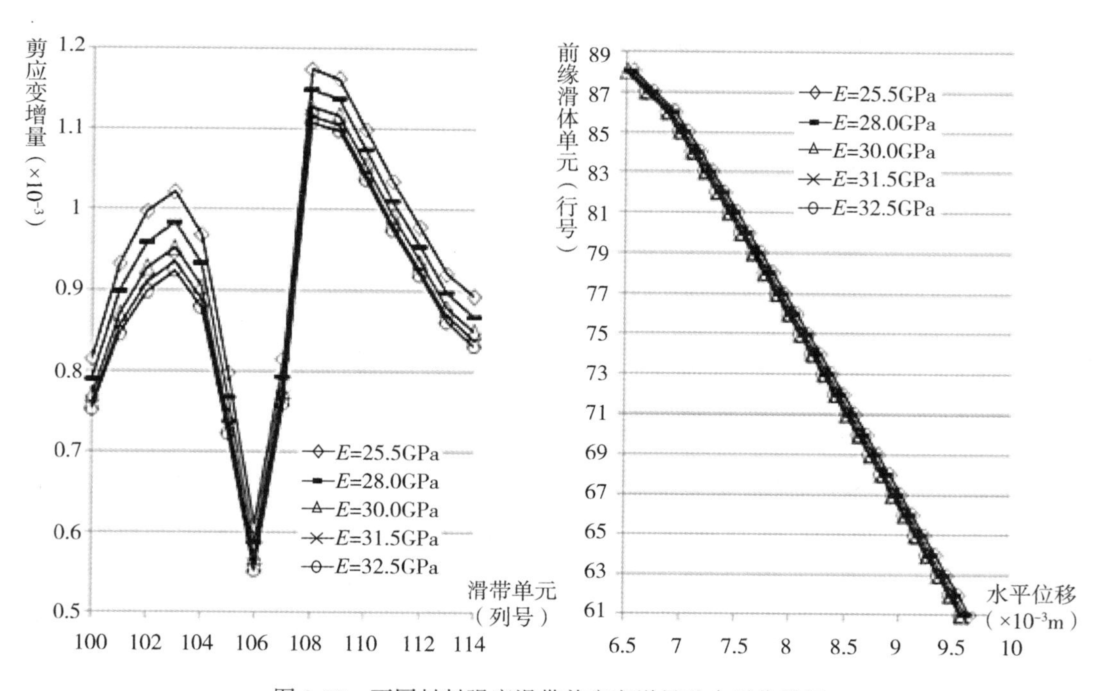

图 3-57 不同材料强度滑带剪应变增量及水平位移图

3.7.4 阶梯型阻滑键结构的动态设计、信息化施工

阶梯型阻滑键结构骑滑带布置，其体型和尺寸主要取决于滑带的分布形态，因此为确保治理效果就必须清楚滑带的准确形态位置，最有效的方式就是结合施工现场主动追踪定位。设计阶梯型阻滑键结构时充分考虑了此关键技术因素，特别仔细研究了相应的洞井系统布置及施工的技术方案，以便通过洞井施工以追踪定位滑带，而对结构布置进行动态调整完善。

在阶梯型阻滑键结构实施时，设计、地质和施工三方紧密配合，设计人员根据现有地勘资料初步布置洞井位置，施工揭示定位滑带后，地质勘察人员进行分析判断和预测，设计人员根据所获得的实时施工参数和地质信息及时对结构布置方案进行优化调整再反馈指导施工。此实施方法实现了技术体系的实时互动、无缝衔接和高效循环，完整揭示了地下滑带实际分布形态，从而确定最终阶梯型阻滑键布置方案并顺利实施完成，完全贯彻落实了“动态设计、信息化施工”的指导原则，可有效保障实施效果和实施进度，节省了大量宝贵工期和工程投资。

除了确定阶梯型阻滑键布置方案外，这一指导原则还体现于根据施工环境和施工条件的变化及时优化调整设计方案，对随时出现的施工问题及时提出有效的处理建议意见，包括在滑坡推力较小处优化调减结构肢数，根据实时围岩类别动态调整超前支护方式等。

3.7.5 阶梯型阻滑键结构实施的关键技术

为确保能在复杂施工环境下有效实施完成阶梯型阻滑键结构，通过系统研究分析，提出并有效落实了阶梯型阻滑键实施关键技术，包括结构布置方式、关键施工技术和关键构造措施三个方面内容，为复杂环境下工程施工质量、施工进度和施工安全提供了重要技术支撑。

(1)结构布置方式：包括“动态设计、信息化施工”原则、追踪滑带定位洞井方法、分级平行与顺序开挖程序和不同洞井功能定位。“动态设计、信息化施工”是阶梯型阻滑键实施的最基本原则。追踪滑带定位洞井方法是通过多级勘探导洞和施工主洞追踪滑带开挖以确定滑带分布形态，完整定位空间整体结构布置。分级平行与顺序开挖程序是先施工主洞开挖，再平洞间隔开挖，最后施工竖井。洞井系统的功能定位分施工主洞、平洞和竖井三级，各有其功能定位(图 3-58、图 3-59)。

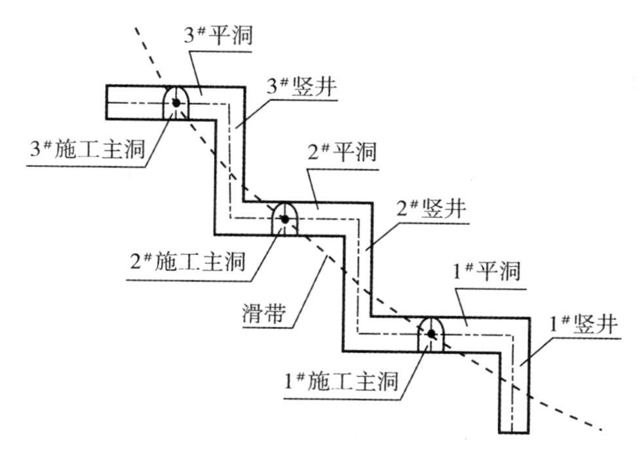

图 3-58　阶梯型阻滑键结构洞井系统定位示意图

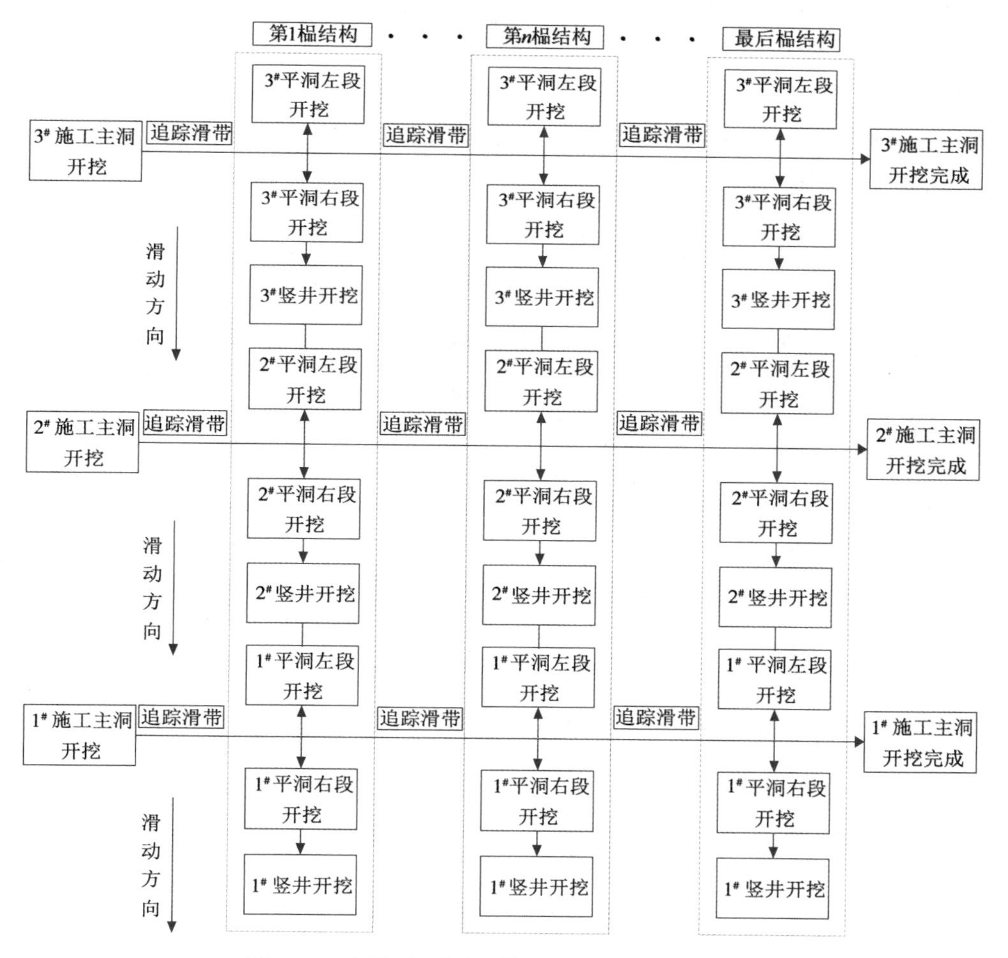

图 3-59　阶梯型阻滑键结构洞井系统开挖顺序图

(2)关键施工技术：包括维护施工期洞室稳定、保护围岩完整性和保证结构混凝土回填质量。维护施工期洞室稳定体现于跳段施工、分序加密的开挖程序和开挖前超前支护和开挖后及时支护。保护围岩完整性体现于弱扰动开挖技术和岩土体固结灌浆。保证结构混凝土回填质量主要取决于控制爆破振动影响和采用泵送混凝土工艺。

(3)关键构造措施：包括钢筋套管连接工艺、快速承力锚杆和洞顶回填灌浆。钢筋套管连接工艺是解决洞井断面小转折多所造成的钢筋分段短、接头多的问题。快速承力锚杆是通过发挥快速支护效果以维护软弱围岩体稳定。洞顶回填灌浆是充分保证结构体与围岩体的接触传力效果(图 3-60)。

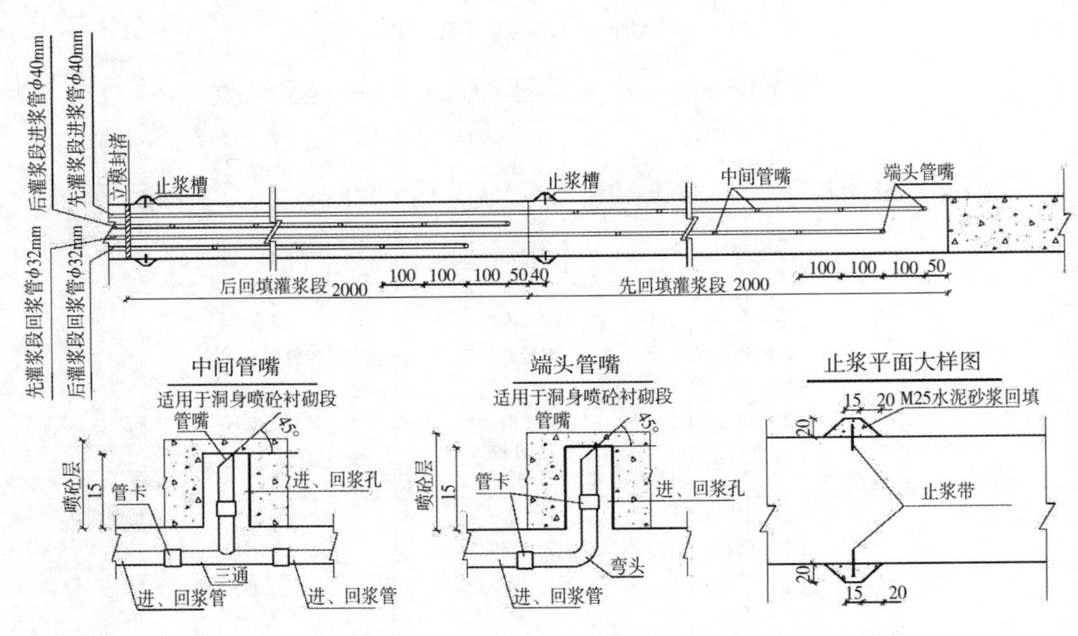

图 3-60　阶梯型阻滑键结构洞顶回填灌浆示意图(单位：mm)

3.7.6 工程应用

阶梯型阻滑键结构已成功应用于三峡库区保护对象最重要、地质条件最复杂、防治难度最大的猴子石滑坡治理续建工程(图 3-61 及图 3-62)，具体工程应用详见本书的 4.5 节。

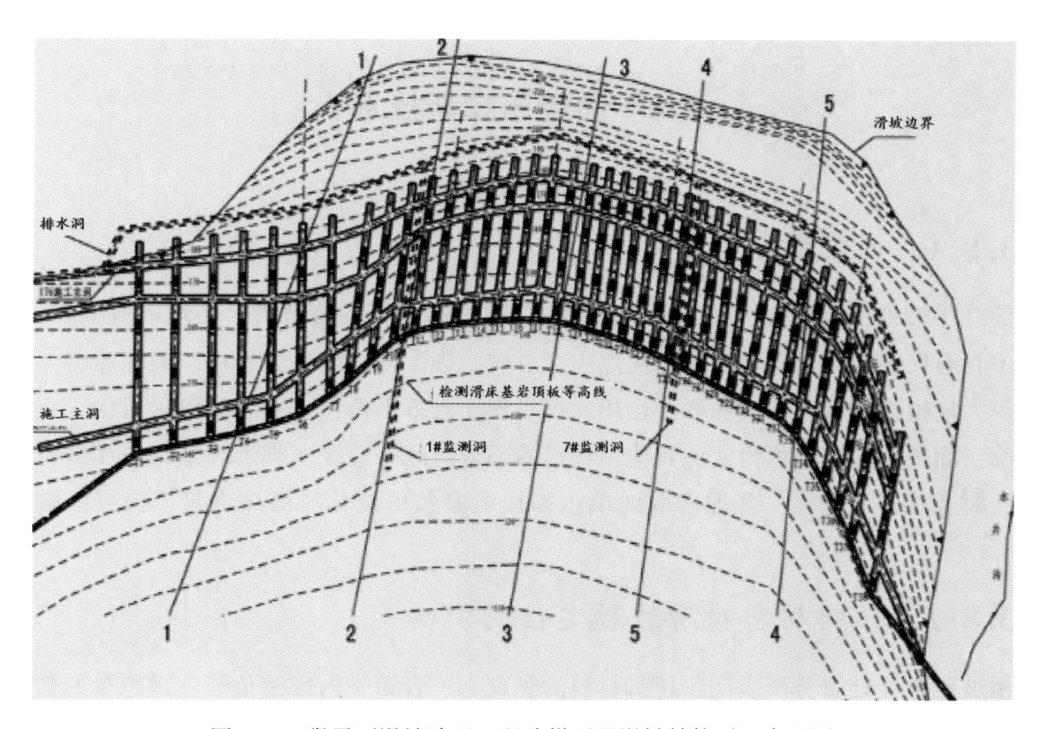

图 3-61　猴子石滑坡治理工程阶梯型阻滑键结构平面布置图

图 3-62　猴子石滑坡治理工程竣工后整体面貌图

3.8 前缘压脚新技术

3.8.1 研发背景

前缘压脚技术措施通过对坡脚进行反压，提高阻滑段的抗滑力，实现滑坡治理稳定。该技术具有简便易行、安全可靠的优点，在滑坡治理工程中被广泛采用。前缘压脚与削坡减载等大规模土石方开挖方法联合运用，可实现土石方平衡；在应急抢险项目中，将滑坡前缘临空面进行压脚，可为实施其他工程措施赢得时间。前缘压脚治理效果与压脚材料特性、压脚方式密切相关，合理选取回填压脚技术参数可优化压脚体方量，提高压脚治理效果。

3.8.2 压脚材料对滑坡稳定性的影响

滑坡稳定性计算分析表明，压脚材料的黏聚力、容重、内摩擦角等物理力学参数和透水性对滑坡稳定性的影响最敏感。压脚材料的物理力学参数值越高、透水性越好，压脚稳定效果越好。因此，压脚材料设计需尽量满足以下条件：

(1)在压脚回填范围清基并将地面挖成台阶状，防止形成软弱滑带；

(2)压脚材料应优先选用开挖碎石料、粗颗粒碎石土；

(3)当压脚材料只能选择细颗粒土时，可采取压脚体内加筋措施，在每级坡顶适当范围内铺设土工格栅，增加填土边坡自身稳定性；

(4)压脚体内设置排水反滤层，提高压脚体的透水性；

(5)压脚体坡脚设置堆石棱体，保证排水效果和坡脚自身稳定；

(6)压脚体分层碾压密实；

(7)压脚体坡面采取护坡措施，防止冲刷淘蚀。

3.8.3 压脚方式对滑坡稳定性的影响

1. 压脚方式

压脚方式可大体分为水平回填、坡脚回填、坡腰回填、坡底回填 4 种方案，各方式示意图见图 3-63。

水平回填方式为回填体水平上升；坡脚回填方式为回填体坡面由 *B* 点平行推进至 *CD*

面；坡腰回填方式为回填体坡面由 *CB* 逐渐推进至 *CD* 面；坡底回填方式为回填体坡面由 *DB* 逐渐推进至 *DC* 面。

水平回填方式相对减小了边坡高度，且回填土体内无潜在滑裂面，逐步压坡回填后，滑裂面剪出口位置逐渐上移，并始终位于回填土体的上方。

坡脚和坡底回填方式中，前期回填高度较低时，回填土体自身稳定性较高，初期滑裂面随回填高度的增加在原坡体中上移；当回填土体积达到一定高度时，回填土中潜在滑裂面与原坡体中滑裂面相结合形成总滑裂面，剪出口位置开始向下移动形成较大滑弧。

坡腰回填方式由于回填土起初相对较陡，本身稳定性较差，故而在回填时直接与原坡体滑裂面结合，随着边坡土体的回填，滑裂面逐渐上升，但始终发生在原坡体并经过回填土坡脚位置。

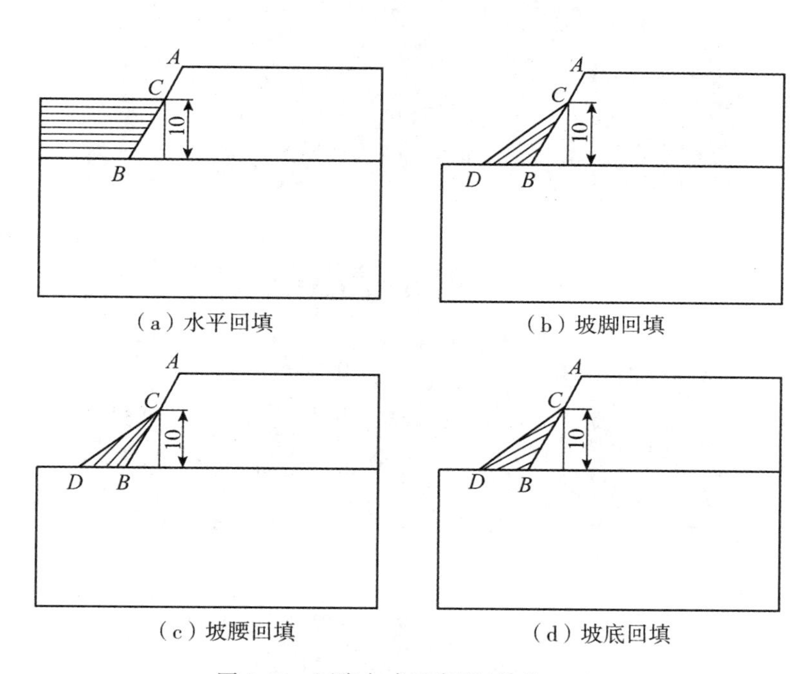

图 3-63　压脚方式示意图(单位：m)

2. 数值建模

模型中水平方向为 x 轴，竖直方向为 z 轴，其中左下角点坐标为(0，0)。计算中，对模型 $x=0$，$x=86$ 两边界进行水平方向位移约束，$z=0$ 边界进行竖直方向位移约束(图3-64)。

（a）水平回填

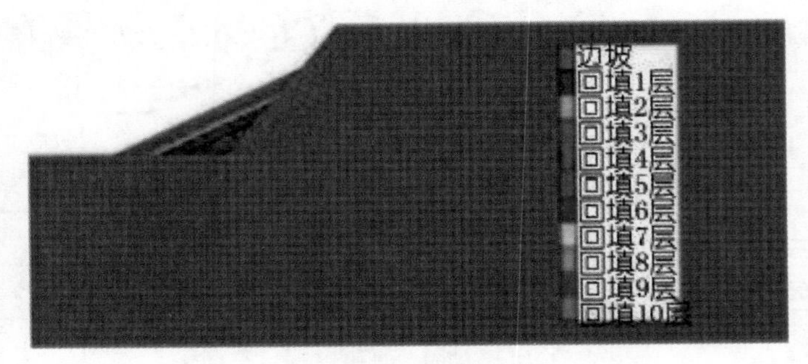

（b）坡脚回填

（c）坡腰回填

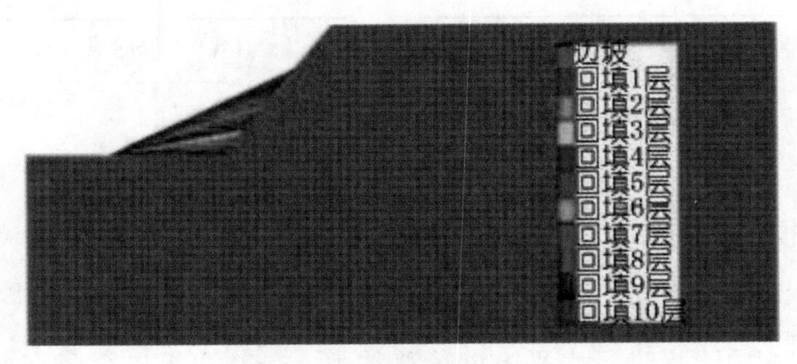

（d）坡底回填

图 3-64　计算模型

3. 数值建模

不同回填方案下，边坡体稳定系数随回填土体积变化如图3-65所示。由图3-65可以看出：

(1)几种方案中，不进行回填压坡时，边坡的稳定系数均低于1.1，回填压坡后，边坡稳定系数大幅度提高。可见回填压脚对提高边坡的稳定性有较大帮助。

(2)对比图中曲线，回填方案不同对边坡稳定系数的提高效果不同。水平回填中边坡稳定系数随回填体积的变化速率明显小于其余3种方案，原因是水平回填时，回填宽度过大，超出有效影响半径，部分回填土没有起到固坡作用。对比坡脚回填、坡腰回填和坡底回填的稳定系数，回填土体积较小时，坡脚回填的稳定系数最大，即该方案对边坡稳定系数的提高效果最好；当回填体积达到最大时，3种方案中边坡稳定系数基本相等，主要是因为3种方案的回填宽度及高度、回填体积相等，坡顶点绝对位移基本相等，滑裂面位置相似。

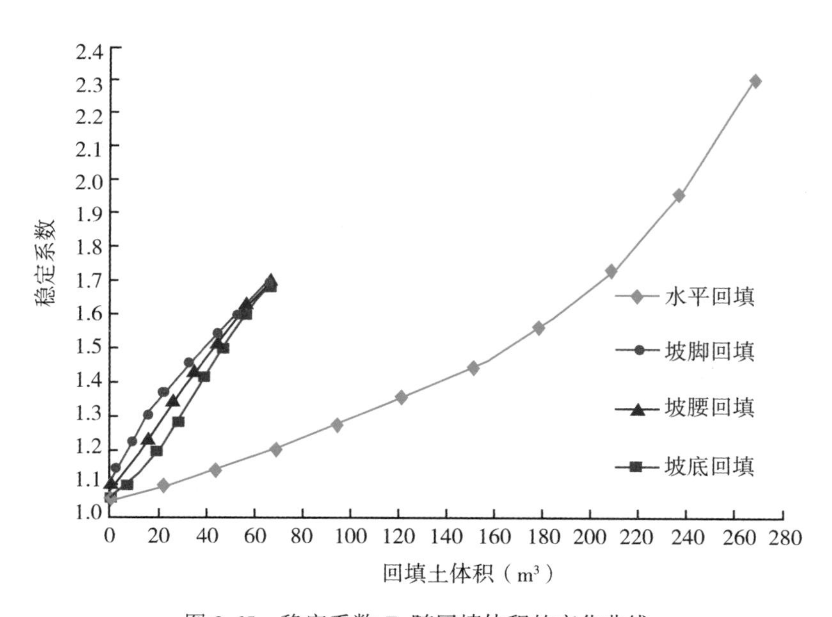

图3-65　稳定系数 F_s 随回填体积的变化曲线

3.8.4　结论

(1)前缘压脚技术在滑坡治理中具有简便易行、造价低廉的优点。

(2)压脚材料的物理力学参数值越高、透水性越好，压脚稳定效果越好。

(3)当压脚回填方量、范围不受限制时，水平回填压脚效果最好。

(4)同一回填体积下，采用坡脚回填的方式，对于边坡稳定性的提高效果最好。

(5)前缘滑面较缓的推移式滑坡，削坡减载与前缘压脚相结合有利于挖填平衡。

(6)前缘压脚必须做好地下排水工程，填筑体不能堵塞原地下水出口，必要时增设排水设施。

该技术已经在白马羊角滑坡中得到应用，详见本书的4.6节。

3.9 小　结

在数十年的工程勘察设计过程中，长江设计集团有限公司经过探索和自主技术创新，研发了大(巨)型滑坡治理新技术，包括立体式排水新技术、沉头桩新技术、大截面钢轨抗滑桩新技术、多排抗滑桩新技术、新型预应力锚索、阶梯型阻滑键新技术、前缘压脚新技术等。大(巨)型滑坡治理新技术已成功应用于巫山滑坡群四道桥-邓家屋场滑坡、水布垭水电站大岩淌滑坡、马岩湾滑坡、构皮滩水电站石棺材滑坡、白马羊角滑坡等治理中，取得了良好的经济效益和社会效益。

第4章　大(巨)型滑坡治理工程实践

4.1　水布垭滑坡群治理

水布垭水电站位于清江中游河段，在湖北省恩施州巴东县境内，是清江流域梯级开发的龙头水利枢纽工程，具有发电和防洪等综合效益。工程主体建筑物由大坝、溢洪道、地下电站、放空洞等组成，其中大坝为混凝土面板堆石坝，为国内外最高的面板堆石坝，最大坝高233m；左岸溢洪道最大下泄流量为18320m^3/s，右岸引水式地下电站装机4台，总装机容量1600MW。

清江流域环境地质具有典型山区河流特点，除岩溶管道、岩溶塌陷与高边坡崩塌在碳酸盐岩发育区普遍存在外，环境地质突出特点为滑坡多。经初步统计，流域内共发育2843处滑坡，主要分布在人类工程活动较频繁的地带。水布垭水电站环境地质问题的突出表现也主要是滑坡问题，库区干流、支流两岸已发现122个滑坡，坝址峡谷出口至下游3.5km范围内，发育13个规模不等的滑坡与变形体，其中大岩淌、马岩湾、台子上古树包等巨型滑坡群，位于发电厂房尾水、放空洞的出口和溢洪道消力池等重要部位附近，对枢纽建筑物布置和施工影响较大。水布垭水电站各设计阶段均将滑坡作为工程建设的关键环境地质问题开展研究，并在此基础上采取了相应治理措施。

4.1.1　滑坡研究及治理思路

1. 滑坡研究思路

在清江流域环境地质问题研究过程中，对滑坡的研究积累了一套成熟的经验。在滑坡的勘察研究方面，注重滑坡边界条件的研究，尤其是几何边界；在滑坡稳定敏感因子分析方面，重点做滑坡地下水影响分析；在滑坡稳定性分析判断方面，建立了以反演分析、类比分析为参考，以地质综合分析判断为准则的分析研究思想。

(1)滑坡的几何边界条件。滑坡可以简单地概括为斜面上的物体，其稳定性是由滑坡体的势能、滑床的形态、滑带的抗剪强度以及滑坡中的地下水渗压等因素决定的。因此，滑坡稳定性的最重要影响因素是滑坡几何形态的各种尺度，如滑床的形态与倾角，如果滑床很缓，滑坡就很难滑下来，如果滑床很陡，滑坡就很容易滑下来；从三维空间看，如果滑坡是下面窄、上面宽，下滑时就会产生瓶颈效应，滑坡体也很难滑下来。

(2)滑坡的物质组成与结构。滑坡的物质组成与结构反映了滑坡的生存环境，是研究滑坡成因机理的重要信息，也是分析判断滑坡稳定性的重要条件。滑坡的物质组成与结构可以清楚地告诉我们滑坡的成因类型，是松散堆积体滑坡还是似基岩大块体滑坡？是基岩顺层滑坡还是切层滑坡？是推移式滑坡还是牵引式滑坡？这些信息对地质宏观分析判断滑坡稳定性都是至关重要的。

(3)滑坡地下水。地下水是影响滑坡稳定的重要因子，这也是很多水库滑坡在水库蓄水后发生变形乃至滑坡解体的主要原因。滑坡中的地下水对滑坡稳定性的影响主要表现在如下三个方面：其一是对滑带产生软化作用，致使滑带强度大大降低，从而影响滑坡稳定；其二是库水位变化产生的渗透压力可以增大滑坡的下滑力，从而导致滑坡解体；其三是地下水改变了滑坡的重力状态，也可以导致滑坡稳定性变差。研究表明，滑坡安全系数对地下水的变化率一般为0.01~0.02。

(4)滑带抗剪强度。滑带抗剪强度参数主要由其物质组成、结构特征、含水情况以及滑面状况决定，但由于滑坡边界条件复杂多样，滑带抗剪强度指标又具有不确定性。为此制定了如下取值原则：①以滑带的物质组成及综合性状为基础；②以滑带的物理力学实验成果为依据；③国内已发生的滑坡事件力学参数为类比；④以反演分析的 c、ϕ 值为参考；⑤滑坡稳定性的宏观地质判断。在充分掌握了上述诸条件的基础上，最终确定滑带抗剪强度参数。

2. 滑坡防治方针

滑坡灾害对人类的生命财产可造成直接的危害，而人类的活动又促成或加剧滑坡的发生或发展。由于滑坡与人类活动的密切关系，我国现在很重视对滑坡的防治研究工作。大量的工程实践经验与教训告诫我们，滑坡的防治工作总体上应遵循以下指导方针。

(1)预防为主，治早治小。任何滑坡并非一夜之间突然出现的变形现象，一般要经历一个从稳定转化为不稳定、由小到大的发展过程。“预防为主”包含防止滑坡病害的形成和滑坡监测预报两个方面的内容。“治早治小”是因为在滑坡活动的初期，变形规模尚未形成，治理相对容易，如果及时地采取工程措施，先遏制“起跳点”的运动，往往可以转危为安。

(2)勘察先行，对症下药。在着手进行滑坡治理方案的研究论证之前，必须先通过适量的地质勘察取得滑坡的地质信息，只有弄清了滑坡的病害成因，才能对症下药地制定出科学合理的治理方案。

(3)综合治理，有主有辅。滑坡的稳定性一般是由多种因素共同作用的结果，其中在各种不同主导因素作用下，滑坡又呈现不同的滑动机制，表现为各种不同的滑动模式。因此，滑坡治理一方面往往需要采取综合性的系统治理方案；另一方面又需要抓住主要矛盾，针对诱发滑坡的主要控制因素，采取对应的治理措施。

(4)安全经济，辩证统一。滑坡治理属于地质灾害防治工程，首先，应研究制定出科学合理的安全标准；其次，针对滑坡滑动主控因素所采取的对应治理措施，应进行多方案充分论证，从技术、施工、取材等各个方面综合比选其安全与效益的优劣；再次，对于大规模的滑坡，还应进行治与不治的决策论证，即当治理工程费用远远大于经济效益与社会效益时，应当选择采取环境保护、监测预报、迁移等方式进行预防或躲避。

4.1.2　大岩淌滑坡研究与治理

大岩淌滑坡体位于水布垭工程大坝下游左岸大崖以东山脚下，上距坝轴线800余米，距溢洪道挑流鼻坎300余米，距最大挑距冲坑60余米，对岸为地下电站尾水洞出口。大岩淌滑坡是坝址区分布的四大滑坡体中，离大坝、电站、泄洪等枢纽建筑物最近、对枢纽工程影响最大的滑坡，见图4-1。

图4-1　天然状态下的大岩淌滑坡

大岩淌滑坡为一微顺层基岩滑坡，后经过局部解体而成，由主滑体及东、西两级次滑体组成，结构较复杂。滑坡体总面积0.196km^2，滑坡体厚度一般为25～40m，最厚约64.8m，总体积约5.88×10^{6}m^3。天然状态下，大岩淌滑坡具有较好的稳定性，总体处于稳定状态。进入施工期后，滑坡受工程施工干扰、破坏严重，自然环境遭到破坏，如1#、3#、5#、7#公路分别从后部、中部、前部穿过滑坡，并在滑坡中部建有施工营地，前部又设有溢洪道冲刷坑防淘墙等建筑物。这些因素降低了滑坡的稳定性，曾出现监测变形量较大、局部地表裂缝等变形迹象，且考虑到滑坡在大坝运行期间将承受溢洪道泄洪冲切及雾雨的影响，一旦滑坡失稳，将摧毁防淘墙、堵塞地下电站尾水隧洞出口，严重威胁枢纽工程安全。各设计阶段均对滑坡进行了重点研究并采取了相应的工程治理措施。

滑坡治理主要措施包括抗滑桩、排水洞及排水孔、阻滑键、地表排水、地表防护等。滑坡治理施工于2002年11月开工，至2004年7月完成。由于防淘墙开挖造成滑体前缘局部临空，监测资料反映滑坡有变形迹象，为此，又对滑坡进行稳定性复核，并于2009年2月—2010年11月进行了补充加固处理。滑坡经整治处理后，一直处于稳定状态。

4.1.2.1 主要工程地质特征

1. 几何边界

大岩淌滑坡体边界较清楚，西侧为大岩陡壁，高80~100m，呈南北向延伸；东侧以榨房沟为界；后缘最高高程为430m，“圈椅”状地形特征明显；滑体前缘呈向南突出的弧形，剪出口高程205~210m。滑坡在平面形态上呈一长形的喇叭形，东西宽120~370m，最宽460m，南北长870m。从纵向上看，滑坡地形由上至下呈缓—陡—缓—陡的特点；从横向上看，滑坡体总体呈中部凸起，两侧低缓的形态(图4-2)。

主滑坡体平面形态呈狭长状，东西宽120~180m，南北长870m，分布面积约0.124km^2，滑体均厚25~40m，方量约3.9×10^{6}m^3。主滑坡体物质结构具有成层性，主滑坡体上部、中下部具有连续或不连续的次滑带，底部为主滑带。

主滑坡体两侧发育东西两次级滑体，东侧次级滑坡体在平面上呈一扇形，东至榨房沟，西至清江地质大队基地的右下角，后缘高程285m，高差80m。东西一般宽70~130m，最宽180m，南北长310m，滑坡面积0.042m^2，滑体厚20~30m，体积约1.23×10^{6}m^3。西侧次级滑坡体在平面上呈一小扇形，西至大崖壁脚底，东至156钻孔带。后缘高程267m，前缘高程202m，高差65m，东西宽60~110m，南北长200m，滑坡面积0.03km^2，平均厚15~25m，体积约7.5×10^{5}m^3。

滑坡前缘由于清江水流的侵蚀，下部掏空，曾发生多次局部崩解。东侧次级滑坡体前缘局部崩解体地表上呈长条形，南北长30m左右，东西宽120m，面积约0.003km^2，体积约6×10^{4}m^3；物质主要为砾质黏土夹碎裂块石，结构较紧密，稳定性差，处于发展变形中；沿岸冲蚀崩解体分布于滑坡体前沿，规模较小。

2. 物质组成

大岩淌滑坡体物质组成复杂(图4-3)，主次滑坡体及局部崩解体的物质组成与结构皆有明显的差异性。主滑坡体物质结构具有成层性，西侧表层为大块石、块石夹碎石土层，

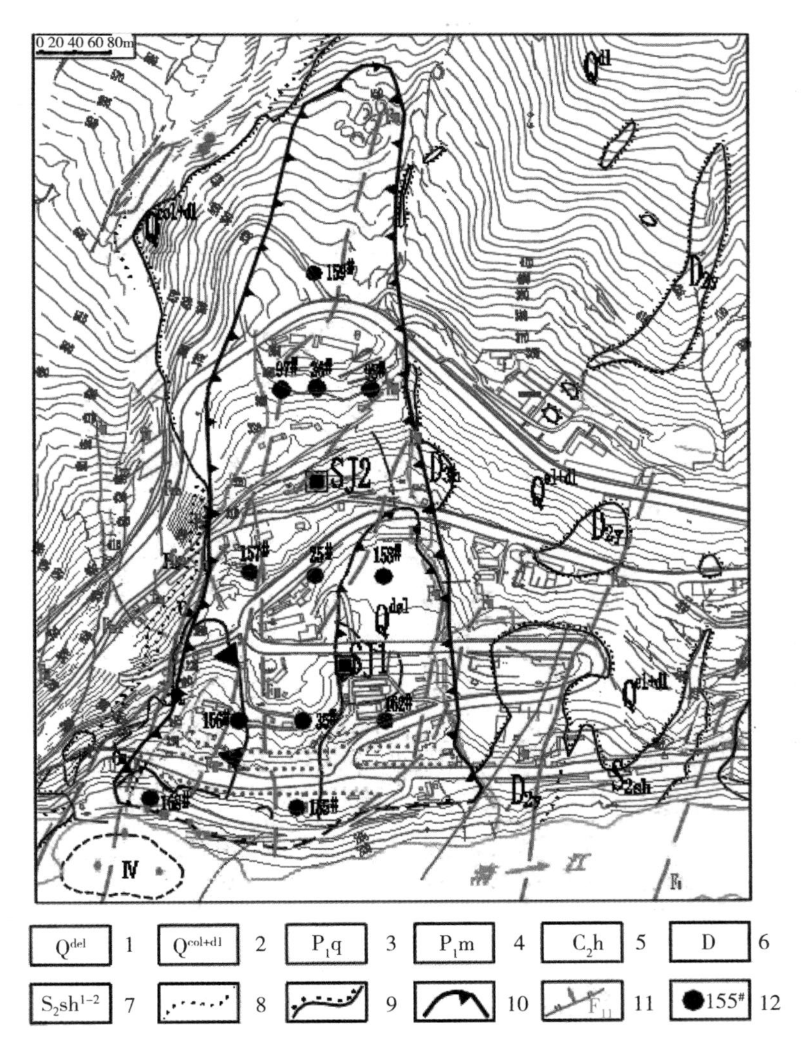

1. 滑坡堆积层；2. 崩坡积层；3. 栖霞组第1～11段；4. 马鞍组；5. 黄龙组；6. 泥盆系；7. 志留系纱帽组；8. 基岩分界线；9. 第四系与基岩分界线；10. 滑坡边界；11. 断层；12. 钻孔

图4-2　大岩淌滑坡综合工程地质图

多为滑坡形成后大岩陡壁崩积而成，厚1～6m；东侧地表为黄色砾质黏土夹碎块石层，厚3～5m不等。灰岩大块石、块石夹碎石土层主要分布于主滑坡体中上部，为边坡卸荷崩解体，连续、完整，厚度一般为5.30～40.70m。砂页岩块石夹碎石、黏土或黏土夹块石、碎石层分布于滑体下部，为基岩滑动形成，连续性较好，该层局部黏土含量较高，结构紧密，厚1.55～32.5m。主滑坡体上部，中下部见有连续或不连续的次级滑带，底部见主滑带。

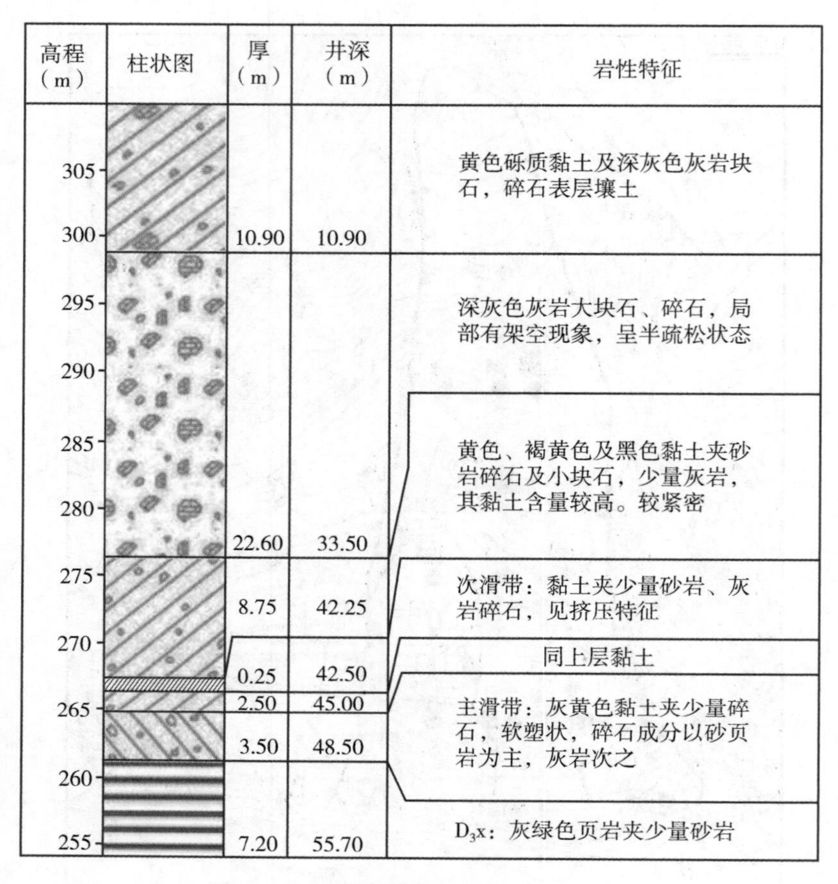

图 4-3　竖井揭示滑坡物质组成与结构图

东西两次滑坡体物质结构相似，成层性明显。地表为砾质黏土夹碎石层，厚 2～8m，东侧碎石成分以砂岩为主，西侧以灰岩为主，结构密实。灰岩大块石、块石夹碎石土层厚 13.02～17.45m，结构疏松，局部呈架空状，多以灰岩为主，局部见少量砂岩。似基岩解体砂、页岩块石夹碎石土或黏土夹砂页岩块石层，厚 1.55～32.5m，黏土含量多，结构密实，以粉砂岩为主，局部混杂有灰岩。底部为主滑带，次级滑带分布于滑坡体中下部。

3. 滑床形态与剪出口

大岩淌滑坡的滑床形态主要受基岩岩性、地层产状及断层、裂隙等结构面控制。滑床后部狭窄，中、前部开敞，两侧相对宽缓。前部滑床高程 230m 以下，形态变化大，有多个不规则凹槽。滑床纵向自上而下，后部倾角 15°～20°；中部 30°～40°，可见基岩顺层拉裂、切层断开；前部倾角 7°～14°，局部呈微后翘形态。

滑坡前缘剪出口总体形态为前凸弧形，多被灰岩大块石、块石、碎石覆盖。施工开挖揭示，剪出口东侧高、倾向西侧，中部略有起伏，高程为 186~205m。剪出口之上多为杂色黏土夹碎石、砾石，有胶结及挤压变形特征，剪出口之下为写经寺组下部紫红色页岩、砂岩、泥灰岩，局部可见灰岩块石。

4. 主滑带

主滑带位于滑坡体与基岩之间，有明显的分层性，厚 0. 10~3. 80m，为灰色，黄色黏土含少量砂页岩碎块，黏土黏性强，结构紧密。页岩碎块多具磨圆状，少量呈扁豆状，带间见有零星粒状褐色赤铁矿及断续分布的褐色、黄灰色且厚 1~3cm 的碎屑条带。滑面平直光滑，并见有斜擦痕。1#竖井揭示主滑带剖面如图 4-4 所示。

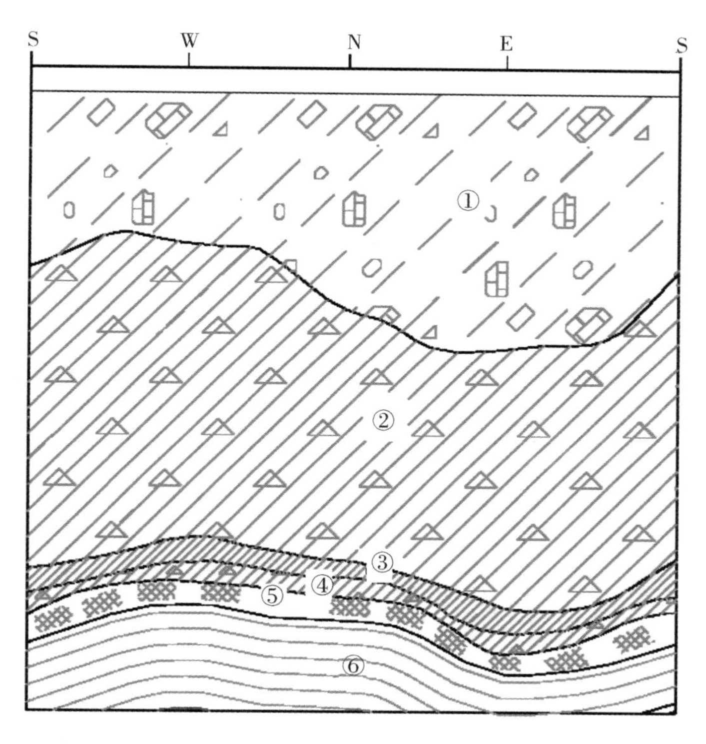

①滑体物质；②上碾入滑动带；③主滑带；④下碾入滑动带；⑤扰入滑动带；⑥基岩

图 4-4　大岩淌滑坡 1#竖井主滑带展示图

碾入滑动带厚 1. 68~5. 35m，分布于主滑动带上、下部。物质成分为黄色粉质黏土夹碎块石，含有一定水量，黏土含量大于 30%，黏性强，含少量砂粒，粒径一般小于 2cm，呈次棱角、次磨圆状，碎裂块石岩性主要为砂岩，块径 10~15cm，部分挤压碾磨成小角砾。

扰入滑动带厚0.25~0.3m，分布于下碾入滑动带与滑床基岩之间。其物质多为有次序的页岩砂岩破碎体，页岩面上有大量斜向SW方向的擦痕，层间见有2~3cm厚的黄泥条带，含水量高，黏性强。扰入滑动带是滑坡体在滑动过程中，下部滑床基岩阻碍滑坡体滑动而扰入滑坡体的物质。

5. 次滑带

滑坡除主滑带外，内部尚存在两至三层连续、非连续的次级滑动带，反映滑坡内部存在差异运动，或者是后期又经历过变形与解体。各次级滑带总体特征分述如下。

(1)浅层滑动带分布于滑坡前部局部崩解体下。物质成分多为黄色重壤土夹碎石、黏土，黏性小，结构松散，连续性差，厚度较小。

(2)上滑带分布于大块体夹块石、碎石土中，为滑坡体上层局部差异运动而成，连续性差，厚0.13~3.15m，物质成分为灰色黏土夹灰岩、砂岩碎石，黏土黏性较强。

(3)中滑带分布于灰岩大块石体层和似基岩解体块石体层之间，或发育于似基岩块石体层内部，主要是由于滑坡滑动时物质内部上下层岩性的差异及其滑速不一致而形成的。厚0.25~1.3m，物质成分为灰色、浅灰色、黄色黏土夹灰岩，砂岩碎块石，结构紧密，黏性强，连续性及完整性均较好。

(4)底滑带分布于滑坡体与基岩之间，厚0.11~9.15m，分带性明显，为滑坡整体滑动所形成。其物质成分为黄色、紫红色黏土夹少量砂页岩角砾碎块，黏性强，完整性及连续性好，但变化较大。

6. 下伏基岩

构成滑床的基岩为黄家磴组、写经寺组地层。写经寺组为岩性复杂的页岩、砂岩、粉砂岩、泥灰岩、灰岩等，为一套相对软弱的岩组，分布在滑床西部与后部。黄家磴组为含砾石英砂岩夹页岩、泥质粉砂岩，底部为一层黄绿色砂质页岩，夹有多层性状较差的泥化夹层组合岩体，分布在滑床东部。泥化夹层强度低、性状差，给大岩淌滑坡顺层滑动提供了有利条件。滑床基岩总体倾向220°左右，倾角20°~25°，朝清江方向的视倾角为13°~17°。

7. 水文地质

滑坡地下水主要来源于大气降雨及坡后远程地下水，多赋存于滑坡中下部，于滑坡前缘剪出口一带渗出，主要为孔隙水。滑坡体上层主要由灰岩大块石组成，黏土含量少，局部呈架空状，不利于地下水的赋存；滑坡体下层砂、页岩块石及黏土含量较高，结构相对紧密，滑坡体地下水主要富集于此层中。钻孔、竖井勘探揭示，滑坡体地下水位较低，枯水季节滑坡体中后部部分钻孔地下水位皆不在滑坡体内，仅前部存在含水层。滑坡体的充水指数在枯水季节为 0~19.86%，在丰水季节为 13.7%~37.82%，指数皆不大，说明滑坡体内地下水可以有较大的变幅范围，滑坡体地下水的变动带一般厚 5~20m，变动范围较大。滑坡体的充水指数见表 4-1。注水试验显示，黏土夹碎块石层，渗透系数为 0.1085~0.0067m/d，透水性较小；大块体夹碎石层，渗透系数为 3.875~0.317m/d，透水性相对较强。钻孔地下水长观结果表明，滑坡体地下水位随大气降雨变化明显，变幅一般为 5~20m；暴雨时，滑坡体地下水涨至最高水位往往滞后 1~2d，恢复到正常水位一般为 3~4d，属“暴涨渐跌”型。

表 4-1　滑坡钻孔、竖井充水特征统计表

孔号	孔深(m)	孔口高程(m)	滑床高程(m)	低—高水位高程(m)	含水层厚(m)	滑体厚(m)	充水指数(m)
159#	40.6	370.76	345.46	357.1~360.79	11.66~15.33	25.30	40.09~60.59
36#	110.1	344.10	279.27	315.4~320.74	36.17~41.47	64.83	55.79~63.97
2#井	55.70	309.70	261.00	260.9~267.69	0~6.69	48.70	0~13.7
157#	63.25	290.37	245.62	干孔~254.77	0~9.15	44.75	0~20.45
25#	90.06	285.44	235.34	266.6~277.81	31.27~42.47	50.10	62.4~84.8
35#	60.55	257.79	220.04	219.3~226.03	0~5.99	37.75	0~15.9
155#	45.1	230.17	196.97	205.9~215.84	8.98~18.87	33.20	27.05~56.84
97#	97.84	342.92	294.52	301.7~312.52	7.25~18	48.40	37.19~15
98#	90.93	340.80	301.80	289.6~292.73	0	39.00	0
158#	50.10	271.78	248.78	262.0~263.76	13.30~14.98	23.00	57.83~65.13
1#井	33.50	257.6	239.60	234.4~239.60	5.57~10.95	28.95	19.86~37.82
162#	51.80	245.04	222.49	205.31~209.59	0	22.55	0
156#	56	250.08	217.36	233.70~238.10	16.34~20.74	32.72	49.93~63.39

4.1.2.2　物理力学参数取值

1. 物理力学实验成果

可行性研究阶段，针对大岩淌滑体土和滑带土分别进行了室内土工实验研究和现场原位大剪实验研究。研究表明：

(1)滑床基岩剪切带。gh_1、gh_2 剪切泥化带的物质成分均泥化，性状极差的 gh_1 共进行了两组大型直剪实验共 12 个试件，按 9 个有效试件综合统计。gh_2 剪切面平直的 6 个试点作 1 组统计。由于 gh_1、gh_2 性状相同，因此选用剪切面平直的 15 个试件综合整理，较大样本综合统计后变异系数减小到 $\delta = 0.1$，$R^2 = 0.89$，$\gamma_s\phi = 0.93$，γ_{sc} 取 1/3，$c_k = 4.5\text{MPa}$，$\phi_k = 12.7°$。

(2)主滑面。滑坡前缘(高程 219m)在主滑面进行的 2 组共 10 点大型直剪实验，综合整理的参数规律性较好。实验成果代表了滑坡体前缘主滑面上薄层黏土的抗剪强度。$\delta = 0.17$，$R^2 = 0.74$，$\gamma_s\phi = 0.87$，γ_{sc} 取 1/3，$c_k = 9.3\text{MPa}$，$\phi_k = 13.1°$。

(3)中—前缘(高程 270m 以下)滑带土。高程 270m 以下的滑带土的中小砾石含量以 30%为界，超过临界含量时抗剪强度出现剧增。本案例在多个抗滑桩和排水洞内取 65 个滑带土试样，实验成果反映出砾石含量影响较大，因此，取砾石含量在 30%以下的有效试点共 30 点进行综合整理，其变异系数较小 $\delta = 0.064$，说明了实验点所在地质单元具有同一性，$R^2 = 0.87$，$\gamma_s\phi = 0.98$，γ_{sc} 取 1/3，$c_k = 13.2\text{MPa}$，$\phi_k = 15.3°$。

(4)后部(高程 270m 以上)滑带土。由于实验主要集中在滑坡的前缘开展，滑坡后部(高程 270m 以上)的厚度大且植被多，未布置抗滑桩，取样困难。采用工程前期在滑坡后部 2# 竖井取样的室内土工实验成果和本案例 4# 排水洞取原状样的直剪实验成果。4 组直剪反复剪实验平均值 $c_d = 13.2\text{MPa}$，$\phi_d = 21°$；4 组三轴实验(有效应力)平均值 $c'_{cu} = 36.3\text{MPa}$；$\phi'_{cu} = 24.7°$。4# 排水洞取原状样的直剪实验 1 组共 6 块试件，$c'_m = 40.5\text{MPa}$；$\phi'_m = 16.5°$，$\delta = 0.07$，$R^2 = 0.88$，$\gamma_s\phi = 0.97$，γ_{sc} 取 1/2，$c_k = 20\text{MPa}$，$\phi_k = 16.0°$。

2. 滑坡稳定分析物理力学参数取值

滑带土抗剪强度指标是滑坡稳定性评价和防治工程设计的重要力学参数，为确定大岩淌滑坡的物理力学参数，地质勘察单位、研究单位等均进行了大量的实验研究，设计进行了反演计算分析。在此基础上，分析整理已有岩土物理力学实验资料，并结合国内部分典型滑坡稳定性分析经验综合研究，确定大岩淌滑坡的滑带及滑坡体物理力学参数见表 4-2。

表 4-2　大岩淌滑坡物理力学参数设计采用值

滑坡部位	c (kPa)	ϕ (°)	湿密度 (kN/m³)	饱和密度 (kN/m³)	弹性模量 E(kPa)	泊松比 μ
滑坡体	5	22.0	22.0	23.0	0.29×10^5	0.40
中滑带	10	19.0	22.0	23.0	0.19×10^5	0.40
主滑带土	10	18.0	22.7	23.0	0.19×10^5	0.40
岩体	650	35	25.0	26.0	25×10^5	0.34

4.1.2.3　滑坡体渗流分析

大岩淌滑坡体三维渗流计算包括天然情况以及雾化降雨条件下滑坡体内的地下水位分布，并对滑坡体的排水系统进行渗控效果分析，为滑坡稳定性计算提供依据。三维渗流计算分析采用有限单元法，以非均质各向异性稳定饱和渗流为基础。渗流计算主要包括以下4个方面。

(1)天然状态下降雨入渗系数及滑坡后缘山体一类水位边界的拟合。

(2)天然状态下滑坡区地下水渗流场分布。

(3)雾化降雨条件下滑坡区地下水渗流场分布。

(4)滑坡经过防治后(包括前缘开挖、后部削方、地表地下防渗排水等)的地下水渗流场分布。计算方案见表4-3。

表4-3　计算方案

<table>
<tr><th>方案</th><th>入渗强度(cm/s)</th><th>边界条件</th></tr>
<tr><td>SL1-1</td><td>5.32×10^{-6}</td><td>下游清江水位200.0m</td></tr>
<tr><td>SL1-2</td><td>1.33×10^{-6}</td><td>下游清江水位200.0m</td></tr>
<tr><td>SL1-3</td><td>8.9×10^{-7}</td><td>下游清江水位200.0m</td></tr>
<tr><td>SL1-4</td><td>雾化降雨条件下</td><td>下游清江水位200.0m</td></tr>
<tr><td>SL2-1</td><td>1.33×10^{-6}</td><td>下游清江水位223.3m，地表无防护，开挖，设置纵横向排水洞，无排水孔</td></tr>
<tr><td>SL2-2</td><td>无</td><td>下游清江水位223.3m，地表防护，开挖，设置纵横向排水洞，无排水孔</td></tr>
<tr><td>SL2-3</td><td rowspan="2">雾化降雨强度4.48×10^{-5}
降雨入渗强度1.13×10^{-6}</td><td>下游清江水位223.3m，雾化降雨，地表防护破坏，开挖，设置纵横向排水洞，无排水孔</td></tr>
<tr><td>SL2-4</td><td>下游清江水位223.3m，雾化降雨，地表防护破坏，开挖，设置纵横向排水洞，排水孔</td></tr>
</table>

渗流分析表明：

(1)据大量拟合方案的计算以及相似工程的类比，初步确定大岩淌滑坡体在多年平均降雨条件下的入渗系数为0.3。滑坡体内地下水一方面来自外部降雨从滑坡后缘及侧向地势平缓较低处的直接入渗；另一方面也接受远处山体内地下水的侧向补给，山体内地下水埋深较深，约200m。滑坡区地下水总的流向与地势起伏较为一致。在滑坡后缘由于主滑带的隔水作用，使滑坡体和基岩之间存在非饱和区。滑坡体内地下水位线基本在 0.3h～0.78h 处(h 为滑坡体高度)。在高强度雾化雨作用下，滑体处于全部饱和状态。

(2)设置防渗排水工程措施能够比较有效地降低滑体内地下水位，特别是滑坡表面的防渗体系，起到阻断外部降雨或雾化雨向滑坡体内直接入渗的重要作用。采取这些工程措施以后可以将滑坡体内地下水位基本控制在 0.13h 范围内，且滑坡体后部约 1/2 部分均处于地下水位以上的疏干区。从工程安全角度出发，即使地表的防渗体系产生裂缝等隐患，高强度雾化降雨通过裂缝向滑坡体内入渗，在排水洞、排水孔的作用下，也可将地下水位控制在 0.25h 以内。

4.1.2.4 泄洪雾化雨对滑坡体的影响分析

水布垭工程泄水建筑物为河岸式溢洪道，布置在左岸，设计洪水时溢洪道下泄流量为 16300m^3/s，汛期最大上下游水位差达 180m，最大泄洪功率 30665MW。溢洪道泄洪消能具有水头高、流量大、泄洪功率大等特点，并且采用窄缝挑流消能形式，泄洪过程中大坝下游必然产生泄洪雾化现象。长江科学院和南京水利科学研究院对水布垭溢洪道泄洪雾化问题进行了大比例尺物理模型实验，分析了不同洪水频率、不同闸门开启运行方式下的泄洪雾化分布。得出水布垭枢纽泄洪雾化的主要特点是降雨强度大，影响范围广阔，且沿河道两岸的分布不对称。

(1)雾化降雨强度大。在洪水频率 $P=1\%$ 泄洪工况条件下的最大雨量为 4728mm/h，大岩淌滑坡体在高程 285m 以下的部分雾化降雨强度超过了 10mm/h(自然特大暴雨)。

(2)雾化影响范围广。根据模型实验结果、同类工程泄洪雾化原观资料类比分析以及经验关系式计算预报的综合分析，得到水布垭泄洪雾化降雨区的最大纵向长度和横向宽度分别为 950m 和 600m，雾流区的最大纵向长度和横向宽度分别为 1050m 和 850m。

(3)受溢洪道出口消能布置形式和下游河道地形的影响，泄洪雾化在两岸的分布有差别、不对称。

水布垭工程处于峡谷河段，两岸边坡高峻陡峭，河谷断面呈不对称的“U”型，不利于泄洪雾化水雾的扩散，泄洪雾化对两岸边坡稳定性有较大影响，尤其是紧邻溢洪道消力池的大岩淌滑坡，需采取工程保护措施，避免泄洪雾化雨给滑坡的稳定性带来伤害。泄洪雾化雨对大岩淌滑坡的影响见图 4-5。

4.1.2.5 滑坡稳定性宏观分析与评价

1. 滑坡的自然现状

大岩淌滑坡为一推动式基岩滑坡，根据成因机制，促使该区域岸坡造型发展，最终失稳下滑的自然主控因素有：①清江河谷下切和强烈冲蚀作用导致岸坡前缘临空；②大岩陡

（a）右岸放空洞泄洪

（b）左岸溢洪道泄洪

图 4-5　水布垭泄洪雾化照片

高边坡卸荷崩解，构成外部大量加载；③地下水的加载和浸泡软化作用等。对滑坡天然状态下的稳定性，从滑坡几何形态、物质组成与结构、地下水状态、滑带情况以及滑坡的形成与演变，滑坡的类比分析、稳定性计算与反演等方面进行了综合分析，分析认为，大岩淌滑坡在其环境不发生改变的情况下，总体处于稳定状态，安全系数在 1.2 左右。但大岩淌滑坡仍存在自身不利地质条件和环境：

(1)前缘剪出口高程为 205m 左右，后缘高程 430m，滑坡体相对高差 225m，还存在较高的势能；

(2)滑坡体西部大崖高边坡还处于发展之中，对滑坡仍具有一定的加载能力；

(3)滑坡体前缘始终处于清江强烈冲蚀区，滑坡体前部受江水冲蚀影响大，地表坡度陡，结构较松散，稳定性较差，存在局部继续解体的可能性，这些都是影响滑坡稳定性的重要因素。

一方面，对于东侧与西侧两次级滑坡，经过再次解体泄能后，地势较低，地表相对高差不大，滑坡体物质减少，滑坡体势能已不太大；另一方面，滑坡体底部滑床平缓，滑带结构紧密，含水量较低，抗剪强度略大；此外，滑坡体后部加载物质不多。总体来看，两次级滑坡体的稳定性比主滑坡体稍强。但两次级滑坡前缘及侧缘皆存在流水冲蚀，所以局部稳定性较差。

2. 水布垭工程施工及运行对滑坡的影响

大岩淌滑坡位于泄洪建筑物附近，工程施工和运行对滑坡的影响主要表现在消力池的开挖和溢洪道泄洪运行作用等方面。

(1)由于消力池开挖在滑坡前缘进行，滑坡体剪出口反翘附近多为灰岩大块石、块石及碎石体，挖除以后将削弱其对滑坡前部压脚稳固作用和防冲刷作用，同时防淘墙的施工爆破对滑坡的扰动也在所难免。

(2)溢洪道泄洪时，巨大的泄流能量将产生强烈的雾化雨，参考《三峡水利枢纽挑流雾化问题的研究》成果，类比隔河岩水电站和国内其他水利工程的实际情况，分析认为水布垭电站泄洪雾化强暴雨影响范围将远大于500m，而大岩淌滑坡正处于泄洪雾化强暴雨中心地带，雾雨对滑坡产生的影响无论从强度大小或历时长短方面，都将远远超过大气降雨。

(3)据水工模型实验结果，溢洪道泄洪时最大冲坑位于大岩淌滑坡西部侧缘附近，滑坡前沿水流剩余能量仍很大，势必造成河床和岸坡的严重冲刷。

(4)大岩淌滑坡距大坝较近，枢纽工程全面施工对滑坡区自然环境的影响也不容忽视，一旦地表径流条件和良好的植被覆盖遭到破坏，将导致滑坡体内部环境恶化。

4.1.2.6 滑坡稳定性计算分析

1. 计算方法与荷载

大岩淌滑坡稳定性分析计算采用刚体极限平衡和有限元等分析方法。极限平衡法包括二维极限平衡和三维极限平衡。二维极限平衡计算主要采用剩余推力法和能量法，还有摩根斯登-普赖斯法(M-P 法)及萨尔玛法。有限元法采用“NOLOM”弹塑性有限元、弹黏塑性自适应有限元等分析方法。通过对包括滑坡在内的较大区域进行渗流分析，得到在天然状态、雾化降雨以及各种防渗排水措施条件下的较为明确的滑坡地下水流场分布，在此基础上对大岩淌滑坡进行稳定性分析。

滑带及滑坡体的物理力学参数指标设计取值详见表4-2，主要荷载有自重、孔隙水压力、坡外水压力、地震力及其他荷载。

自重：地下水位以上取天然容重，地下水位以下取饱和容重，滑坡地下水位概化为0.4倍的滑坡体厚度。

孔隙水压力：按有效应力法考虑孔隙水压力。包括条块侧边及底面孔隙水压力。

坡外水压力：当坡外水位高于前缘剪出口时，考虑江水对滑坡体的静水压力。

地震：地震烈度按Ⅵ度考虑。荷载组合见表4-4。

2. 地下水位线概化

大岩淌滑坡有13个地下水位观测点，大部分观测时间较长，有1~2个水文年，后期孔观测时间较短，不到一个水文年。观测成果显示，大部分观测点的充水指数较高，达50%~60%，最高达85%。但地质勘探显示，滑坡径流排泄条件好，地表水入渗系数较小，滑坡体主要物质透水性好，存在管道流，说明滑坡体地下水位较低。鉴于滑坡体的物质组成和结构复杂，可能造成地下水的差异性较大，而地下水位线是地质模型中必要且重要的组成部分，经过反复收集整理历年的钻孔实测水位资料，分析认识滑坡体物质组成结构和水文地质特性，类比水布垭地区其他滑坡的地下水分布情况，最后确定了高、低两条概化地下水位线。高水位大约相当于滑坡体厚度的 40%，低水位大约相当于滑坡体厚度的 20%。地下水位线的最后取舍需根据力学参数综合分析取值来确定。

表 4-4 大岩淌滑坡荷载及其组合

荷载组合	自重	设计下游水位 223.2m	校核下游水位 227.2m	下游水位骤降至 223.2~200m	地震
正常工况一	▲	▲			
正常工况二	▲		▲		
非常工况一	▲			▲	
非常工况二	▲	▲			▲

3. 计算成果

1)敏感度分析

影响滑坡稳定性的因素很多，影响较大的主要有滑带抗剪力学参数、地下水位、清江水位、滑床形状、地震等。通过研究各因素对稳定安全系数的影响程度，即敏感度分析，可进一步确认滑坡的实际稳定安全裕度和治理方案的合理性。敏感度分析以 B—B 剖面为主要分析对象，计算方法以剩余推力法为主，计算成果见表 4-5~表 4-8。

表 4-5 滑体地下水位敏感性计算成果

地下水位	安全系数 K		
	A—A 剖面	B—B 剖面	C—C 剖面
$0.1h$	1.3708	1.3487	1.2932
$0.3h$	1.2384	1.2111	1.1747
$0.5h$	1.1179	1.0934	1.0610
$0.6h$	1.0584	1.0361	1.0014
$0.7h$	0.9993	0.9791	0.9457
$0.9h$	0.8855	0.8665	0.8400

注：h 为滑坡体高度。

表 4-6 地震及水位骤降敏感性计算

计算工况		安全系数 K
稳定现状		1.200
地震	Ⅳ度，0.016g	1.168
	Ⅴ度，0.032g	1.138
	Ⅵ度，0.065g	1.080
	Ⅶ度，0.1g	1.026
水位骤降	220m 降至 205m	1.186
	230m 降至 205m	1.150

表 4-7 滑床形状及计算方法敏感性分析计算

计算方法	安全系数 K		
	A—A(西)	B—B	C—C(东)
能量法(EMU)	1.227	1.213	1.183
剩余推力法	1.224	1.210	1.181
STAB 法	1.228	1.212	1.183

表 4-8 清江水位的敏感性计算

清江水位(m)	安全系数 K
200	1.210
205	1.210
210	1.212
215	1.211
220	1.208
225	1.207

敏感性分析计算表明：

(1)在影响滑坡稳定性的诸多因素中，最敏感的因素是滑带土的内摩擦角和滑坡体的地下水位，其次是滑带土的黏聚力 c。黏聚力 c 每增加 10kPa，滑坡稳定安全系数增加约 0.05，c 值对安全系数的影响与滑坡地下水位高低关系不大；而内摩擦角则不同，ϕ 每增加 1°，滑坡稳定安全系数增加 0.058~0.074，且地下水位越高，ϕ 增加 1°，滑坡体安全系数增加值相对较小。

(2)滑坡体地下水位每抬升0.1h，安全系数下降0.05~0.06；反之，亦然。

(3)地震对滑坡体的安全系数影响较大，发生Ⅵ级地震，滑坡安全系数降低0.11~0.12；由于滑坡位于大坝下游，清江水位不高，水位骤降影响不大。

(4)各种计算方法的结果差异性较小，其中剩余推力法所得安全系数最小，因此滑坡稳定分析和处理设计时，采用剩余推力法计算是偏安全的。

(5)清江水位变化对滑坡稳定性影响不大。

(6)三个剖面安全系数自西向东递减，A—A剖面稳定性最好，依次是B—B、C—C剖面，A—A剖面与C—C剖面安全系数相差0.04左右。

2)设计工况下稳定性计算分析

大岩淌滑坡由一个主滑坡体和东西两个次滑坡体及滑坡体前缘局部崩解体组成。两次级滑坡的稳定性比主滑坡体稍强。前缘局部崩解体稳定性虽差，但范围很小。主滑坡体除主滑动带外，滑坡体内还存在两至三层次级滑动带，自上而下分别为浅层滑动带、上滑带和中滑带，是由于滑坡体差异运动形成的，连续性较差，稳定性较好；主滑坡体的底滑带为滑坡整体滑动所成形，其完整性及连续性好，稳定性相对较差，成为大岩淌滑坡整体稳定的控制性滑动面。设计工况的稳定性分析以主滑坡体的底滑带作为控制性滑动面进行分析。

由于溢洪道水垫塘采用的是护岸不护底的消能方案，为了防止泄洪水流冲淘岸坡的基础，基岩以下一定范围内均构筑了钢筋砼防淘墙，但在基岩以上为了水垫塘结构的需要，滑坡前缘堆积的大块石和部分滑坡体将被挖去，可能在一定程度上削弱滑坡的整体稳定性。另外，分析认为大岩淌滑坡体至少有2/3位于泄洪雾化强暴雨区，且因施工需要，在施工建设期间，滑坡可能作为施工场地使用，一旦因为雾化雨或者其他原因导致地下水位抬升，滑坡的整体稳定性将迅速下降。

设计工况下的稳定性分析计算采用剩余推力法，计算内容包括自然状态、水垫塘开挖、地下水抬升、削坡减载、加固支挡力等工况。计算成果见表4-9~表4-11。

表4-9 天然状态下稳定性计算成果表

设计工况		计算K值	设计标准K值	剩余推力(kN/延m)
A(西)	自重+地下水	1.19	1.15	—
	自重+地下水+地震(Ⅵ级)	1.08	1.00	—
B(中)	自重+地下水位	1.18	1.15	—
	自重+地下水+地震(Ⅵ级)	1.07	1.00	—

续表

设计工况		计算 *K* 值	设计标准 *K* 值	剩余推力(kN/延 m)
C(东)	自重+地下水	1.16	1.15	—
	自重+地下水+地震(Ⅵ级)	1.04	1.00	—

表 4-10　溢洪道泄洪消能区开挖后稳定性计算成果表

设计工况		计算 *K* 值	设计标准 *K* 值	剩余推力(kN/延 m)
A(西)	自重+地下水	1.13	1.15	2100
	自重+地下水+地震(Ⅵ级)	1.03	1.00	—
B(中)	自重+地下水位	1.10	1.15	6000
	自重+地下水+地震(Ⅵ级)	1.01	1.00	—
C(东)	自重+地下水	1.12	1.15	3200
	自重+地下水+地震(Ⅵ级)	0.98	1.00	2050

表 4-11　溢洪道泄洪消能区开挖后削坡减载稳定性计算成果表

设计工况		计算 *K* 值	设计标准 *K* 值	剩余推力(kN/延 m)
A(西)	自重+地下水	1.13	1.15	2000
	自重+地下水+地震(Ⅵ级)	1.03	1.00	—
B(中)	自重+地下水位	1.12	1.15	3600
	自重+地下水+地震(Ⅵ级)	1.01	1.00	—
C(东)	自重+地下水	1.13	1.15	1600
	自重+地下水+地震(Ⅵ级)	1.01	1.00	—

4. 稳定分析结论

(1)滑坡的天然稳定状况。通过三维渗流计算分析和多种不同方法进行的稳定性计算分析，对大岩淌滑坡的地下水分布和稳定性有了较明确的认识，并初步分析、评价雾化降雨对滑坡地下水渗流场和稳定性的影响。综合分析认为，天然状况下，大岩淌滑坡整体是稳定的，安全系数在 1.15 左右。但是，不利地质条件和环境影响仍然客观存在，如自身较高的势能、大岩高边坡构成的外部加载、清江水冲蚀等。

(2)影响滑坡稳定性的自然因素。在影响滑坡稳定性的诸多因素中，敏感度较大的依次为滑带土的内摩擦角、滑坡体地下水位、地震、滑床形状、滑带土的黏聚力等，清江水位及其骤降和容重等不敏感。

(3)溢洪道水垫塘开挖对滑坡稳定性的影响。水垫塘开挖在滑坡的前缘进行，坡脚被挖去土石体约 $2.0\times10^5\text{m}^3$，对滑坡稳定性的影响很大，滑坡体安全系数降低 0.02~0.05，相当于增加单宽下滑推力 2000~6000kN/m。

(4)防渗排水措施。设置滑坡体表面的防渗和地下排水洞、排水孔是必要的，特别是地表的防渗处理起到阻断外部降雨(包括雾化降雨)入渗的重要作用。通过渗流分析研究认为，有效的防渗排水措施可以将滑坡体内地下水位降至 $0.25h$ 以内。

(5)抗滑加固措施。由于受工程荷载的影响，要维持滑坡的稳定安全系数在 1.15 以上，必须采取抗滑加固的措施，其中削坡减载可明显提高滑坡的稳定性。

(6)滑坡体前缘保护措施。滑坡前缘由于清江水的冲蚀，曾发生多次局部崩解，工程运行以后，泄洪水流对滑坡前缘的冲淘破坏可能性更大，而滑坡的整体稳定性恰恰依赖前缘的阻抗作用，因此实施前缘的保护加固工程是必要的。

4.1.2.7 滑坡治理方案

1. 治理原则

(1)滑坡防治方案设计应稳妥可靠，安全系数应不小于 1.15，确保工程主体建筑物的施工和运行安全。

(2)保持和改善滑坡及其周围的自然环境，不能因为防治滑坡而破坏周围岸坡的稳定性，特别是滑坡西侧毗邻大崖陡高边坡，应避免形成新的环境地质问题。

(3)防治工程措施应针对影响其稳定性的主要因素，在安全稳妥的前提下，尽量节省工程投资。

(4)鉴于大岩淌滑坡的重要性及滑坡问题的复杂性与不确定性，须加强安全监测。

2. 治理方案

大岩淌滑坡体防治工程方案设计思路为根据实际地质和环境条件，针对不同的影响因素，采取相应的处理措施，进行系统性综合治理，在抵消上述不利因素的影响以后，使其维持在自然状况下原有的稳定性，安全系数在 1.15 以上。为节省工程投资，由水垫塘开挖导致滑坡体所丧失的安全度，可考虑由削坡减载得到部分补偿。滑坡体前缘由于清江水的冲蚀，曾发生多次局部崩解，前缘局部稳定性较差；水垫塘开挖也在滑坡体前缘进行；施工场地的利用对滑体环境的破坏影响也大部分在前缘一带；另外，考虑到数值计算所采用的力学参数代表的是滑坡现状综合抗剪强度，实际上在滑坡的不同部位由于地下水作用和固结条件的不同，滑带土抗剪强度存在差异性，而滑坡前部由于滑床平坦，地下水位高，加上清江水的侵蚀，滑带土力学性状较滑坡中后部差。综合考虑这些因素，在滑坡体前缘采取抗滑加固措施是必要的。

根据滑坡治理设计思路和滑坡稳定性分析结论，大岩淌滑坡体地表防渗、地下排水工程必不可少。其中由于种种原因，滑坡地下水情况复杂，虽然进行了地下水长期观测，但还不足以完全弄清大岩淌滑坡体的地下水分布及动态变化情况。反演分析和设计工况稳定性计算最终采用的地下水位线，是根据收集的实测水位资料和地质情况有关描述，概化拟定的较高水位线，实际地下水位线难以确认。另一方面，大岩淌滑坡体距溢洪道泄洪建筑物不远，据分析，滑坡体至少有 1/3 部分位于泄洪雾化强暴雨中心地带，雾雨对滑坡产生的影响无论从强度大小还是历时长短方面，都将远远超过大气降雨，而且在工程建设期间，该滑坡体又作为施工场地使用，地表植被遭受大面积的破坏，雾化雨或者大气降雨的入渗无疑会导致地下水位的抬升。因此，地下排水工程的首要任务是迅速导排因人为条件造成的地下水额外补给，防止地下水条件的进一步恶化，在此基础上，期望能尽可能降低或疏干滑坡体内的原有地下水。至于地下排水措施对安全系数的影响，由于在工程状态下，滑坡体内的地下水同时存在抬升和降低的可能性，地下排水措施的有效性难以定量估计，故仅考虑其能够抵消大坝工程影响对地下水所造成的负面作用，即维持地下水位不抬升，而暂不考虑其对增加安全系数的贡献。

稳定分析显示，削坡减载可以明显提高滑坡的稳定性。但削坡减载要在高程 340m 以上进行才有效果，经实地考察，高程 340m 以上地表存在完好的植被与径流条件，滑坡体与周围深厚坡积物相互搭接，滑坡体的边界条件不清晰，削方开挖影响范围内存在重要公路和民宅无法迁移。综合研究认为，大岩淌高程 340m 以上不宜进行削坡减载开挖，削坡减载的作用可以由降低地下水位来代替($0.4h$ 降至 $0.25h$)。因此，滑坡整治方案为前缘支挡加固、地表防渗排水、地下排水及前缘防冲护岸。

3. 前缘抗滑桩设计

(1)设计支挡力。根据计算分析，在正常设计工况下，为了达到设计安全标准，抗滑支挡加固措施按表 4-12 所列支挡力提供抗滑力。

表 4-12　设计抗滑支挡加固力

剖面	单宽支挡力(kN/m)
A—A(西)	1000
B—B(中)	4000
C—C(东)	2000

(2)抗滑桩加固方案选择。抗滑桩支挡是防治滑坡的常用工程措施，一般布置在滑坡体的中、下部。抗滑桩的种类很多，由于大岩淌滑坡厚度较大，为控制抗滑桩的长细比，宜采用大断面的人工挖孔桩。为了使支挡加固措施经济合理，支挡加固方案研究过程中，分别比较了：①悬臂抗滑桩；②预应力拉锚抗滑桩，单桩锚索200t；③预应力拉锚抗滑桩，单桩锚索400t；④钢筋砼格构锚固这4种支挡加固方案，最终选用悬臂桩支挡加固方案。

(3)抗滑桩布置及结构。根据支挡加固力的分布，在滑坡体前缘布置3排抗滑桩。第1排17根抗滑桩位于滑坡前缘高程220m马道，第2排28根抗滑桩位于3#公路内侧，第3排23根抗滑桩位于高程240m处，抗滑桩中心间距均为10m左右。第2排抗滑桩施工揭露，滑坡中、西部的底滑面埋藏深度比原设计大，稳定分析表明该部位滑坡稳定性有所下降。为了加强西部和中部滑体的稳定性，将1~3排抗滑桩轴线向西部延伸，共增加16根抗滑桩。最终大岩淌滑坡总计布置三排、局部四排共84根抗滑桩。

抗滑桩选用圆形桩，其中滑坡体厚度大于21m的部位采用沉头桩。根据桩长不同，抗滑桩桩径分为3.0m及3.5m两种。桩径3.0m的抗滑桩锚固段长7m，总桩长22~25m；桩径3.5m的抗滑桩锚固段长9m，总桩长28~39m。滑坡体段21m以内为钢筋混凝土，21m以上为埋石混凝土，中间以碎石隔开。桩体混凝土为C20、C30(内力较大段)钢筋混凝土。

(4)抗滑桩承载力。抗滑桩采用《理正岩土计算(3.3版)》计算软件进行桩身内力、位移及嵌固段反力计算。桩身承受滑坡推力按矩形分布考虑，内力计算采用“K”法，按铰支考虑。岩体弹性抗力系数$3\times10^5kN/m^3$，桩身作用于围岩的侧向压应力折减后取5.6MPa。计算表明桩长30~33m，圆形标准桩承载能力可达1000kN。

(5)抗滑桩效果实践检验。2007年6月，大岩淌滑坡整治施工期间，暴雨致使库水位急增，因此紧急开启放空洞泄洪，位于其对岸的大岩淌滑坡受到严重冲刷，已形成的护岸冲刷破损严重。但泄洪后现场检查发现，由于该部位抗滑桩已施工完成，在其作用下，滑坡未发生垮塌、滑移等现象，抗滑桩作用显著，见图4-6。

4. 地表防渗及排水设计

大量的工程实践表明，暴(久)雨往往是导致滑坡复活的主要诱发因素，设置地表全面防渗排水系统的目的就是减少滑坡地表水的入渗，将地表水尽快排离滑坡范围，力求消除泄洪雾化雨对滑坡稳定性的影响。大岩淌滑坡的地表防渗排水系统由坡面防渗保护和地表纵横排水沟网组成。

(1)地表防渗。大岩淌滑坡大部分处于泄洪雾化的影响区，与一般的大气降雨相比，雾化雨的强度更大、历时更长。考虑到大岩淌滑坡所处的重要位置，以及水对滑坡稳定性影响的敏感性，在泄洪降雨区，根据雾雨强弱分布情况分别现浇不同厚度的混凝土进行保

图 4-6　大岩淌滑坡受放空洞泄洪冲刷图

护：其中，在高程 230~245m 范围，护坡厚度 1m；在高程 245~255m 范围，护坡厚度 0.5m；在高程 255m 至 5#公路以下范围，护坡厚度 0.3m。为了防止护坡混凝土开裂渗水，在混凝土下铺设排水盲沟。非泄洪降雨区的滑坡体坡面及其周边坡面进行植被绿化。

(2)地表排水。地表排水沟的设计标准按泄洪雾化雨的强度确定，径流系数按 100%考虑，强雾化区范围取约 2/3 滑坡面积。类比国内已建工程，确定强雾化暴雨区降雨强度为 300mm/h，雾流降雨区强度为 200mm/h。

地表排水系统由周边及坡面纵横向截(排)水沟组成，滑坡周边及坡面共布置 3 条地表纵向排水沟：其中有 2 条为周边截水沟，主要拦截滑坡外围坡面汇水；1 条布置在滑坡中部。纵向排水沟总长约 2800m。

地表横向排水沟沿地形等高线和公路及护坡的格局随机布置，其作用主要是导排滑坡内的坡面汇水并将其引至纵向排水沟内排放。横向排水沟总长 3200m。

5. 地下排水设计

滑坡稳定计算分析显示，滑坡体中的地下水是影响滑坡稳定的主要因素。设置地下排水系统的主要目的是迅速导排因外界条件造成的地下水补给，防止滑坡在水电站施工和运行期间，地质条件进一步恶化；尽可能降低滑坡体地下水位，减小孔隙水压力。地下排水系统由排水洞和所在洞内钻设的排水孔组成。

(1)排水洞布置及结构。大岩淌滑坡地下排水系统设计初期由 1 条纵向排水主洞和 5 条横向排水洞及排水孔幕组成。纵、横排水洞均沿主滑带布置，总洞长约 1700m。

纵向排水洞顺滑床凹槽方向布置，从高程 230m 至高程 354m，分别与 4 条横向排水洞贯通。5 条横向排水洞大致垂直主洞方向布置，分别布置在高程 233m、252m、290m、354m、210m。排水洞断面均为城门洞型，净断面尺寸为 2.0m×2.5m(宽×高)，C20 钢筋混凝土衬砌，衬砌厚0.3m。

(2)排水孔幕布置及结构。地下排水孔幕分两种类型，一类为主排水孔，布置在排水洞顶拱部位；另一类为辅助排水孔，布置在排水洞侧壁。主排水孔幕是排除滑坡体内地下水的关键措施，为了确保其排水的有效性，主排水孔主要为从洞顶朝上钻设的仰孔，部分孔深较大的排水孔采用从地面朝洞内钻设的穿透式排水孔。主排水孔布置3排，在洞顶对称布置。仰孔孔径ϕ91mm，穿透式排水孔孔径ϕ110mm。辅助排水孔垂直洞壁略向上仰，洞两侧各布置1排，孔深1m，孔径ϕ56mm。

(3)加强地下排水。工程实施后，由于滑坡前缘设置了防淘墙和混凝土护岸，导致前部高程230m以下地下水无法排出滑坡体。为防止前缘地下水位过高，将滑坡前部高程190m的拉锚洞兼作滑坡排水洞，并向东延长180m，洞内设置排水孔幕。

6. 护岸工程设计

大岩淌滑坡前缘高程230m以下，由于溢洪道泄洪消能区的开挖而被挖除，前缘坡度较陡，综合坡比1：1.5；该部位泄洪时江水流速较大，同时滑坡上的3条地表纵向排水沟的水流亦将从这里流入清江。为了防止冲刷及库水淘蚀，滑坡前缘必须采取稳妥可靠的护岸措施。由于大岩淌滑坡前缘位于泄洪消能区冲刷坑的左侧，结合消能区支护，采用混凝土护坡。

4.1.2.8 补充加固

水布垭工程开工建设以后，大岩淌滑坡受到施工扰动较严重，自然条件发生了较大变化，监测资料反映滑坡有变形迹象。为此，根据抗滑桩、排水洞等揭示的情况对滑坡几何边界进行了修正，并补充进行了现场原位实验与原状样室内实验，发现滑带土的力学参数较可研阶段下降较多。这些因素对滑坡的稳定性产生不利影响。因此，根据滑坡边界条件的变化和施工期新获得的地质与监测信息，对滑坡进行稳定性复核分析，并据此对不满足安全标准的部位进行了补充加固处理。

1. 影响滑坡变形的主要因素

1)进入施工阶段后，滑坡稳定环境受到较大破坏

(1)大岩淌滑坡上铺设了1#、3#、5#、7#公路以及19#连接路。这些道路多布置于滑坡体抗力部位，总体挖方量较大，约$1.0\times10^5m^3$，客观上减少了滑坡的抗力作用。

(2)滑坡前部防淘墙施工开挖了一个长约380m宽的平台，开挖方量约$2.5\times10^5m^3$，直接起到"挖脚"的作用，对滑坡的稳定性影响较大。

(3)施工前滑坡地表植被良好，地表排水通畅，施工期原地表覆盖的植被、黏土基本

无存，天然的排水沟槽遭到破坏，地表水入渗更容易，入渗量增大，不利于滑坡的稳定。

(4)滑坡前缘防淘墙及抗滑桩施工阻碍了地下水向清江的渗流排泄途径，使滑坡前部地下水抬升且消泄缓慢。这不仅对滑带起到软化的作用，客观上也起到增加下滑力、降低抗滑力的作用。

(5)施工期滑坡上人类活动频繁，到处堆渣与排水、开挖爆破震动等皆不利于滑坡稳定。

2)补充地质勘探揭示基岩中存在泥化夹层

大岩淌滑坡下基岩主要为黄家磴组和写经寺组地层，朝清江呈视顺向结构特征，视倾角13°~17°。滑坡前缘防淘墙和拉锚洞开挖揭露，黄家磴组为夹有多层性状较差的软弱泥化夹层组合岩体，展布在滑床东部。泥化夹层强度低、性状差，其中对大岩淌滑坡稳定构成威胁的主要是 gh_2、gh_3 泥化夹层。详见图4-7。

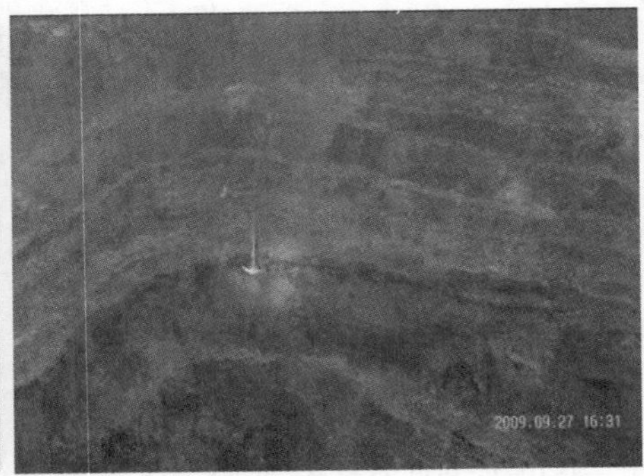

图4-7　gh_2、gh_3 泥化夹层图

3)前部滑床及剪出口边界条件变化

抗滑桩、防淘墙及护岸工程等开挖揭露证实，滑坡体前部滑床形态及剪出口边界条件有如下变化：

(1)对称性差。前部滑床高程230m以下，滑床形态变化较大，有多个不规则凹槽，但总体西低东高。

(2)剪出口高程降低。剪出口东侧高，倾向西侧，中部略有起伏，剪出口最低高程由原200m降低为186m，原有的滑床微向上剪出、呈微反翘的特征不明显，这一变化对滑坡的稳定性不利。

4)安全监测显示滑坡体有明显位移

施工期对大岩淌滑坡进行了较全面的监测，包括地表位移监测、深部位移监测。地表位移监测表明，自2003年5月建立基准值以来，滑坡中后部、中前部、前部顺坡向及下沉皆呈缓慢位移状态，但位移总体呈减速的趋势。深部位移监测表明，2003—2006年期间滑坡变形较明显。

(1)滑坡前缘。滑坡前缘重要监测断面上的IN14-1测斜孔、滑坡下部上游侧的IN14-2测斜孔、下部下游侧的IN14-3测斜孔均于2003年9月15日建立基准值，至2006年4月，由于变形过大，IN14-1测斜孔测深减为34.0m，IN14-2、IN14-3测斜孔已无法观测。3#试验桩内的IN14-6测斜孔在2005年1月21日观测时，孔深30m处变形较大，测斜管失效，分析认为该孔在孔深30m附近(近滑带处)错动变形较大。

(2)滑坡中部。滑坡中部重要监测断面上的IN14-4测斜孔，2005年6月21日—2006年6月20日期间，在孔深43.0m左右的A向相对水平位移增量为12.91mm。IN14-12和IN14-13测斜孔相对水平位移增加较快。

(3)滑坡上部。滑坡上部的IN14-5测斜孔，2005年1月8日观测时，因孔深28.5m处变形较大，导致测斜探头无法放至孔底而停测。

2. 稳定性复核分析

根据施工阶段利用抗滑桩、排水洞、拉锚洞的施工场地，对大岩淌滑坡主滑带、基岩软弱夹层补充进行的物理、力学性质实验成果，结合滑坡的变形现状，考虑到滑坡的充水情况以及已固结的滑带可能遭受了破坏等因素，对滑坡进行了稳定性复核。稳定性复核分析表明：

(1)尽管滑坡的力学参数相对可行性研究阶段有较大的降低，但考虑到已实施的抗滑桩、排水等整治措施，滑坡沿底滑带整体滑动的安全系数可以达到或接近设计安全系数；滑坡前缘沿底滑带滑动的安全系数小于设计安全系数，处于极限平衡或局部蠕滑状态。

(2)工程运行期，泄洪引起的防淘墙沿江侧临空，3个剖面沿底滑带整体滑动的终态安全系数均小于设计安全系数，最大单宽剩余下滑力分别为5070kN/m、7850kN/m、5220kN/m；滑坡沿软弱夹层滑动的终态安全系数小于设计安全系数，最大单宽剩余下滑力达11100kN/m。

(3)工程运行期，滑坡前缘沿底滑带滑动的终态安全系数均小于设计安全系数，最大单宽剩余下滑力分别为5600kN/m、6000kN/m；滑坡沿软弱夹层滑动的终态安全系数小于设计安全系数，最大单宽剩余下滑力达5020kN/m。

(4)若考虑已实施的抗滑桩支挡措施和排水措施，各剖面各破坏模式下的稳定安全系数均能有一定提高，但大部分仍小于设计安全系数，需采取补充加固措施。

3. 补充加固措施

根据稳定性复核结果，大岩淌滑坡补充加固措施为对gh_2、gh_3泥化夹层采用阻滑键进行置换加固；对缘局部的稳定性低于整体稳定性的部位采用抗滑桩加固，见图 4-8。具体措施如下。

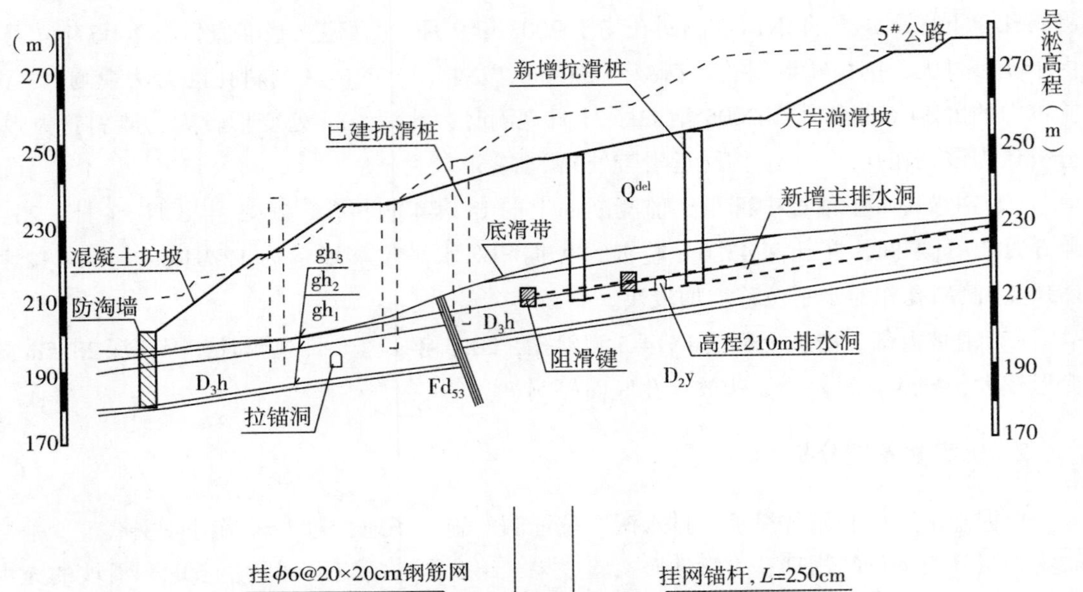

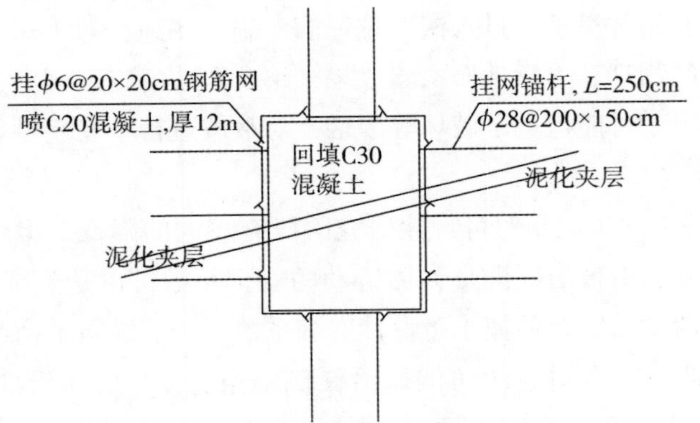

图 4-8　gh_2、gh_3 泥化夹层加固图

1) 泥化夹层加固

左岸防淘墙外侧的滑坡及泥化夹层上覆岩体向清江方向临空的范围根据泥化夹层分布高程与冲刷坑底线已比较确定。当泥化夹层高于或等于冲刷坑底线时，防淘墙外侧滑坡及泥化夹层上覆岩体将临空。当泥化夹层低于冲刷坑底线，但保护岩体厚度不够时，在滑坡推力的作用下，可能沿岩体破裂面发生剪切破坏。经计算，在最大单宽剩余推力为 11100kN/m 作用下，泥化夹层不临空的最小岩体保护厚度为 3. 1m。根据防淘墙处的地质剖面及防淘墙设计临空线与泥化夹层的相对关系，确定大岩淌滑坡及下伏基岩的加固范围约为 155m。

对大岩淌滑坡基岩深层抗滑稳定构成威胁的主要是黄家磴组(D_3h)中的 gh_2、gh_3 泥化夹层。根据防淘墙和拉锚洞开挖揭露，软弱夹层性状差、强度低，且 gh_2、gh_3 为地层中多层泥化夹层概化而成。由于夹层埋藏较深，夹层厚度小，分布连续，采用阻滑键进行置换加固。阻滑键共布置两排，第 1 排阻滑键平行于第 3 排抗滑桩轴线布置，高程从 208m 逐渐降至 194m，洞长约 130m；第 2 排阻滑键为高程 210m 平洞，分为两段，一段对 gh_2 泥化夹层进行置换，洞长约 60m，另一段对 gh_3 泥化夹层进行置换，洞长约 125m。阻滑键为城门洞型断面，尺寸 3.5m×4.72m，混凝土标号 C30，抗剪强度取 2000kN/m^2。阻滑键两侧壁各布置 3 排间距 1.5m 的锚杆，锚入岩体 2m；顶拱布置 2 排间距 1.5m 的锚杆，锚入岩体 2m，外露 0.5m。单排阻滑键的设计单宽支挡力为 5500kN/m。

2)滑坡抗滑稳定加固

沿主滑面的补充加固措施选用人工挖孔钢筋混凝土抗滑桩。根据稳定分析得出的剩余下滑力分布曲线，兼顾滑坡体前缘局部稳定和整体稳定，补充加固的抗滑桩总体上增加两排，局部增加的三排位于第三排(局部四排)抗滑桩后部至前缘局部稳定控制范围内，共增加抗滑桩 54 根。在滑坡体西侧 1—1 剖面附近，桩间距为 8m，其余为 10m。

考虑到已实施的圆形抗滑桩的支挡作用，同时考虑荷载系数为 1.05，经计算，2—2 剖面的设计单宽支挡力为 1560kN/m，1—1 剖面的设计单宽支挡力为 1750kN/m，3—3 剖面的设计单宽支挡力为 1750kN/m。考虑到补充加固的抗滑桩均布置在滑坡体的中前部，滑坡体内地下水受清江水影响相对较小，地下排水工程实施以后，地下水位有明显下降，抗滑桩施工条件较好，因此，补充加固的抗滑桩采用矩形沉头桩。

4. 大岩淌滑坡体补充加固Ⅰ型抗滑桩内力计算分析

1)计算条件

(1)安全标准和规程规范。

大岩淌滑坡体补充加固工程按 2 级建筑物设计。

抗滑桩配筋计算主要根据《水工混凝土结构设计规范》(SL/T 191—1996)进行。

(2)设计支挡力。

大岩淌滑坡体共有 3 个典型剖面，根据稳定性计算分析结果，滑坡体的整体稳定及前缘局部稳定的安全系数均不能满足设计安全标准。对于 1—1 剖面整体稳定最大单宽剩余下滑力 7850kN/m，局部稳定最大单宽剩余下滑力 6000kN/m；对于 2—2 剖面整体稳定最大单宽剩余下滑力 5070kN/m，局部稳定最大单宽剩余下滑力 5600kN/m；对于 3—3 剖面整体稳定单宽剩余下滑力 5220kN/m。从稳定性复核计算结果来看，考虑已实施的圆形抗滑桩，若要将滑坡的稳定安全系数提高到 1.15，则 1—1 剖面需要再施加 4850kN/m 的单宽支挡力，2—2 剖面需要再施加 2600kN/m 的单宽支挡力，3—3 剖面需要再施加

3220kN/m 的单宽支挡力。在补充布置 2 排(局部 3 排，1—1 剖面)抗滑桩的条件下，考虑到已实施的圆形抗滑桩的支挡作用，同时考虑荷载系数为 1. 05，经计算分析：则 1—1 剖面的设计单宽支挡力为 1750kN/m，间距 8m；2—2 剖面的设计单宽支挡力为 1560kN/m，间距 10m；3—3 剖面的设计单宽支挡力为 1750kN/m，间距 10m。其中 1—1 剖面附近的桩称为Ⅰ型桩，2—2 剖面附近的桩称为Ⅱ型桩，3—3 剖面附近的桩称为Ⅲ型桩，各型桩的有关设计参数见表 4-13。

表 4-13　各型桩的有关设计参数

桩型	断面	总桩长(m)	素砼长(m)	钢筋砼桩长(m)	锚固段长(m)	单宽设计支挡力(kN/m)	桩间距(m)
Ⅰ型	3m×4. 5m	51	13	25	13	1750	8
Ⅱ型	3m×4. 0m	41	9	21	11	1560	10
Ⅲ型	3m×4. 0m	33	8	16	9	1750	10

2)断面形式

从抗滑桩自身的受力条件来说，类似悬臂梁或弹性地基梁的受力，若采用矩形断面的桩体，抗滑支挡有效率大，可节省工程量，但施工期临时支护难度较大；圆形断面桩的受力条件不及矩形桩，抗滑支挡工程效率远不如矩形桩，工程量也相对增加，但施工期井壁的稳定性相对较好，临时支护难度较小。考虑到补充加固的抗滑桩均布置在滑体的中前部，滑坡体内地下水受清江水影响相对较小，地下排水工程实施以后，地下水位有明显下降，抗滑桩施工条件较好，因此，采用矩形桩，桩断面尺寸初步拟定为 3m×4m。

3)桩结构

大岩淌滑坡体的厚度很大，一般在 35m 以上，为了改善抗滑桩的受力特性，增加单根桩的抗滑能力，采用沉头桩。沉头桩的力学特性、工程量、施工效率等方面与普通桩相比，具有明显的优越性。经分析论证，大岩淌滑坡体补充加固采用沉头桩，桩长一般为 25~38m，其中滑动面以下嵌固长 9~13m，滑动面以上悬臂长 15~25m。抗滑桩混凝土标号采用 C30，桩顶以上采用 C15 素混凝土回填，钢筋混凝土与素混凝土之间采用塑料泡沫板隔开。详见图 4-9。

4)有关参数

构成滑床的基岩主要为黄家磴组和写经寺组地层，其中黄家磴组(D_3h)为中—巨厚层含砾石英砂岩夹页岩及泥质粉砂质岩，写经寺组(D_3x)主要是页岩、粉砂质页岩、泥质粉砂岩与砂岩。根据岩体性状，结合可行性研究阶段的岩石力学实验成果，滑动面以下岩体的弹性抗力系数取 3000kN/m^3，桩身作用于围岩的侧向压应力容许值取 5600kN/m^2。

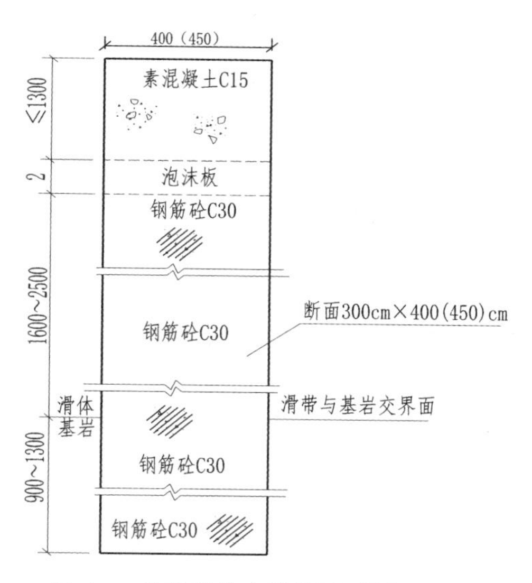

图 4-9　抗滑桩稳定结构图(单位：cm)

5)计算公式及计算软件

本案例设计采用沉头桩进行支挡，滑坡推力分布仍假定为三角形分布，假定泡沫板及滑坡体之间只传递剪力，不传递弯矩。沉头段荷载通过对滑面处的静力等效转换到钢筋砼桩体上，即具体转换过程见图 3-16。

抗滑桩的结构分析计算采用以弹性地基梁为理论基础的悬臂桩计算模式，相当于锚固在滑动面以下的弹性地基悬臂梁结构。结构计算模型是将滑动面以上的桩身所承受的滑坡推力视为已知外力，并假定已知推力按三角形分布，将此推力作为作用在滑动面以上桩身的设计荷载。抗滑桩内力计算采用 K 法，桩底按自由考虑。抗滑桩计算采用《理正岩土计算》软件(以下简称“理正软件”)进行桩身内力、位移及嵌固段反力计算。

6)内力计算

内力计算结果由理正软件自动生成，其中内力计算的特征值见表 4-14。

表 4-14　内力计算特征值

桩型	M_{max}(kN · m)	Q_{max}(kN)
I	177971. 547	22527. 750

(1)原始条件。

截面形状：方桩，桩总长 38m；嵌入深度 13m，桩宽 3m，桩高 4. 5m，桩间距 8m，嵌入段土层数为 1，桩底支承条件为自由。计算参数和条件分别如表 4-15 和表 4-16 所示。

表 4-15 计算参数

土层序号	土层厚(m)	容重(kN/m^3)	内摩擦角(°)	土摩阻力(kPa)	K (MN/m^3)	被动土压力调整系数
1	50.000	26.000	28.80	150.00	300.000	1.000

表 4-16 计算条件

参数名称	参数值
桩前滑动土层厚	0.000(m)
墙顶标高	0.000(m)
推力分布类型	梯形
梯形荷载(q_1/q_2)	0.849
桩后剩余下滑力水平分力	1750.000(kN/m)
桩后剩余抗滑力水平分力	0.000(kN/m)

滑坡推力作用情况下桩身所受推力计算如下，假定荷载梯形分布。

桩后：上部=514.234kN/m，下部=605.766kN/m。

桩前：上部=0.000kN/m，下部=0.000kN/m。

桩前分布长度=0.000m。

(2)桩身内力计算结果。

计算方法：K 法。

背侧为挡土侧；面侧为非挡土侧。计算成果如表 4-17 所示。

背侧最大弯矩=177971.547kN·m，距离桩顶 26.000m。

面侧最大弯矩=0.000kN·m，距离桩顶 0.000m。

最大剪力=22527.750kN，距离桩顶 31.500m。

最大位移=112mm。

表 4-17 计算成果

点号	距顶距离(m)	弯矩(kN·m)	剪力(kN)	位移(mm)	土反力(kPa)
1	0.000	-0.000	-0.000	-112.04	0.000
2	0.500	64.356	-257.575	-109.76	0.000

续表

点号	距顶距离(m)	弯矩(kN·m)	剪力(kN)	位移(mm)	土反力(kPa)
3	1.000	257.727	−516.065	−107.49	0.000
4	1.500	580.573	−775.470	−105.22	0.000
5	2.000	1033.350	−1035.791	−102.94	0.000
6	2.500	1616.517	−1297.027	−100.67	0.000
7	3.000	2330.530	−1559.179	−98.40	0.000
8	3.500	3175.848	−1822.245	−96.13	0.000
9	4.000	4152.928	−2086.228	−93.86	0.000
10	4.500	5262.229	−2351.125	−91.59	0.000
11	5.000	6504.206	−2616.938	−89.32	0.000
12	5.500	7879.318	−2883.666	−87.06	0.000
13	6.000	9388.023	−3151.309	−84.80	0.000
14	6.500	11030.779	−3419.867	−82.54	0.000
15	7.000	12808.044	−3689.341	−80.28	0.000
16	7.500	14720.273	−3959.730	−78.04	0.000
17	8.000	16767.926	−4231.035	−75.79	0.000
18	8.500	18951.461	−4503.255	−73.55	0.000
19	9.000	21271.334	−4776.390	−71.32	0.000
20	9.500	23728.004	−5050.440	−69.10	0.000
21	10.000	26321.928	−5325.406	−66.89	0.000
22	10.500	29053.563	−5601.287	−64.68	0.000
23	11.000	31923.367	−5878.083	−62.49	0.000
24	11.500	34931.797	−6155.795	−60.30	0.000
25	12.000	38079.316	−6434.422	−58.13	0.000
26	12.500	41366.375	−6713.965	−55.98	0.000
27	13.000	44793.434	−6994.422	−53.84	0.000
28	13.500	48360.949	−7275.795	−51.71	0.000
29	14.000	52069.379	−7558.083	−49.61	0.000
30	14.500	55919.184	−7841.287	−47.52	0.000

续表

点号	距顶距离 (m)	弯矩 (kN·m)	剪力 (kN)	位移 (mm)	土反力 (kPa)
31	15.000	59910.820	-8125.406	-45.45	0.000
32	15.500	64044.742	-8410.440	-43.41	0.000
33	16.000	68321.414	-8696.390	-41.39	0.000
34	16.500	72741.281	-8983.255	-39.39	0.000
35	17.000	77304.820	-9271.034	-37.42	0.000
36	17.500	82012.469	-9559.730	-35.48	0.000
37	18.000	86864.703	-9849.341	-33.57	0.000
38	18.500	91861.969	-10139.867	-31.69	0.000
39	19.000	97004.719	-10431.309	-29.84	0.000
40	19.500	102293.430	-10723.665	-28.03	0.000
41	20.000	107728.539	-11016.938	-26.26	0.000
42	20.500	113310.516	-11311.124	-24.52	0.000
43	21.000	119039.813	-11606.227	-22.83	0.000
44	21.500	124916.898	-11902.245	-21.18	0.000
45	22.000	130942.211	-12199.178	-19.58	0.000
46	22.500	137116.219	-12497.026	-18.02	0.000
47	23.000	143439.391	-12795.791	-16.52	0.000
48	23.500	149912.172	-13095.470	-15.06	0.000
49	24.000	156535.016	-13396.064	-13.67	0.000
50	24.500	163308.391	-13697.574	-12.33	0.000
51	25.000	170232.734	-13999.999	-11.04	-1656.706
52	25.500	175576.031	-7738.800	-9.83	-2947.789
53	26.000	177971.547	-2189.632	-8.67	-2601.380
54	26.500	177765.672	2686.201	-7.58	-2274.453
55	27.000	175285.344	6927.647	-6.56	-1966.994
56	27.500	170838.016	10573.375	-5.60	-1678.733
57	28.000	164711.969	13661.299	-4.70	-1409.190
58	28.500	157176.719	16228.186	-3.86	-1157.697

续表

点号	距顶距离(m)	弯矩(kN·m)	剪力(kN)	位移(mm)	土反力(kPa)
59	29.000	148483.781	18309.313	-3.08	-923.431
60	29.500	138867.406	19938.188	-2.35	-705.442
61	30.000	128545.594	21146.309	-1.68	-502.680
62	30.500	117721.102	21963.004	-1.05	-314.015
63	31.000	106582.594	22415.281	-0.46	-138.263
64	31.500	95305.820	22527.750	0.09	25.795
65	32.000	84054.844	22322.559	0.60	179.394
66	32.500	72983.258	21819.398	1.08	323.766
67	33.000	62235.441	21035.512	1.53	460.122
68	33.500	51947.750	19985.748	1.97	589.641
69	34.000	42249.695	18682.660	2.38	713.448
70	34.500	33265.090	17136.605	2.78	832.605
71	35.000	25113.088	15355.904	3.16	948.097
72	35.500	17909.184	13346.992	3.54	1060.815
73	36.000	11766.096	11114.628	3.91	1171.549
74	36.500	6794.556	8662.109	4.27	1280.970
75	37.000	3103.987	5991.517	4.63	1389.622
76	37.500	803.039	3103.987	4.99	1497.908
77	38.000	0.000	803.039	5.35	1606.078

根据滑坡体厚度、设计支挡力不同，抗滑桩分为3种类型。Ⅰ型桩断面3m×4.5m，锚固段长13m，总桩长43.5~51m；Ⅱ型桩断面3m×4m，锚固段长11m，总桩长36~41m。Ⅲ型桩断面3m×4m，锚固段长9m，总桩长25~33m。Ⅰ型桩基岩面以上25m为C30钢筋混凝土，Ⅱ型桩基岩面以上21m为C30钢筋混凝土，Ⅲ型桩基岩面以上16m为C30钢筋混凝土；其余滑坡体段采用C15素混凝土。钢筋混凝土与素混凝土之间采用2cm泡沫板隔开。Ⅰ型桩分布于西侧1—1剖面附近，Ⅱ型桩分布于主滑剖面2—2剖面两侧，Ⅲ型桩分布于东侧3—3剖面附近。

4.1.2.9 治理效果分析

(1)根据地质勘察研究成果，大岩淌滑坡天然原始状况下稳定性较好，总体处于稳定状态，其天然安全系数在1.15以上。考虑到滑坡所处位置十分重要，在坝址区滑坡群中离枢纽主要建筑物最近，受到的破坏最严重，滑坡失稳带来的后果也最严重。因此，在制定设计安全系数时，要求实施整治工程措施以后，将受到破坏影响导致滑坡安全系数下降的安全裕度补偿还原，正常工况下安全系数达到1.15是合理的。

(2)设计在大量反演分析的基础上，根据工程经验综合研究确定了滑带及滑坡体的物理力学参数指标。采用了渗流分析、刚体极限平衡和有限元等分析方法对工程荷载的影响进行了分析，得出对大岩淌滑坡稳定性的综合评价结论是客观的。

(3)大岩淌滑坡整治方案的设计根据实际地质和环境条件，针对不同的破坏影响因素，采取相应的对策处理措施。已经实施的前缘抗滑桩支挡加固、前缘防冲护岸(防淘墙、混凝土护岸)、地表防渗(滑坡体前缘坡面重点防渗)、地表排水、地下排水的综合性工程处理方案是有效的。根据地下水监测成果，在滑坡体中、后部地下排水工程设施所在部位，地下水位明显下降甚至无渗压，排水效果良好。

(4)水布垭工程开工建设以后，大岩淌滑坡受到工程建设施工的扰动最严重，滑坡的稳定环境遭到较大的破坏，2003年初至2005年初约两年时间内，滑坡产生了较明显的变形。滑坡的天然边界条件也发生了一些变化：前缘滑带内发现了主滑面，主滑面的抗剪强度远小于可行性研究阶段采用的滑带土抗剪强度；同时在滑床下伏基岩内，发现了顺层剪切软弱夹层，软弱夹层强度低、性状差。根据滑坡稳定条件的变化和新的地质与监测信息，采用修正调整以后的力学参数和边界条件，对大岩淌滑坡的目前状况和工程投入运行后的稳定性进行了复核分析，对不满足安全标准的部位采取了补充加固的工程措施。

(5)鉴于大岩淌滑坡的稳定性对于水布垭工程的安危具有举足轻重的作用，大岩淌滑坡应作为本枢纽工程的长期重点监测对象，加强安全监测。

4.1.3 台子上滑坡研究与治理

台子上滑坡位于左岸，距大岩淌滑坡0.24km，距大坝1300m。滑坡为基岩顺层滑坡，范围较大。前缘抵达江边，高程200m，后缘高程488m，南北长约820m，面积约0.21km^2，总方量约7.8×10^{6}m^3，是水布垭坝址区下游四大滑坡群中体积最大的滑坡，详见图4-10。

台子上滑坡体的形成、发展至稳定经历了一个漫长时期。滑坡体后缘山体及沟槽已成型，不可能产生突发性的加载；滑坡体表层物质组成黏土含量高，结构密实，透水性弱，地表植被较好，大气降雨对滑坡的不利作用受到一定的限制；此外，中部和后部的滑床比

(a) 原始地貌图

(b) 施工期的台子上滑坡

图 4-10　台子上滑坡

较平缓，有利于滑坡体的整体稳定。因此，台子上滑坡体现状稳定性比较好，处于基本稳定状态。但由于台子上滑坡体距水电站下游不远，工程施工期间，修建进场公路时的开挖扰动，业主修建办公和生活基地对地形的改造和对植被的破坏等，改变了滑坡环境条件，滑坡体的内部结构朝不利的方面发展，降低或破坏了滑坡体的稳定性，致使滑坡产生了蠕变，且滑坡前缘在运行期还将受到泄洪冲刷作用，一旦失稳将直接影响工程运行安全。针对工程施工期间和电站运行对滑坡体前缘的冲刷等情况，对台子上滑坡体的稳定性进行了综合分析，并以此为基础进行了防治处理。

4.1.3.1　主要工程地质特征

台子上滑坡共完成勘探钻孔 6 个，总进尺 349.1m；竖井 1 个，进尺 49.6m；对滑带取原状样进行物理力学实验。勘探揭示滑坡区第四系主要为残坡积层与滑坡堆积层，残坡积层主要为黏土夹碎石、碎屑、局部夹块石，厚一般 3~8m，结构较松散，多分布于滑坡周缘。基岩主要为志留系中统纱帽组，滑坡体以西存在部分泥盆系上中统写经寺组与黄家磴组。地层产状较一致，总体倾向南西西，倾角 20°~22°。

1. 几何边界

滑坡体呈鼓出状，滑坡体侧缘边界基本顺地表沟槽延伸。滑坡体西侧冲沟长约 580m，宽 3~5m，切割深 5~8m；滑体东侧冲沟长约 650m，宽 4~5m，最宽处 25m 左右，切割深 5~13m，两冲沟皆呈波状弯曲延伸，在滑体后部逐渐转变成凹槽型。滑坡体范围见图 4-11。

滑坡体前缘微呈弧形突出，经清江水流冲蚀后，剪出口较清楚，剪出口呈不规则状，剪出口之上，出露较多的孔隙水或孔隙-裂隙泉水，剪出口之下，可见明显的基岩扰入物。

剪出口高程大致在 200~205m。滑坡体前缘至高程 270m 之间，地表沟槽发育，坡角较大，为 35°~40°。陡坡处受 1997 年 7 月 14 日洪水的冲蚀，前缘皆发生了崩解，与周缘地层明显不同。高程 270~330m，地表相对较缓，坡角为 15°~18°。高程 330~470m，滑坡体东侧边界部位存在一规模较大、汇水及流量较大的地表冲沟，长期冲蚀致使滑坡体东部稍缓。高程 470m 至后缘高程 488m 之间，地表为一缓坡，坡角 13°~16°。总体来看，从滑坡体前缘至中后部，东部与西部地形地貌存在一定差异，东部地形相对低缓均一，而西部地形存在明显的陡—缓—陡—缓的变化特征。滑坡体前缘，西部受后期江水冲蚀崩解严重，地形平直略呈凹状，东部崩解稍轻微，地形呈鼓出状。滑坡体后缘，受后期造形的影响，地貌上的圈椅状特征较微弱。

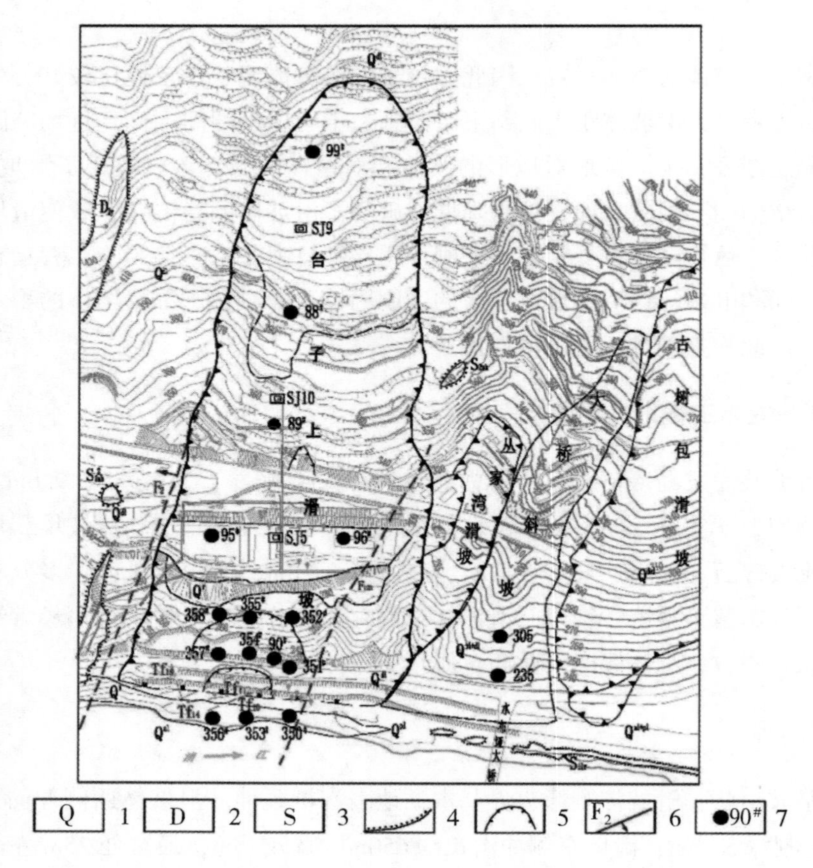

1. 坡积层；2. 泥盆系；3. 志留系；4. 第四系与基岩分界线；

5. 滑坡边界；6. 断层；7. 钻孔

图 4-11　台子上滑坡综合工程地质图

2. 滑床形态

台子上滑坡为一第四系岩微顺层滑坡，滑床形态一方面受下伏基岩产状的控制，另一方面受断层、裂隙及其组合特征的控制。滑床下伏基岩基本上为志留系中统纱帽组下段地层，地层倾向南西西，倾角20°~22°。由纵剖面来看，滑床倾向与地层倾向一致，为一顺向坡结构，基岩滑坡的滑移就是在顺层的基础上形成的，由于滑移方向与地层走向微斜交，因此，滑床倾角较为平缓，为17°左右。滑坡体西侧基岩受F_2断层的切割而上盘下掉，构成了台子上滑坡的上伏边界。下盘抬升后，纱帽组下段软岩临空，是滑坡体滑带形成及剪出的重要条件。滑坡体东侧抬升至一定高程后，受地表水的冲蚀，东侧山沟下切而山体临空，为滑坡体东侧边界的形成创造了条件。总体来看，纵向，滑床较为平缓，前部至中后部，视倾角15°~18°，后部产状稍陡，倾角20°~25°；横向，滑床西部略陡倾，倾角30°~35°，中部近水平，东部稍缓，倾角20°~25°。滑床前部中间凸起，两侧凹进，横向上呈“山”字形，滑床后部闭合，总体呈撮箕状。

3. 剪出口特征

台子上滑坡前缘剪出口经1997年7月14日洪水冲刷后，在滑坡前部时有出露，总体形态呈向南微凸的弧形。平面上呈波状弯曲，主滑带高程200~205m，由黄绿色、粉红色黏土夹碎石、碎屑所组成，胶结紧密，但分布规律较差。主滑带之上，常有泉水出露，物质成分可见为黏土夹块石、碎石层，结构较松散，局部可见大块体；主滑带之下，可见扰入滑坡体的似基岩半解体大块体，局部含黏土层。

4. 物质组成

1)主滑带

主滑带物质组成与结构具有明显的分带性特征，基本上由碾入带、扰入带、主动带三带组成，总厚10.6m，具有如下特点：

(1)碾入带分布于滑带顶部及底部，厚0.2~0.35m，物质成分为灰绿色、黄绿色或浅红色黏土夹碎石、碎屑，黏土黏性强，呈软塑状。顶部碾入带含碎石稍多，底部碾入带含碎石少。碾入带为滑坡体下滑过程中，产生一定相对位移所形成的带。

(2)扰入带分布于主动带上下，主动带与碾入带之间，厚2.8~6.65m。上扰入带为滑坡体扰入滑带的物质，成分多为细砂岩，粉砂岩碎石，碎屑及少量块石夹灰色、黄绿色黏土；下扰入带为滑床基岩扰入滑坡体的物质，成分为碎石，小块石，局部为大块石，充填较多黏土。上、下扰入带结构较松散，具一定的透水性。

(3)主动带厚0.3~0.5m，由黄绿色、灰绿色、灰白色黏土夹碎石、碎屑与极少量块石所组成，碎石具磨圆，呈次圆状，黏土黏性强，具较好隔水性，主动带结构紧密，是滑坡体产生位移的主要错动带。

2)滑带

台子上滑坡除存在明显的主滑带外，还存在次滑带，各孔(井)揭示滑带特征如下。

(1)滑坡体内部次滑带分布于滑体中上部，厚0.2~1.15m，物质成分多为黄色、浅黄色黏土夹少量碎石、碎屑。碎石成分主要为黄绿色细砂岩、粉砂岩，多呈次圆状；碎屑成分主要为粉砂质页岩或页岩，黏土黏性较强，浸水后多呈可塑状。次滑带较薄，局部厚度大，连续性及完整性均差，是滑坡体内差异错动带。

(2)主滑带分布于滑坡体与基岩之间，厚度差异较大，滑带黏土含量高，局部可见含少量有机质或具明显的剪切擦痕。主滑带的连续性、完整性皆较好。

3)滑坡体及滑带土的颗粒分析

对台子上滑坡滑体土及滑带土共取样10组，皆取于滑坡5#竖井。实验结果显示，滑体土及滑带土多为砾质重壤土，土中粉粒、黏粒含量较高，滑体土中碎石含量较高，滑带土中碎石含量相对较少。

5. 水文地质

滑坡区志留系纱帽组与泥盆系皆为碎屑岩，岩体仅浅表层全、强化带及局部裂隙发育部位具有一定的透水性，总体属隔水岩体。滑坡区地下水主要为第四系孔隙水与基岩裂隙水。滑坡区地下水较丰富，共发现24处泉水，以孔隙水为主，流量最大约20L/m。

滑坡体地下水的补给主要来源于大气降雨，由于滑坡体中上层黏土含量多，结构密实，具一定的相对隔水性，因此，大气降雨入渗后，多沿滑坡体表层松散黏土夹碎块石层流走，入渗至滑坡体深部的地下水较少。滑坡体地下水的排泄多以孔隙泉的形式通过滑坡体浅部排入清江，仅有少量以孔隙泉、裂隙泉的形式于滑坡体前缘剪出口之上泄入清江。台子上滑坡的富水性较差，钻孔的充水指数见表4-18。

表4-18 台子上滑坡钻孔(井)充水特征统计表

钻孔位置	孔号	孔口高程(m)	地下水位高程(m)	滑坡体厚(m)	高水位时含水层厚(m)	充水指数(%)
中后部	88	403.39	360.36	46.95	3.92	8.35
中部	89	352.34	298.64	51.25	-2.45	0
前西部	95	240.38		50.65		
前中部	5#(井)	303.6	260.1	43.1	-0.4	0

续表

钻孔位置	孔号	孔口高程 (m)	地下水位高程 (m)	滑坡体厚 (m)	高水位时含水层厚(m)	充水指数 (%)
前东部	96	304.44		49.5		
前部	90	240.38	218.37	23.1	1.09	4.72

滑坡位于鄂西暴雨区，大气降雨较充沛，滑坡体地下水的来源亦较丰富，但由于滑坡体的中上层透水性较差，且大气降雨入渗以孔隙式为主，入渗量少，受降雨影响较大的为滑坡体浅层的孔隙水，雨季含量增高，枯水季多呈干枯状态。滑坡体含水层内的地下水受降雨的影响不大，地下水位相对较为稳定。

4.1.3.2　物理力学参数取值

1. 物理力学实验成果

1998 年在可行性研究阶段，对坝区台子上滑坡 1#竖井的滑体土和滑带土进行了室内物理力学性质实验和现场原位实验，实验表明：

(1) 1#竖井的土样中蒙脱石含量为 3%~5%，伊利石与蒙脱石不规则间层矿物含量为 3%~5%，2#竖井的土样中蒙脱石含量为 13%~18%，伊利石与蒙脱石不规则间层矿物含量为 3%~5%；绿泥石含量 8%~13%，石英含量 15%~25%，绿泥石含量 8%~13%，矿物以水云母为主，含量 38%~60%。

(2) 台子上滑坡 1#竖井滑带土为细砾，黏粒含量除 1#竖井深 46m 处为 56%以外，其他部位为 11.5%；砾石含量除 1#竖井深 46m 处为 10%以外，其他部位为 40.5%。滑体土按土粒组分类定名为砾质重壤土细砾，黏粒含量 12%；砾石含量为 42%~40%。滑坡中部高程 358m 处明槽滑体土按土粒组分类定名为级配良好的砾，砂粒含量为 15%；砾石含量为 38%。

(3) 1#竖井滑带土峰值强度 ϕ_d 为 19.6°，c_d 为 8.6kPa；残余强度 ϕ_t 为 16.2°，c_t 为 13.5kPa。三轴实验平均值 c_{cu} 和 c'_{cu} 分别为 41.6kPa、36.7kPa，ϕ_{cu} 和 ϕ'_{cu} 分别为 16°、20.2°。依据地质资料，滑坡体底部滑带土，由碾入带、扰入带、主动带组成，主动带厚 0.15~0.5m，多为黏土夹碎石；扰入带及碾入带则含较多碎石、块石，结构较松散。前期实验在 1#竖井深 46m 的实验值具有代表性。

(4) 滑体土三轴实验值平均，c_{cu} 和 c'_{cu} 分别为 98.6kPa、88.3kPa，ϕ_{cu} 和 ϕ'_{cu} 分别为 21.8°、24.7°。

施工阶段，在滑坡东侧高程320m试验平洞中进行了现场补充实验，试点为碎石土。棕黄色黏土夹碎石，黏土呈软塑状，湿，富黏性；碎石块径一般为6~16cm，次棱角—次圆状，风化砂岩，含量为75%~85%；塑性破坏，无明显破坏面。对滑体土进行的原位大型直剪实验峰值抗剪强度 $c'_m = 46.7\text{kPa}$，$\phi'_m = 19.3°$；标准值 $c_k = 15.6\text{kPa}$，$\phi_k = 17.5°$。中部高程358m处明槽取滑体土原状样进行中型直剪实验，试点为棕黄色砾土，可塑—硬塑状，砾含量为30%~60%，峰值抗剪强度 $c'_m = 40\text{kPa}$，$\phi'_m = 30.2°$；标准值 $c_k = 13.3\text{kPa}$，$\phi_k = 29.6°$。

2. 力学参数反演分析

1998年对台子上滑坡稳定性计算采用M-P法和SARMA法，反演分析结果：当 $F \geqslant 1$ 时，$c = 20 \sim 45\text{kPa}$，$\phi = 20.3° \sim 15.3°$。对台子上滑坡进行参数的二维极限平衡位移反演分析，结果见表4-19。

表 4-19　滑带土强度参数 ϕ 值反算结果

安全系数 K	1.1
ϕ(°)	20
c(kPa)	20

对台子上滑坡进行了滑坡抗剪强度参数的二维极限平衡位移反演分析，台子上滑坡计算结果见表4-20，反演分析结果中，当地下水位为0.2倍滑体高，$c = 20\text{kPa}$ 时，ϕ 值与三轴实验有效应力指标 ϕ'_{cu} 的平均值接近。

表 4-20　滑坡滑带抗剪强度参数反演分析计算结果

计算方法	安全系数	水位	c (kPa)	ϕ(°)			
				2—2主滑带	2—2次滑带	1—1剖面	3—3剖面
剩余推力法	1.1	0.4h	10	22.84	23.11	23.15	23.12
			20	22.10	22.24	22.24	22.26
		0.2h	10	20.25	20.74	20.99	20.58
			20	19.56	20.01	20.15	19.82

3. 滑坡稳定分析物理力学参数取值

可研阶段稳定性分析采用的物理力学参数是在参考实验成果的基础上，通过反演分析确定的。施工阶段又补充了滑体土原位直剪实验5组，原状样直剪实验11组。综合反演分析和实验结果，台子上滑坡的滑体土和滑带土的物理力学参数按表4-21取值。

表4-21 滑体土和滑带土物理力学参数取值

土层	天然容重(kN/m^3)	饱和容重(kN/m^3)	c(kPa)	ϕ(°)
第一层	2.21	2.21	10	35
第二层	2.33	2.38	10	35
第三层	2.30	2.36	10	35
次滑带	2.25	2.30	20	21
主滑带	2.25	2.30	20	20

4.1.3.3 滑坡稳定性宏观分析与评价

台子上滑坡为一基岩斜顺层滑坡，滑坡造形结束以后，滑坡体的稳定状态良好，但随着环境地质条件的恶化，特别是水的长期作用，滑坡体的稳定状态也随之改变。现阶段，水对滑坡体的作用十分明显，滑坡体前缘受1997年7月14日清江洪水的冲蚀，出现了较大范围的带状崩滑区，岸坡后退5~20m，同时亦引起了滑坡前部局部崩解体的崩解加强。清江对滑坡体前缘的冲蚀是“挖脚式”的作用，对滑坡的稳定极为不利。对滑坡的稳定性具有影响的因素主要表现在如下两个方面。

(1)施工影响。首先，2000年以来，场内道路及场地施工、人类活动对滑坡稳定性的影响大，一度造成滑坡前部发生了巨大变形与解体，好在及时进行了加固等治理措施，才没有导致整个滑坡复活。稳定性计算分析表明，高程350m以下，为滑坡抗力区，不宜进行开挖处理，而场内1#、3#公路及台子上的基地皆处于滑坡350m高程以下，仅3#公路开挖量就约$5\times10^4m^3$，这些减载实质上是对滑坡抗力的削减，对滑坡稳定性的影响是较大的。其次，施工破坏了地表较好的防渗植被与土体，大气降雨更易入渗，初期滑坡体上的基地大量生活用水也渗入滑坡体中，相当于增加了滑坡下滑力而减少了抗滑力，同时对滑坡体及滑带也有软化作用，降低其抗剪强度，对滑坡的稳定性也是十分不利的。

(2)雾雨影响。台子上滑坡距溢洪道冲刷坑中心约680m，距离并不是太远，因此溢洪道泄洪雾雨波及该滑坡是必然的，只是雨量大小的问题。长时间、高强度的雾雨作用，有可能造成滑坡体地下水含量急剧增高或破坏滑坡体的结构，使滑坡的稳定性大大降低。稳定性计算结果表明，在雾雨工况下，滑坡体的稳定系数K_c为1.05，但这并不包括所有的不利情况。

场内道路及场地开挖对滑坡的稳定性影响较大，较施工前滑坡的稳定性有所下降。工程运行期，溢洪道泄洪雾雨对滑坡的稳定性存在一定影响。地质综合分析认为，施工前台子上滑坡的稳定性较好，整体处于基本稳定状态，前部局部处于临界稳定状态。

对台子上滑坡的治理主要应完善排水系统及环境保护措施，针对施工对滑坡稳定性影响较大的情况，应进行适当的稳定性补偿，确保工程运行期滑坡的稳定系数达到 1.05 以上。

4.1.3.4 滑坡稳定性分析

台子上滑坡的稳定性分析计算包括滑坡天然原状(即没有经过电站工程建设破坏的状态)和工程状态(即修建公路和办公及生活营地等工程)两大内容。每种状态下的计算工况有：天然状态、设计洪水状态、校核洪水状态、水位骤降及地震等。各种计算工况组合见表 4-22。

表 4-22　台子上滑坡稳定计算工况组合

计算工况	河床水位(m)	滑体地下水位(m)	设防地震
天然条件	210.0	0.2h	
设计洪水状态	223.4	0.3h	
校核洪水状态	227.4	0.3h	
水位骤降	227~210	0.3h	
天然条件+地震	210.0	0.2h	Ⅵ度

注：h 为滑坡体高度。

稳定分析表明：

(1)滑坡后缘山体及沟槽已成型，对滑坡不存在突发性的加载物质；滑坡体表层物质组成黏土含量高，结构密实，透水性弱，地表植被较好，大气降雨对滑坡的不利作用受到一定的限制，有利于滑坡的稳定。

(2)滑坡内的地下水和主滑带的力学强度是滑坡稳定的主要控制因素。地下水位每增加 0.1h，抗滑安全系数将减少 0.05~0.06。滑坡整体稳定控制滑面为主滑带。主滑带土的内摩擦角每降低 1°，安全系数减少 0.05 左右；黏聚力每降低 10kPa，安全系数减少 0.03~0.04。

(3)滑坡天然状态下整体处于稳定状态，江水骤降工况处于极限平衡，安全系数在 1.0 左右。滑坡属前缘敞开式类型，前缘局部性稳定性较小；天然条件下安全系数系数在

1.05左右，洪水和骤降工况下可能失稳。考虑江水抬升和泄洪雾化的影响，若地下水升高0.1h，安全系数将降低0.05~0.06。地震工况下，滑坡整体和前缘局部均有失稳的可能。

(4)滑坡前部修建生产生活基地，其整体稳定略有下降，前缘局部稳定性对于外部扰动作用十分敏感，天然状态下安全系数降低约10%。滑坡前缘修建公路后，易发生崩解滑移变形，应采取保护加固措施防止其演化为整体溯源破坏。

4.1.3.5　滑坡治理方案

1. 治理原则

台子上滑坡体规模巨大，一旦发生整体失稳危机，人工的力量很难挽救，试图通过工程加固手段来提高滑坡体的整体稳定性，是不可取的。鉴于此，确定台子上滑坡体的防治基本原则如下：

(1)尽力保护。即尽可能避免一切对滑坡体稳定性不利的人为活动，采取简便易行、行之有效的保护工程措施，保持其整体稳定性不致降低。

(2)破坏补偿。电站工程建设施工期间，滑坡体局部不可避免地受到工程扰动，对滑坡体天然条件的破坏必将导致其安全稳定性下降，应采取相应的保护和补偿措施，对其稳定性予以恢复。

(3)尽早建立安全监测和预报系统，密切监控滑坡体的稳定状态。

2. 治理方案

根据稳定性分析结论和防治工程设计的基本原则，台子上滑坡防治从治水护岸入手，重视安全监测，采取地表和地下排水、前缘混凝土贴坡护岸、挡土墙加固及干砌石压脚、建立内部和外部安全监测网的综合防治方案。主要治理措施分述如下。

1)加强滑坡环境保护

遵循“尽力保护、破坏补偿”的原则，实行规范化用地用水，任何单位在滑坡体上修筑建筑物，必须在工程地质或有关技术人员的指导或配合下进行，认真修复因用地而遭破坏的原有地表覆盖和径流条件。

2)设置地表排水系统

台子上滑坡地表汇水面积$4.5\times10^5 m^2$，滑坡面积$2.1\times10^5 m^2$。大气降雨是地下水的主要补给源，同时滑坡处于泄洪雾化雨影响地带，设置地表排水系统可以减少滑坡地表水的入渗，降低地下水的补给量，减轻泄洪雾化雨的不利影响。地表排水系统由周边截水沟和滑坡内坡面排水沟组成。

周边截水沟是将滑坡两侧边缘的天然冲沟疏浚、衬护而成。其作用是汇集导排滑坡外围坡面汇水和滑坡表面横向排水沟的水。周边截水沟总长约 1800m，坡度较陡，经水力学计算，每 20m 高差设一级消能消力池。

滑坡坡面排水沟由纵向排水沟和横向排水沟组成。纵向排水沟布置在滑坡中部，尽量利用滑坡表面的天然冲沟，将滑坡坡面大部分地表水汇入其中。纵向排水沟总长约 800m，每 20m 高差设一级消能消力池。横向排水沟的主要作用是拦截滑坡内坡面汇水，并将其引至纵向排水沟内。滑坡内坡面从上至下共布置 7 条排水横沟，总长度约 2300m。

3)设置地下排水系统

由于台子上滑坡体地下水的观测点和观测资料少，但已建基地后部的挡土墙排水孔大量出水，说明至少滑坡体前部的地下水位较高，因此，设置了地下排水系统。地下排水工程由排水洞和洞内的排水孔幕组成。

排水洞系根据滑坡地下水分布的一般规律性，同时考虑滑床的几何形状进行布置，由顺滑床凹槽方向布置的纵向主排水洞及大约与之垂直的横向排水洞组成，形成洞井系统。排水洞系统由 1 条纵向排水洞和 3 条横向排水洞组成。纵向排水洞长度约 225m，高程 232.50~304.89m；3 条横向排水洞分别布置在 232m、261m、293m 高程，洞长分别约为 160m、150m、90m，横向排水洞之间的水平距离约为 90m，总长度约 400m。

排水洞断面为城门洞型，净断面尺寸为 2.0m×2.5m(宽×高)，C20 钢筋混凝土衬砌，衬砌厚 0.3m。

排水孔分两种类型，一类为主排水孔，布置在排水洞顶拱部位；另一类为辅助排水孔，布置在排水洞侧壁。主排水孔共设 3 排，均为在顶拱部位呈放射状对称分布的仰孔，分为深排水孔和浅排水孔。深排水孔间距 10~40m，沿顶拱轴线竖直穿越滑坡，孔深不小于 30m；浅排水孔环距 3m，孔深 10m，对称布置在洞顶两侧，仰角 70°。辅助排水孔在排水洞距离底板 1m 的两侧壁各布置一排，孔深 1.0m，上倾 10°，环距 2m。

4)前缘挡土墙加固及压脚护岸

台子上滑坡前缘稳定性较差，而工程建设导致的外部影响大多集中在前缘，在工程荷载和自然营力作用下，如果前缘滑坡体不断崩解、坍塌，进而后退上溯，极易诱发大面积变形破坏。此外，滑坡前缘 230m 高程以下，处于坡外水位变动区域，此处泄洪时水流流速较大。为防止滑坡前缘被冲刷淘蚀，对滑坡产生不利影响，在滑坡体前部除了避免加载或扰动外，采取挡土墙加固和干砌块石压脚及贴坡护岸等处理措施。

4.1.3.6 治理效果分析

(1)台子上滑坡自形成以来，经历了漫长的自然稳定调整期。滑坡体中、后部的边界条件较好，中部和后部的滑床比较平缓，有利于稳定；滑体地表植被较好，限制了大气降雨对滑坡的不利作用。因此，在不受自然界或人为的强烈扰动破坏时，台子上滑坡中、后部的稳定性是可持续的，天然条件下安全系数在1.1左右。台子上滑坡总体积$7.8\times10^6m^3$，通过工程加固手段提高滑坡的整体稳定性是不可取的。因此，采取保护措施，防止滑坡的安全系数下降，维持滑坡天然稳定性，不采用工程措施提高安全系数的治理原则客观合理。

(2)安全监测资料显示，滑体中前部实施的地下排水工程已经起到很好的降低地下水位作用；滑体深部测斜孔监测到的主滑方向水平相对位移不大，未出现显著的错动变形；地表变形监测到4年多来地表沿主滑方向的累积位移不大，一般在35~80mm，最大约130mm，从位移过程线上来看，各测点的位移量大部分集中在2002年至2003年，从2004年以后位移趋于收敛。证明台子上滑坡体经前缘挡土墙加固、压脚护岸、地下排水等保护措施综合治理以后，滑坡体处于稳定状态。

(3)台子上滑坡规模巨大，按照“尽力保护、破坏补偿”的原则治理后滑坡处于基本稳定状态，但富裕度不高，一旦发生失稳危机，人工的力量根本无法挽救，因此应重视环境保护，排除外部干扰破坏，加强监测，以保其长期稳定安全。

4.1.4　马岩湾滑坡研究与治理

马岩湾滑坡位于右岸马崖高边坡下游，距大坝1140m。滑坡东临花栗树包，西南为马崖陡坡，滑坡前缘为清江，后缘高程395m左右。滑坡前缘平缓微凸，两侧低缓，后缘呈圈椅状地形，见图4-12。滑坡距离发电尾水隧洞及放空洞出口下游较近，工程施工期间，因修建进场公路的开挖扰动，水电站运行对滑坡前缘的冲刷，处于泄洪雾雨影响区等因素，使滑坡的稳定性受到较大影响，滑坡一旦失稳将直接影响工程运行安全。

(a)原始地貌

(b)施工期

图4-12　台子上滑坡

4.1.4.1 主要工程地质特征

马岩湾滑坡共完成小口径钻孔 9 个，总进尺 531.73m；竖井 2 个，总进尺 64.4m；勘探平洞 1 个，进尺 207.3m。同时在施工治理中，对抗滑桩、排水洞进行了地质编录，对滑带取原状样进行物理力学实验。

1. 几何边界

马岩湾滑坡东邻花栗树包，二者以冲沟为界，沟长 465m，宽 1～3m，切割深 2～5m。滑坡边界明显，滑坡西南为马崖陡坡环抱，边界为后期崩坡积体所覆盖，仅能从物质成分的区别及微地形的差异将二者划分开，见图 4-13。滑坡中部发育一地表水排泄的浅沟，弯

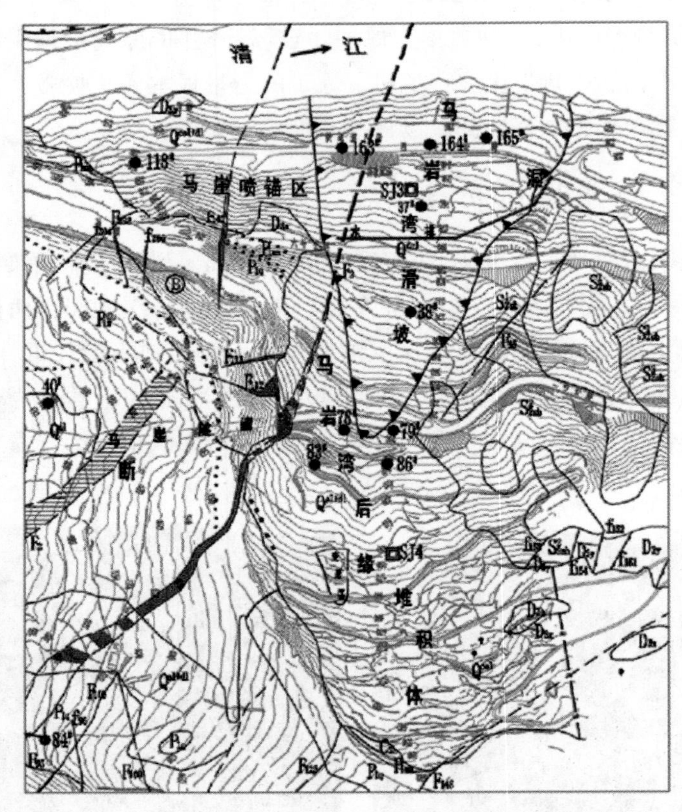

1. 滑坡堆积物；2. 栖霞组；3. 马鞍组；4. 黄龙组；5. 泥盆系；6. 纱帽组；
7. 基岩地层界线；8. 第四系与基岩分界线；9. 滑坡边界线

图 4-13 马岩湾滑坡综合工程地质图

曲延伸，长 720m，宽 1.5~5m，深 1~3m。滑坡北部前缘为清江。滑坡体东西向宽 105~285m，南北向最长 420m。滑坡前缘呈弧形突出，剪出口基本上为后期滑坡体崩解物所覆盖，高程为 186~205m。滑坡范围以外的河流低漫滩与高级阶地在滑坡体前部皆不存在；前缘至高程 210m，地表坡角较大，为 64°；高程 210~255m，地表坡角略大，为 30°左右；高程 255~265m 为一狭长的滑坡平台；高程 265~355m，为一较均匀斜坡，坡角 25°左右；高程 355~370m，为滑坡后部残留平台；高程 370m 至滑坡后缘高程 385m，坡度较缓，坡角 25°。

2. 滑床形态

马岩湾滑坡为第四系崩坡积层滑坡，滑床形态受下伏基岩岩性及产状控制。滑床上部基岩为中厚层细砂岩，相对较坚硬，滑床中下部基岩为薄至中厚层砂岩、粉砂岩与砂质页岩软硬相间，相对较软弱，这种结构致使滑床形态前部宽缓、后部狭窄，呈喇叭形。从横向上看，Ⅴ号剖面以上滑床呈“汤勺”状，受马崖高陡边坡床整体平面形影响与层面控制，滑床面呈单斜状，向上游倾斜，西侧滑床明显低于东侧，滑坡体厚度东部浅，靠马崖高陡边坡一侧深，陡崖下为一深槽；Ⅴ号剖面以下，即Ⅳ号剖面一带，滑床东西两侧相对平缓。从纵向上看，滑床倾向北，前缘略反翘，从下至上倾角呈由缓变陡态势，Ⅳ号剖面以上滑床倾角相对较陡，倾角约 30°，靠马崖一侧局部后缘倾角高达 40°；Ⅳ号剖面以下前缘滑床面平缓，并略反翘，反翘倾角约 2°。总体来看，在纵向上，由北至南滑坡呈陡—缓—陡—缓的形态特征；从平面上看，滑坡呈前缘凸起、两侧低缓、后缘圈椅状的典型滑坡地貌形态特征。

3. 剪出口特征

马岩湾滑坡形成以后，随着河谷下切，流水冲蚀，其前缘必然存在局部先后崩解，测绘结果表明：滑坡体前缘剪出口皆为后期解体块石体所覆盖，物质组成已不多见，但整个前缘形态仍呈中部向前凸起的弧形。滑坡体前缘中部分布 3 个泉水点 W_{41}、W_{42}、W_{43}，高程分别为 203.7m、199.20m、207.40m，一般滑坡体前缘泉水点出露与其下部的滑带隔水层有联系。此外，滑坡下游河床纱帽组出露高程已达 198m。附近河谷低漫滩高程为 200 余米，分析结果认为，滑体前缘剪出口高程为 200~205m。

4. 物质组成

马岩湾滑坡总体黏土含量较高，滑坡体物质具有一定的成层性，滑坡体的物质组成大致可分如下 4 类。

(1)黄褐色黏土夹碎块石厚 0.3~6.8m，黏土含量较好，碎块石多为灰岩，少量砂页岩，分布于滑坡体表层，厚薄不均，连续性差，一般在滑坡平台及缓坡地带相对较厚，陡坡地带较薄或没有，结构较松散。

(2)灰岩大块石、块石、碎石夹黏土厚10~16m，黏土含量少，局部增多，碎块石多为灰岩，极少量砂页岩，块石块径一般为0.5~2m，大块石块径为8~11m，分布于滑坡体中上部，质地均一，连续性好，结构不紧密，局部可能呈架空状。此类物质主要来源于马崖边坡的崩解卸荷，是构成马岩湾滑坡的主体物质。

(3)黏土夹砂页岩块石、碎块石厚2~33m，黏土含量较多，块石成分以砂岩为主，部分页岩，少量灰岩，块石多较破碎，块径一般为0.3~1m，多分布于滑坡中下部，厚薄差异较大，在滑坡体前后部相对较薄，在滑坡体中部则相对较厚，结构较紧密。此类物质来源于滑坡体下基岩的崩解坡积，以及滑坡在滑动过程中基岩受牵引而扰入滑坡体的物质。

(4)滑带土主要为灰绿色、灰白色或蓝灰色黏土夹碎石、碎屑，厚0.3~5.9m，黏土含量较高。主滑带分布于滑坡体底部，连续性好，所夹碎石碎屑多为砂页岩，结构紧密，次滑带位于滑坡体内，连续性略差，所夹碎块石多为灰岩，少量砂岩，为滑坡体内部差异运动所形成。

滑坡体物质在纵向上具一定成层性，滑坡体上层为一次滑体，其物质组成主要为灰岩大块石、块石夹碎石及黏土，底部局部碾入下层的砂、页岩块石、碎石夹土。滑坡体上层结构较松散，局部呈架空状，厚18~27m，体积占整个滑坡体的2/3，约$1.133\times10^6m^3$。滑坡体下层主要为黏土夹砂页岩块石、碎块石或块体，结构较紧密，厚2~33m，体积占整个滑坡体的1/3，约$5.67\times10^5m^3$。滑坡东、西区物质组成与结构差异性见表4-23。

表4-23　马岩湾滑坡东、西区物质组成与结构差异性

部位	名称	东区	西区
表层	黏土类碎块石层	色较深，流水侵蚀特征明显，分布范围广，结构松散，厚0.5~7m	黄色土，结构紧密，多呈僵尸状，分布范围略小，厚0.3~4m
上部	灰岩大块石、块石、碎石夹黏土层	表层可见有较多的泥盆系、志留系砂岩块石，结构不紧密，存在架空结构的可能性较大，厚15~20m	成分较均一，含砂岩块石极少，黏土含量稍高，厚10~15m
下部	黏土夹砂页岩块石、碎石	厚薄不均，内扰入有一定量的灰岩块石，纵向上分布稍混乱，分布范围小，结构较紧密，厚2~10m	厚度较大，内含灰岩块石少，纵向上皆分布于滑坡体底部，分布范围大，连续性好，结构紧密，厚10~33m
底部	主滑带	厚度较小，完整性略差	厚度较大，完整性好

5. 主滑带

主滑带具明显分带性，由扰入带、牵动带、主动带与碾入影响带四带组成。

扰入带分布于滑带顶部，厚2.15~2.90m，物质成分为灰绿色砾石土夹泥状砾质黏土及砂岩小块石。块石直径20~30cm，含量小于10%。扰入带是滑坡体下滑过程中滑带与滑坡体物质相互混杂而形成的，结构较松散。

牵动带分布于扰入带与主动带之间，厚1.15~1.35m，物质成分为较破碎的粉砂岩、页岩夹泥化带，具明显的错动特征，是在主动带附近按一定规则位移的物质形成的带。

主动带厚0.25~1.28m，由主滑面与上、下岩屑带组成，主滑面近处物质为塑性泥含少量灰岩、粉砂岩碎屑，碎屑具磨圆、呈次圆状，塑性泥黏性好。岩屑带为灰白色塑性泥含糜棱状砂页岩碎屑、碎块，碎块呈次棱角状。主动带是滑坡滑移的主要错动带，结构紧密，连续性好。

碾入影响带分布于主动带与滑床基岩之间，厚0.8~1.1m，物质成分为灰绿色粉砂质页岩、劈理、剪切面皆较发育，面上赋存灰白色塑性泥。碾入影响带是在滑坡体下滑过程中滑床下基岩受牵引错动碾入滑带内而形成的。

6. 次滑带

马岩湾滑坡内部存在一较连续的次级滑带，次滑带分布于滑坡体中前部，厚0.28~2.1m，前部高程205m左右，后部高程270~295m，物质成分为黄色、灰白色黏土夹碎石、碎屑，碎石含量为15%~25%，多呈次棱角状，黏土风干失水后密实坚硬。次滑带厚度小，连续性、完整性稍差，是滑坡体内的差异错动带；此带在滑坡体东区发育较好，在滑坡体西区变薄，发育略差。

7. 下伏基岩

滑坡体滑床下伏基岩为志留系中统纱帽组地层，上段上部为中厚层粉细砂岩，薄至极薄层页岩、粉砂质页岩；下部为薄至极薄层粉砂岩与粉砂质页岩、页岩互层。下段主要为页岩与粉砂质页岩，偶见极薄层粉砂岩。下伏基岩全、强风化带一般厚5~15m，弱微风化带一般厚5~10m。

8. 水文地质

滑坡区地下水的补给主要来源于大气降雨入渗及滑坡区后崩坡积体内孔隙裂隙水的下渗，滑坡体地下水的排泄主要是沿含水层或滑坡体内具架空结构的块体形成的连续或不连续通道，于滑坡体前缘剪出口附近以泉流的形式泄入清江。滑坡体前部有4处泉水，其中

3处泉流稳定，受大气降雨影响较小，属滑坡体含水层水或管道水。滑坡体地下水多赋存于滑坡体含水层内，少量赋存于滑坡体孔隙内。依据钻孔地下水位高程，推算出滑坡体内地下水水力坡度：滑坡体前部为31.75%，中部为43.31%，后部为49.57%，平均为41.54%。滑坡体的透水性与滑坡体的物质组成及结构关系较大，中上部灰岩大块体、块石、碎石夹黏土层透水性较好，渗透系数为25.08~319.92m/d，局部为0.216m/d。滑坡体下部黏土夹砂页岩块石、碎石层透水性相对较差，渗透系数为0.42~17.62m/d。滑坡体钻孔地下水位长观结果表明，滑坡体前部相对稳定的地下水位高程为208~219m，滑坡体中部高程为230~240m，滑坡体后部高程为300m左右或无水；滑坡体透水性较弱，含水层相对较薄，暴雨时，滑坡体地下水涨幅较大，为4~14m；滑坡体地下水的变化为暴涨渐跌型，一般雨后孔内地下水位即明显抬升，涨至最高水位，常滞后1~2d，雨停后，水位逐渐下降，恢复至正常水位一般需3~5d。

4.1.4.2 物理力学参数取值

1. 物理力学实验成果

在可行性研究阶段，对坝区马岩湾滑坡的滑带土进行了室内土工实验和现场原位抗剪实验，实验表明：

(1)在2#竖井22.5~28.8m、36.5~36.8m，马1#~4#平洞内针对滑带土取样实验显示，2#竖井滑带土主要为砾质砂质黏土、砾质黏土；马1#~4#平洞滑带土主要为砂质黏土夹碎石、粉土夹碎石和碎屑、黏土夹碎石和碎屑。

(2)马岩湾滑坡土的矿物成分主要以水云母为主，含量为35%~55%，蒙脱石含量为3%~13%，石英含量为13%~18%，另有少量石膏和绿石及绿泥石等原生矿物。黏粒含量为18.3%，砾石含量在30%以下。

(3)室内直剪反复剪实验值平均，峰值强度ϕ_d为23.8°，c_d为8.9kPa；残余强度ϕ_r为19.4°，c_r为14.2kPa；小值平均值ϕ_d为23°，c_d为3kPa，ϕ_r为17.6°，c_r为3.2kPa。以上实验值低于反演分析达到滑坡稳定的基本参数值。三轴实验小值平均值c_{cu}和c'_{cu}分别为30kPa、25kPa；ϕ_{cu}和ϕ'_{cu}分别为25°、22.5°。三轴有效应力时平均值$c'_{cu}=35.9$kPa，$\phi'_{cu}=24.1°$。反演计算采用三轴有效应力平均值。

(4)滑带土在PD30#平洞143~165m取样，直剪实验峰值抗剪强度参数与三轴有效应力平均值接近，ϕ'_m平均值为23.9°，c'_m变化大，为59~190kPa，平均值127.5kPa。

(5)施工期在抗滑桩Z2-12-2(17m)、Z2-13-3(31.2m)，排水洞K0+229m~K0+231m的滑坡体土中取样。其中，在抗滑桩Z2-12-2(17m)的试样为黏土夹砾；后两组原状样黄褐色粉质黏土夹砾和棕黄色砾土，砾径一般为0.3~1cm，含量为10%~60%，这与前组原状样的性状差别较大，代表了滑坡体的地质情况，原状样中型直剪实验峰值抗剪强度参数平均 c'_m 为 40kPa，ϕ'_m 为 28.7°。

2. 物理力学参数反演分析

1998 年对马岩湾滑坡稳定性计算采用 M-P 法和 SARMA 法，反演分析结果：当 $F \geqslant 1$ 时，$c=20 \sim 40$kPa，$\phi=25.7° \sim 23.5°$。

对马岩湾滑坡进行参数的二维极限平衡位移反演分析，结果见表 4-24。

表 4-24　滑带土强度参数 ϕ 值反算结果

滑　坡	马　岩　湾
安全系数 K	1.0
ϕ(°)	24
c(kPa)	20

对马岩湾滑坡进行了滑坡抗剪强度参数的二维极限平衡位移反演分析，计算结果见表 4-25。

表 4-25　马岩湾滑坡主滑带抗剪强度参数反演分析计算安全系数

ϕ(°)	c(kPa)					
	25	27	29	31	33	35
20	0.8028	0.8117	0.8205	0.8293	0.8380	0.8465
21	0.8407	0.8495	0.8583	0.8672	0.8760	0.8846
22	0.8791	0.8879	0.88967	0.9055	0.9144	0.9232
23	0.9180	0.9268	0.9356	0.9444	0.9533	0.9621
24	0.9575	0.9663	0.9751	0.9839	0.9928	1.0016
25	0.9976	1.0064	1.0152	1.0240	1.0329	1.0417
26	1.0384	1.0472	1.0560	1.0648	1.0736	1.0824
27	1.0798	1.0886	1.0975	1.1063	1.1151	1.1239
28	1.1221	1.1309	1.1397	1.1485	1.1573	1.1661
29	1.1650	1.1739	1.1827	1.1915	1.2003	1.2091
30	1.2089	1.2177	1.2265	1.2353	1.2442	1.2530

3. 滑坡稳定分析物理力学参数取值

根据室内外物理力学实验成果，结合滑带土的物质成分、反演分析计算成果和相似工程的经验类比，滑坡体土和主滑带土的物理力学参数取值见表4-26。

表4-26　马岩湾滑体土及滑带土物理力学参数选用值

土质		c(kPa)	ϕ(°)	容重(kN/m³)
滑体土	非饱和			21.5
	饱和	25.0	30.0	23.0
滑带土	非饱和			21.5
	饱和	35.0	24.0	23.0

4.1.4.3　马岩湾滑坡稳定性宏观分析与评价

从滑坡的环境地质来看，其前缘剪出口已被大块石覆盖，高程为200~205m，河道较宽，河流冲蚀已不如早期那么强烈；东侧为冲沟与低缓山区，基本不存在对滑坡体的加载物质；但西侧与后部还存在大量第四系堆积体，分布范围广，体积大，与下伏基岩接触面陡倾，稳定条件不利，局部已存在较大变形与失稳，存在对马岩湾滑坡大量加载的可能性，是影响滑坡稳定的重要因素。从滑坡本身的情况来看，滑坡前部开敞，厚度较大，重心基本处于滑坡中前部，而中前部滑床较为平缓，有利于滑坡总体稳定。对滑坡稳定影响较大的主要为地下水，而滑坡地下水来源及滑坡体内赋存的地下水较为丰富，对滑坡的稳定不利。综合分析认为，滑坡上层滑坡体稳定性较差，西区的稳定性略差，东区的稳定性稍好，总体处于基本稳定状态。

4.1.4.4　滑坡稳定性分析

1. 计算方法与荷载

马岩湾滑坡稳定性分析采用剩余推力法，滑体土和主滑带土的物理力学参数取值见表4-26，主要承受的荷载为自重、孔隙水压力、坡外水压力、地震及其他荷载。

自重：地下水位以上取天然容重，地下水位以下取饱和容重。地下水位采用实测资料的概化值。

孔隙水压力：按有效应力法考虑孔隙水压力，包括条块侧边及底面孔隙水压力。

坡外水压力：当坡外水位高于前缘剪出口时，考虑江水对滑坡体的静水压力。

地震：按Ⅵ度考虑。

根据滑坡水文地质条件、坡外水位变化等，认为各钻孔观测到的最高地下水位值和出现日期均符合地下水的消长规律。取观测到的最高水位值作为各钻孔的最高地下水位，连接钻孔与钻孔之间、钻孔与坡外清江水位之间的地下水位线，确定分析计算使用的地下水位线概化模型见图4-14。

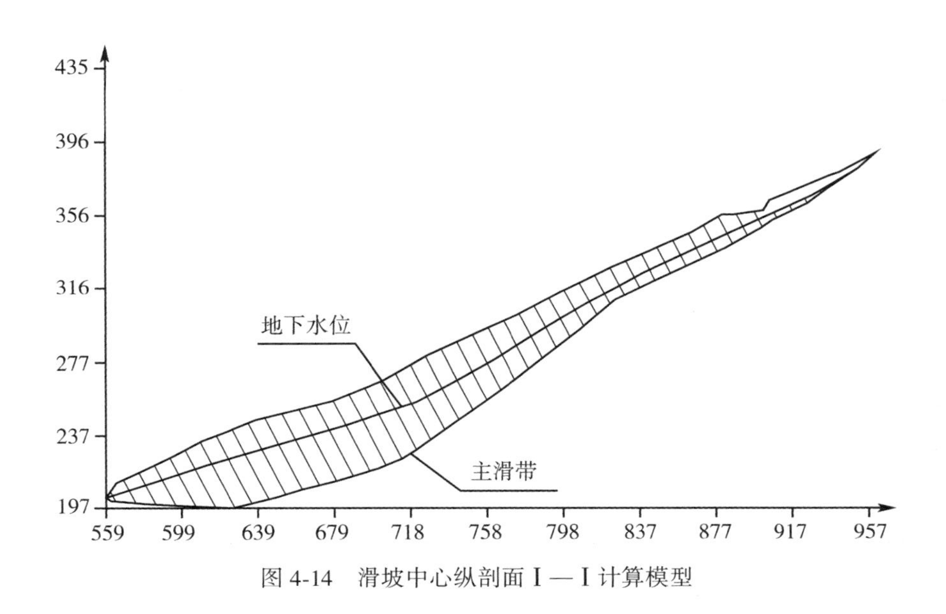

图4-14　滑坡中心纵剖面Ⅰ—Ⅰ计算模型

2. 计算成果

1)马岩湾滑坡稳定性计算

不同部位的稳定计算成果详见表4-27。

表4-27　不同计算剖面稳定性分析计算成果

剖　面	无水(沿主滑带)	概化地下水位
A—A(西部)	1.34	1.01
Ⅰ—Ⅰ(中部)	1.336	1.00
B—B(东部)	1.495	1.17

根据地质勘察钻孔揭示，马岩湾滑坡主滑带的空间分布特征表现为滑坡东区主滑带厚

度较小，性状稍好；滑坡体西区主滑带厚度大(厚 2.76～2.08m)，性状相对更差。A—A 剖面(西区)在各种工况下的安全系数均小于 B—B 剖面(东区)，与地质勘察结论是一致的。对比不同计算剖面的稳定性分析计算成果，滑坡中部Ⅰ—Ⅰ剖面的稳定性最差，安全系数最小。

2)滑坡沿主、次滑带的稳定性计算

马岩湾滑坡除主滑带厚度较大，连续性和完整性较好以外，在滑坡体内部还存在厚度小、连续性和完整性稍差的次级滑带。表 4-28 中列出的是中部剖面Ⅰ—Ⅰ沿主、次滑带的稳定性计算对比分析成果。计算成果反映出主滑带在一般工况下起稳定性控制作用，次滑带的稳定性好于主滑带。在地下水位很低的情况下，如无水工况，滑坡体沿主滑带的抗滑安全系数大于次滑带，此时次滑带可能转化为稳定性控制滑面。但在地下水位很低的工况下，滑坡的稳定性已经超过设计安全系数。

表 4-28　主、次滑带稳定性(安全系数)对比分析

滑带名称		实测高地下水位	地下水位降低 20%	无水
主滑带	无地震	1.00	1.07	1.34
	Ⅵ度地震	0.93	1.00	1.25
次滑带	无地震	1.10	1.20	1.31
	Ⅵ度地震	1.03	1.12	1.23

3)设计工况下稳定性计算

通过进行滑坡沿主、次滑带的稳定性计算分析，可以肯定，马岩湾滑坡的抗滑稳定性受主滑动剪切带的控制。因此，稳定性分析计算只考虑沿主滑带的稳定问题。马岩湾滑坡计算工况及对应安全系数见表 4-29，在各种工况下稳定性计算结果见表 4-30。以Ⅰ—Ⅰ中部剖面为典型代表，计算结果显示，控制工况为自重+地下水渗流+江水位 205.0m，当设计安全标准为 $K_c=1.10$ 时，下滑力曲线剪出口处的单宽剩余下滑力为 6000kN/m。

表 4-29　马岩湾滑坡稳定计算工况及对应安全标准

序号	工况	设计标准	备注
工况①	自重+地下水+江水位 205.0m	1.10	
工况②	工况①+Ⅵ度地震	1.00	
工况③	工况①+降低地下水位 20%	1.10	
工况④	工况②+降低地下水位 20%	1.00	

续表

序号	工况	设计标准	备注
工况⑤	工况①+削坡减载	1.10	削坡减载，高程270m以上全部挖除
工况⑥	工况②+削坡减载	1.00	

表4-30 马岩湾滑坡各种工况下稳定性计算成果汇总

计算剖面	滑带	设计工况	安全系数	设计标准	单宽剩余下滑力(kN/延m)
Ⅰ—Ⅰ(中部)	主滑带	①	1.00	1.10	6000
		②	0.93	1.00	4000
		③	1.07	1.10	2000
		④	1.00	1.00	—
		⑤	1.18	1.10	—
		⑥	1.10	1.00	—
A—A(西区)	主滑带	①	1.01	1.10	3600
		②	0.95	1.00	2400
		③	1.08	1.10	1000
		④	1.01	1.00	—
		⑤	1.19	1.10	—
		⑥	1.11	1.00	—
B—B(东区)	主滑带	①	1.17	1.10	—
		②	1.09	1.00	—
		③	1.23	1.10	—
		④	1.15	1.00	—
		⑤	1.24	1.10	—
		⑥	1.17	1.00	—

3. 稳定分析结论

(1)马岩湾滑坡形成以后，经历了长期的造型演变，外界仍存在充足的加载条件、丰厚的地下水补给、滑床基岩软弱带增厚等不利因素。由于这些不利条件客观存在及其相互交替作用，即使没有人为的扰动或破坏，其稳定性已呈下降趋势。马岩湾滑坡在自然状态下稳定性较差，现状稳定安全系数接近1.0。

(2)在一般情况下，滑坡整体稳定的控制滑面为主滑带，次滑带对稳定性不起控制作用。控制马岩湾滑坡整体稳定的设计工况为正常工况，即自重+地下水渗流+江水位205.0m。

(3)马岩湾滑坡处于泄洪雾流降雨地带。经过分析得知，如果采取有效排水措施能够将地下水位降低20%左右，安全系数可提高0.07；反之，如果泄洪雾化雨或其他不利因素导致地下水抬升20%左右，安全系数则将降低0.07。

(4)马岩湾滑坡地下水位线较为确定，表现为后部浅、前部高。因受清江水位顶托的影响，将滑坡中、前部的地下水位降低，则难度很大。因此，要依靠降低地下水来提高马岩湾滑坡的抗滑稳定安全系数是不可行的。但在马岩湾滑坡内设置合适有效的地下排水设施，可以争取将地下水位保持在一个较为稳定的水平，防止因工程的修建和运行导致滑坡的外部环境恶化而使地下水位抬高。

(5)马岩湾滑坡呈推移式下滑机制，下滑推力主要产生于中后部。如果对中后部滑坡体物质进行削坡减载，整体稳定性将迅速提高。但要注意马岩湾滑坡西南侧被马崖高陡边坡所环抱，西侧及后部已经形成一个新的崩坡积体，因此削坡减载须十分慎重。

4.1.4.5 滑坡治理方案

经过可行性研究阶段及特殊科研报告的研究论证，结合现场的实际施工条件，马岩湾滑坡采取了抗滑桩分级支挡为主+地表排水、地下排水+前缘雾雨防护的综合整治方案，详见图4-15。

1. 抗滑桩

马岩湾滑坡最大单宽剩余下滑力达6000kN/m，滑坡体厚度20~47m，中、前部滑坡体较厚，后部相对较薄。根据剩余下滑力分布曲线和滑坡体厚度分布情况，确定在滑坡合适的部位分排设置抗滑桩，分级进行支挡。抗滑桩采用人工挖孔桩，共布置6排。第1排抗滑桩布置在滑坡后部的马岩便道内侧缓台上，地面高程315~325m，共布置17根，桩中心间距为6m。第2排抗滑桩布置在滑坡中偏后部右岸6#公路内侧平台上地面高程285~295m，共布置20根，桩中心间距为7m。第3、4排抗滑桩布置在滑体前部4#公路边坡以上缓坡处，地面高程约250m，两排桩相距11.5m，每排布置19根，共布置38根，桩中心间距为8.5m。第5排抗滑桩距离第4排抗滑桩11.5m，设桩位置地面高程约245m，共布置10根，桩中心间距为8.5m。第6排抗滑桩位于4#公路内侧，与第5排的排距为14m，设桩位置地面高程约235m，共布置8根，桩中心间距8.5m。第5、6排抗滑桩主要布置在下滑力较大的中部剖面两侧。

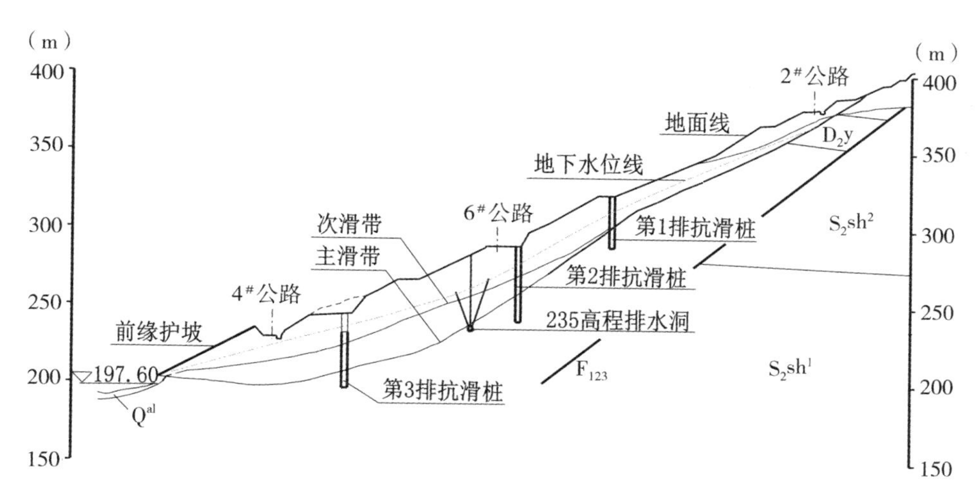

图 4-15 马岩湾滑坡整治方案剖面图

马岩湾滑坡加固共布置 6 排 93 根抗滑桩，工程量很大。因此，抗滑桩分三期实施。第一期抗滑桩为第 1、2 排抗滑桩，第二期抗滑桩为桩第 3 排抗滑桩，第三期抗滑桩为第 4、5、6 排抗滑桩。施工期的检测表明，第一期和第二期抗滑桩加固效果好，滑坡已稳定，特别是经过放空洞泄洪考验，滑坡未出现异常，目前，滑坡各项监测显示，滑坡处于稳定状态。

一期施工的第 1、2 排抗滑桩均采用了抗弯性能较好的矩形抗滑桩，净断面尺寸 2m×3m，开挖断面尺寸 2.6m×3.6m。锚固段深度，第 1 排为 5~9.5m，第 2 排为 6~14m；单桩长度，第 1 排为 15~30.5m，第 2 排为 20~47m。一期工程施工表明，矩形抗滑桩截面积较大，孔壁为直线型，稳定性差，施工期开挖成型困难，安全性差，临时支护工程量增加。而圆形截面桩的孔壁呈弧形，施工期稳定条件较好，安全性强，但若承受与矩形抗滑桩相同的下滑力须将圆形桩的截面尺寸加大。

考虑滑坡前部高程低，地下水丰富且不易排出，为施工安全起见，第 3、4、5、6 排抗滑桩均采用直径为 3.5m 的圆形截面桩。为减小抗滑桩的长度，提高桩的工作效率、节约工程量，将滑坡体段深度超过 30m 的抗滑桩改为沉头桩。沉头桩总长均为 33m，其中锚固段长度均为 10m，滑带以上桩身在滑坡体段内的长度均为 23m。桩顶至地表段桩孔采用埋石混凝土回填，埋石混凝土与沉头桩之间采用碎石或砂隔开。抗滑桩混凝土标号一般为 C20，内力较大桩段采用 C30 混凝土。

计算表明，第 1 排 20m 长的矩形桩承载力为 1000kN/m；第 1 排 26.5m 长的矩形桩承载力为 800kN/m；第 2 排 42m 长的矩形标准桩承载力为 700kN/m；第 3~6 排 33m 长的圆形标准桩承载力可以达到 1100kN/m。各个部位的总支挡力均满足设计要求。

2. 地表排水

马岩湾滑坡地表汇水面积2.771×10^{5}m^2，大气降雨是地下水的补给源，同时滑坡处于泄洪雾化雨影响地带。设置地表防渗排水系统可以减少滑坡地表水的入渗，防止泄洪雾化雨或暴雨对滑坡产生不利影响。地表排水系统由周边截水沟和滑坡坡面横向排水沟组成。地表排水系统的设计最大降雨强度按100mm/h计。

周边截水沟共布置3条，在东侧和西侧结合天然冲沟设置1$^\#$、2$^\#$截水沟，利用已有涵洞穿越6$^\#$公路；在滑坡后缘结合2$^\#$公路内侧排水沟布置3$^\#$截水沟。滑坡坡面横向排水沟共布置3条，分别位于2$^\#$、4$^\#$、6$^\#$公路内侧，两端延伸至平台以外与周边截水沟相接，形成一个完整的截排水系统。

3. 地下排水

马岩湾滑坡地下排水工程由排水洞和洞内钻设的排水孔幕组成。为了保证清江水不倒灌及自流排水，将排水洞及洞口布置在清江最高水位230m高程以上、滑床以下的基岩中。主排水洞布置在高程235m左右，洞长133m。为使排水主廊道的积水可以自流排至地表沟中，从滑坡东侧地表凹槽沟中开挖斜支洞与主排水洞连通。斜支洞进洞口底板高程233.8m，洞长约100m。排水洞断面均为城门洞型，净断面尺寸为2.0m×2.5m(宽×高)，采用C20钢筋混凝土衬砌，衬砌厚0.3m。

排水孔分两种类型，一类为主排水孔，布置在排水洞顶拱部位；另一类为辅助排水孔，布置在排水洞侧壁。主排水孔在顶拱部位呈放射状对称分布，共设3排，分为深排水孔和浅排水孔。深排水孔孔距10m，沿顶拱轴线竖直穿越滑坡，为从地表往排水洞中钻设的俯孔，孔深由滑坡体厚度决定，地表处设置孔口保护盖；浅排水孔环距3m，孔深8~11m，对称布置在洞顶两侧，仰角70°。辅助排水孔在排水洞距离底板1m的两侧壁各布置一排，孔深1.0m，上倾10°，环距2m。钻孔孔径及保护措施同大岩淌滑坡的排水洞。

4. 前缘地表防冲护坡设计

根据溢洪道泄洪雾化模型试验研究结果，滑坡在高程260m以下部分受到雾化降雨的影响，降雨强度相当于自然降雨的暴雨—特大暴雨量级。为此，对滑坡高程260m以下雾雨区进行坡面防护处理。防护处理方案为：在4$^\#$公路(高程230m)至高程260m的滑坡地表现浇C15混凝土板进行护坡。现浇混凝土板厚40cm，通过ϕ20，L=400cm@400cm×400cm的锚杆固定于滑坡体表面。板内设ϕ8@40cm×40cm的钢筋网，钢筋网与锚杆绑扎联合受力。

4.1.4.6 治理效果分析

(1)根据地质勘察研究成果，马岩湾滑坡在自然状态下稳定性较差，现状安全系数接近1.0，必须通过工程整治增加滑坡的安全系数。根据该滑坡的规模和其稳定性对水布垭工程的影响程度，综合考虑整治工程的安全性与经济性，确定马岩湾滑坡正常工况下安全系数不小于1.1是合适的。

(2)根据稳定性分析成果，马岩湾滑坡呈推移式下滑机制，下滑推力主要产生于中后部。虽然削坡减载对提高滑坡的稳定性效果明显，工程投资较省。但是一方面考虑到马岩湾滑坡后缘分布约$2.0\times10^6m^3$的崩坡积体，削坡减载将直接影响后缘$2.0\times10^6m^3$崩坡积体的稳定性及附近居民的安全；另一方面，后部进行削坡减载开挖将影响右岸2#、6#两条右岸主要公路的运行。为了不扰动马岩湾滑坡以及后缘崩坡积体的稳定性，经过深入研究论证，否定了削坡减载方案，改为采用抗滑桩支挡加固，同时采取地表和地下排水、前缘干砌石防冲护坡等综合整治方案。整治方案的设计符合马岩湾滑坡实际地质和环境条件。

(3)由于第一期和第二期抗滑桩实施后，滑坡已稳定，因此施工中暂停了第三期抗滑桩施工。根据安全监测成果，测斜孔资料显示该滑坡未出现深部错动变形明显增长的现象；外观测点除了滑坡顶部部位存在局部坍塌变形现象以外，其余外观测点均没有明显的位移变化。这说明已经实施的抗滑桩支挡加固工程，对增强滑坡的稳定性和阻止后缘崩坡积体的变形起到了良好效果。

4.1.5 古树包滑坡研究与治理

古树包滑坡位于水布垭大坝下游、清江左岸、台子上滑坡下游，距水布垭大坝1.6km。它原为一古堆积体，为原庙王沟土料场的一部分，是水布垭工程近坝滑坡群中唯一发生大规模滑移的滑坡。滑坡及牵引变形区前后缘总长约800m，东西宽100~260m，面积约$1.05\times10^5m^2$，厚度10~30m，最厚约55m，平均厚约21m，总体积约$2.21\times10^6m^3$。

2000年初，水布垭工程进场公路开始动工，其中1#公路在前部高程300m左右、3#公路在前缘高程230m左右穿过古树包堆积体。由于边坡地形较陡，加之雨水作用，两条公路开挖后，滑坡于2000年6月开始变形并逐渐加剧，最终于2001年1月7日全面解体，演变为古树包滑坡。滑坡滑动后，采取了一系列应急处理措施，使之从不稳定状态转变成一个可维持的临界稳定状态，但其稳定性受外部环境因素的影响很大，总体稳定性依然很差。古树包滑坡距离大坝和其他主体建筑物较近，1#和3#公路也从滑坡体上经过，其稳定性对整个枢纽的施工和运行安全有着较重要的影响。为了防止古树包滑坡再次发生大规模失稳下滑事件，保障水布垭工程施工和运行安全，对其进行了整治加固处理。

4.1.5.1 主要工程地质特征

1. 几何边界

古树包滑坡四周主要为“鸡爪状”山脊，滑坡上下游边界、前缘、中部1#公路处及后部皆可见志留系砂岩、页岩呈脊状或“瘌子头”分布，滑坡总体呈后部平缓、中部陡峻弧形鼓出、前部撒开的形态特征，见图4-16。

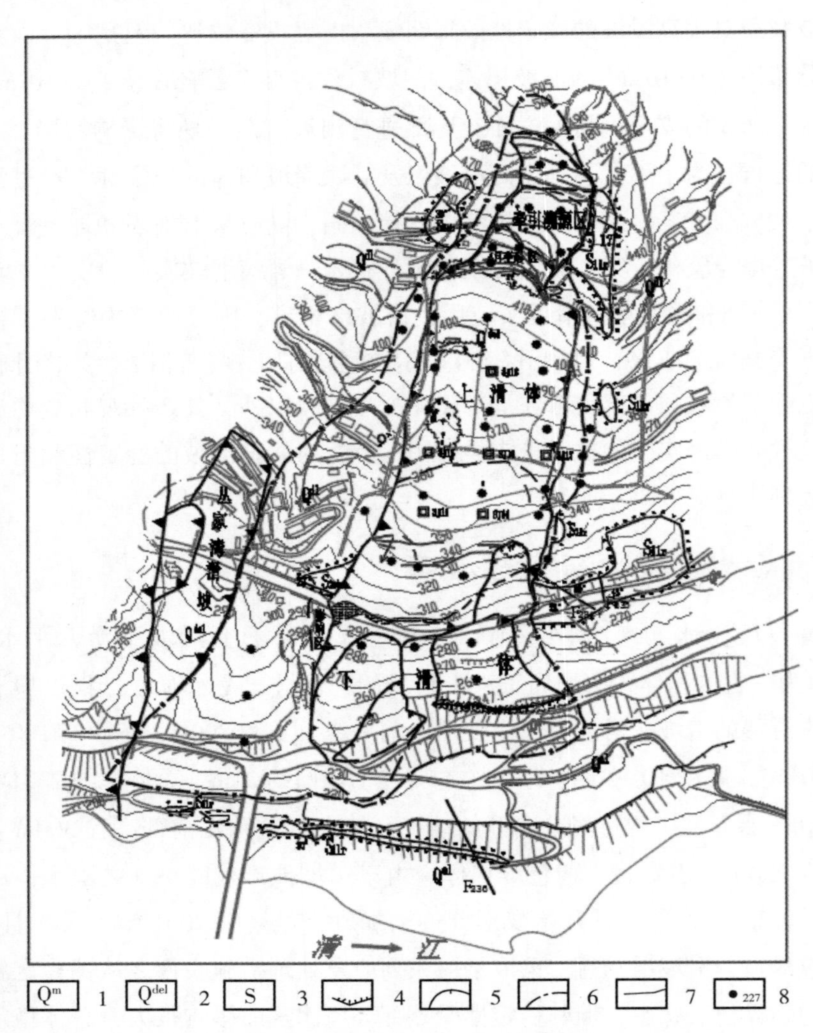

1. 坡积层；2. 滑坡堆积层；3. 志留系；4. 基岩与第四系分界线；5. 滑坡边界线；
6. 古树包巨厚堆积体边界；7. 裂缝；8. 钻孔

图4-16 古树包滑坡综合工程地质图

滑坡前缘为鄢家坪一级阶地，阶地平缓开阔，台面高程210~225m，长约450m，宽35~90m。滑坡上游为水布垭大桥山包，地表上缓下陡，上部坡角16°左右，下部坡角达33°。滑坡前缘高程220~235m，后缘高程400m~430m，牵引溯源区后缘高程490m，前后缘长约800m。滑坡以上山体为巨厚的第四系残坡积层覆盖区，地表坡角约22°。

坡前缘高程230m上修建了场内3#主干公路，穿过滑坡长约285m，挖方约$3\times10^4m^3$；滑坡前部陡坡约高程300m上修建了场内1#主干公路，穿过滑坡长约215m，挖方约$2.5\times10^4m^3$。古树包滑坡后部地形相对较平缓，地表坡角一般22°左右；中部高程350~365m，地表呈平台状；高程350m至1#公路陡坡，地表呈弧形鼓出特征，坡角达33°；1#公路以下至3#公路，坡体呈扇状散开，坡度变缓，坡角25°左右；3#公路以下为平缓的鄢家坪一级阶地展布区。

高程430~490m滑坡后部堆积体处于强烈变形发展状况，属滑坡牵引溯源区，地表横张裂缝发育，前部呈凹形地形，后部呈缓坡状，综合坡角约22°。前后缘长190m左右，东西向宽60~90m，面积约$1.4\times10^4m^2$，平均厚约24m，体积约$3.36\times10^5m^3$。详见图4-17。

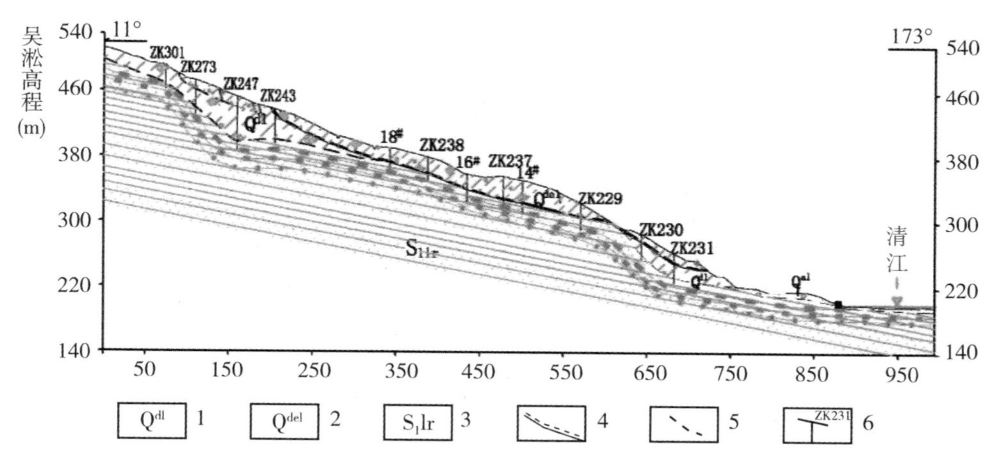

1. 坡积物；2. 滑坡堆积物；3. 罗惹坪组；4. 滑坡底界；5. 第四系与基岩分界线；6. 钻孔

图4-17 古树包滑坡3—3′工程地质纵剖面图

430m高程至1#公路为滑坡主滑区，上、下游皆呈凸起的山梁，经2001年1月7日解体以后，滑坡呈凹陷特征，滑坡体周边有明显的滑坎，上游坎高5~7m，下游坎高多为0.5~1.5m，周缘裂缝西边呈顺直的剪切特征，东边呈“雁行”拉张特征；滑坡后缘呈不规则弧形特征；中部高程350~365m，地表呈宽缓平台状，顺江方向长约160m，宽40~80m，西宽东窄，呈不规则状，地表坡角为8°左右；前部呈鼓出特征；剪出口在1#公路一带，高程295~320m，东高西低，与地层倾向一致。主滑坡区前后缘长410m左右，东西向宽150~180m，面积约$6.7\times10^4m^2$，滑坡体平均厚度约18m，体积约$1.2\times10^6m^3$；堆积层平均厚约25m，体积约$1.675\times10^6m^3$。

1#公路以下，为下滑区，主要发育变形体与人工滑坡，含古树包2#变形体大部、古树包2—1#人工滑坡及2000年9月29日启动的古树包1#人工滑坡等。滑坡体前缘剪出口位于3#公路一带，坡体较开敞，可以分为东、西两个部分：西部坡体呈“舌状”挤出，前缘高程达220m，地表呈陡缓变化特征，总体坡角为20°~25°；东部剪出口高程为235m左右，地表坡角一般为28°，相对较顺直。下滑区前后缘长150~200m，东西向宽200~260m，面积约$2.4\times10^4m^2$，平均厚约8.5m，体积约$1.99\times10^5m^3$。

2. 滑床形态

滑坡基岩顶面西部存在一较深冲沟，1#公路以下，冲沟较为开敞，1#公路以上至顶面高程315m，冲沟狭窄；中部高程315~380m，冲沟相对变宽；后部高程380m以上又变得较狭窄。

滑坡东部呈顺向坡特征，顶面高程300m以下，坡面倾向清江，坡较陡，坡角约42°；高程300~320m顶面较平缓，呈缓台状，坡角7°~17°；高程320~410m坡面走向320°，倾向230°，坡角一般约30°。牵引溯源区基岩顶面呈凹槽状，槽谷狭窄，两边顶面坡较陡，坡角达65°左右；槽谷后部，基岩顶面呈弧形弯曲，坡角约30°。

1#公路以上主滑体，在纵向上，滑床呈微弯的弧形，滑床前部相对平缓，中后部相对较陡；在横向上，滑床后部呈相对对称的凹弧形，中前部呈西部深凹的不对称弧形特征。滑床总体呈西部深凹的不对称“撮箕状”。

3. 剪出口特征

主滑体剪出口在1#公路一带，剪出口高程295~320m，呈不规则弧形弯曲及东高西低的特征。滑坡体沿东部剪出口没有向临空方向产生大的位移，仅坡体物质沿剪出口坠落，因此东部难见较好的滑带；滑坡体沿西部剪出口呈缓慢的蠕动剪出特征，滑坡滑动物质主要沿西部剪出口蠕出，在1#公路一带，可见新形成的滑带厚约0.3m，具明显挤压错动特征。

4. 物质组成

古树包堆积体母岩以志留系的砂岩、粉砂岩、页岩为主，少量为泥盆系石英砂岩大块石。坡体两侧覆盖层较浅，厚5~8m，坡体近西部存在一深槽，深20~55m，中部覆盖层一般厚20~30m。

古树包滑坡为一新形成的现代滑坡，滑带物质组成、厚度差异较大，且常含较多的碎屑，滑带土中粉粒、黏粒量相对较高，主要为砾质粉质黏土与低液限黏土等。滑坡体与滑带土矿物成分主要为绿泥石、伊利石、石英与水云母，呈弱碱性。

5. 下伏基岩

滑坡一带基岩为志留系下统罗惹坪组(S_1lr)地层，岩性主要为灰绿色砂岩、砂质页岩、页岩，岩石强度低，一般风化强烈。滑坡位于三友坪向斜的东翼，为单斜地层，地层倾向230°~250°，倾角25°~30°，为视顺向坡结构特征。主要构造形迹有裂隙及层间泥化带，裂隙以高倾角为主，一般呈微张开状态，多充填铁质、泥质物。泥化带顺层发育，一般厚2~5cm，最厚达50cm，多呈碎屑状、泥状，一般遇水泥化，强度很低。

6. 水文地质

滑坡滑动和变形以后，地表松动且裂缝发育，大气降雨容易入渗，除少量沿滑坡排水沟与地表泄入清江外，大多沿地表裂缝与孔隙渗入滑坡中。主滑坡体剪出口及下滑区剪出口一带，有大量的泉水出露，实测泉水点42处。滑坡区地下水为孔隙水，流量一般较小，随降雨变化明显，属季节性泉水。监测显示，雨天滑坡水位抬升较快，大部分钻孔水位抬升在2m以上，大者可达到15.6m，说明雨后地表水入渗较快，对滑坡稳定极为不利。

4.1.5.2　物理力学参数取值

1. 物理力学实验成果

(1)2000年和2003年现场实验过程中，长江科学院对坝区古树包滑坡的滑体土进行了室内物理力学性质实验，实验表明，IP17平均值为18.4，含水率平均值为12.1%，对应的直剪反复剪实验 c_d 值为2.3~25.4kPa，ϕ_d 值为15.1°~25.8°；c_d 平均值为14.8kPa，ϕ_d 平均值为21.0°；残余抗剪强度，c_r 平均值5.5kPa，ϕ_r 平均值为17.8°。滑体土的孔隙比 e 为0.45左右；塑性指数 $10<I_p<17$，为粉质黏土，饱和固结快剪强度参数均值为 $c=23.6$kPa，$\phi=19°$。滑带土饱和固结快剪强度参数大体为 $c=10$kPa，$\phi=13.5°$；固结快剪强度参数均值为 $c_d=20$kPa，$\phi_d=17°$。

(2)在滑坡中部东侧翼、高程365m处明槽取样，该组试样的直剪实验值 ϕ 为23.8°~33.0°，c 值为4.9~35.9kPa，平均值 ϕ 为28.6°，c 值为29kPa。

(3)在Z4-1、Z5-1-1(深31.5m)、Z5-7-1(深28.6m)、Z5-11(深14.9m)抗滑桩和滑坡中部东侧翼(高程365m)明槽中对古树包滑坡进行了滑带土和滑体土的原状样直剪实验。实验成果见表4-31、表4-32。

表 4-31　古树包滑坡滑带土原状样直剪实验成果

试点编号	取样部位	垂直压力 p (kPa)	抗剪强度 S (kPa)	峰值抗剪强度参数			破坏面简要地质说明
				ϕ(°)	f	c(kPa)	
τGS 带-101	Z4-1 抗滑桩	410	173	15.6	0.28	63.0	黄褐色黏土夹砾。砾径一般 1~3cm，次圆状，含量约 30%。黏土润湿，软塑—可塑状。塑性破坏，未见明显滑移面
τGS 带-102		755	284				
τGS 带-103		1488	369				
τGS 带-104		1030	345				
τGS 带-201	Z5-1-1 抗滑桩，深 31.5m	1020	281	17.2	0.31	65.0	紫红色黏土夹砾。砾径一般 1~3cm，次棱角—次圆状，含量为 20%~40%。黏土润湿，软塑—可塑状。破坏面大体平整
τGS 带-202		504	267				
τGS 带-203		2020	426				
τGS 带-204		1512	533				
τGS 带-301	Z5-7-1 抗滑桩，深 28.6m	506	152	14.6	0.26	25.0	黄褐色黏土夹石。砾径一般 0.6~2cm，次圆状，含量为 25%~50%。黏土润湿，软塑—可塑状。破坏面大体平整
τGS 带-302		750	221				
τGS 带-303		1000	293				
τGS 带-401	Z5-11 抗滑桩，深 14.9m	997	297	13.0	0.23	65.0	黄褐色粉质黏土夹少量砾。砾径一般 0.5~2cm，次圆状，含量小于 10%。黏土润湿，可塑状。破坏面大体平整
τGS 带-402		1527	400				
τGS 带-403		506	143				
τGS 带-404		0	77				

2. 力学参数的反演分析

滑坡滑动以后，滑坡体内产生并存在滑动面，该滑动面应是在公路开挖施工扰动之前，坡体内潜在的最弱的剪切面，由该弱面控制所形成的滑坡体，在公路开挖之前安全系数应大于 1.0，但安全裕度很小，取其在原始状态下的安全系数 $K=1.0$。将地形恢复到公路开挖以前的原始状态，土体按饱和容重取 22.5kN/m^3，求得古树包滑坡各个剖面在原始状态下、地下水全饱和时、对于坡体内潜在弱面的平均抗剪强度的反演计算结果见表 4-33。

表 4-32　古树包滑坡滑体土原状样直剪实验成果

试点编号	取样部位	垂直压力 p (kPa)	抗剪强度 S (kPa)	峰值抗剪强度参数			含水率(%)	破坏面简要地质说明
				ϕ(°)	f	c(kPa)		
τGS 体-101	滑坡中部东侧翼，高程365m处明槽	402	256	24.2	0.45	72.2	14.2~16.7 16.1	紫红色砾，硬塑状。砾径2~5cm，含量约60%，次棱角—次圆状。破坏面大体平整
τGS 体-102		271	182					
τGS 体-103		219	179					
τGS 体-201		210	119	22.7	0.42	33.7		
τGS 体-202		326	174					
τGS 体-203		514	247					
τGS 体-301		441	211	24.7	0.46	20.0		
τGS 体-302		317	180					
τGS 体-303		113	53					
τGS 体-304		192	259					剪切部位夹1块径为15cm的块石，破坏面呈凹坑
3组综合				23.9	0.44	39.6		

表 4-33　公路开挖前坡体内潜在弱面抗剪强度反演计算结果

c(kPa) / ϕ(°) / 剖面	5	10	15	20	25
1—1′上部	20.5	19.5	18.4	17.4	16.4
1—1′下部	26.5	25.5	24	23	21.6
2—2′	22	21	20	19	18
3—3′	23.7	22.5	21.5	20.2	19

滑坡滑动以后，再没有发生整体性大规模的显著变形。说明该滑坡在经历了大规模的滑动后，能量耗散较大，达到一个新的极限平衡状态，因此，现状安全系数取值应略小于1.0，反演分析时取其现状安全系数为0.95。

地下水以滑坡体厚度的40%饱水时，作为反演分析的对象。土体仍按饱和容重取

22.5kN/m³。各剖面的反演计算结果见表4-34。

表4-34 滑带土现状抗剪强度反演计算结果

剖面 \ φ(°) \ c(kPa)	5	10	15	20	25
1—1′上滑体	19.2	18.1	17.1	16.1	15.0
1—1′下滑体	24.7	23.4	22.2	20.9	19.5
2—2′	21.1	20.1	19.1	18.1	17.1
3—3′	23.64	22.51	21.37	20.20	19.03

对比表4-33和表4-34的反演分析结果，原始状态下的滑带土的抗剪强度普遍较滑坡失稳后的滑带土的抗剪强度高。原因是公路开挖的扰动和降雨等不利因素作用，破坏了滑带土的原有力学性能，导致其抗剪强度降低，这与实际情况相符。

3. 物理力学参数的确定

古树包滑坡在水布垭工程建设的前期未进行勘察设计工作，滑坡滑带土及滑体的物理力学参数是在反演分析及敏感性分析的基础上，结合施工期的地质勘察实验资料及工程经验综合分析确定。其中，反演分析包括滑坡形成前的原状反演和滑坡形成后的现状反演。最终应用于稳定性分析的物理力学参数见表4-35。

表4-35 古树包滑坡岩土物理力学参数设计值

岩土类型	c(kPa)	φ(°)	湿容重(kN/m³)	饱和容重(kN/m³)
上滑体滑带土	15.0	16.0		
下滑体滑带土	15.0	20.0		
滑体土	10.0	22.0	21.0	22.5
碎石层	0	28.0	22.0	23.0

4.1.5.3 古树包滑坡稳定性宏观分析与评价

古树包滑坡经过几次大的变形与滑动以后，虽然暂时处于一种相对平衡状态，但其稳定性受外部环境因素的影响很大，总体稳定性依然很差，处于一种缓慢变形的发展状态。

(1)牵引溯源区是由于其前部坡体滑动引起的，其变形与发展受降雨的影响较大，从其发展过程来看，2001年4月牵引溯源区拉裂变形后部高程到达460m；6月拉裂变形后部高程到达490m，拉裂范围逐渐变小，呈向上收敛特征。由于牵引溯源区悬挂较高，存在较大的势能，坡体变形以后，地表更加松动，大气降雨的入渗更加容易，稳定条件极易恶化，因此牵引溯源区稳定状况较差，随着变形的加大或局部解体，极易导致牵引溯源区滑坡化，从而对坡下的主滑区起到加载的作用。

(2)主滑体滑动以后一直没有产生显著的变形，仅前部下游发生过强烈泥石流。分析认为，主滑体在2001年1月7日大规模滑动过程中，势能耗散较大，消除了早期前缘边坡开挖及环境条件恶化等造成的失衡，达到了一个基本平衡的状态。因此，在没有强烈的扰动与大气降雨等因素作用的条件下，滑坡变形并不明显，随着滑带及坡体土的固结，滑坡将逐渐趋于基本稳定。但由于滑坡稳定的环境条件已遭破坏，大气降雨的入渗也更容易，滑坡稳定条件也存在继续恶化的可能。

(3)从现状稳定性来看，1#公路以下下滑体经过几次解体以后，势能已大大降低，前缘又有宽阔的长滩河堆渣场的阻挡，下滑体基本上没有下滑空间，稳定性相对较好。但由于下滑体结构较为松散，表层多为松散的碎屑土，在大气降雨的作用下存在强烈泥石流化的问题。

4.1.5.4 滑坡稳定性分析

1. 稳定性分析方法

由于古树包滑坡滑床形态复杂，滑坡滑动过程中，滑动方向亦非单一方向。滑坡刚启动时，滑动方向是先由东向西，沿基岩产状方向滑移；后由于西缘山梁的抵挡，滑坡进一步向西滑动受阻，转而改向南北临空方向，顺着基岩面深槽滑床产生剧烈滑动。鉴于古树包滑坡的滑床形态具有明显的三维特征，滑坡滑动方向亦具多向性和不确定性，因此滑坡的稳定性分析计算分别采用二维和三维刚体极限平衡法。二维极限平衡计算主要采用推力传递系数法，搜索滑坡前缘的最危险滑动面，求其最小安全系数时采用能量法。三维极限平衡计算采用中国科学院武汉岩土力学研究所研制的三维极限平衡法软件分析系统(3D-LEMAS)。三维极限平衡法(3D-LEMAS)的条块划分与二维条分类似，将滑坡划分为许多铅直的棱柱体，不计棱柱体四个侧面上的土间剪力。根据摩尔库仑强度准则和强度储备安全系数的概念，利用力的平衡原理，求出边坡顺某一滑动方向的稳定安全系数。

2. 荷载组合

古树包滑坡位于清江最高江水位以上，稳定性基本上不受江水位变化影响。在正常条件下，滑坡的稳定性主要受自重和稳定渗流期地下水控制。

自重：地下水以下的自重取饱和容重；地下水以上取天然容重。

孔隙水压力：按有效应力法考虑孔隙水压力，包括土条侧边及底面孔隙水压力。根据地质勘探及渗压监测水位资料，经分析、概化，确定计算采用滑坡体地下水位取滑坡体厚度的40%。

3. 计算模型

1)二维极限平衡分析

滑坡总体上以1#公路为界，分为上滑体和下滑体两大部分。1#公路以上至430m高程为主滑动区，剪出口在1#公路附近。地质勘探表明，滑带产生于坡积层的中层与下层界面和基岩顶面，不存在基岩整体滑动问题。因此，滑坡稳定性分析只计算基岩或滑带以上的滑体稳定性。滑坡稳定二维极限平衡分析计算以16—16剖面为主要代表，该剖面位于滑坡偏西部的滑床深槽处，剖面的方位基本上代表了滑坡的主滑方向。同时，为了解滑坡中—东部滑体的稳定性，补充计算了1—3剖面，该剖面由1—1剖面的上滑体与3—3剖面的下滑体所构成，方位与16—16剖面平行，基本上能代表滑坡中偏东部滑体的主滑动方向。

2)三维极限平衡分析

根据古树包滑坡的实际地形地质条件，计算中建立了两个三维地层模型：一是基岩地层，二是滑体地层，二者构成古树包滑坡三维整体地层模型。稳定性三维极限平衡计算分析共建立了4个分析对象，见表4-36。

表4-36　古树包滑坡稳定性三维分析对象

分析对象	滑 坡 部 位
整体滑坡	3#公路至430m高程整体滑坡区
上滑体	1#公路以上至430m高程的滑坡区
下滑体西	1#公路以下与G02临接的滑体部分
下滑体东	1#公路以下东部边缘局部滑体

4. 计算成果

1)二维计算结果

古树包滑坡稳定二维分析计算以16—16剖面和1—3剖面为主。1#公路已将滑坡的大部分切割成为上、下两个独立的滑体，且 1#公路以下进行了帮坡回填，在拓宽公路的同时，客观上还起到压脚固坡的作用。因此进行稳定分析时，对滑坡的上、下滑体或整体分别进行计算。为便于了解 1#公路以下的回填压脚处理效果，各剖面的下滑体分别进行了压脚前后的稳定计算。计算结果见表 4-37。

表 4-37　古树包滑坡稳定性二维极限平衡计算成果

计算部位		现状安全系数	单宽支挡力(kN/m) K_c=1.05
1—3 剖面上滑体		0.98	2800
1—3 剖面下滑体	压脚前	0.99	1800
	压脚后	1.06	0
16—16 剖面上滑体		1.01	1850
16—16 剖面下滑体	压脚前	0.98	2140
	压脚后	1.02	1550
3—3 剖面下滑体	压脚前	1.00	3652
	压脚后	1.08	0
1—1 剖面上滑体		0.98	2810

注：上滑体考虑 0.4h 地下水；下滑体考虑 0.1h 地下水。h 为滑坡体高度，下同。

2) 三维计算结果

三维极限平衡分析分别采用不同的地下水位和不同的力学参数，进行了稳定安全系数计算。其中，对应于二维分析采用的力学参数的计算结果见表 4-38。

表 4-38　对应设计采用的力学参数下稳定分析安全系数

分析对象	c(kPa)	ϕ(°)	地下水	安全系数 K
整体滑坡	15	上 16，下 20	0.4h	1.01
上滑体	15	16	0.4h	0.95
下滑体西	15	20	0.1h	1.16
下滑体东	15	20	0.1h	0.90

采取回填压脚和支挡措施后，安全系数验算结果见表 4-39 和表 4-40。

表 4-39　回填压脚效果验算结果

分析对象	$c=15$kPa，$\phi=20°$，地下水位 0.4h	
	回填压脚前安全系数	回填压脚后安全系数
下滑体西	1.03	1.16
下滑体东	0.90	0.98

表 4-40　支挡措施效果验算结果

分析对象	$c=15$kPa，$\phi_{上}=16°$，$\phi_{下}=20°$，地下水位 0.4h	
	支挡措施前安全系数	支挡措施后安全系数
整体滑坡	1.01	1.07
上滑体	0.95	1.01
下滑体西	1.03	1.20
下滑体东	0.98	无支挡

5. 稳定性分析结论

1)滑坡的原始稳定状况

古树包滑坡邻近台子上滑坡，早期为一巨厚的第四系堆积区。之所以发展演变为一个现代滑坡，主要原因是古树包堆积体夹持于上、下两个山梁之间。滑前地表呈凹槽状，田地较多，植被不发育，是大气降雨汇集、入渗与排泄的主要通道。移民迁居加剧了地表植被的破坏以及地表水、地下水的活动；坡体物质主要堆积于高程 300m 以上，悬挂较高，势能较大。古树包滑坡在原始状态下，自身基本上处于一种临界稳定状态。

2)滑坡的分区稳定性

根据剩余下滑力曲线和滑坡的解体与拉裂变形的特点分析，滑坡总体上可分为上下两个大区，即上滑体与下滑体。上滑体与下滑体之间存在一个基岩隔离带；上滑体后缘存在一个牵引变形区。稳定性分析计算结果表明：

(1)下滑体(1#公路以下滑体)在天然状况下，抗滑稳定安全系数小于 1.0。护坡压脚以后，下滑体东压脚效果较好，下滑体西压脚效果不理想，安全系数仍然都小于 1.0，必须采取支挡加固措施以提高安全度。

(2)上滑体主滑坡区(1#公路以上)在天然状况下，抗滑稳定安全系数均小于 1.0。上滑体可以分为抗滑区与推力区两个区。对抗滑区应加以保护。推力区由于滑床相对高陡，势能较大，自身的下滑力分量较大，是古树包滑坡发生大规模滑移运动的能量之源，须采取支挡加固措施。

(3)牵引变形区(后缘以外高程 430~500m 之间的坡体)在天然状态下，地势高陡，坡体物质松散，移民搬迁居住以后，地表植被破坏严重，自身稳定性就差。牵引变形区的整体稳定性由上滑体的稳定性决定，不需采取大量的支挡加固措施。

4.1.5.5　滑坡应急处理

古树包滑坡应急处理主要包括以下几个阶段。

1. 第一次临时应急处理

古树包变形体最早于 2000 年 4 月开始发生拉裂变形，2000 年 9 月 29 日发生大的变形事件，1#公路被切断，3#公路大部分路面被滑坡舌所覆盖，场内对外交通被切断，见图 4-18。

图 4-18　古树包滑坡解体变形图

为使 1#公路尽快恢复交通，2000 年 9 月 30 日至 10 月 2 日，对古树包滑坡进行第一次临时应急处理，重点是恢复 1#公路交通。主要措施包括：①地表排水。在变形体后缘外围设置地表截水沟，截水沟断面尺寸为 1.0m×0.5m(宽×高)，在削坡开挖前完成。②放缓公路边坡。将 1#公路原开挖边坡放缓，以 1∶1.7~1∶1.8 的坡比削坡，并将 1#公路适当拓宽，以满足交通要求。③护坡及坡面排水。坡面采用喷植水泥土护坡，并设置坡面排水孔，坡面排水孔按 3.0m×3.0m 布置，孔深 1.0m。④施工期采取安全监控措施，密切关注变形体的发展动向。

2. 第二次临时应急处理

2001年1月7日，古树包滑坡出现了滑动，进行了临时应急处理，主要处理措施如下：①进行必要的地质勘探和物理力学实验，查明滑坡的形态、物质结构及相应的物理力学性质；②恢复和调整滑坡变形监测；③采取垫填石碴为主、适当修整为辅的方式，恢复3#公路的交通，实施过程中不得开挖路面堆积的滑坡物质；④立即施工周边截水沟，防止滑坡外的地表水进入。

3. 后缘牵引变形区应急处理

古树包滑坡继2001年1月7日滑动以后，其后缘高程430~500m分别在2001年4月和6月又产生了牵引变形。为防止滑坡后缘牵引破坏范围进一步扩大，对滑坡后缘采取混凝土格构梁+普通砂浆锚杆的加固措施。

格构锚系统布置在高程400m以上，分为三块。第一块布置在高程455m，顺水流方向长111m，四排锚杆共132根，锚杆长度有13m、24m、35m三种；第二块布置在高程425m，顺水流方向长105m，六排锚杆共176根，锚杆长度有13m、18m、35m三种；第三块布置在高程400m，顺水流方向长114m，六排锚杆共200根，锚杆长度有25m、30m、35m三种。格构锚系统共布置锚杆508根。

4.1.5.6 滑坡治理设计

1. 治理原则

(1)滑动后滑坡总体稳定性很差，首先进行应急处理，以避免滑坡变形加剧及牵引滑坡后部溯源变形区进一步解体。然后应分析滑坡的形成机制及各部位的变形发展特点，针对各个部位的稳定性及其重要性，设计永久整治方案。

(2)大气降雨入渗及地下水的不利作用，是导致滑坡失稳的重要因素，因而防渗排水是滑坡整治不可或缺的措施。

(3)滑坡总体上已经形成分区格局，各个滑区的稳定性程度存在差异，滑坡加固整治设计时应考虑分而治之。

(4)鉴于滑坡问题的复杂性和不确定性，滑坡整治加固工程应分期实施。前期加固工程实施完成以后，再实施后期加固工程。

(5)必须长期进行安全监测。

2. 治理方案

根据滑坡治理原则，经多次现场查勘和反复论证研究，最终确定古树包滑坡全面整治采用抗滑桩支挡加固+地下排水+地表防渗及排水方案。古树包滑坡全面整治始于2001年

11月，于2002年9月完成。

3. 抗滑桩设计

1)加固部位

综合考虑对滑坡地质特性的把握程度、岩土物理力学参数的取值情况以及工程的重要性，研究确定古树包滑坡的设计安全标准为：正常工况下设计安全系数 $K=1.05$。同时，研究认为，坡滑动以后，经过一系列的临时应急处理基本处于临界稳定状态，安全系数为1.0左右，因此需要对滑坡采取加固措施，以确保工程安全。根据计算分析结果，滑坡需要加固的部位为1#公路以上的上滑体和1#公路以下的下滑体的中偏西部。

滑坡后缘高程460m以上的牵引变形区的稳定性取决于上滑体的稳定性，应急处理时已经采取了混凝土格构梁+普通砂浆锚杆进行加固，所以不再采取其他支挡加固措施。

2)加固力的确定

根据稳定性分析计算结果，考虑已经实施的格构锚固和帮坡压脚等应急处理效果，扣除上滑体的格构锚固力后，需要补充的加固力见表4-41。

表4-41 古树包滑坡分部位加固力确定

部位	安全系数	计算加固力(kN/m)	格构锚固力(kN/m)	实际加固力(kN/m)
上滑体西部(16—16部面)	1.05	1850	250	1600
上滑体中~东部(1—3部面)	1.05	2800	500	2300
下滑体西部(16—16部面)	1.05	1550	0	1550
下滑体中~东部(1—3部面)	1.05	0	0	0
4—4部面	1.05	200	200	0
后缘460m高程以上	1.05		0	

3)加固措施

由于古树包滑坡后缘山体较高，地表的覆盖层较厚；滑坡周边未见完好的基岩出露，覆盖层普遍较厚且较松软；地质环境条件较差。因此，为了避免削坡减载开挖牵动周边发生新的环境地质问题，加固措施不考虑削坡减载，以加固支挡措施为主。考虑到古树包滑坡滑带分布不连续、不均匀及滑体土厚且软等因素，不适合采用阻滑键、挡土墙等支挡措施。而如果采用预应力混凝土格构地锚，又存在锚索内锚固段基岩软弱，锚索施工困难，锚固体易受滑坡变形而出现裂缝，工程造价高等缺点。因此，古树包滑坡加固措施最终选定为布置灵活、操作简便、对滑坡扰动小、起效快、工程造价较低的抗滑桩进行加固。

4)抗滑桩布置及结构

根据支挡加固力的分布，在滑坡体前缘布置5排共49根抗滑桩。第1、2排桩布置在1#公路以下的下滑体的中偏西部，帮坡回填后的高程265m马道下侧与上部，共7根，桩间距12m，排距7m，梅花型布置。第3、4排桩布置在上滑体地面高程330~340m之间，分别为7根、16根，桩间距10m，桩排距6m，梅花型布置。第5排桩布置在上滑体地面高程370m左右，共12根，桩间距7m。

抗滑桩均为$D=3$m圆形人工挖孔桩，钢筋混凝土为C20二级配，上部素混凝土为C20四级配。

4. 地表防渗及排水

滑坡地形呈凹槽状，不利于地表水排泄。且滑坡经过大规模滑动后，土体疏松，地表植被已经遭到全面破坏，入渗条件极好，导致大气降雨时，难以形成地表径流，大部分降雨沿地表裂缝与孔隙渗入滑坡体，成为地下水的主要补给源。入渗荷载与软化作用对滑坡的稳定性极为不利，需进行地表防渗处理。具体方案如下：

(1)在滑坡周边及滑坡体坡面设置周边截水沟和坡面排水沟，形成地表排水系统。

(2)做好地表环境保护及绿化工作，设置浅层盲沟将入渗地下水进行滤排。植被绿化采用简单、易行的草皮护坡形式，增加地表土的抗冲蚀能力，是保持水土和改善地质环境的积极措施。

实施浅层盲沟时对砂砾石砌筑与复合土工滤排水材料进行了比选。考虑到复合土工滤排水材料做成的盲沟存在有效性强、施工条件简单等优点，此次浅层盲沟采用埋置复合土工滤排水材料的结构形式。浅层盲沟设置在主滑动区和牵引变形区两个区。东西向盲沟间距30m左右，南北向间距60m左右，盲沟管埋置深度0.5m左右。盲沟汇水引排至地表横向或周边排水沟内排放。

5. 地下排水设计

古树包滑坡地下排水工程由排水洞(井)和洞内钻设排水孔幕组成。

1)排水洞布置及结构

古树包滑坡内地下水较丰富，根据滑坡地下水分布规律及滑床的几何形状，在滑床偏西部顺基岩深槽方向设置地下排水主洞。同时将已有SJ13~SJ19等7个勘探竖井用作排水竖井，并通过排水支洞或连接支洞将排水主洞与7个排水竖井相连，形成地下排水洞井系统。地下排水洞井系统由1条纵向排水洞、2条横向排水支洞、7条连接支洞及7个排水竖井组成。

纵向主排水洞顺滑床西部基岩凹槽布置，洞长约381m，高程301.68~392.18m。1#排水支洞布置在主排水洞东侧，洞长约166m，高程300.00~301.68m；2#排水支洞垂直布置在主排水洞东侧，洞长约108m，高程325.03~347.20m。1#连接支洞垂直1#排水支洞布置，连接1#排水支洞与SJ14竖井；2#、3#、6#、7#连接支洞均垂直主排水洞布置，分别连通主排水洞与SJ13、SJ15、SJ18、SJ19四个竖井；4#、5#连接支洞均垂直2#排水支洞布置，分别连通2#排水支洞与SJ16、SJ17两个竖井。排水洞断面均为城门洞型，净断面尺寸为2.0m×2.5m(宽×高)，C20钢筋混凝土衬砌，衬砌厚0.3m。

2)排水孔幕设计

排水孔分两种类型，一类为主排水孔，布置在排水洞顶拱部位；另一类为辅助排水孔，布置在排水洞侧壁。

排水主洞及支洞的主排水孔共设3排，均为放射状对称分布的仰孔，分为深排水孔和浅排水孔。深排水孔间距10m，从地表往排水洞中钻设，孔深30~60m；浅排水孔环距3m，孔深8m，对称布置在洞顶深排水孔两侧，仰角70°。辅助排水孔在排水洞距离底板1m的两侧壁各布置一排，孔深1m，上倾10°，环距2m。深排水孔、浅排水孔、辅助排水孔钻孔孔径分别为ϕ130mm、ϕ91mm、ϕ56mm。排水孔孔口设保护装置，深排水孔在地表设置孔口盖保护。

4.1.5.7　治理效果分析

(1)古树包滑坡是由于自然和移民迁建及公路开挖等多种因素的联合作用，导致该地质体演变成变形体，最终发展为滑坡。

(2)滑坡发生以后，为了尽快恢复进场公路的运行和保障水布垭大桥工程的安全施工，先后采取了地表排水、放坡压脚、坡面保护等一系列抢险治理措施，最后对滑坡进行了全面整治。综合整治采用抗滑桩分区支挡加固+地下排水+地表防渗及排水方案。应急处理措施及综合整治方案实施后，古树包滑坡处于稳定状态。

(3)古树包滑坡虽然经过整治处理，但安全裕度并不高，设计安全系数仅为1.05，由于曾发生大规模、大距离的滑移运动，滑坡内部结构受到极大的扰动和破坏，因此在工程寿命内均须对古树包滑坡进行长期的保护和安全监测。

整治后的古树包滑坡安全稳定、美观，已成为水布垭工程的一道景观，见图4-19。

图4-19　整治后的古树包滑坡

4.2 乌东德金坪子滑坡治理

4.2.1 工程概况

金坪子滑坡位于金沙江右岸，在乌东德水电站坝址下游 0.9～2.5km 处，总体形态呈明显下凹的斜坡，总体积约 $6.25\times10^8m^3$。根据地形、成因和结构，将金坪子滑坡分为五个区，见图 4-20 所示。

图 4-20　金坪子滑坡分区示意图

Ⅰ区～Ⅲ区均为第四系堆积体。其中，Ⅰ区整体稳定性较好；Ⅱ区处于蠕滑状态，稳定性较差；Ⅲ区稳定性好；Ⅳ区、Ⅴ区为原位基岩，稳定性好。

Ⅱ区距乌东德水电站坝址约 2.5km，体积约 $2.7\times10^7m^3$，稳定性差，如果大规模失稳将抬高电站下游尾水位，从而影响发电安全，对乌东德水电站安全运行构成威胁，必须对其进行适当治理。

4.2.2 地质条件

4.2.2.1 滑坡边界与形态

金坪子滑坡Ⅱ区上距乌东德坝址 2.5km，平面上呈倒放的“长颈大肚”花瓶状凹槽地形，上游侧与Ⅳ区侧缘基岩相接，下游侧以阿摆大沟为界，如图 4-21 所示。Ⅱ区分布面积约 0.6km^2，前缘下伏基岩面高程约 880m，宽 250m，后缘位于当多村前陡坎下，与Ⅰ区前缘相接，高程 1460～1480m，宽 450～600m，前后缘高差 650 余米。

图 4-21　金坪子滑坡Ⅱ区影像图

Ⅱ区地形平均坡角 26°。高程 930m 以下至江边的斜坡段地形较陡，地形坡角为 40°，高程 930～1300m 段地形坡角为 26°，高程 1300～1400m 段地形坡角为 21°，高程 1400m 以上至滑坡后缘地形坡角为 36°。

区内发育熊家水井大沟和阿摆大沟。熊家水井大沟呈叉枝状分布于滑坡体内，下游主沟切深约 10m，宽度 20～40m，上游支沟切深 2～4m，宽度 10～30m，至后缘逐渐尖灭；阿摆大沟切深 10～20m，宽度 40～60m。

4.2.2.2　物质组成与地质结构

Ⅱ区滑体按物质组成自下而上分为 4 层，Ⅱ区工程地质典型纵剖面和横剖面如图 4-22～图 4-23 所示。

第①层：古冲沟碎块石、砂砾夹少量粉土(Q^{pl+col})，原岩成分多为 Pt_2l 白云岩、灰岩、大理岩等，分布于滑坡体前、中部古冲沟内，厚度 30～64m 不等。

第②层：千枚岩碎屑土(Q^{del})，紫红色粉质黏土夹少量砾石、碎石，厚度一般为 2～9m，滑带土为紫红、灰黑色粉质黏土夹砾石，土为紫红色粉质黏土，硬—可塑状，结构紧密，具明显挤压错动特征，可见光面及擦痕。

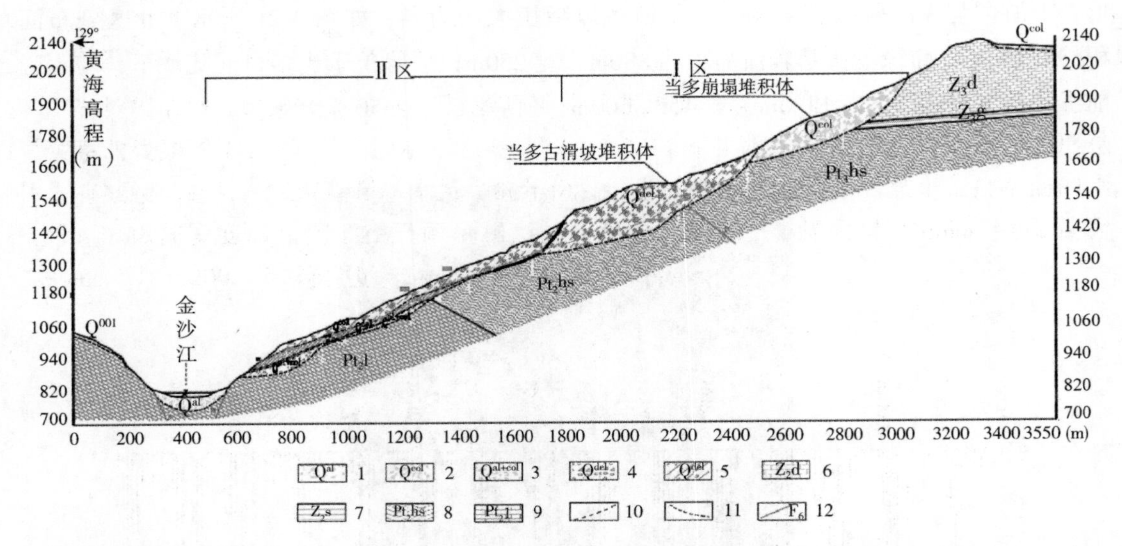

1. 河流冲积层：砂卵石；2. 崩积层：块石碎石；3. 古冲沟堆积：洪积积的含砂块石碎石层；4. 古滑坡堆积，自云岩块石碎石；5. 千枚岩碎屑土；6. 浅灰色、灰黄色中厚层—巨厚层白云岩，粉砂质泥岩，下部为中厚层、厚层白云岩；7. 上部为灰色、浅红色薄、中厚层白云岩，夹粉砂岩、局部含硅质条带；8. 灰绿色、紫红色千枚岩；9. 灰岩、米黄色大理岩；10. 第四系物质界线；11. 第四系与基岩界线；12. 断层及编号

图 4-22　Ⅱ区工程地质典型纵剖面图(jpzZ4—4′)

第③层：千枚岩碎屑夹土(Q^{del})，岩性为紫红色、灰黑色粉质黏土夹砾石、碎石，原岩为 Pt_2hs 千枚岩，成分单一，结构松散，颜色混杂，厚度为一般为 16~45m，最小 6~10m，厚度总体上由前缘向后缘变薄。

第④层：白云岩块石碎石夹少量粉土层(Q^{col})，厚度 20~61m，广泛、连续地分布于滑体上部，块石碎石的成分为 Z_2d 白云岩、硅质白云岩，结构松散，有架空现象，其中块径大于 20cm 的块石占 20%~30%，分布在滑坡表层及后部，且块石含量呈从前向后递增的趋势。

Ⅱ区下伏基岩为中元古界会理群落雪组(Pt_2l)和黑山组(Pt_2hs)地层。其中，前部、中部(高程 1250m 以下)下伏基岩为 Pt_2l 灰色、浅灰色白云岩、大理岩化白云岩及大理岩、灰岩，岩性较坚硬，岩体完整性差；滑坡中后部(高程 1250~1460m)基岩为 Pt_2hs 灰黑色、紫红色千枚岩，岩性软弱。

4.2.2.3　水文地质特征

该区堆积体因成分、结构的差异，表现出不同的透水性特征。上部第④层白云岩块石

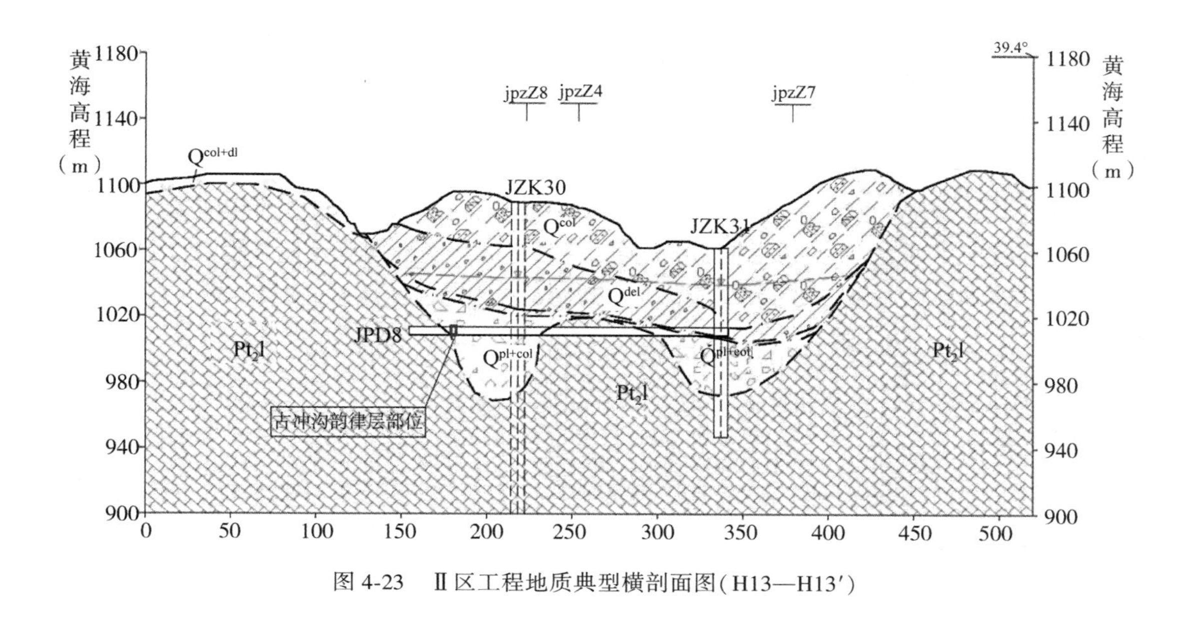

图4-23 Ⅱ区工程地质典型横剖面图(H13—H13′)

碎石夹土，结构松散，属中—强透水，渗透系数值约 5×10^{-3} cm/s；中上部第③层的紫红色、灰黑色千枚岩碎屑夹土，结构相对松散，属中等透水，渗透系数建议值为 5×10^{-4} cm/s；中下部第②层千枚岩碎屑土，结构密实，属隔水层，渗透系数建议值为 1×10^{-6} cm/s；底部第①层古冲沟中的松散堆积的碎块石、砂砾夹少量粉土，结构松散，属中等透水，渗透系数建议值为 5×10^{-3} cm/s。下伏基岩中，千枚岩属隔水层，落雪组灰岩、白云岩属透水层。

4.2.3 失稳模式分析

地表调查与变形监测表明，Ⅱ区主要表现为松脱式蠕滑变形，堆积体前缘陡坡有小规模坍塌，以及雨季冲沟内有小型泥石流活动，不具备发生突发性大规模失稳的条件。究其原因主要有以下6个方面：①地形坡度与滑床坡度基本一致，坡角约26°；②滑带厚度纵向上呈中下部厚、上部薄或缺失与横向上呈中间厚、两侧薄的特征；③地下水远程侧向补给稳定，滑带常年处于潜水位以下，性状基本稳定；④中下部受基岩凹槽侧向约束明显；⑤后缘加载量有限，且不存在突然大规模加载可能；⑥前缘基岩面高悬，堆积体不受江水及未来白鹤滩库水位影响。

从地表变形特征来看：①Ⅱ区中部出现裂缝和跌坎；②Ⅱ区滑体有向区内两条大冲沟临空方向变形的趋势，冲沟两侧的坡体下凹特征明显；③Ⅱ区前缘以碎石流的形式变形，在雨季常出现小规模的滑塌。

地表变形监测资料表明：①Ⅱ区的地表变形绝对位移量较大；②地表变形量从前缘向

后缘逐渐减小；③地表变形位移与深部变形位移大体相当，前者略大于后者；④地表变形和深部变形均表现为与大气降水一致的规律性波动特征，并且对暴雨极为敏感；⑤后缘的变形是沿着基覆面蠕滑，而中部及前缘一带则是沿着千枚岩碎屑土层蠕滑。

由上述条件分析，Ⅱ区的变形特征可总结为：①整体处于蠕滑状态；②变形规律呈“松脱式”，即前缘变形大、中部变形次之、后缘变形小；③雨季变形加速，旱季变形放缓。因此，Ⅱ区可能的失稳模式应为多级滑动，根据地表变形速率及地表裂缝位置，稳定计算时分为前缘破坏、中部破坏、后缘破坏和整体破坏四种可能的失稳模式，如图 4-24 所示。

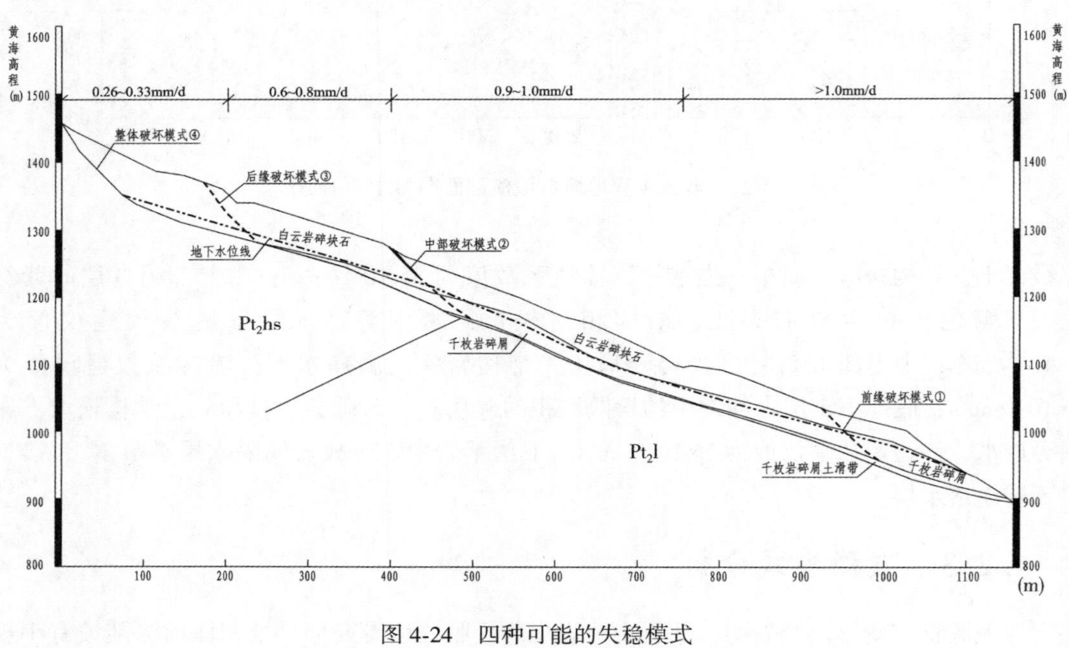

图 4-24　四种可能的失稳模式

4.2.4　稳定性分析计算

金坪子滑坡Ⅱ区稳定性分析计算主要采用本书研发的传递系数法可视化计算程序。

4.2.4.1　计算荷载及安全标准

1. 设计工况及荷载组合

稳定性分析计算主要考虑持久、短暂和偶然三种工况。Ⅱ区的主要荷载包括自重、地下水压力和地震荷载。各计算工况对应的荷载组合见表 4-42。

表 4-42　各工况下荷载组合

计算工况	荷载组合			设计安全系数	备　注
	自重	地下水	地震		
持久工况	+	+		1.05	天然地下水状况
短暂工况	+	+		1.00	暴(久)雨状况
偶然工况	+	+	+	1.00	地震工况

2. 边坡级别及安全标准

Ⅱ区属于 B 类水库滑坡中的Ⅲ级边坡，综合考虑滑坡体与建筑物的关系、滑坡失稳规模及危害等，确定Ⅱ区设计安全标准取 B 类Ⅲ级边坡的下限值，见表 4-42。

4.2.4.2　物理力学参数

Ⅱ区滑体的物理力学参数对稳定性影响较小，其设计取值主要依据实验成果。影响稳定计算结果的关键参数为滑带的抗剪强度参数，研究确定Ⅱ区滑带(千枚岩碎屑土)抗剪强度参数取值的基本思路是：以地质宏观判断为前提，以滑坡基本地质特征(滑体厚度、物质组成与结构)为基础，以现场实验和室内实验成果为依据，以滑坡现状反演分析成果为参考，类比相似工程经验，参照规程、规范综合确定。

Ⅱ区地形地貌呈现出明显的三维效应：①中前部两侧受基岩夹持，侧向约束明显；②滑带土底板等高线起伏不平，前缘呈锯齿状。通过二维反演分析，Ⅱ区滑体及滑带各组成物质的物理力学参数取值见表 4-43。

表 4-43　Ⅱ区滑体及滑带各组成物质的物理力学参数取值

层位	c(kPa)		ϕ(°)		湿密度 (kN/m³)	饱和密度 (kN/m³)
	天然	饱和	天然	饱和		
白云岩块石碎石土(滑体)	50	30	37	35	2.15	2.25
千枚岩碎屑夹土(滑体)	70	40	30	28	2.10	2.20
千枚岩碎屑土(滑带)	60	40	28	25.5	2.10	2.20

4.2.4.3　天然状态下稳定性分析计算

天然状态各工况下的稳定性分析计算结果如表 4-44 所示。其中，短暂工况分别考虑暴雨使地下水位线抬升 2m、3m 的情况；偶然工况中地震荷载采用 50 年基准期超越概率 5%的地震动峰值加速度 0.17g。

表 4-44 天然状态下稳定性计算结果

计算工况	荷载组合	稳定系数				设计安全标准
		前缘破坏模式	中部破坏模式	后缘破坏模式	整体破坏模式	
持久工况	自重+天然地下水	0.886	1.004	1.051	1.120	1.05
短暂工况	自重+暴雨地下水抬升 2m	0.861	0.986	1.025	1.092	1.00
	自重+暴雨地下水抬升 3m	0.853	0.976	1.016	1.082	
偶然工况	自重+天然地下水+地震（$P_{50}=5\%$）	0.807	0.901	0.945	0.998	1.00

稳定性分析计算结果表现出如下规律：①从前缘至后缘，滑坡体的稳定系数逐渐增大，呈现“松脱式”破坏的特点，与地表变形监测资料反映出的规律基本一致；②暴雨作用下，若地下水位抬升 2m，稳定系数下降 0.02 左右，与地表变形监测资料反映出的“雨季变形加速、旱季变形放缓”的规律基本一致；③滑坡体前缘在天然地下水作用时，稳定系数小于 0.90，与地表变形特征中“前缘出现小规模垮塌”的现象基本一致；④相比于持久工况，若遭遇地震作用，各失稳模式下的稳定系数均下降 0.1 左右，稳定状态变差。

4.2.4.4 各因素敏感性分析

影响滑坡体稳定性的因素很多，主要有滑带土的抗剪强度参数、地下水位和地震等。通过分析各因素对稳定系数的影响程度，可进一步探明滑坡的实际稳定安全裕度，为制定防护方案提供参考。

1. 力学参数敏感性分析

以持久工况下的中部破坏模式为代表，选取滑带土的抗剪强度参数 c、ϕ 值进行敏感性分析，计算结果见表 4-45。由表可以看出，滑带土的黏聚力 c 每增加 5kPa，稳定系数约增加 0.011；内摩擦角 ϕ 每增加 1°，稳定系数约增加 0.035。即内摩擦角增加 1°，相当于黏聚力增加 15kPa 左右。

表 4-45 滑带土抗剪强度参数敏感性分析结果

ϕ(°) \ c(kPa)	25	30	35	40	45	50	55	60
18	0.658	0.669	0.681	0.692	0.703	0.715	0.726	0.737
19	0.691	0.703	0.714	0.725	0.736	0.748	0.759	0.770
20	0.725	0.734	0.747	0.759	0.770	0.781	0.792	0.804
21	0.759	0.770	0.781	0.793	0.804	0.815	0.826	0.837
22	0.793	0.804	0.816	0.827	0.838	0.849	0.860	0.871
23	0.828	0.839	0.850	0.861	0.872	0.884	0.895	0.906
24	0.863	0.874	0.885	0.896	0.907	0.919	0.930	0.941
25	0.898	0.910	0.921	0.932	0.943	0.954	0.965	0.976
26	0.935	0.946	0.957	0.968	0.976	0.990	1.001	1.012
27	0.971	0.982	0.993	1.004	1.016	1.027	1.038	1.049
28	1.008	1.019	1.031	1.042	1.053	1.064	1.075	1.086

2. 降雨造成地下水位抬升敏感性分析

不同程度的降雨可能造成地下水位不同程度地抬升，对地下水位抬升的高度进行敏感性分析，假定暴雨(久雨)造成滑坡体参数饱和，计算结果见表 4-46。由表可以看出，降雨造成地下水位每抬升 1m，滑坡体稳定系数降低 0.01 左右。

表 4-46 降雨造成地下水位抬升敏感性分析结果

地下水位抬升高度	稳定系数			
	前缘破坏模式	中部破坏模式	后缘破坏模式	整体破坏模式
天然地下水位(抬升 0m)	0.886	1.004	1.051	1.120
地下水位抬升 2m	0.861	0.986	1.025	1.092
地下水位抬升 3m	0.853	0.976	1.016	1.082
地下水位抬升 4m	0.844	0.966	1.006	1.072
地下水位抬升 6m	0.809	0.934	0.977	1.045
地下水位抬升 8m	0.789	0.915	0.957	1.026
地下水位抬升 10m	0.767	0.894	0.936	1.005

3. 采用排水措施使得地下水位下降敏感性分析

在天然地下水位的基础上，对地下水位下降的百分比进行敏感性分析，计算结果见表4-47。由表可以看出，在天然地下水位的基础上，地下水位每降低20%，前缘破坏模式的稳定系数约提高0.07左右，中部破坏模式的稳定系数提高0.05左右，后缘及整体破坏模式的稳定系数提高0.04左右，因此前缘破坏模式对降水的反应更明显；当地下水位降低40%时，Ⅱ区各部位的稳定系数均大于1.0。

表4-47　地下水位下降百分比敏感性分析结果

地下水位降低百分比	稳定系数			
	前缘破坏模式	中部破坏模式	后缘破坏模式	整体破坏模式
天然地下水位(降低0%)	0.886	1.004	1.051	1.120
地下水位降低20%	0.953	1.054	1.090	1.158
地下水位降低40%	1.024	1.104	1.134	1.194
地下水位降低60%	1.095	1.154	1.178	1.231
地下水位降低80%	1.163	1.203	1.223	1.264
地下水位降低100%	1.235	1.256	1.270	1.332

4. 地震工况下的敏感性分析

在地震工况下，对不同的50年基准期超越概率(P_{50})对应的地震加速度进行敏感性分析，分析不同地震加速度对Ⅱ区稳定性的影响，计算结果见表4-48。由表可以看出，地震对Ⅱ区稳定性的影响较大，在小震($P_{50}=63\%$)发生时，后缘和整体破坏模式的稳定系数均高于设计安全标准；在中震($P_{50}=10\%$、$P_{50}=5\%$)发生时，只有整体破坏模式的稳定系数高于(基本达到)设计安全标准。在地震作用下，前缘和中部失稳的可能性较大。

表4-48　地震敏感性分析结果

P_{50}	稳定系数			
	前缘破坏模式	中部破坏模式	后缘破坏模式	整体破坏模式
无地震	0.886	1.004	1.051	1.120
$P_{50}=63\%(0.04g)$	0.865	0.978	1.023	1.089

续表

P_{50}	稳定系数			
	前缘破坏模式	中部破坏模式	后缘破坏模式	整体破坏模式
$P_{50}=10\%(0.13g)$	0.821	0.924	0.964	1.025
$P_{50}=5\%(0.17g)$	0.807	0.901	0.945	0.998
$P_{50}=3\%(0.20g)$	0.788	0.884	0.921	0.979

4.2.5 治理设计方案

4.2.5.1 治理目标

Ⅱ区在平面与立面位置上远离枢纽工程区，基本不受大坝泄洪冲刷与雾化的影响。鉴于Ⅱ区规模达$2.7\times10^7m^3$，且年变形量最大达0.5m，滑坡一旦大规模失稳，可能造成金沙江堵江事件而形成堰塞坝，影响乌东德水电站的正常运行。因此，对Ⅱ区治理的总体目标是：通过一定的工程措施提高其整体稳定性，减缓变形速率，达到防止其大规模失稳而允许其小部分失稳或缓慢滑落的治理目标。

4.2.5.2 方案论证

常见的滑坡治理措施有削坡减载、抗滑支挡和排水等。

(1)削坡减载。监测资料表明金坪子滑坡Ⅱ区变形呈现“松脱式”变形的特征，后缘削坡减载不会提高前缘稳定性，反而会对其产生扰动，故不宜采取削坡减载措施。

(2)抗滑支挡。金坪子Ⅱ区规模巨大，达$2.7\times10^7m^3$，若达到安全标准所需要的支挡力巨大，且滑坡体深厚，一般50~90m，抗滑支挡的效率很低，不仅在经济上不可行，而且在技术上也不可靠，因此不宜采用。

(3)排水。稳定性分析计算结果表明，地下水(降雨)对Ⅱ区滑坡的稳定性影响很大，同时监测资料表明，滑坡的变形速率与降雨的关系密切，雨季变形大、旱季变形小。因此，排水应是有效的防护措施。

根据上述设计原则与方案论证结果，确定Ⅱ区滑坡的防护措施以排水为主。

4.2.5.3 地下水来源及对策分析

Ⅱ区地下水补给主要来源于3个方面：①Ⅰ区堆积体地下水侧向补给；②阿摆大沟沟源W15、W29和W30的3个泉水点补给；③大气降水补给。Ⅱ区地下水补排分析示意如

图 4-25 所示。

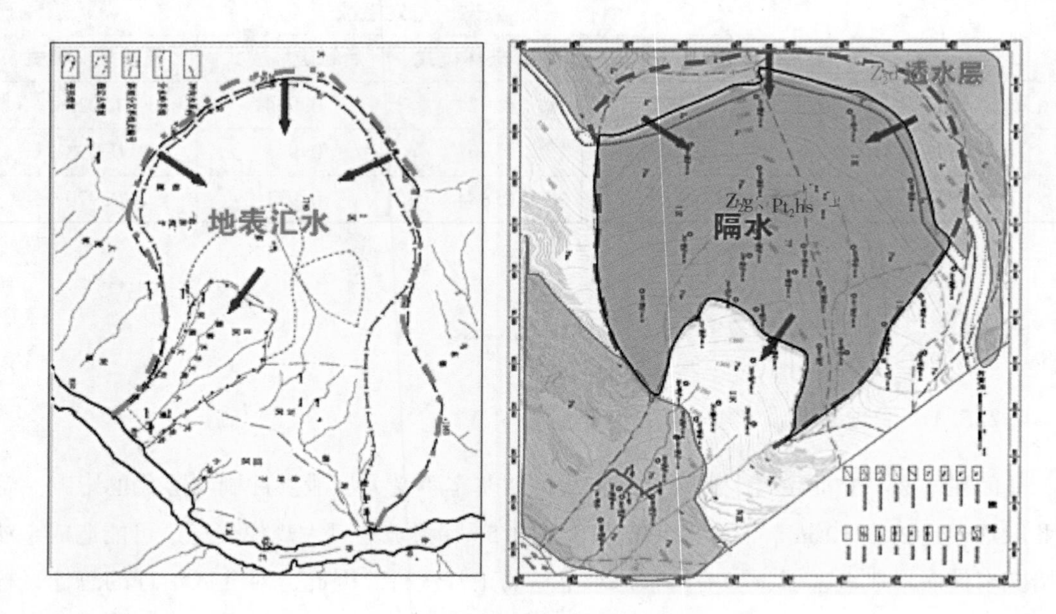

图 4-25 Ⅱ区地下水补排分析示意图

针对来源①，采取在Ⅱ区后缘布置截水洞拦截的方案处理；针对来源②，采取冲沟引排的方案处理；针对来源③的地表径流部分，采取地表截排水的方案处理；针对来源①的未拦截部分和来源③的入渗部分，采取在Ⅱ区布置地下排水洞的方案处理。因此，Ⅱ区治理措施主要为包含地表排水和地下排水的立体排水系统。

4.2.5.4 地表排水设计

Ⅱ区地表排水工程包括后缘截水沟、坡面纵横向排水沟及冲沟防护。金坪子滑坡Ⅱ区地表排水系统布置如图 4-26 所示。

1. 后缘截水沟

后缘截水沟设置于Ⅱ区后缘边界以外一定距离处，平面总长约 1420m，将汇水引至地表天然冲沟后排入金沙江。后缘截水沟为矩形断面，净断面尺寸为 2.0m×1.2m，采用 C20 素混凝土衬砌。

2. 横向排水沟

1#横向排水沟布置在高程约 1415m，平面长 201m；2#横向排水沟布置在高程约

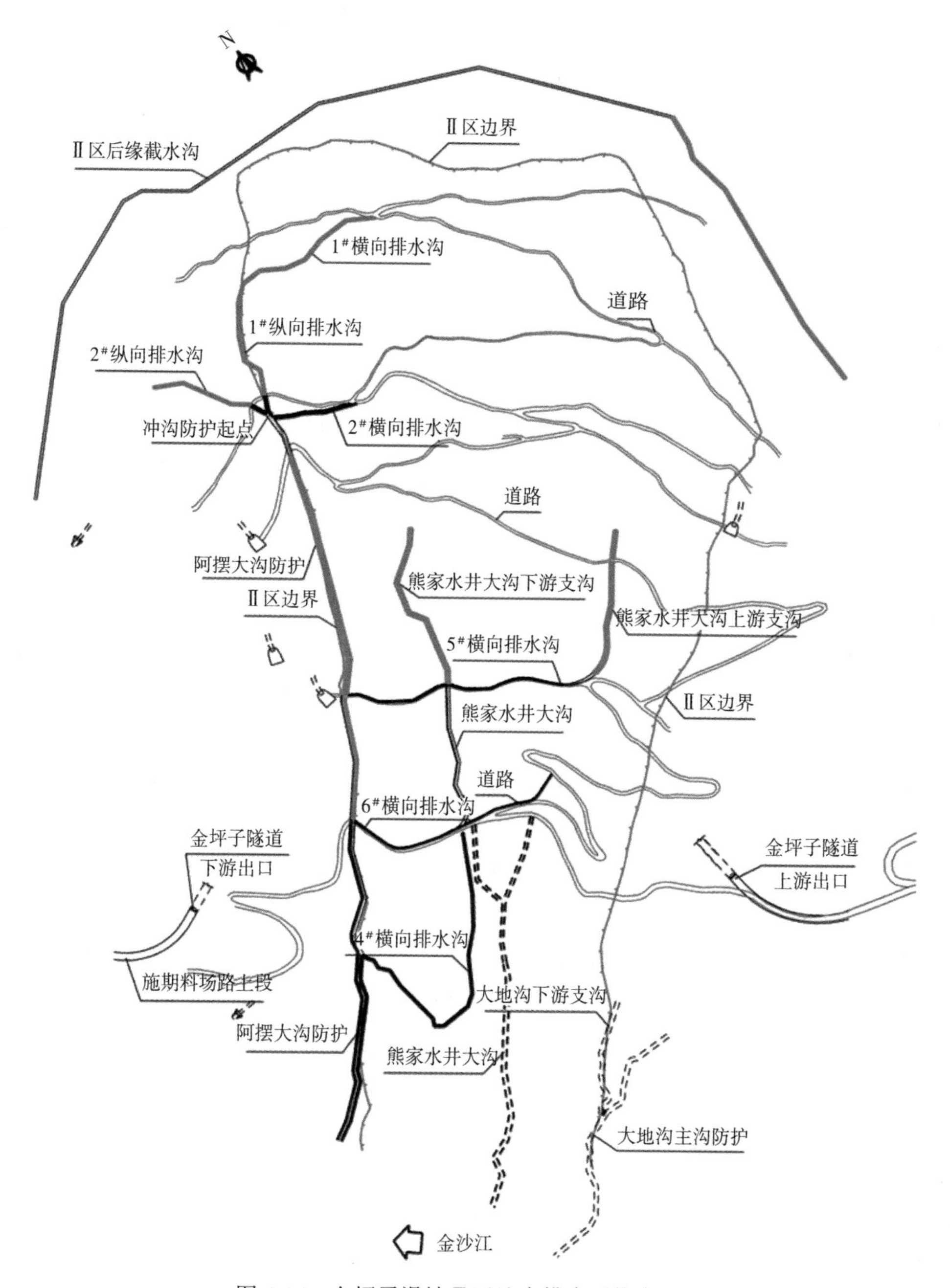

图4-26　金坪子滑坡Ⅱ区地表排水系统布置图

1325m，平面长97m；3#横向排水沟布置在高程约1000m，平面长172m，于施工过程中优化取消；4#横向排水沟布置在高程1090～1000m，平面长为376m；5#横向排水沟沿高程

1170m 施工便道布置，平面长为 344m；6#横向排水沟沿高程 1090m 施工便道布置，平面长为 265m。横向排水沟结合道路边沟分级拦截和导排坡体内坡面汇水，将江水引至纵向排水沟、阿摆大沟及熊家水井大沟内。

横向排水沟一般按矩形断面设计，净断面尺寸为 1.2m×0.8m；5#横向排水沟部分沟段净断面尺寸为 2m×0.8m，6#横向排水沟部分沟段净断面尺寸为 0.8m×0.8m；4#横向排水沟部分沟段按梯形断面设计，净断面尺寸为(1.2+0.8)m×0.8m。排水沟衬砌一般采用 C25 钢筋混凝土。

3. 纵向排水沟

纵向排水沟沿阿摆大沟沟源的两条支沟布置，其中，1#纵向排水沟布置在阿摆大沟上游沟源，平面长 144m；2#纵向排水沟布置在阿摆大沟下游沟源，平面长 139m。纵向排水沟导排横向排水沟及坡面汇水至阿摆大沟内。

纵向排水沟为梯形断面，底宽 2m，净高 1.2m，两侧坡比 1∶0.5~1∶2.0，采用 C25 钢筋混凝土衬砌，沟底两侧按 1∶3 的坡比回填碎石土，回填边坡喷厚 10cm 的 C20 素混凝土防护。

4. 冲沟防护

冲沟防护主要针对下切较深的大地沟主沟和支沟、熊家水井大沟主沟和支沟及阿摆大沟主沟，防护后的冲沟可作为Ⅱ区地表主排水通道。其中，大地沟主沟平面长 321m，下游支沟平面长 152m，均于施工过程中优化取消；熊家水井大沟主沟平面长 582m，上游支沟平面长 217m，下游支沟平面长 431m，其中主沟暂缓实施；阿摆大沟平面长 892m。

冲沟防护断面按梯形设计，底宽 2~5m，净高 1.2~1.8m，两侧坡比 1∶0.5~1∶2.0，底板及边墙厚度 0.6~0.8m。冲沟防护采用厚 20cm 的 C10 素混凝土垫层和厚 60~80cm 的 C25 钢筋混凝土衬砌护底，沟底两侧按 1∶3 的坡比回填碎石土，回填边坡喷厚 10cm 的 C20 素混凝土防护。

4.2.5.5 地下排水设计

Ⅱ区地下排水工程主要包括截(排)水洞和洞顶的竖向排水孔。

1. 截(排)水洞

Ⅱ区后缘布置 1 条截水洞，位于Ⅰ区当多村前缘基岩凹槽以下 10~30m，以拦截通过Ⅰ区进入Ⅱ区的地下水。Ⅱ区内布置 5 条地下排水洞，分别为高程 1290m、1230m、1165m 排水洞及其支洞，金坪子隧道排水支洞，JPD8 号平洞改扩建排水洞及其支洞，以进一步疏排Ⅱ区的地下水。

后缘截水洞主洞长1508m，排水孔布置区长约909m。高程1290m排水洞主洞长1040m，5条支洞垂直于主洞布置，长11~35m，排水孔布置区长约675m。高程1230m排水洞主洞长986m，4条支洞垂直于主洞布置，长24~66m，排水孔布置区长约558m。高程1165m排水洞主洞长796m，4条支洞垂直于主洞布置，长28~37m，排水孔布置区长约495m。金坪子隧道排水支洞包括3条支洞和1条横向排水洞，支洞平面长100~149m，横向排水洞平面长216m，排水孔布置区长约213m。JPD8号平洞改扩建排水洞长473m，3条支洞垂直于主洞布置，长40~58m，排水孔布置区长约171m。各条排水洞内汇水均通过上、下游洞口衔接排水沟流入坡面天然冲沟或施期料场道路边沟。金坪子滑坡Ⅱ区地下排水系统布置如图4-27所示。

排水洞断面采用城门洞型，净断面为3m×3.5m或3.5m×4m。当围岩类别为Ⅴ类、Ⅳ类、Ⅲ类时，排水洞开挖支护型式分别对应A型、B型、C型。A型采用两期支护：一次支护为I16型钢拱架+喷锚支护，二次支护为30cm厚钢筋混凝土衬砌。B、C型均采用一期支护，其中B型支护采用I16型钢拱架+喷锚支护，C型支护采用素喷混凝土或挂网喷锚支护。

2. 竖向排水孔

1)一期地下排水工程

一期地下排水工程包括后缘截水洞、金坪子隧道排水支洞、JPD8号平洞改扩建排水洞及洞内排水孔。

后缘截水洞主排水孔在洞顶分布2排，靠山侧排水孔为竖直向上布置，靠江侧排水孔按与竖直夹角15°布置；金坪子隧道排水支洞主排水孔在洞顶呈放射状对称分布2排；JPD8号平洞改扩建排水洞主排水孔分为仰孔和俯孔，其中仰孔在洞顶呈放射状对称分布2排，俯孔布置在洞顶中央，竖直方向，从地表自上而下施工。主排水孔仰孔孔径ϕ91mm，孔深一般为40~95m；俯孔孔径ϕ110mm，孔深一般为30~60m。辅助排水孔在洞两侧各布置1排，孔径ϕ56mm，孔深1.5m。

主排水孔采用深排水孔搭接组合式孔内保护装置，为ϕ63mm U-PVC排水管+外包一层300g/m^{2}土工布。排水管孔壁开花孔：孔径15mm，环距2.5cm，每环2孔，交错布置。主排水孔孔口设保护装置。辅助排水孔孔内保护采用MY50塑料滤水管+外包一层300g/m^{2}土工布。

2)二期地下排水工程

二期地下排水工程包括高程1290m地下排水洞、高程1230m地下排水洞及高程1165m地下排水洞。

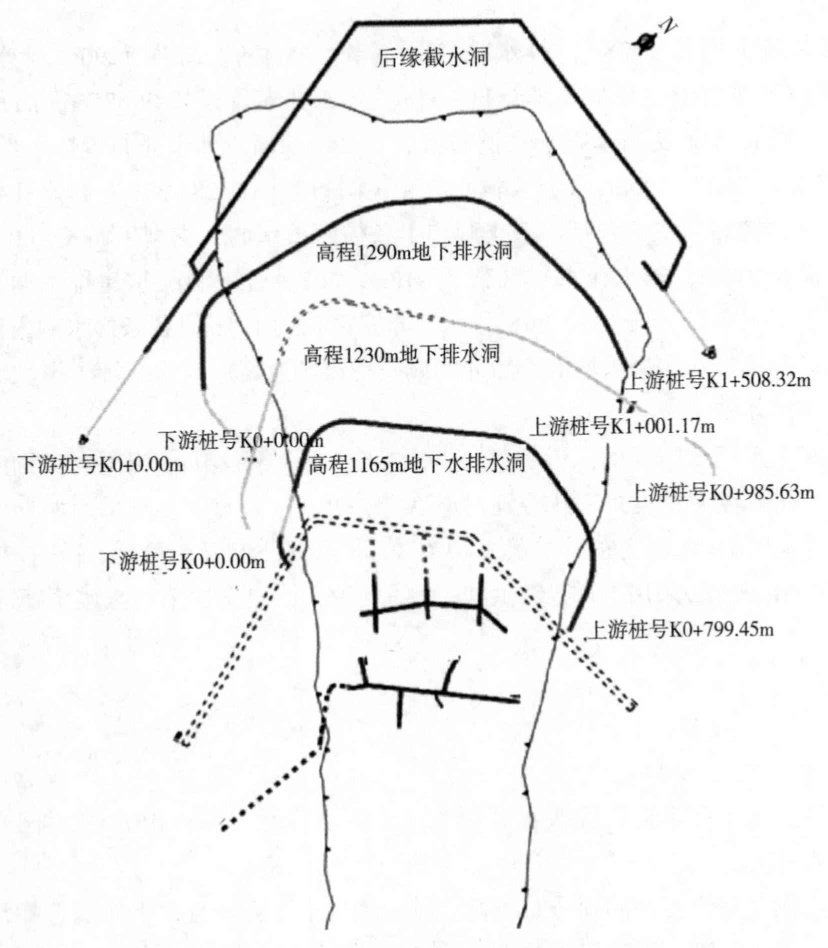

图 4-27　金坪子滑坡Ⅱ区地下排水系统布置图

主排水孔分为仰孔和俯孔，其中仰孔在洞顶呈放射状对称分布 2 排，孔径 ϕ130mm，孔深一般为 30～60m；俯孔布置在洞顶中央，竖直向，从地表自上而下施工，孔径 ϕ110mm，孔深一般为 40～90m。辅助排水孔在洞两侧各布置 1 排，孔径 ϕ56mm，孔深 1.5m。二期排水洞内排水仰孔和排水俯孔布置典型断面如图 4-28 和图 4-29 所示。

通过总结一期排水的相关经验，对主排水孔孔内保护装置适应滑坡变形的能力进行了改进，研发并应用了仰式和俯式深排水孔可适应变形的孔内保护装置，滑带段(包括滑带顶面以上 1m、滑带底面以下 1m)采用 PVC 钢丝螺旋增强软管(内径 64mm，外径 75mm)，滑体和滑床段采用 U-PVC 硬管(外径 63mm，壁厚≥3mm)+外包双层 30 目锦纶平网(孔径 0.6mm)。主排水孔孔口设保护装置。辅助排水孔孔内保护采用 MY50 塑料滤水管+外包一层 300g/m^2 土工布。

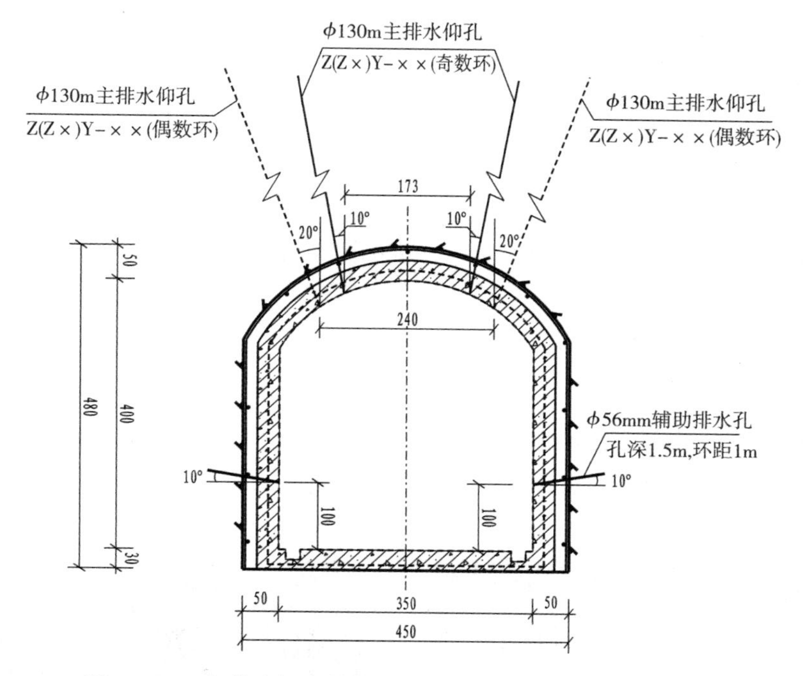

图 4-28　二期排水洞内排水仰孔布置典型断面图(单位：cm)

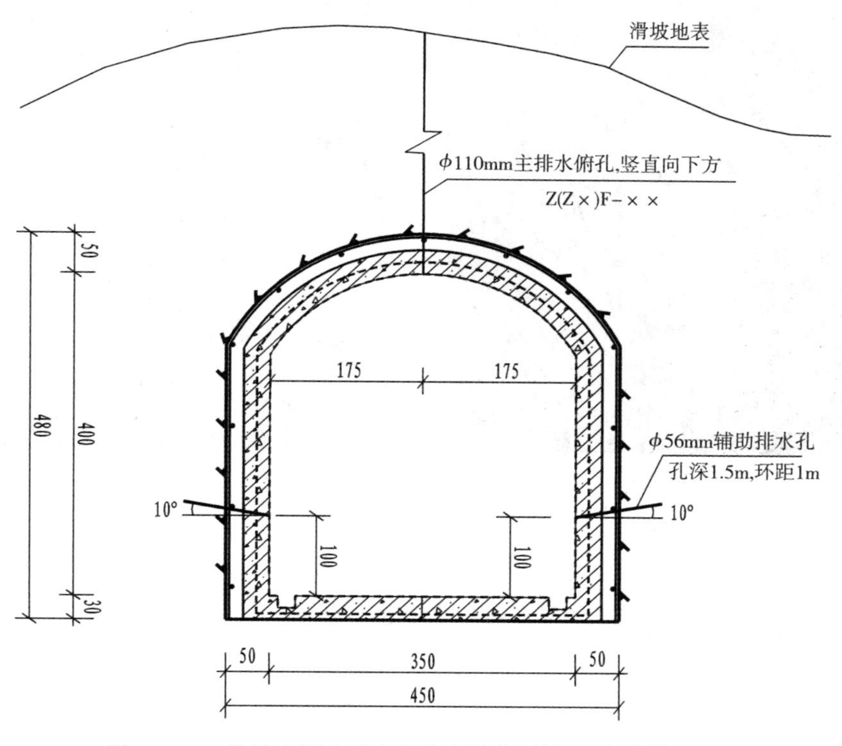

图 4-29　二期排水洞内排水俯孔布置典型断面图(单位：cm)

4.2.6 治理效果分析

金坪子滑坡Ⅱ区治理工程于2012年开始启动，目前基本完成了包含地表排水和地下排水组成的立体排水系统。地表排水系统的周边截水沟已完成，1#、4#、5#、6#横向排水沟已完成，2#、3#横向排水沟已优化取消；冲沟治理中，阿摆大沟防护已完成，熊家水井大沟高程1090m以上基本完成。地下排水系统的6条排水洞的开挖支护均已完成，富水区排水仰孔已实施完成，排水俯孔正在实施中。

4.2.6.1 排水流量统计

后缘截水洞部分排水孔出水情况如图4-30所示，地下排水洞流量统计见表4-49。由表可以看出，各条排水洞的排水效果相当好，出水流量总计为371.04L/min。

（a）Z0-120-1号孔初始流量200L/min

（b）Z0-127-1号孔初始流量100L/min

图4-30 后缘截水洞富水区部分排水孔出水情况

4.2.6.2 地下水位变化情况

自从地下排水工程实施以来，金坪子滑坡Ⅱ区地下水位孔监测水位出现明显下降。以金坪子隧道排水支洞为例，其附近布置有JZK27和JZK35两个地下水位孔，水位孔水位变化过程曲线如图 4-31 所示。由图可以看出，自 2014 年 3 月金坪子隧道排水支洞排水孔开始实施以来，JZK27 和 JZK35 孔内地下水位均出现明显下降趋势，至 2020 年 4 月，JZK27 号孔地下水位累计下降 5.5m，JZK35 号孔地下水位累计下降 4m。

表 4-49　地下排水洞流量统计

部　位	当前排水流量（L/min）	排水时段	总排水流量（$\times10^4m^3$）
后缘截水洞	67.6	2013 年 12 月—2019 年 8 月	22.17
1290m 地下排水洞	72.6	2015 年 7 月—2019 年 8 月	13.66
1230m 地下排水洞	164.5	2018 年 4 月—2019 年 8 月	9.30
1165m 地下排水洞	61.3	2015 年 12 月—2019 年 8 月	5.30
金坪子隧道排水支洞	2.73	2014 年 3 月—2019 年 8 月	8.75
JPD8 号平洞改扩建排水洞	2.31	2016 年 3 月—2019 年 8 月	2.43
合计	371.04		61.62

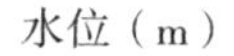

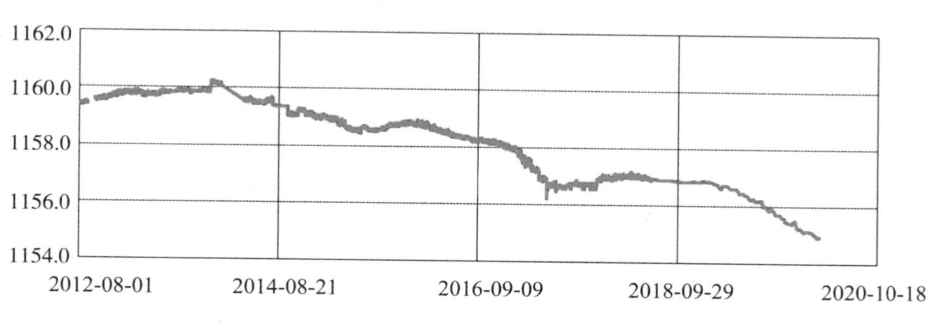

（a）JZK27水位孔水位变化过程线（EL1198.4m）

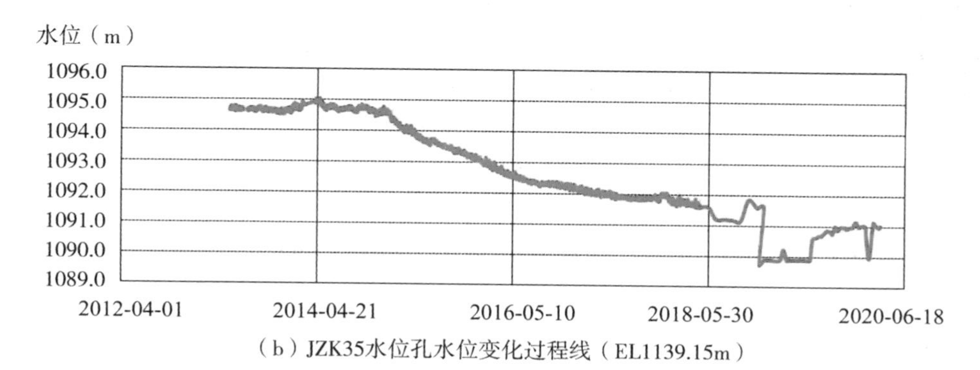

（b）JZK35水位孔水位变化过程线（EL1139.15m）

图 4-31　金坪子滑坡Ⅱ区地下排水洞流量时程变化曲线

4.2.6.3 地表变形速率分析

金坪子滑坡Ⅱ区地表位移速率与降雨量关系曲线如图4-32所示，年降雨量与年变形量关系曲线如图4-33所示。由两图可以看出，自2014年排水洞开始排水后，地表变形总体上有减缓的趋势。在降雨量基本持平的年份，排水后的年变形量，明显小于排水前的年变形量。以前缘变形为例，在降雨量相当的年份下，2017年(降雨量746mm)变形量为288mm，小于2008年(降雨量624mm)的变形量555mm。

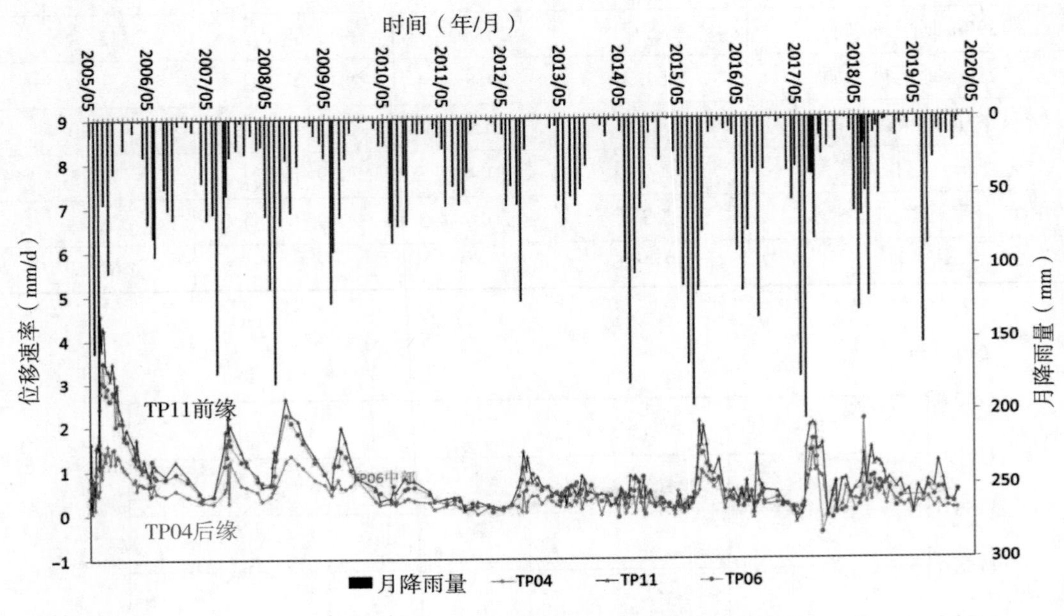

图4-32 Ⅱ区地表位移速率与降雨量关系曲线

4.2.6.4 深部变形速率分析

位于滑坡前缘的JPD8号平洞改扩建排水洞在2005—2018年不同时段布置平洞伸缩仪，以监测滑坡体深部变形。不同时段平洞伸缩仪伸长量统计见表4-50。

表4-50 不同时段平洞伸缩仪伸长量统计

时间段	天数(d)	变形量(mm)	日均变形量(mm/d)
2005-09-24—2006-05-11	229	268	1.17
2009-06-30—2009-09-16	78	108	1.38
2016-05-30—2018-05-18	718	362	0.50

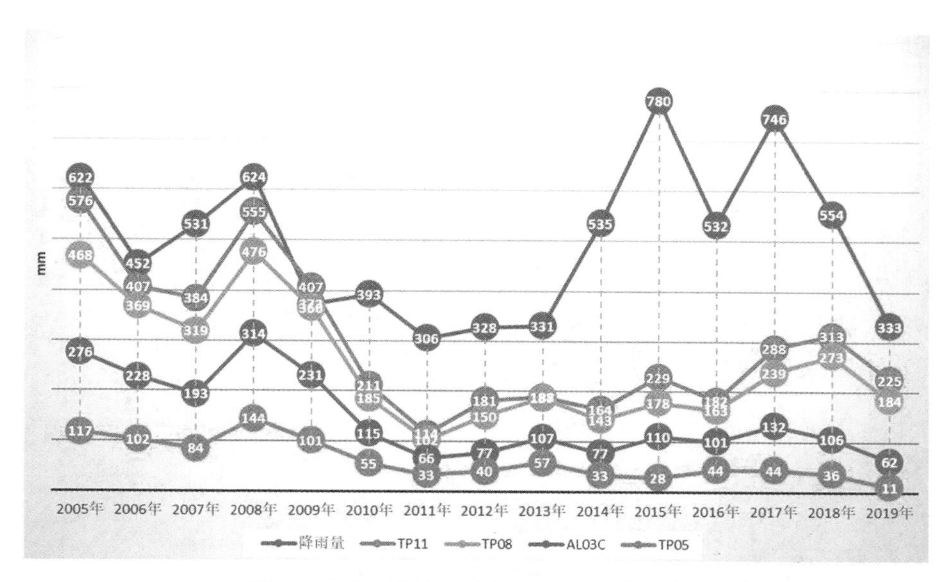

图 4-33　Ⅱ区年降雨量与年变形量关系曲线

分析表 4-50，可以看出：

(1)2016 年 5 月 26 日—2018 年 5 月 18 日，伸缩仪位移增长 362.3mm，位移速率 0.50mm/d，同时期地表监测点 TP09 位移速率 0.58mm/d，量值基本相当，说明滑坡处于整体蠕滑变形状态。

(2)2016—2018 年的日平均变形量为 0.50mm/d，小于排水措施实施之前 2006 年、2009 年的日平均变形量 1.17mm/d、1.38mm/d，说明排水措施实施后，滑坡深部变形速率有所减缓。

4.2.6.5　小结

金坪子滑坡Ⅱ区治理措施实施后，地表变形速率已明显降低，滑坡地下水位明显下降，现状稳定系数与防护前相比有所提高，说明Ⅱ区采用立体排水措施取得了较好的治理效果。

4.3　构皮滩石棺材崩坡积体治理

4.3.1　工程概况

构皮滩水电站石棺材崩坡积体位于大坝下游左岸，泄洪洞出口上方(图 4-34)。平面上呈不规则的长方形，南北长260~310m，东西宽230~280m，分布面积$7.2\times10^4m^2$，体积约$1.1\times10^6m^3$，崩坡积体厚度变化较大，一般15~25m，最大达58.3m。

图4-34 石棺材崩坡积体远景

构皮滩水电站开工前，石棺材崩坡积体未出现变形。水电站开工后，左岸施工道路，特别是箐马公路的修建对崩坡积体构成较大扰动，加上暴雨作用，2002年曾诱发崩坡积体局部变形，产生了6个变形体，其中以1#和4#变形体最危险。后经采取抗滑桩、回填反压、排水、坡面防护等措施对其进行了综合治理，治理完成后整体稳定性较好，但仍存在局部变形。

石棺材崩坡积体位于坝址下游左岸二叠系栖霞组灰岩形成的横向陡崖或陡坡下宽缓斜坡近坡顶部位，斜坡总体向SE(大岩沟)倾斜(图4-35)。高程720m以上为灰岩形成的陡坡，呈圈椅状，地形坡角40°~50°，局部为陡崖，坡顶高程870m左右；高程720~635m之间为崩坡积物堆积而成的宽缓斜坡与平台，为石棺材崩坡积体的主要分布区；高程635m以下斜坡坡角25°~28°，坡体中除有少量浅切小冲沟与浅槽分布外，地形起伏一般不大，斜坡较完整，坡脚为大岩沟与乌江。

4.3.2 地质条件

石棺材崩坡积体位于中寨向斜东翼的单斜构造区，岩层走向为10°~40°，倾向NW，倾角35°~47°，局部受构造影响，岩层倒转。断层与裂隙是区内主要构造形迹。

第四系松散堆积层下伏或出露基岩以碎屑岩为主，岩体风化现象较普遍。黏土岩与页岩强风化层厚度一般为5~10m，弱风化层厚度一般为3~5m。砂岩强风化厚度一般为4~6m，弱风化厚度一般为5~10m。第四系(Q)分布较广，不整合于上述各系地层之上。第

图 4-35　石棺材崩坡积体远景

四系堆积层按其成因可分为以下三类：

(1)崩、坡积(Q^{col+dl})：由块石、碎石夹土组成，物质组成极不均一，局部具架空现象。块石块度一般较大，原岩物质成分主要为二叠系下统栖霞组(P_1q)灰岩。

(2)残、坡积(Q^{el+dl})：由粉质黏土、壤土等组成，含少量碎石，碎石成分为黏土岩、粉细砂岩与灰岩等，土质较均一。

(3)人工堆积(Q^r)：为工程弃土，主要为块石、碎石夹土等组成，土质极不均一，结构松散。

乌江与大岩沟以及斜坡上浅切冲沟等构成了崩坡积体地表水径流与排泄网络，大气降水或出露于斜坡上的地下水经地表水网向乌江与大岩沟排泄，乌江为区内地表、地下水最低排泄基准面。

区内地下水按其赋存型式及条件，可分为第四系孔隙水、碎屑岩裂隙水与岩溶裂隙水三种类型。其中，孔隙水对堆积体的稳定性影响较为明显，赋存于第四系残坡积、崩坡积及新近人工堆积层等松散堆积层的孔隙中，主要接受大气降水的补给，顺坡向南或东南方向运移，在地形低洼处以井泉形式出露或分散直接排泄于大岩沟与乌江。勘探孔揭露大部分地下水位位于基岩内，钻孔未揭穿覆盖层时一般为干孔。崩坡积内出露 4 处泉水点，泉水受季节变化明显，在雨季泉水流量明显变大。

4.3.3 失稳模式分析

构皮滩水电站开工前，石棺材崩坡积体未出现变形和滑移破坏。水电站开工后，左岸施工道路，特别是箐马公路的修建对崩坡积体构成较大扰动，加上暴雨的作用，2002 年曾诱发了崩坡积体局部变形，产生了 6 个变形体。其中，1#和 4#变形体最危险，采用了抗滑桩、回填反压、排水、坡面防护等措施对其进行了综合治理，具体参见《乌江构皮滩水电站石棺材崩坡积堆积体治理工程设计报告》(长江勘测规划设计研究院，2003 年 4 月，以下简称《原报告》)。

根据变形破坏的实际情况，石棺材堆积体整体稳定性较好，曾经发生的主要破坏模式为局部变形破坏。结合监测资料，2003 年实施变形体治理以后，经历了各种降雨工况，整体稳定性较好，但仍然存在局部变形。

本阶段，与工程关系密切的变形体是石棺材堆积体 1#变形体和 4#变形体。经现场勘查，设计人员与地质人员认真讨论分析，边坡开挖后，石棺材堆积体可能存在以下 4 种破坏模式：

(1)堆积体沿基岩与第四系接触面整体滑移破坏；

(2)堆积体沿内部滑面局部变形破坏；

(3)变形体沿 S_2h 黏土岩强风化底线剪出破坏；

(4)箐马公路外侧边坡的局部稳定性。

选取地质勘探提供的 3 个典型剖面，即 1—1、4—4 和 7—7 剖面的破坏模式进行了细化，具体见图 4-36~图 4-38。

4.3.4 稳定性复核

边坡开挖将挖断现有箐马公路，挖除 1#变形体现有的方形抗滑桩及箐马隧洞口附近的浆砌石挡墙及格构护坡，挖除 4#变形体部位箐马公路外侧的圆形抗滑桩，不可避免地将对石棺材崩坡积体产生切脚破坏。这些扰动可能再次引发变形体的变形，甚至诱发崩坡积体的整体失稳。为确保通航安全，须对其进行稳定性复核，并采取相应的治理措施。

4.3.4.1 计算工况

稳定性分析计算按天然状态(持久工况)和暴雨状态(短暂工况)考虑，对边坡开挖前后分别计算。根据钻孔资料及边坡区水文地质条件，天然状态下的地下水位位于底滑面以下，不考虑地下水作用；暴雨状态下的地下水位位于底滑面以上，按滑坡体厚度饱水 30%计算。

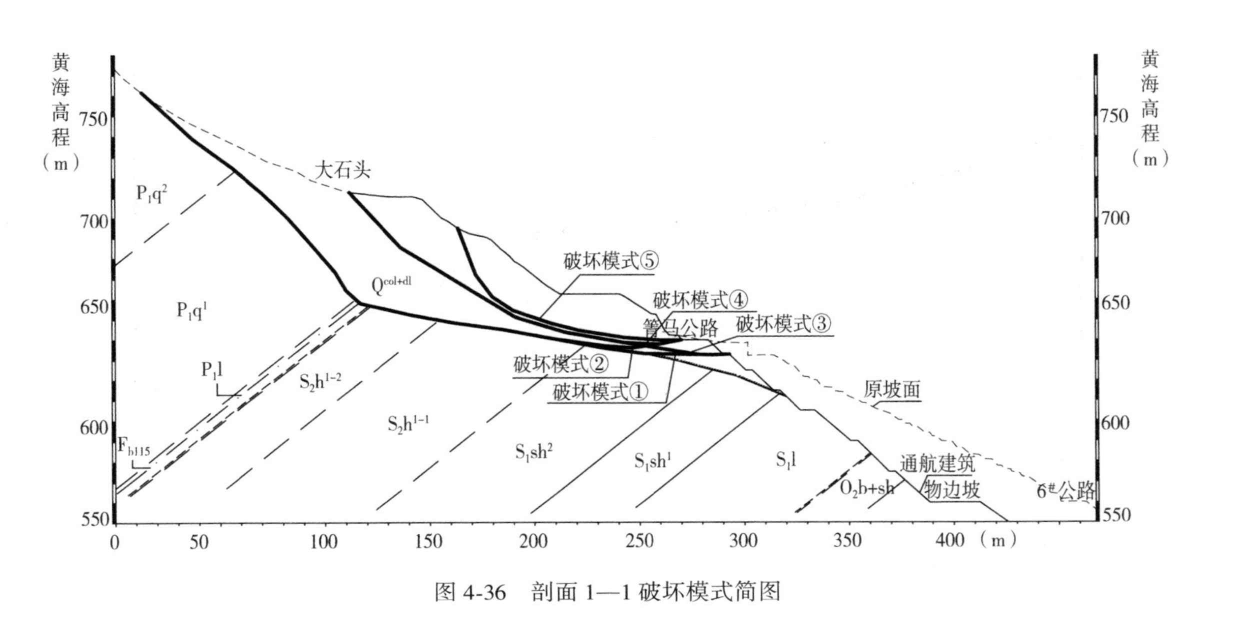

图 4-36 剖面 1—1 破坏模式简图

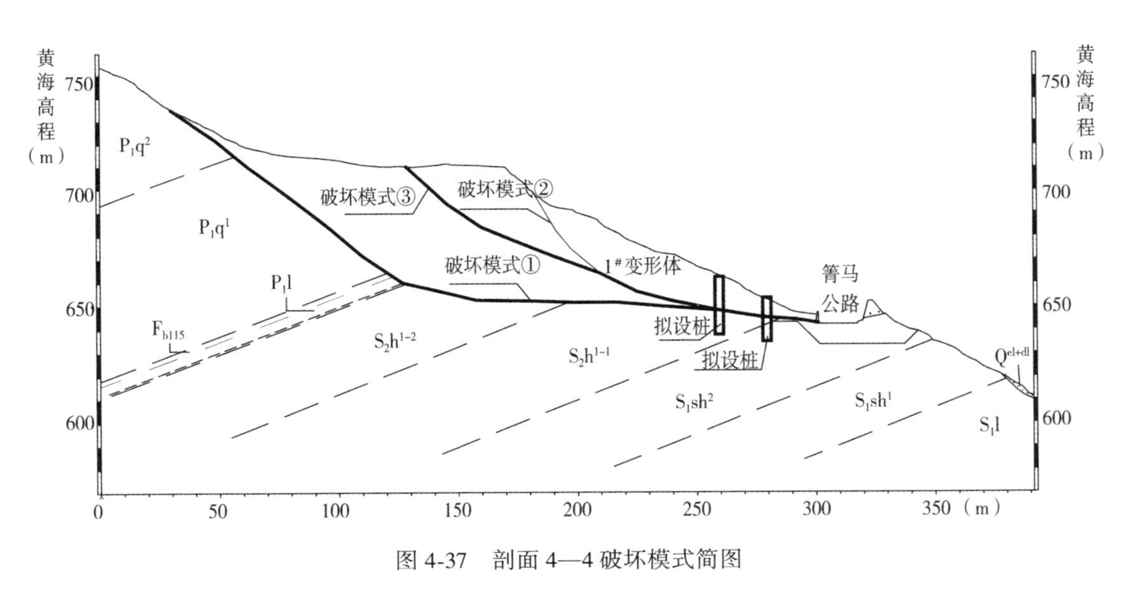

图 4-37 剖面 4—4 破坏模式简图

4.3.4.2 设计安全标准

根据相关规范，第一级通航渠道下游段边坡为Ⅱ级边坡，设计基准期为50年。不同工况下的设计安全系数取值分别为：持久工况，1.20；短暂工况，1.15；偶然工况，1.05。

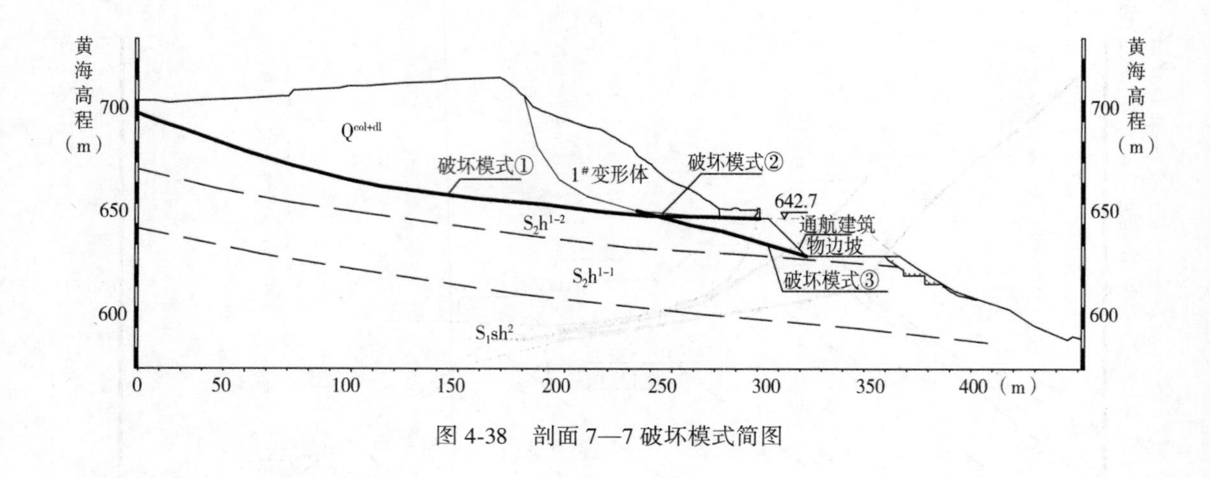

图 4-38　剖面 7—7 破坏模式简图

4.3.4.3　作用荷载

本工程抗震设防烈度为Ⅵ度，对于Ⅱ级边坡不考虑地震力作用。崩坡积体前缘远高于乌江水位，不考虑坡外水位的影响，仅考虑自重、地下水作用和汽车荷载。

(1)自重：崩坡积体自身的重量，地下水位以上的自重计算时取其天然容重进行计算，地下水位以下的自重取其饱和容重进行计算。

(2)汽车荷载：箐马公路汽车荷载按照“挂 120t”重载汽车荷载考虑。

(3)孔隙水压力：在有效应力法中，计入孔隙水压力。孔隙水压力按静水压力进行简化，包括土条侧边及底面水压力。

由于已有抗滑桩大多将被挖除，故稳定计算过程中暂不考虑已有抗滑桩的作用。如果部分抗滑桩被保留，在支挡设计时再予以考虑。

4.3.4.4　计算剖面

选取地质剖面 1—1、4—4、7—7 三个典型剖面进行稳定性验算。

4.3.4.5　计算方法

石棺材堆积体稳定性分析计算按《水电水利工程边坡设计规范》(DL/T 5353—2006)推荐的传递系数法，采用长江设计院自行编制的稳定计算软件进行计算。同时采用理正软件或 Stab 软件进行对比计算。

4.3.4.6　计算参数

对于堆积物中的几个变形体，《乌江构皮滩水电站石棺材崩坡积堆积体工程地质勘察报告》(以下简称《地质报告》)及《原报告》中采用的抗剪强度参数见表4-51。

表4-51 崩坡积体物理力学参数

土层	天然容重 (kN/m³)	饱和容重 (kN/m³)	c(kPa)	ϕ(°)
崩坡积体	21.0	22.0	8.5	26
S_2h 强风化软岩	26.0	26.0	50	16.7
变形体滑面			12	19.5
S_2h 与覆盖层接触面			17	19
S_1sh、P_1q 与覆盖层接触面			10	23

4.3.4.7 稳定计算结果

根据开挖方案，石棺材堆积体基本被箐马公路分割成上、下两部分，箐马公路内侧为石棺材堆积体，箐马公路外侧为通航渠道下游段开挖边坡。

1. 箐马公路内侧堆积体稳定性分析计算结果

1)整体稳定性分析计算

箐马公路内侧堆积体整体稳定性采用传递系数法计算。根据计算结果(表4-52)，石棺材堆积体在天然状态和暴雨状态下整体稳定性较好，处于稳定状态。但是，按照规范DL/T 5353—2006要求，自重工况下的设计安全系数要求达到1.20，自重+30%地下水工况下的设计安全系数要求达到1.15。因此，1—1剖面在自重及暴雨工况下整体稳定性达不到设计安全标准，需要采取支挡加固措施。

2)变形体稳定性分析计算

石棺材堆积体内部及浅表层曾多次发生变形，形成局部变形体。本阶段采用规范推荐的传递系数法计算石棺材变形体的稳定性。根据计算结果(表4-53)可以看出：

(1)变形体在天然情况下总体处于稳定状态，但如果遭遇暴雨导致堆积体30%饱水，则变形体均处于临界稳定状态。

(2)无论天然还是暴雨工况，变形体的稳定性均达不到设计要求的安全系数标准。其中，7—7剖面在“自重+30%地下水”工况下可能沿 S_2h 强风化软岩内部剪出破坏，要达到设计安全系数1.15，最大单宽剩余下滑力3100kN/m；4—4剖面1#变形体在天然工况下可

表 4-52　石棺材堆积体整体稳定性计算成果

剖面	破坏模式	工况	计算结果 K		设计安全系数	单宽剩余推力(kN/m)	
			开挖前	开挖后		开挖前	开挖后
1—1	破坏模式①：堆积体整体沿高程 633.6m 附近从 ZK5 钻孔剪出	自重	1.260	1.202	1.20	—	—
		自重+30%地下水	1.093	1.058	1.15	2270	3660
	破坏模式②：堆积体整体沿高程 640m 附近从 ZK12 钻孔剪出	自重	1.231	1.217	1.20	—	—
		自重+30%地下水	1.083	1.068	1.15	2520	3060
4—4	破坏模式①：堆积体整体从箐马公路路面内侧高程 643m 剪出	自重	1.78	1.67	1.20	—	—
		自重+30%地下水	1.43	1.40	1.15	—	—
7—7	破坏模式①：堆积体整体从箐马公路路面内侧高程 643m 剪出	自重	2.264	2.248	1.20	—	—
		自重+30%地下水	2.061	2.045	1.15	—	—

表 4-53　石棺材堆积体局部变形体稳定性计算成果

剖面	破坏模式	工况	计算结果 K		设计安全系数	单宽剩余推力(kN/m)	
			开挖前	开挖后		开挖前	开挖后
1—1	破坏模式③：从 ZK3 孔深 25m 至 ZK5 钻孔剪出	自重	1.029	1.011	1.20	3550	3900
		自重+30%地下水	1.024	1.006	1.15	2720	3120
	破坏模式④：从 ZK3 孔深 25m 至 ZK12 钻孔剪出	自重	1.004		1.20	3750	
		自重+30%地下水	0.949		1.15	4000	
	破坏模式⑤：4#变形体破坏	自重	1.130		1.20	210	
		自重+30%地下水	1.018		1.15	1450	

续表

剖面	破坏模式	工况	计算结果 K		设计安全系数	单宽剩余推力(kN/m)	
			开挖前	开挖后		开挖前	开挖后
4—4	破坏模式②：1#变形体破坏	自重	1.10	1.05	1.20	890	1350
		自重+30%地下水	0.99	0.94	1.15	1150	1880
	破坏模式③：滑面过ZK3孔孔深25m处从堆积体坡脚剪出	自重	1.03	1.00	1.20	2910	3380
		自重+30%地下水	1.00	0.98	1.15	2750	3010
7—7	破坏模式②：1#变形体破坏	自重	1.087/	1.047	1.20	1280	1780
		自重+30%地下水	1.004/	0.916	1.15	1730	2830
	破坏模式③：变形体沿 S_2h 强风化软岩内部剪出	自重	1.095		1.20	1890	
		自重+30%地下水	0.987		1.15	3100	

能通过ZK3孔孔深25m处从堆积体坡脚剪出，要达到设计安全系数1.20，最大单宽剩余下滑力3380kN/m；1—1剖面自重+30%地下水情况下可能从ZK3孔深25m至ZK12钻孔剪出破坏，若要达到设计安全系数1.15，最大单宽剩余下滑力4000kN/m。均需要采取支挡措施加固。

其中，剖面1—1、4—4、7—7控制工况的计算简图和剩余推力曲线见图4-39～图4-41。

2. 箐马公路外侧边坡稳定性分析计算结果

第一级通航渠道下游段边坡开挖后，箐马公路外侧临空，将形成3段边坡，即2#渡槽边坡、3#通航明渠边坡、3#渡槽边坡。为此，分别选取7—7、4—4、1—1三个剖面进行稳定计算，1—1剖面整体稳定性分析计算采用传递系数法；高程625m以上边坡稳定性分析计算采用理正软件自动搜索最危险滑面进行计算。

计算时，分工程施工期和运行期考虑，具体工况、设计标准取值、荷载组合及稳定计算结果见表4-54。

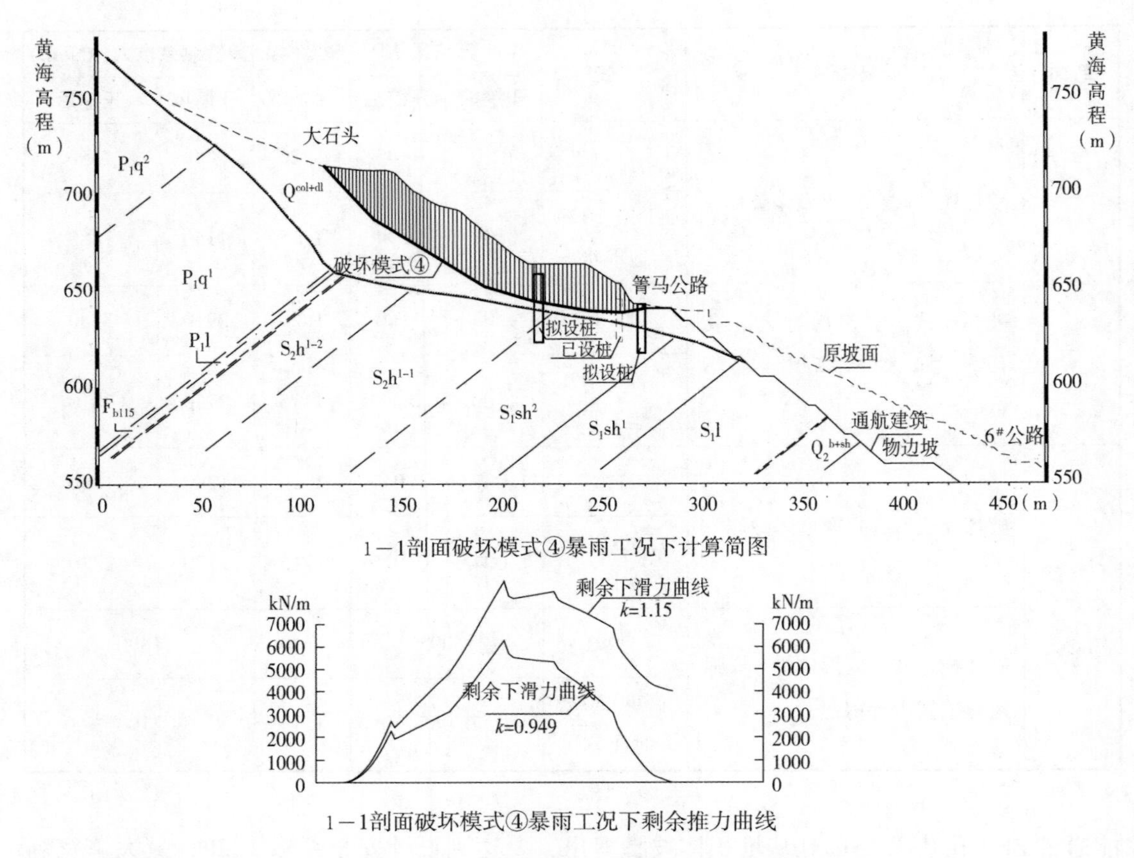

1—1剖面破坏模式④暴雨工况下计算简图

1—1剖面破坏模式④暴雨工况下剩余推力曲线

图 4-39　1—1 剖面控制破坏模式计算简图及剩余推力曲线

根据计算结果，得出如下结论。

(1)2#渡槽边坡所在的7—7剖面可以满足施工期稳定安全要求，但不能满足工程永久运行安全稳定要求，最大单宽剩余下滑力为532kN/m，需要采取支护措施。

(2)3#通航明渠边坡所在的4—4剖面可以满足稳定安全要求，只需采取必要的坡面防护措施，防止坡面条件恶化即可。

(3)3#渡槽边坡如果只开挖到高程625m，该高程以上边坡在各种工况下均处于临界稳定状态；仅存在从高程625m平台剪出可能，最大单宽剩余下滑力105kN/m，需要支护。如果考虑后期第二级升船机边坡开挖要求，则边坡稳定性较低，最大单宽剩余下滑力1507kN/m，需要加强支护。

坡面开挖形成后，必须及时支护并进行坡面封闭。严禁雨季开挖，支护措施完成前严禁通车。

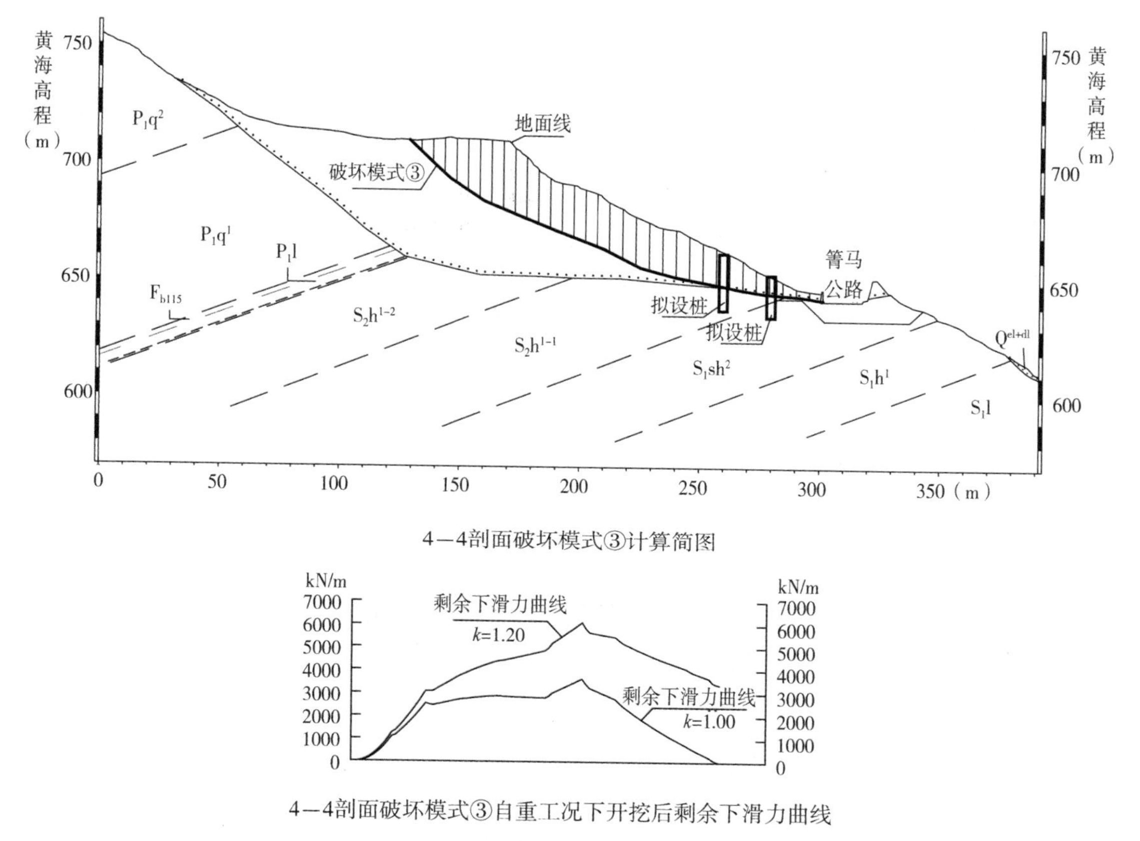

4—4剖面破坏模式③计算简图

4—4剖面破坏模式③自重工况下开挖后剩余下滑力曲线

图 4-40 4—4 剖面控制破坏模式计算简图及剩余推力曲线

3. 石棺材堆积体稳定性综合评价

根据计算分析成果及边坡岩体的工程地质宏观判断，对石棺材堆积体稳定性综合评价如下：

(1)石棺材堆积体整体处于稳定状态。但要达到规范要求的设计安全系数，仍需采取必要的加固措施，进一步提高安全度。

(2)堆积体内部变形体在天然状况下稳定性较好，但如果遭遇暴雨导致堆积体 30%饱水，则处于临界稳定状态。

(3)箐马公路外侧边坡施工期在天然情况下基本自稳，但暴雨情况下处于临界稳定状态。运行期，公路外侧软岩边坡和堆积体边坡安全裕度不足，均需加强支护。

(4)加强施工期地质工作，进行动态设计，以指导边坡工程的实施。

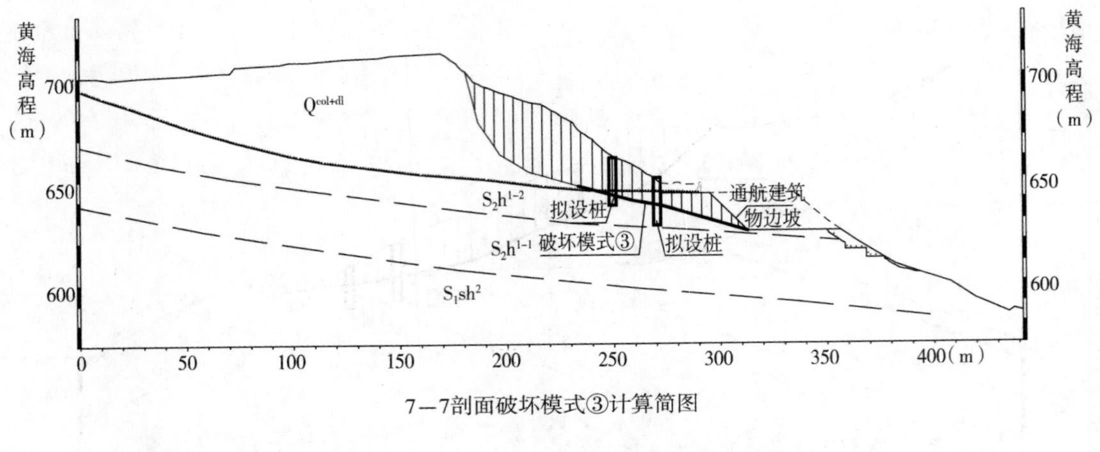

7—7剖面破坏模式③计算简图

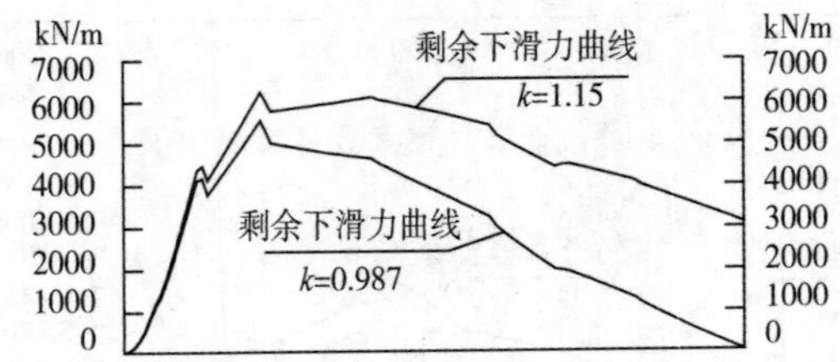

7—7剖面破坏模式③暴雨工况下开挖后剩余下滑力曲线

图 4-41　7—7 剖面控制破坏模式计算简图及剩余推力曲线

表 4-54　箐马公路外侧边坡稳定性计算

剖面	工况		设计安全系数	整体破坏模式		高程 625m 以上破坏模式	
				计算安全系数	单宽剩余下滑力(kN/m)	计算安全系数	单宽剩余下滑力(kN/m)
1—1	施工期	自重(短暂工况)	1.15	1.0068	784	1.038	96
		自重+30%地下水(偶然工况)	1.05	0.9057	868	1.012	78
	运行期	自重+挂 120t 汽车(持久工况)	1.20	0.9843	1180	0.992	24
		自重+30%地下水+挂 120t 汽车(短暂工况)	1.15	0.8872	1507	0.973	105

续表

剖面	工况		设计安全系数	整体破坏模式		高程 625m 以上破坏模式	
				计算安全系数	单宽剩余下滑力(kN/m)	计算安全系数	单宽剩余下滑力(kN/m)
4—4	施工期	自重(短暂工况)	1.15	4.433			
		自重+30%地下水(偶然工况)	1.05	3.668			
	运行期	自重+挂 120t 汽车(持久工况)	1.20	1.433			
		自重+30%地下水+挂 120t 汽车(短暂工况)	1.15	1.333			
7—7	施工期	自重(短暂工况)	1.15	1.207	0		
		自重+30%地下水(偶然工况)	1.05	1.062	0		
	运行期	自重+挂 120t 汽车(持久工况)	1.20	1.125	222		
		自重+30%地下水+挂 120t 汽车(短暂工况)	1.15	0.935	532		

4.3.5　治理设计方案

4.3.5.1　石棺材堆积体治理设计

初设阶段设计的石棺材堆积体包括 2 个区域，1 区位于地质剖面 1—1 附近，2 区位于地质剖面 4—4 和 7—7 附近。根据计算结果，为减少堆积体单宽剩余下滑力，可以采取后缘削坡减载、前缘回填反压或直接支挡等措施。

根据堆积体特点及实际地形条件，不宜采取后缘减载方案，也不具备回填压脚的可能。因此，石棺材堆积体治理采取抗滑桩支挡方案。

1. 石棺材堆积体 1 区治理设计方案

石棺材堆积体 1 区位于地质剖面 1—1 附近，控制范围约 60m 宽。现箐马公路开挖时对此处的 4#变形体治理时采取抗滑桩支挡+反压回填措施。

本阶段，箐马公路适当内移。根据稳定性复核结果，公路内移后，堆积体沿 SZK12 附近局部变形时将产生单宽剩余下滑力为 4000kN/m。

根据箐马公路开挖方案，公路内侧现有的抗滑桩仍能发挥作用。按原设计报告，现有抗滑桩截面 2m×3m，桩间距 5m，设计单宽支挡力约 1460kN/m。因此，尚有 2540kN/m 的单宽剩余下滑力需要支挡。

为确保石棺材堆积体 1 区整体安全，本阶段在箐马公路内侧布置 2 排抗滑桩，每排桩支挡单宽剩余下滑力 1270kN/m。其中，原抗滑桩外侧紧邻公路内侧布置一排断面为 2m×3m 的 A 型抗滑桩，桩间距 6m，平均桩长 20m，嵌岩段长度 9m；高程 662m 平台布置一排断面为 3m×4m 的沉头 B 型抗滑桩，桩顶沉入地表以下 5m，桩间距 7m，平均桩长 33m，嵌岩段长度 15m。对于沉头 B 型抗滑桩，桩头以上部分用碎块石或石渣回填密实。经稳定复核，桩顶以上不存在越顶问题。

2. 石棺材堆积体 2 区治理设计方案

2 区位于地质剖面 4—4 和 7—7 附近，宽约 150m。本案例边坡开挖对石棺材崩坡积体的下部进行切脚，挖除了已实施的方形抗滑桩、挡墙等结构。

根据稳定性计算结果，石棺材堆积体 2 区 4—4 剖面最大单宽剩余下滑力 3375kN/m，7—7 剖面最大单宽剩余下滑力 3013kN/m。为此，在箐马公路内侧布置 2 排抗滑桩进行支挡，4—4 剖面每排桩支挡 1700kN/m 的单宽剩余下滑力，7—7 每排桩支挡 1550kN/m 的单宽剩余下滑力。抗滑桩断面统一为 2. 5m×3. 5m(C 型)，桩间距 6m，前排桩沿箐马公路内侧布置，平均桩长 22m，嵌岩段长度 9m；后排桩沿高程 660m 马道平台布置，平均桩长 27m，嵌岩段长度 12m。

为减少大规模开挖对崩坡积体的扰动，防桩间土及碎石滚落威胁行人车辆安全，箐马公路内侧前排抗滑桩桩间设简支挡土板。为防止石棺材崩坡积体在边坡开挖时产生变形破坏，抗滑桩应在箐马公路内移之前施工完毕。先实施后排抗滑桩，后实施前排抗滑桩。抗滑桩施工开挖时应跳槽开挖，防止全线临空。

3. 桩间防护措施

前排抗滑桩沿箐马公路内侧布置，箐马公路形成后，前排抗滑桩桩顶与路面之间形成高度3~5m的悬臂长度，采用钢筋混凝土桩间板支挡，防止桩间土体挤出。挡板长度按抗滑桩间距控制，一般按相邻两桩净间距+1m实施。挡土高度小于3m的部位，桩间板厚度25cm；挡土高度大于3m的部位，桩间板厚度40cm。桩间板可在后期桩头开挖出露后，在两桩之间现浇形成，板与桩体通过在抗滑桩侧壁布置插筋连接。桩头外露部分凿毛后用M30水泥砂浆抹平。

4. 坡面防护措施

根据有限元计算结果，1—1剖面高程662m平台以上边坡存在浅表层变形可能。但根据现场调查情况来看，自从2003年实施回填压脚以来，该部位稳定条件较好。故本阶段对高程662m以上的堆积体暂不采取措施，仅在高程662m平台沿抗滑桩轴线设置一道拦石墙，墙高2m，墙体基础底宽3m。

4—4剖面和1—1剖面之间的低凹处可采用碎块石回填，坡面形态与周围地形一致；7—7剖面两排抗滑桩之间坡面顺坡修整平顺，采用混凝土格构锚杆支护并在坡面植草防护，锚杆长度为3m和6m，格构间距2.5m×3m。

前后两排桩之间的格构及坡面排水沟按原设计断面恢复。

5. 2#渡槽边坡

2#渡槽建基面内侧至箐马公路之间为坡比1∶1、高度18m的S_2h软岩边坡，采用“锚筋桩+混凝土面板”支护，锚筋桩采用3ϕ32mm钢筋，钻孔直径130mm，锚筋桩间距2.5m×3m，深度12m、15m、20m相间布置。坡面采用C25现浇钢筋混凝土面板防护，面板上部厚度50cm，下部厚度100cm，高程625m平台设置宽度2m的宽墙趾，顺坡向分缝，缝宽5cm，用沥青填充。锚筋桩与混凝土面板钢筋焊接。

坡面设ϕ91mm排水孔，间距2.5m×3m，孔深3~10m，采用MY8复合排水体进行孔内保护。坡脚设排水沟。

6. 3#通航明渠边坡

3#通航明渠建基面内侧至箐马公路之间砂岩边坡坡比1∶1，高度9.5m。采用C25钢筋混凝土格构+锚杆支护，格构断面为30m×40m(宽度×高度)，间距2.5m×3m，每15m设一道伸缩缝，缝宽5cm。

锚杆采用ϕ25mm钢筋，长度按9m、6m相间布置，钻孔直径76mm。格构内植草皮防护。

坡面设 ϕ91mm 排水孔，间距 2.5m×3m，孔深 3~10m，采用 MY8 复合排水体进行孔内保护。

7. 3#渡槽边坡

箐马公路外侧 3#渡槽边坡整体破坏时，有 1507kN/m 的单宽剩余下滑力。为此，沿高程 625m 马道设置一排抗滑桩，抗滑桩断面 2m×3m(A 型)，平均桩长 18m，桩间距 6m，嵌岩段长度 9m。

为解决高程 625m 平台以上堆积体的稳定性问题，对高程 625m 以上的坡比陡于 1∶1.3的公路边坡(主要为 625~633.5m)采用锚筋桩+混凝土格构支护，坡比缓于1∶1.3 的公路边坡采用锚杆+混凝土格构支护。

坡面格构采用 C25 混凝土结构，断面为 40m×50m(宽度×高度)，间距 2.5m×3m，每 15m 设一道伸缩缝，缝宽 5cm。格构内采用土工格栅培土并植草防护。

高程 633.5m 以上部位的锚杆或锚筋桩按长度 9m 和 15m 相间布置，锚杆采用 ϕ28mm 钢筋，钻孔直径 91mm；高程 633.5m 至 625m 之间的锚筋桩按长度 20m 和 25m 相间布置，锚筋桩采用 3ϕ32mm 钢筋，钻孔直径 130mm。

坡面设 ϕ91mm 排水孔，间距 2.5m×3m，孔深 3~10m，采用 MY8 复合排水体进行孔内保护。

石棺材堆积体治理平面布置见图 4-42。

4.3.5.2 支护结构设计

1. 抗滑桩结构设计

抗滑桩内力计算采用 K 法。1—1 和 4—4 剖面锚固段基岩主要为石牛栏组 S_1sh^2 强风化钙质砂岩或砂岩夹灰岩。7—7 剖面锚固段基岩主要为韩家店组 S_2h^{1-2}强风化或微新黏土岩，类比工程经验，查表取 S_1sh^2 强风化钙质砂岩的弹性抗力系数为 400MN/m^3，S_2h^{1-2}黏土岩的弹性抗力系数为 150MN/m^3。抗滑桩嵌岩段桩侧岩土允许压应力为：S_1sh^2 强风化钙质砂岩段小于 3MPa，S_2h^{1-2}黏土岩段小于 2MPa。计算软件采用北京理正岩土软件。

A 型抗滑桩断面 2m×3m，桩中心间距 6m，1—1 剖面原抗滑桩外侧紧邻公路内侧平均桩长 20m，嵌岩段长度 9m，设计支挡力 1270kN/m；1—1 剖面高程 625m 平台部位平均桩长 18m，嵌岩段长度 9m，设计支挡力 1507kN/m。

B 型抗滑桩断面 3m×4m，桩中心间距 7m，平均桩长 33m，嵌岩段长度 15m，布置于

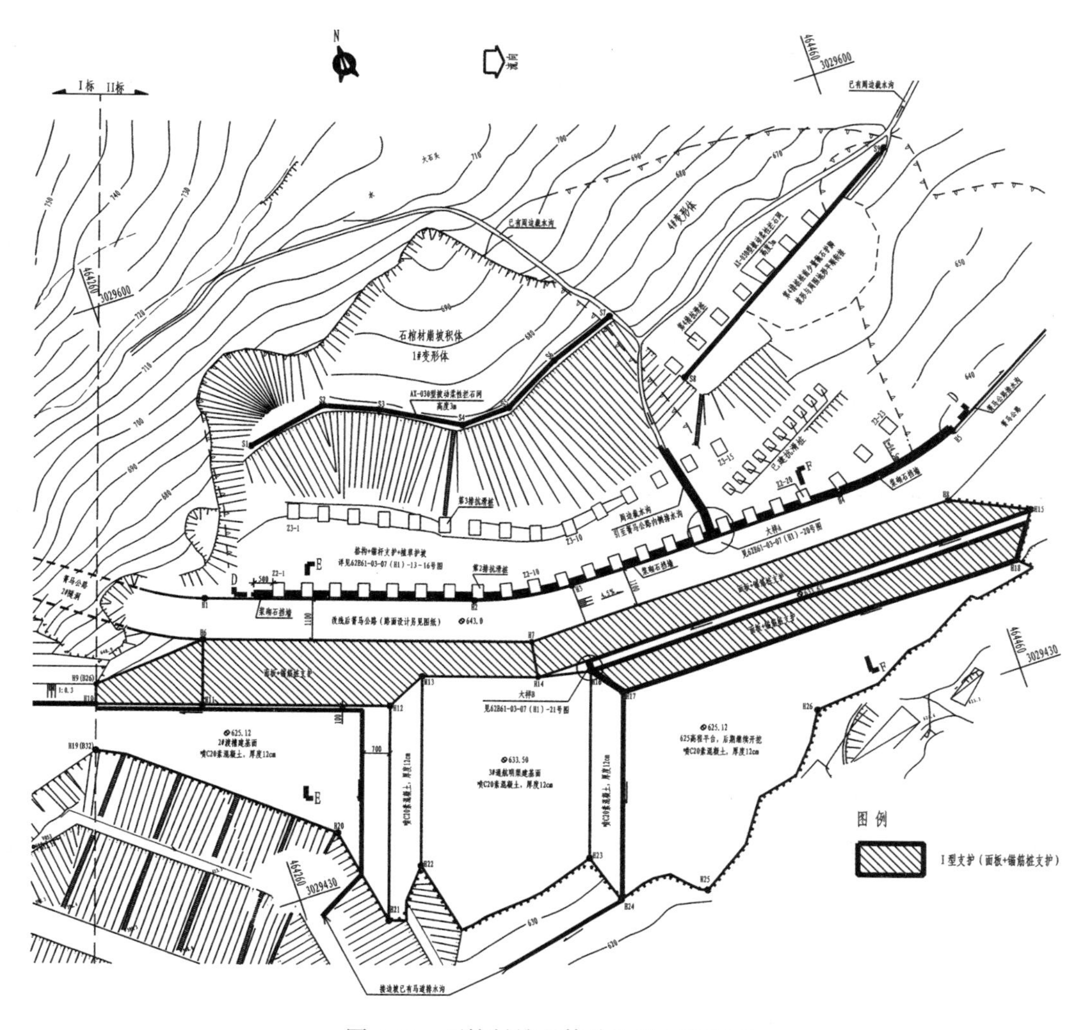

图 4-42　石棺材堆积体治理平面布置图

1—1 剖面高程 662m 平台内侧。设计支挡力 1270kN/m。

C 型抗滑桩断面 2.5m×3.5m，桩中心间距 6m，分两排布置于 1#变形体所处的 4—4 和 7—7 剖面公路内侧。4—4 每排桩设计支挡力 1700kN/m(嵌岩段为砂岩)，7—7 每排桩设计支挡力 1550kN/m(嵌岩段为黏土岩)。后排桩平均桩长 27m，嵌岩段长度 12m；前排桩平均桩长 22m，嵌岩段长度 9m。

抗滑桩的内力计算结果特征值见表 4-55 和图 4-43～图 4-47。桩身采用 C30 三级配混凝土，纵筋采用 HRB400 钢筋，箍筋采用 HRB335 钢筋。

表 4-55　抗滑桩内力特征表

项　目	单位	A 型桩(2m×3m)		B 型桩(3m×4m)	C 型桩(2.5m×3.5m)	
		1—1 公路内侧前排	1—1(公路外侧 625m 平台)	1—1 公路内侧后排	7—7 前排	4—4 后排
外侧最大弯矩	kN·m	57197	58817	103106	81539	99456
最大剪力	kN	9360	11999	10671	16071	12240
桩顶位移	mm	45	59	50	62	62
桩基最大土反力	kPa	2506	2058	1941	1996	2660

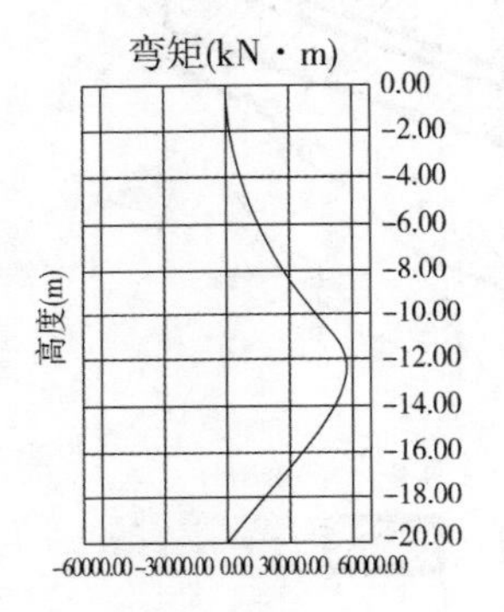

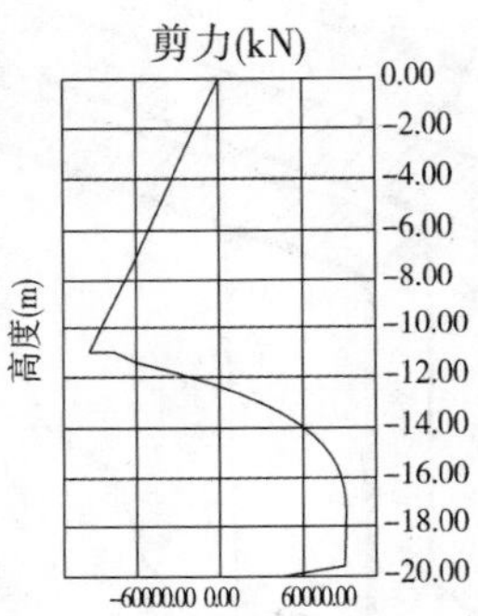

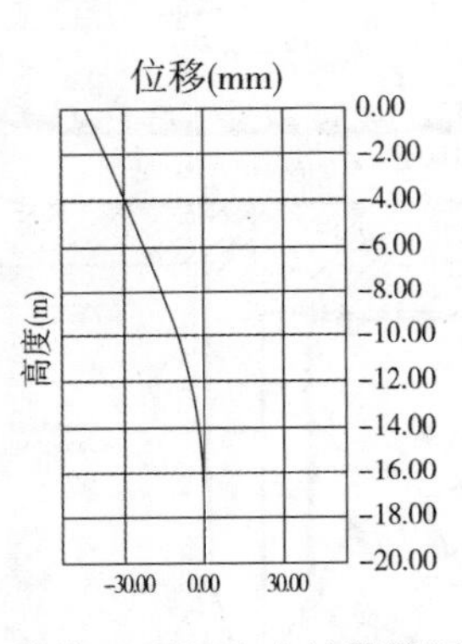

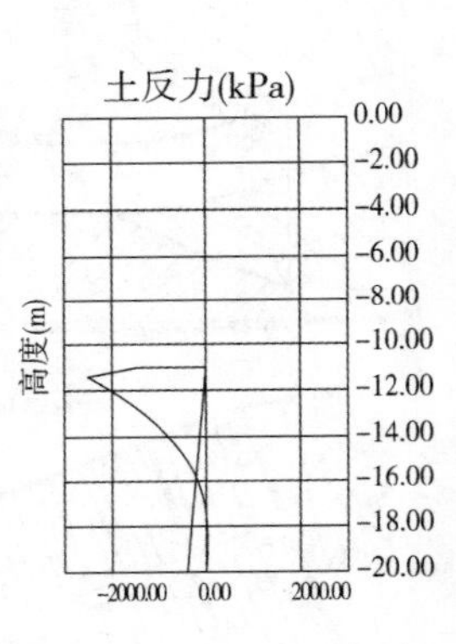

图 4-43　1—1 剖面公路内侧前排 A 型桩内力计算简图

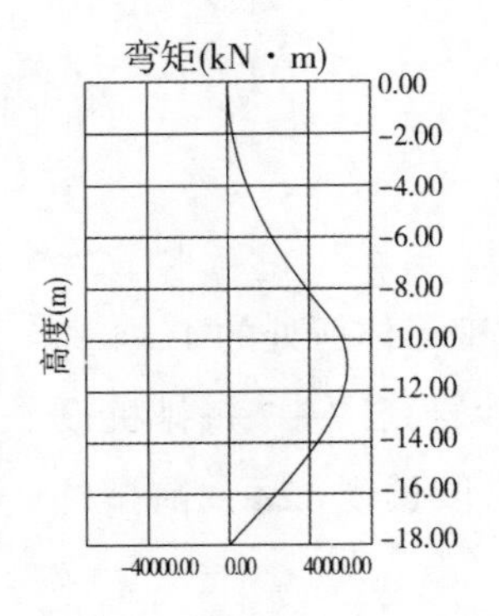

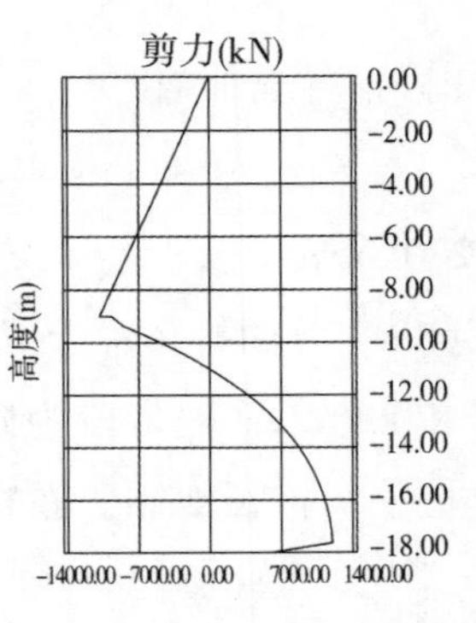

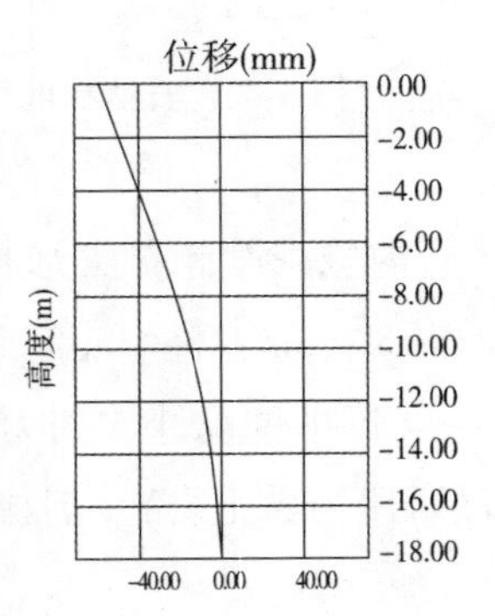

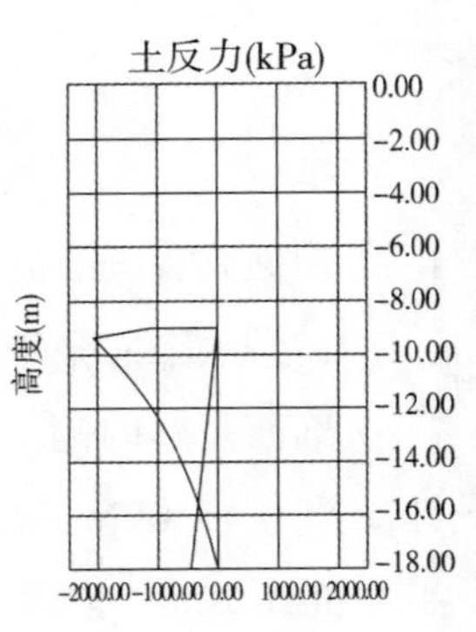

图 4-44　1—1 剖面公路外侧 625m 平台 A 型桩内力计算简图

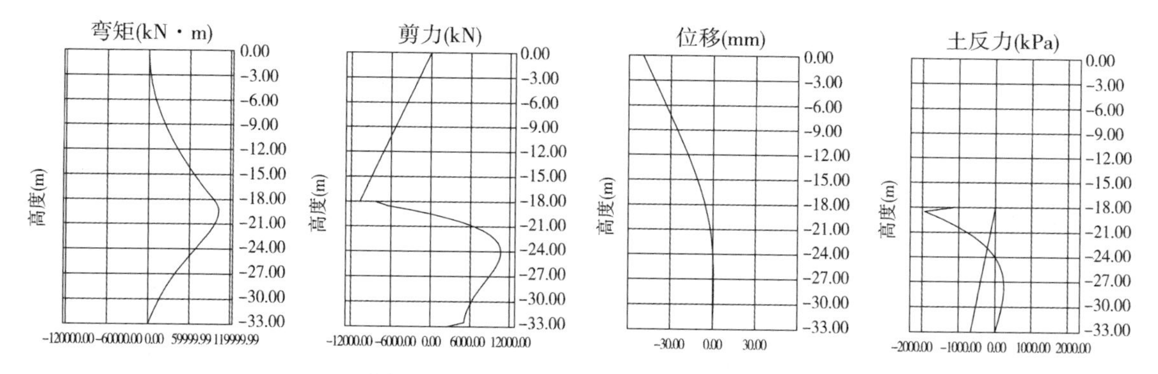

图 4-45　1—1 剖面 B 型桩内力计算简图

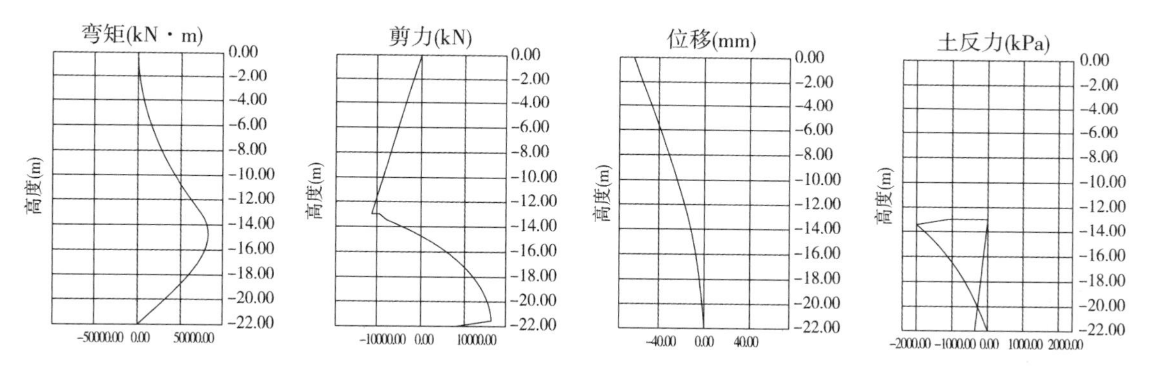

图 4-46　7—7 剖面公路内侧前排 C 型桩内力计算简图

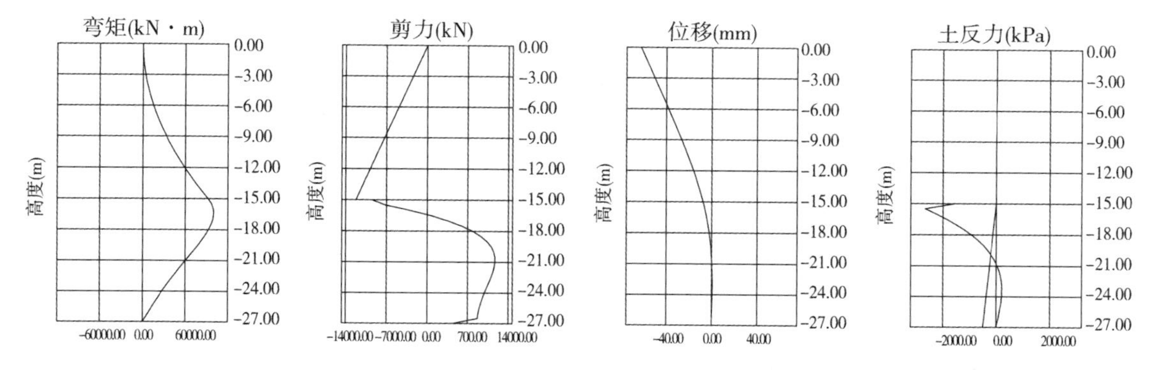

图 4-47　4—4 剖面 C 型桩内力计算简图

2. 桩间板设计

挡板采用预制混凝土板，按受均布荷载的简支板进行内力计算，每块板宽 0.6m，根据不同深度采用不同的板厚，同类板以其下缘的土压力或滑坡推力进行设计。挡板采用 C25 混凝土。挡板的荷载取滑坡推力与土压力荷载的大值进行设计。经计算，挡板的厚度一般为 25~40cm。

3. 锚筋桩设计

根据 1—1、7—7 剖面稳定性计算结果，为解决 1—1 剖面公路外侧边坡沿高程 625m 马道的越顶问题及 7—7 剖面的 S_2h 软岩边坡稳定问题，拟在 1—1 剖面高程 625~633.5m 之间布置 4 排锚筋桩，7—7 剖面高程 625~643m 之间布置 6 排锚筋桩，锚筋桩统一下倾 15°，每根锚筋桩间距为 2.5m、排距 3m。经试算，每根锚筋桩轴向设计抗拔力为 300kN 时，边坡安全系数均可满足设计安全系数。因此，单根锚桩抗拔设计值取 300kN。

按《建筑边坡工程技术规范》(GB 50330—2002)，锚筋桩的钢筋截面按下式确定：

$$A_s=\frac{\gamma_0 P_\varepsilon}{\xi_2 f_y}=\frac{1.1\times300\times1000}{0.69\times300}=1594.2(\text{mm}^2) \tag{5-1}$$

式中，钢筋轴心抗拉强度设计值 $f_y=300\text{MPa}$。

锚桩拟采用 3 根 HRB335 级钢筋，单根钢筋直径应不小于：

$$d=\sqrt{\frac{4\times1594.2}{3\times3.14}}=26(\text{mm})$$

综合考虑，锚桩采用 3ϕ32mm 钢筋结构。锚桩深入潜在滑面以下一定深度，钻孔直径 130mm。内锚段所提供的锚固力，必须大于轴向拉力设计值。由于锚固段岩体为强风化软岩，参照相关规范及经验，风化岩体与砂浆锚固体的黏结强度值取 $f_{rb}=180\text{kPa}$。锚固段长度按下式计算：

$$L_1=\frac{\gamma_0\psi\gamma_u\gamma_v\gamma P_t}{\pi Dc}=\frac{1.1\times1.0\times1.0\times1.2\times1.15\times300}{3.14\times0.13\times180}=6.25(\text{m}) \tag{5-2}$$

综合考虑，锚固段长度不小于 6.5m。

4.3.5.3 石棺材堆积体治理效果有限元分析

由于石棺材堆积体规模巨大，岩性、物质成分及形态复杂，存在不同的破坏模式，为了探索边坡开挖后采用抗滑桩支挡的效果，本阶段选取 1—1 剖面，采用有限元方法对其进行数值分析。

1. 计算模型建立

首先采用 ANSYS 建立模型，模型网格及计算坐标系如图 4-48、图 4-49 所示，模型 X 轴向两侧、Z 轴向两侧及岩体底部均施加法向约束。

计算分析软件采用 FLAC3D。将 ANSYS 建立起来的模型导入 FLAC3D，采用默认的六面体单元离散，其中，抗滑桩与堆积体之间设置接触面。

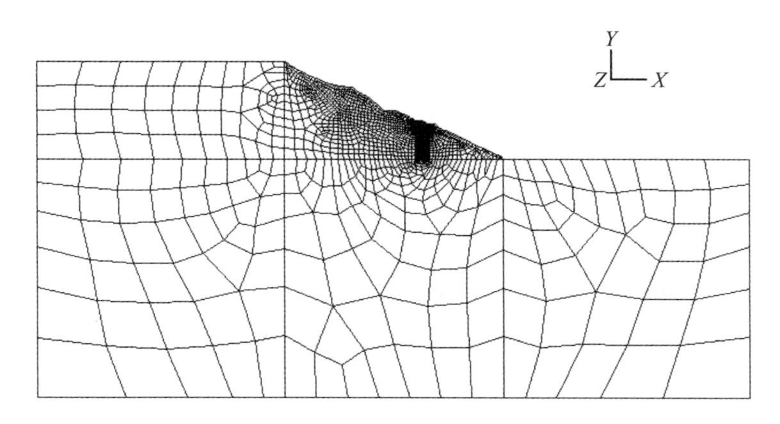

图 4-48　整体网格

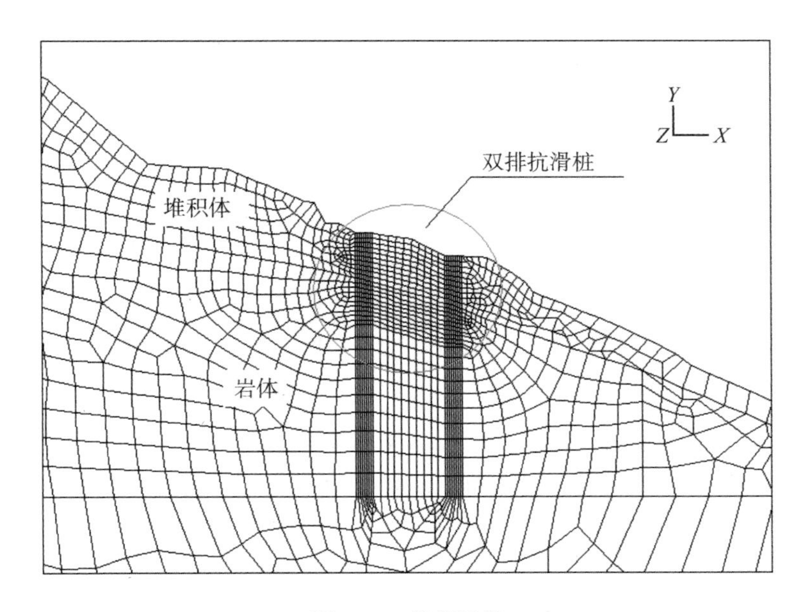

图 4-49　局部网格

2. 材料参数选取

抗滑桩、堆积体及岩体的材料特性如表 4-56 所示。

表 4-56 材料参数

	天然容重（kN/m³）	变形模量（MPa）	泊松比	黏聚力（kPa）	内摩擦角（°）
抗滑桩	24	29	0.17		
堆积体	21	29	0.4	8.5	26
岩体	26	2000	0.3	500	30

接触面法向刚度与剪切刚度根据 FLAC3D 用户手册推荐公式计算取值，利用桩周土的模量和网格密度等条件估算等效刚度为 548GPa。现场浇注桩的桩土界面较粗糙，接触面摩擦特性较好，因此接触面黏聚力、内摩擦角均取堆积体参数的 0.8 倍左右。

3. 计算成果分析

计算分三步进行：第一步计算设桩以前漫长历史时间里，堆积体和岩体在重力作用下的变形和应力，得到模型设桩前的初始自重应力；第二步在模型中加入双排抗滑桩，将堆积体和岩体材料属性定义为弹塑性，导入初始自重应力，采用 M-C 屈服准则进行非线性计算；第三步计算前缘开挖后的情况(图 4-50~图 4-53)。

1—1 剖面二维有限元计算结果表明：

(1)从塑性区分布来看，仅开挖后在抗滑桩前出现小范围的塑性区，石棺材堆积体整体处于安全状态。

(2)抗滑桩施工及堆积体前缘开挖对高程 662m 平台以上的变形体无影响。回填平台以上局部区域的 X 轴向位移最大值为 70cm，说明石棺材堆积体浅表层可能产生局部变形。但变形范围有限，仅限于高程 662m 以上、大石头平台前缘。根据现场情况，自从 2003 年实施回填压脚以来，石棺材堆积体高程 662m 平台以上部位稳定条件较好。综合考虑，暂不治理，仅在高程 662m 平台设一道拦石墙以防止滚石危及坡下公路安全。

4.3.5.4 实施过程中变更

在构皮滩石棺材崩坡积体治理抗滑桩实施过程中，业主要求长江设计院将抗滑桩中部分纵向受力钢筋改为旧钢轨。长江设计院接到上述联系单后，要求对旧钢轨进行抽样检

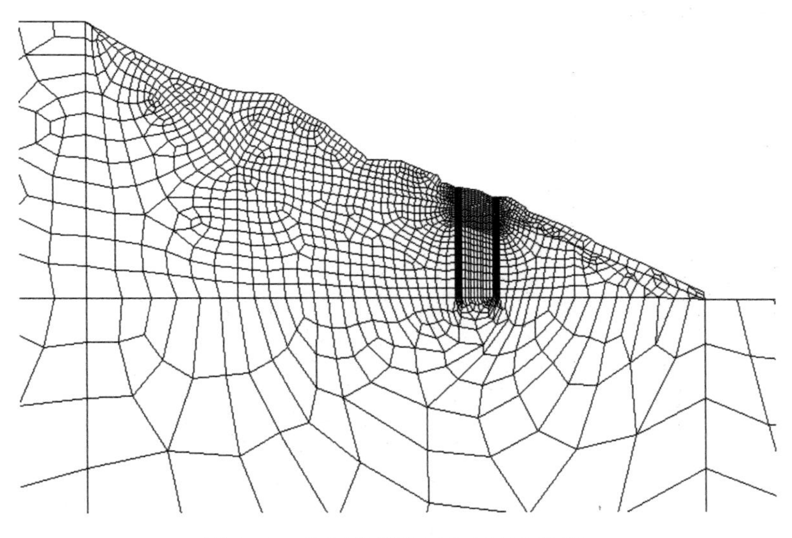

图 4-50　堆积体塑性区分布(开挖前)

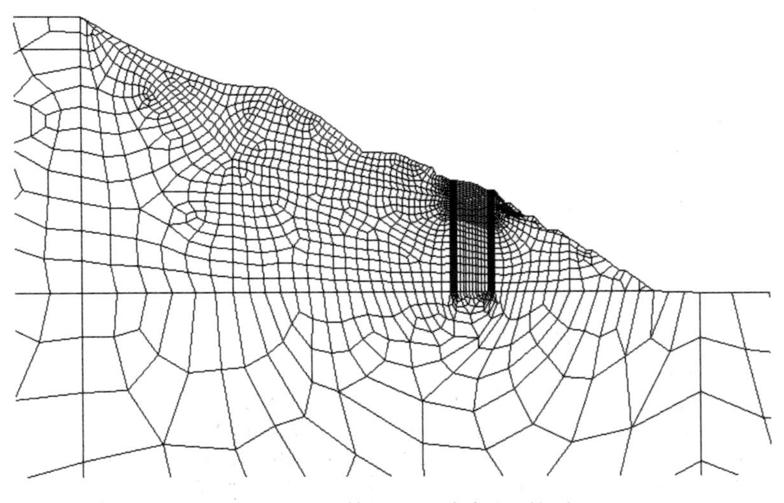

图 4-51　堆积体塑性区分布(开挖后)

测，做钢轨抗拉试验，试验成果见图 4-54。

2012 年 4 月 2 日，业主组织召开业主、设计、监理及施工四方会议，同意在石棺材抗滑桩中采用 P43 旧钢轨替代部分纵向受力钢筋。为确保工程安全，对钢轨替代钢筋的原则及施工要求明确如下：

(1)存在裂纹、弯曲和锈蚀严重的钢轨不得用于抗滑桩工程。

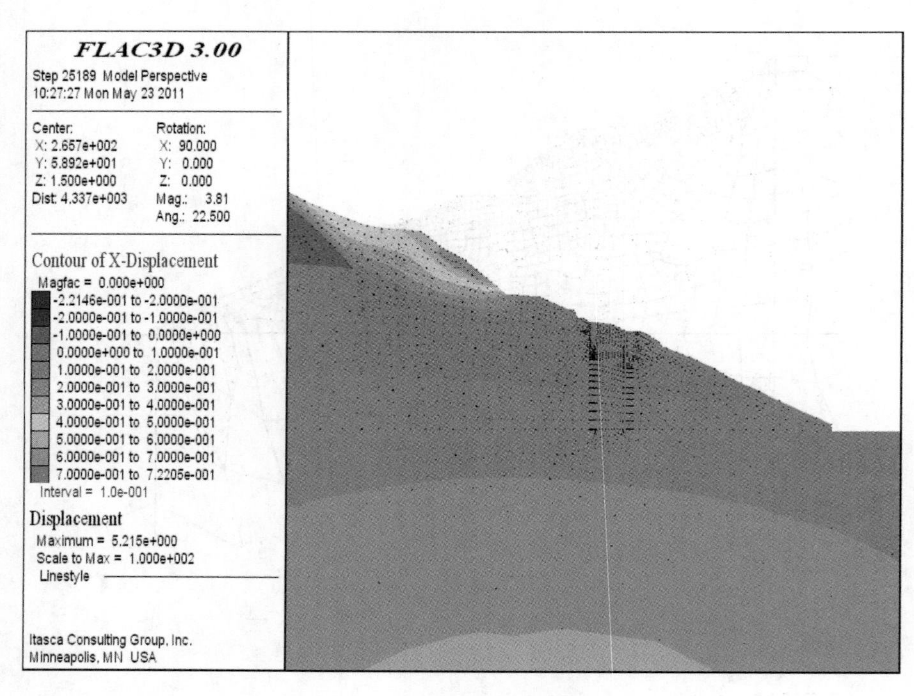

图 4-52　X 轴向位移云图及合位移矢量图(开挖前)

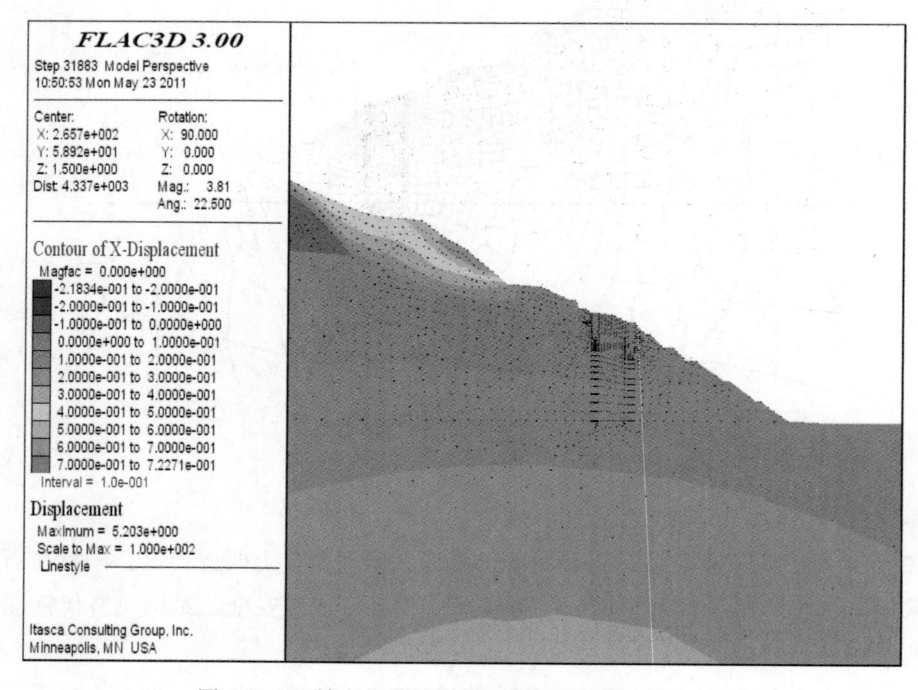

图 4-53　X 轴向位移云图及合位移矢量图(开挖后)

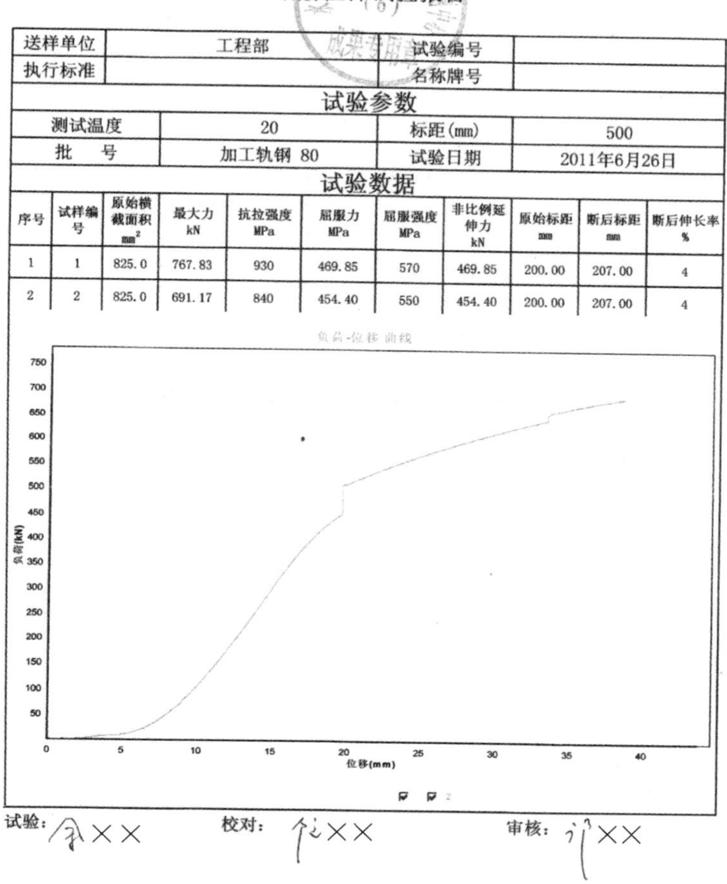

钢筋拉伸试验报告

送样单位	工程部	试验编号	
执行标准		名称牌号	

试验参数			
测试温度	20	标距(mm)	500
批　号	加工轨钢 80	试验日期	2011年6月26日

试验数据										
序号	试样编号	原始横截面积 mm^2	最大力 kN	抗拉强度 MPa	屈服力 MPa	屈服强度 MPa	非比例延伸力 kN	原始标距 mm	断后标距 mm	断后伸长率 %
1	1	825.0	767.83	930	469.85	570	469.85	200.00	207.00	4
2	2	825.0	691.17	840	454.40	550	454.40	200.00	207.00	4

试验：××　　校对：××　　审核：××

图 4-54　旧钢轨拉伸试验报告

(2)使用钢轨的抗滑桩，每根 P43 旧钢轨可替代 5 根直径 36mm 的钢筋，钢轨长度及布置方式见图 4-55。

(3)钢轨使用前应除锈，接头可先采用 P43 鱼尾板连接，再用厚度 2cm 的钢板帮焊。施工时应采取可靠的钢轨连接及焊接工艺，不得降低钢轨力学性能。

(4)基岩与覆盖层分界面上、下 4m 范围内不得有钢轨接头，且同一截面部位的钢轨接头数量不超过钢轨总数的 1/3。

(5)沿钢轨表面每 50cm 左右帮焊一块钢板角料或短钢筋，对钢轨加糙。

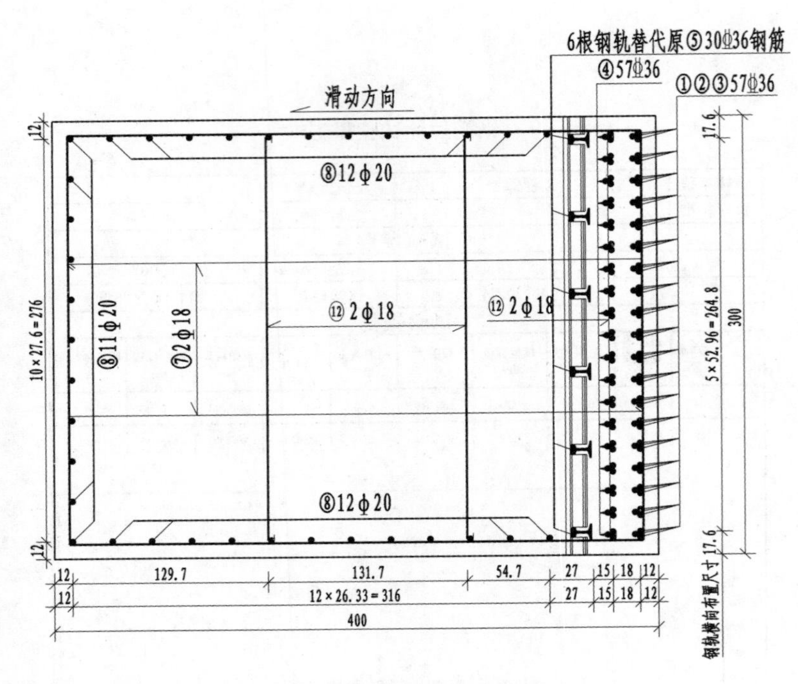

图 4-55　旧钢轨拉伸试验报告(单位：mm)

(6)施工时应采取措施对钢轨予以固定，确保钢轨定位及混凝土浇筑过程中井下人员作业安全。

4.3.6　治理效果分析

石棺材崩坡积体布置了测斜孔、多点位移计等多种监测设施，监测设施平面布置见图4-56。

工程完工后，经过近8年运行期监测，监测数据分析如下。

1. 测斜孔

崩坡积体下滑方向水平位移变化小，最大累计合位移约为20mm，没有出现异常的波动，测斜孔典型位移曲线见图4-57。

2. 多点位移计

整体变形量不大，最大变形量为-0.98~8.41mm，现基本已趋于稳定状态。典型多点位移计位移过程曲线见图4-58。

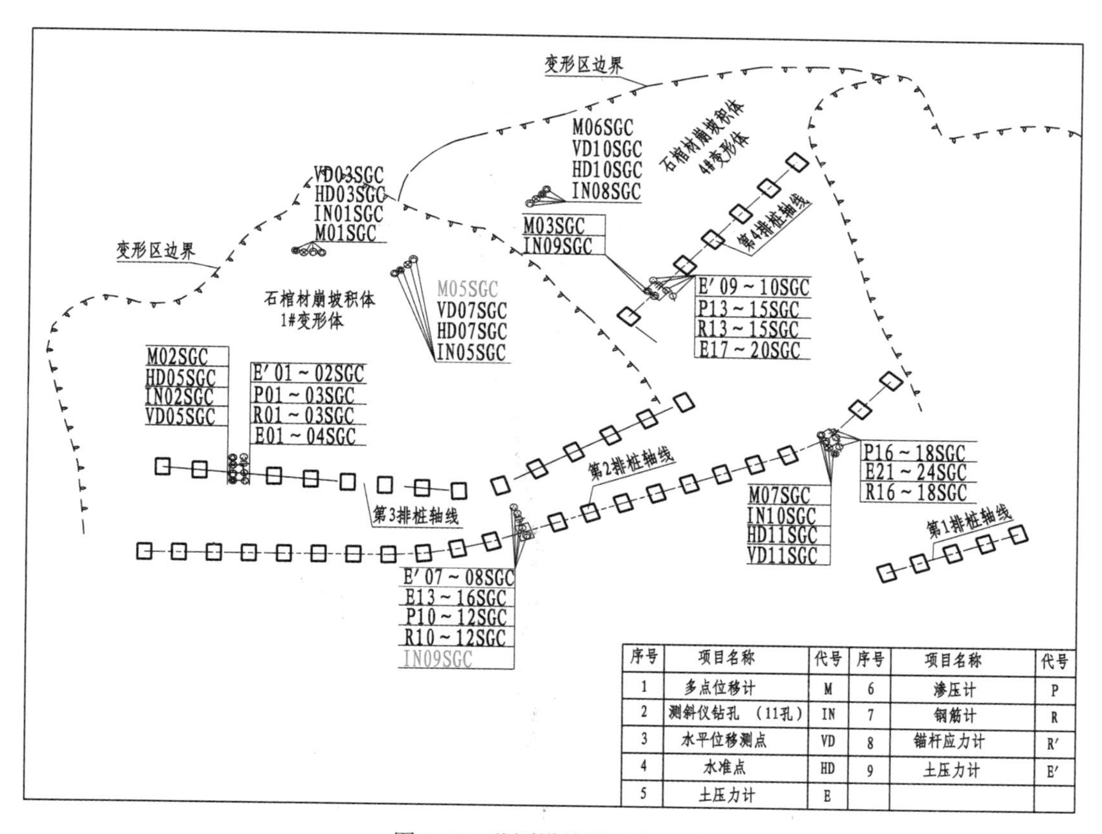

序号	项目名称	代号	序号	项目名称	代号
1	多点位移计	M	6	渗压计	P
2	测斜仪钻孔 （11孔）	IN	7	钢筋计	R
3	水平位移测点	VD	8	锚杆应力计	R′
4	水准点	HD	9	土压力计	E′
5	土压力计	E			

图 4-56 监测设施平面布置图

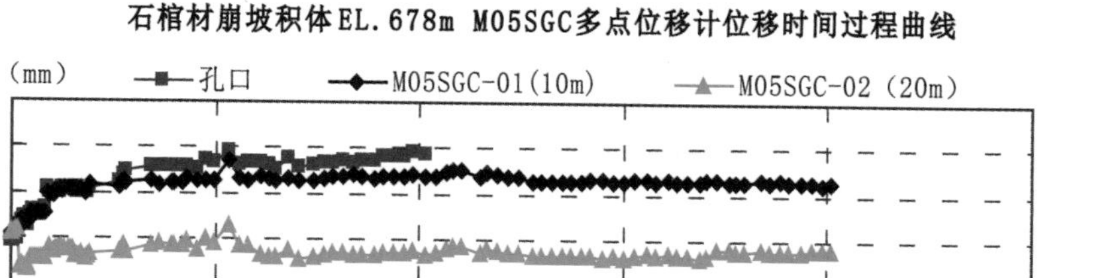

图 4-57 典型多点位移计位移过程曲线

3. 应力应变监测

钢筋计应力变化量为-1.04～0.78MPa，各测点应力变化均较小，未发现异常；锚杆应力计应力变化量为 0.87MPa；应力变化不大，未发现异常；土压力计各测点应力变化均

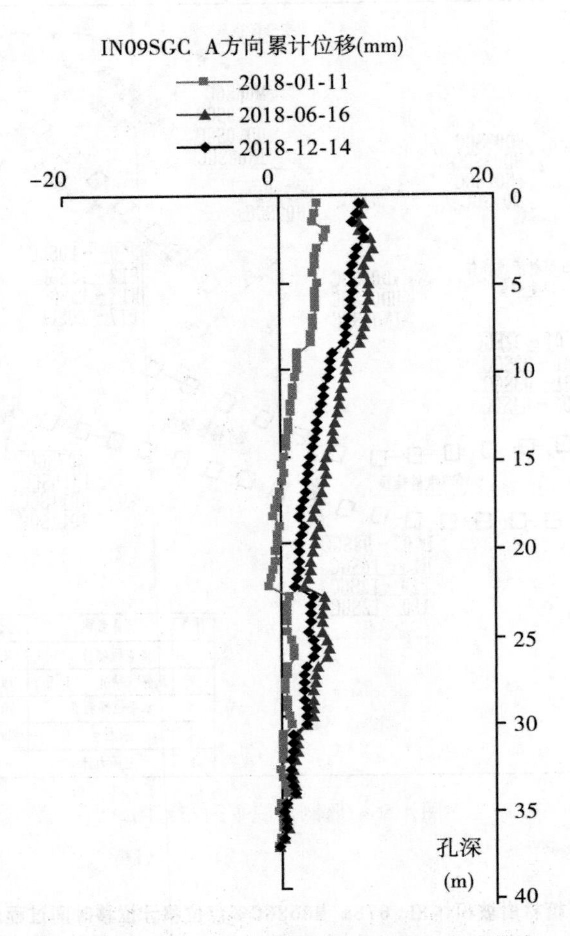

图 4-58 EL. 661. 18m 测斜管 IN09SGC 位移曲线

较小。

4. 渗流监测

石棺材崩坡积体埋设的渗压计渗透压力变化量均不大，渗压计水头变化量为 −0. 34~0. 44m。

5. 运行情况

2014 年 7 月 14—18 日，4 天时间内乌江渡—构皮滩区间面降雨量为 181. 3mm，构皮滩水电站枢纽区降雨量为 254mm，降雨强度约为 100 年一遇，崩坡积体内地下水位超过设计稳定计算地下水位，但是监测数据显示，石棺材崩坡积体变形较小，依然保持稳定。

6. 结论

经过 8 年监测数据分析及 2014 年暴雨工况检验，可得出如下结论：石棺材崩坡积体采用大截面钢轨抗滑桩进行治理是十分成功的，取得了良好的经济效益和社会效益。

4.4　巫山滑坡群治理

巫山作为我国著名的旅游城市，其新县城处于一批不同类型、规模巨大的超级滑坡群上，其中最大的玉皇阁滑坡方量约 $3.35\times10^7 m^3$。滑坡的典型性及治理的复杂性在整个三峡库区具有极强的代表意义。

滑坡治理过程中，设计方案充分兼顾城市规划、生态景观和人文需求，治理过程中坚持动态设计与施工，综合采用了多种形式的抗滑桩、立体网络排水、超高挡土墙等多项支挡技术。不仅保证了城市安全，还提升了道路交通、港口码头、市政管网、旅游文化等功能，新增了数千亩城市建设用地，成为滑坡治理与城市建设相结合的典范。

从 2003 年三峡水库蓄水至今，整个滑坡群及县城主要构筑物均运行正常(图 4-59)。

图 4-59　巫山县城滑坡群治理前后全貌对比图

4.4.1 玉皇阁崩滑堆积体

玉皇阁崩滑堆积体(图4-60)位于长江左岸巫山新县城主城区内，长江岸坡高漫滩以上。崩滑堆积体上游以四道沟为界，下游以头道沟西支沟为界，横宽760~800m；崩滑堆积体后缘位于广东路内侧与祥云路之间，高程300~320m，剪出口处于长江岸边洪水位以上，高程为124~150m，纵长500~700m。分布面积$4.75\times10^5m^2$，方量约$3.325\times10^7m^3$。

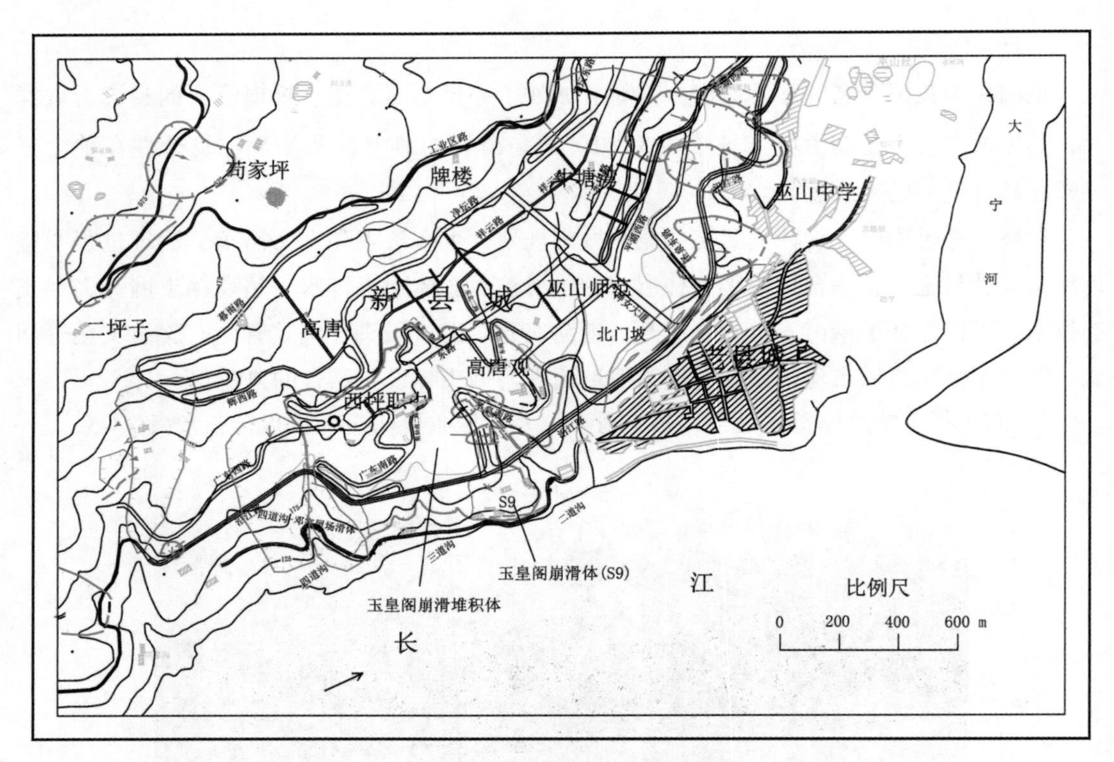

图4-60 玉皇阁崩滑体(S9)、崩滑堆积体位置图

崩滑堆积体前缘厚度40~80m，西坪职中一带厚100~198m。西侧水厂新址一带厚74~90m，高唐观一带厚60~110m。崩滑堆积体厚度总体特征是以玉皇阁、西坪职中一线为轴线，中间厚，东西两侧稍薄。前缘及中部下伏基岩面较舒缓，横向上(平行长江)中部(玉皇阁一带)略低。

玉皇阁崩滑体(S9)为玉皇阁崩滑堆积体前缘解体的次级崩滑体，位于巫山九码头上方，东起二道沟，西至玉皇阁导航站，后缘高程200m，前缘高程98m，呈舌形向二道沟沟口凸出，纵长210m，横宽190m，呈扇形分布，面积约$3.06\times10^4m^2$，体积为$4.0\times10^5m^3$左右。崩滑体厚度前缘较薄，一般为7~13.5m，中后部较厚，一般为20~30m。前缘下伏

基岩及长江岸边为 T_2b^1 泥灰岩、泥质灰岩。

据地勘结果评价，玉皇阁崩滑堆积体整体处于基本稳定状态，但前缘坡体松散，坡高岸陡，稳定性差，三峡水库蓄水后将会产生滑坡与崩塌型库岸再造，预测最大塌岸宽度为390余米，塌岸后缘高程可达280m(黄海高程)。堆积体中部和后部的西坪职中平台、高塘、高唐观一带已迁入大量的迁建单位及新建移民住房(公安局、西坪职中、南峰小学、检察院、司法局、教育局、建委、计委、工商联、县委组织部、自来水厂、计生委、国土局、发展银行、农业银行等60余家)，而且该区的移民迁建工程仍在继续。三峡水库蓄水前玉皇阁崩滑堆积体前缘处于长江洪水位以上，长期受冲沟等中的流水侵蚀，但总体处于稳定状态。影响崩滑堆积体稳定性的主要不利因素是地下水，降雨、后部地下水以及城市生活水是地下水的主要补给源，堆积体的饱水状态决定其稳定性。三峡水库蓄水后，堆积体前缘被淹没，其稳定性将进一步降低，前缘次级崩滑体将失稳滑移，社会影响十分严重，其后果不堪设想。

玉皇阁崩滑堆积体的前缘稳定性不仅关系到新县城的大片建筑及众多人民生命、财产的安全，而且严重制约了巫山县城主城区沿江路及污水管网等工程的建设。因此，对玉皇阁崩滑堆积体进行治理是非常必要的。

4.4.1.1　工程概况

玉皇阁崩滑堆积体处于长江岸坡高漫滩以上，高程80~250m为陡坡，其中高程160~185m分布狭窄的侵蚀缓坡，一般平均地形坡角30°~47°。高程250m以上至苟家坪大致有三级缓坡平台(图4-61)：①西坪职中平台，平台高程250~280m，平台宽300~370m，坡角5°~20°，缓倾长江。②高唐平台，台面高程340~375m，台面宽120~220m，地形坡角15°左右，缓倾南东方向，平台前缘以20°~35°陡坡与西坪职中平台相连。③苟家坪平台，台面高程500~550m，平台宽300~450m，地形坡角5°~25°，后部呈弧形凹槽形态。各级平台之间为陡坡或陡坎，坡角30°~40°。

玉皇阁崩滑堆积体一带出露地层由老到新为下三叠统嘉陵江组第四段，中三叠统巴东组第一、二、三段以及第四系上更新统和全新统。区内大型崩滑体多分布于巴东组地层内，巴东组地层为易滑地层，有三峡库区“地质灾害地层”之称。因巴东组地层岩性以碎屑岩类为主，黏土矿物含量高，呈软硬相间产出，其中黏土岩、泥灰岩属于软岩且具有膨胀性，这种地层在斜坡地带容易产生变形破坏。

玉皇阁崩滑堆积体前缘为长江，东侧为头道沟西支沟，西侧为四道沟；中部有二道沟、三道沟纵切，二道沟长约1370m，由北向南切割玉皇阁崩滑堆积体；三道沟流向170°，冲沟切深30~40m，冲沟顶缘宽60~90m，沟底平均纵坡角24.7°。其汇水区域东以

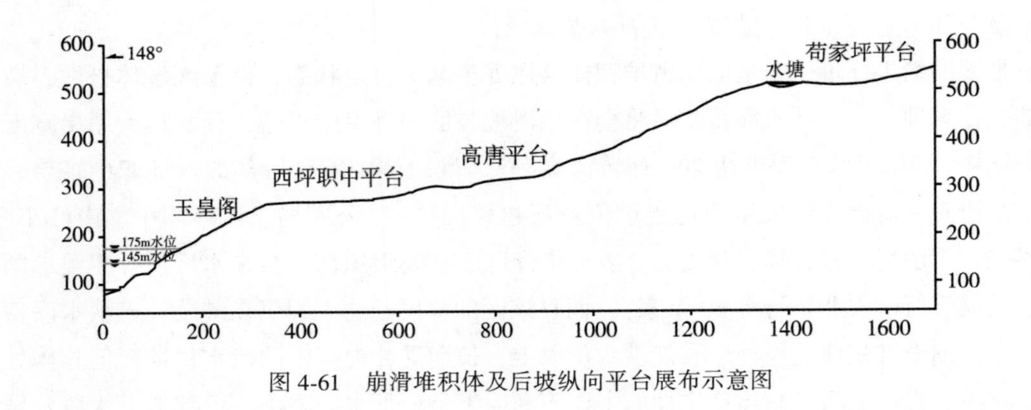

图 4-61　崩滑堆积体及后坡纵向平台展布示意图

二道沟、牌楼、四方井为界，西以四道沟、二坪子为界，北至铜盆地，集水面积约 1.4km^2。

区内的地下水主要为地表降水补给，地表水对地下补给较为丰富，一般地表降水多下渗转为地下水，从冲沟沟底一带以下降泉的形式排泄。当前由于新县城的建设，冲沟基本被填堵，地表排水功能发生改变，主要依赖城市雨水、污水等排水系统，同时生活污水等城市用水也成为崩滑堆积体的又一补给源。

除大气降水补给外，还有后部山体地下水补给，因而玉皇阁崩滑堆积体地下水较丰富，地下水露头位于四道沟、三道沟、二道沟、头道沟等处，流量较大，长年不干，流量较稳定，水位亦较稳定。据玉皇阁一带钻孔地下水位观测，前缘剪出口部位稳定地下水位埋深为 22.6~25m，靠近三道沟局部钻孔观测稳定地下水位埋深为 32.4~47.4m，地下水位于滑动带附近。

前缘附近下伏基岩 T_2b^1 地层，岩性为灰黄色泥灰岩、泥质灰岩，呈薄层—中厚层状，层间挤压破碎带发育，构造岩多为钙质、泥质胶结角砾岩，少量碎块岩及碎裂岩、断层泥。岩体破碎，裂隙发育，风化强，岩石多呈散体结构，属极劣岩体。崩滑体地表物质分为四个区：破碎岩体区、碎块石土区、碎石土区和含砾粉质黏土区。崩滑体内存在明显的滑动带和大量软弱带(次滑带)。软弱带主要特征为挤压、错动现象较为明显，部分土层中存在光滑镜面，局部不明显，总体上软弱带中砾的磨圆程度、黏性土的含量均不如滑动带。

1. 崩滑堆积体主要变形特征

1)玉皇阁崩滑堆积体周边的变形情况

据调查访问，上西坪—高唐—高唐观一带在 20 世纪 40 年代曾产生地裂缝，长 800~1000m，有 0.6~1m 高的错落，裂缝位置基本集中在上西坪至巫山水泥厂、高唐一带；

1947年，大约在上西坪至水泥厂曾产生长约1km的地表裂缝，沿裂缝产生错落，错落坎高两尺至一丈高(约66.67cm至3.33m)。裂缝部位处于T_2b^3与T_2b^2分界偏下部位。

近年未发现总体变形现象。但从苟家坪前缘至长江岸边局部曾产生变形破坏现象，在2001年以前变形与破坏现象无论是规模还是范围均不大，主要为公路边坡及陡坡地段的变形与破坏现象。

2)玉皇阁崩滑体堆积体局部变形破坏现象

玉皇阁斜坡及西坪职中一带地表测绘未发现崩滑堆积体及次级崩滑体有明显总体变形破坏现象，现阶段变形破坏表现为局部斜坡卸荷和地面裂缝，在崩滑堆积体两侧缘局部有浅层小型崩塌。在港监宿舍楼及崩滑堆积体东侧缘(二道沟右岸)有少量地表裂缝，分布高程分别为234m及195~200m。在宿舍楼基础与地面交界处，地面下沉2~5cm，港监宿舍前部堡坎亦见小型变形裂缝，其变形主要是填土的不均匀沉降及斜坡卸荷所致。在二道沟右岸沟口高程200m附近的坡地发现3条被表层土体填埋的地表裂缝，裂缝走向顺二道沟冲沟走向，张开宽度为4~7cm，深20~40cm，延伸长度不详。形成原因为二道沟深切，斜坡坡度大，且为松散堆积物，具备良好的临空面。

在二道沟沟口右岸及三道沟两侧地形坡度大，斜坡物质松散，表层崩塌现象较为普遍，规模一般数百方至数十方，一般发生在雨后。西坪职中东侧排污沟处由于简易公路的开挖而产生数百方的塌滑。塌滑物质主要为粉质黏土，可见小型滑面，其滑动原因为西坪职中污水在此排放，使表层粉质黏土性状变差，施工路开挖使其产生临空面。该处在1997年西坪职中建设住宅楼时挡墙也产生过变形开裂现象。

2. 影响玉皇阁崩滑堆积体稳定的主要因素

(1)玉皇阁崩滑堆积体整个斜坡的地质结构、地貌形态有利于滑坡的发生。

(2)新县城大规模建设对斜坡的扰动、开挖或切脚等人为不合理改造引发了局部、小型崩塌、滑移，并易诱发产生整体滑动。

(3)地表降水、污水的不合理排放易诱发产生滑坡。

(4)三峡水库蓄水后，崩滑堆积体前缘将位于水下，浅层和次级滑体将大部分淹没于水下，崩滑堆积体整体稳定性将有所下降，浅层和次级滑体将处于失稳滑移状态。

3. 崩滑堆积体破坏模式分析

根据玉皇阁崩滑堆积体的地形地质条件，崩滑堆积体可能的破坏模式主要有三种：①崩滑堆积体整体滑移；②崩滑体前缘物质沿揭露的次级滑带、软弱带滑移，包括玉皇阁崩滑体(S9)、砂砖厂后滑坡(S121)等；③考虑前缘次级滑体失稳(或崩岸后)后崩滑堆积体的整体稳定性。

1)崩滑堆积体整体滑移

勘察钻孔、竖井、平洞中揭示了明显滑动带，还揭示了大量软弱带。软弱带主要特征为挤压、错动现象较为明显，部分土层中存在光滑镜面(局部不明显)，细粒土主要为粉土、粉质黏土为主，黏粒含量少，塑性中—低，砾多以次棱角状为主，次棱角状—棱角状为辅，偶见次圆状，砾径为1.2~4cm为主，少量0.3~1.2cm，局部夹碎石土。软弱带及滑动带局部地段呈密集型发育。一般滑带中均见大量挤压光滑面，光滑面上见擦痕及擦槽，滑动带土体中挤压光滑面多呈短小、密集型发育，光滑面倾角多变，以缓倾较多。

目前，玉皇阁崩滑堆积体整体处于稳定状态，未见整体变形失稳迹象，但三峡水库蓄水后崩滑体下部被淹，地下水位抬高，滑带力学参数降低，其稳定性需进一步论证。

2)崩滑体前缘物质沿揭露的次级滑带、软弱带滑移

勘察中于玉皇阁前缘亦揭露了大量滑带与软弱带，主要分布于前缘 T_2b^2 物质与 T_2b^1 分界附近。

崩滑堆积体前缘滑带及软弱带厚0.6~3.4m不等，为紫红色、褐红色、黄色角砾质黏土。角砾呈棱角状—次棱角状，少量次圆状，粒径0.3~2.7cm，成分为紫红色泥质粉砂岩、青灰色粉砂岩、灰色灰岩、泥质灰岩，角砾表面见擦痕，磨光、磨圆现象明显。黏土呈湿—稍湿，可塑—硬塑状，塑性高，粘手、滑腻，黏土中有磨光镜面和线性擦痕。

3)前缘次级滑体失稳(或崩岸后)后崩滑堆积体的整体稳定性

为验证水库蓄水后前缘次级滑体失稳后，崩滑堆积体的整体稳定性情况，为治理工程方案选择与论证提供依据。

4.4.1.2 崩滑堆积体稳定性评价

1. 宏观地质判断

长江在玉皇阁段岸线较为顺直，二道沟在崩滑堆积体中纵向深切，最大深切100余米，崩滑堆积体经受长期侵蚀与剥蚀作用。崩滑堆积体前缘长江岸边及二道沟两侧有基岩出露，且在玉皇阁高程165~185m有冲积粉砂、粉质黏土(早期洪积物)分布，说明长期以来崩滑堆积体及蠕变岩体总体接受侵蚀且处于稳定状态，当前长江水位及冲沟水对其影响较小，后部西坪职中平台及玉皇阁斜坡地带汉代古墓保存较完整，近期未发现总体变形破坏现象。堆积体物质碎块石含量高、透水性较好、强度较高，有利于稳定。当前不稳定部位主要位于冲沟侧缘陡坡、陡坎、人工边坡处，这些地带有地表裂缝及崩塌现象，但涉及变形范围与规模不大，其诱发因素主要为地表降水、污水的不合理排放和人为不合理改造。从地形地貌上看，净坛路以下明显为堆积地貌，属于堆积区，即净坛路下方的稳定性应优于净坛路上方的稳定性。下西坪至高唐观平台是玉皇阁一带斜坡的主要抗滑段，平台

越宽越有利于稳定，靠近四道沟至高唐观平台宽度为224~306~412m，平台由西向东逐渐变宽。地形上，针对玉皇阁崩滑堆积体及深层蠕变岩体的稳定性，东侧较西侧有利。

三峡水库蓄水后，在二道沟以东高唐观(党校)山梁一带前缘高程190m以下有T_2b^2基岩岩体支撑，玉皇阁崩滑堆积体大部分分布在高程175m以上，不受水库蓄水影响。在二道沟至四道沟之间，玉皇阁崩滑堆积体前缘高程为120~150m，次级崩滑体(S9)前缘高程97~120m，临空条件好，在库水的长期浸泡下，库水位以下滑带强度必然降低，加上高水头的浮力，对玉皇阁崩滑堆积体以及前缘的次级崩滑体的总体稳定性不利，尤其是西侧三道沟—四道沟间，前缘平台宽度相对较窄(抗滑段短)，稳定条件相对较差。从崩滑堆积体的物质组成上，三道沟至四道沟之间前缘为T_2b^2破碎岩体，三道沟至二道沟之间为T_2b^3破碎岩体，前者的水稳性更差，易崩解、软化，因而更易在库水浸泡和波浪作用下产生崩塌，形成牵引失稳的破坏。

净坛路一线、法院迁建场地均存在一定程度的切脚，后部一直到苟家坪前缘均为顺向坡，坡体表层为残联滑体，下伏破碎顺向松动岩体，易诱发滑坡。但值得注意的是，居民提到的苟家坪后缘在1947年产生过地表裂缝，访问的老人居住在不同位置，所回忆的部位与事件基本相同，应视为发生过的事实，对裂缝的具体部位与原因有必要作进一步的调查与分析。

2. 稳定性计算分析

稳定性计算方法采用剩余推力法。计算考虑以下几种潜在滑动模式：①玉皇阁崩滑堆积体连同上覆破碎岩体滑移(图4-62~图4-64)；②崩滑堆积体前缘松散土体及次级崩滑体(如玉皇阁崩滑体(S9))失稳(图4-65~图4-73)；③假设前缘次级崩滑体或松散土体在水库蓄水后失稳，影响后部玉皇阁崩滑堆积体(深层)的稳定性。

1)计算荷载

①基本荷载有自重、建筑荷载(按实际建筑物分布)；②附加荷载主要为正常蓄水位条件下的静水压力，库水位骤降地下水来不及排出时的动水压力。

2)计算工况

①天然状态下，计算地下水位以钻孔实测地下水位为准。

②遇暴雨时崩滑体有50%处于饱和状态(自然暴雨)。

③假设遇特大连续暴雨时崩滑体完全处于饱和状态。

④三峡水库蓄水后，145m蓄水位。

⑤三峡水库蓄水后，175m蓄水位。

⑥三峡水库蓄水后，175m骤降至145m时(降速1m/d)。

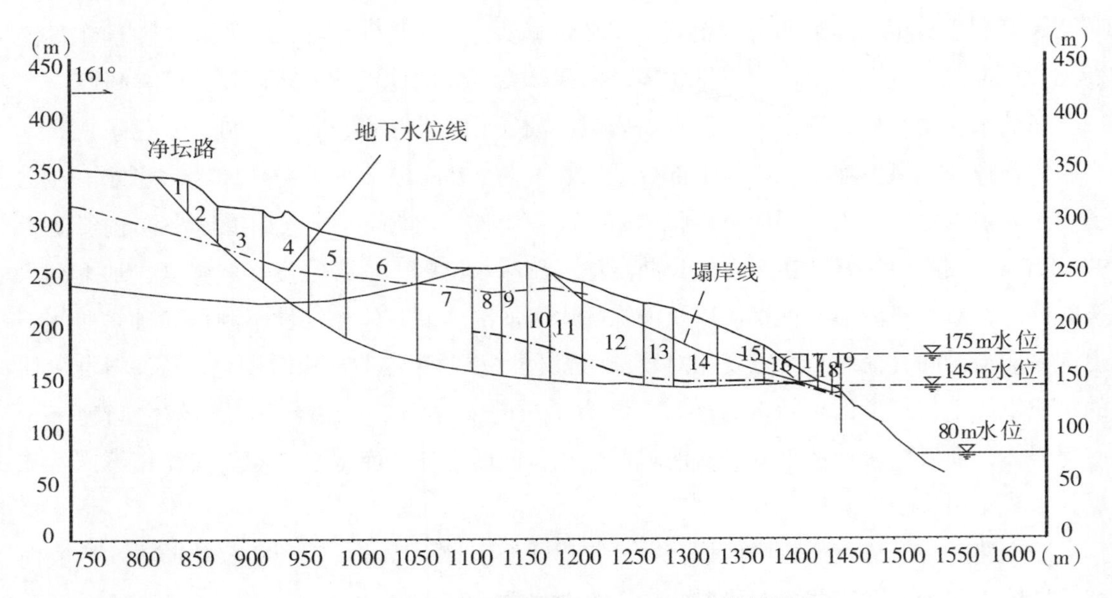

图 4-62　玉皇阁崩滑堆积体 1—1 工程地质计算剖面

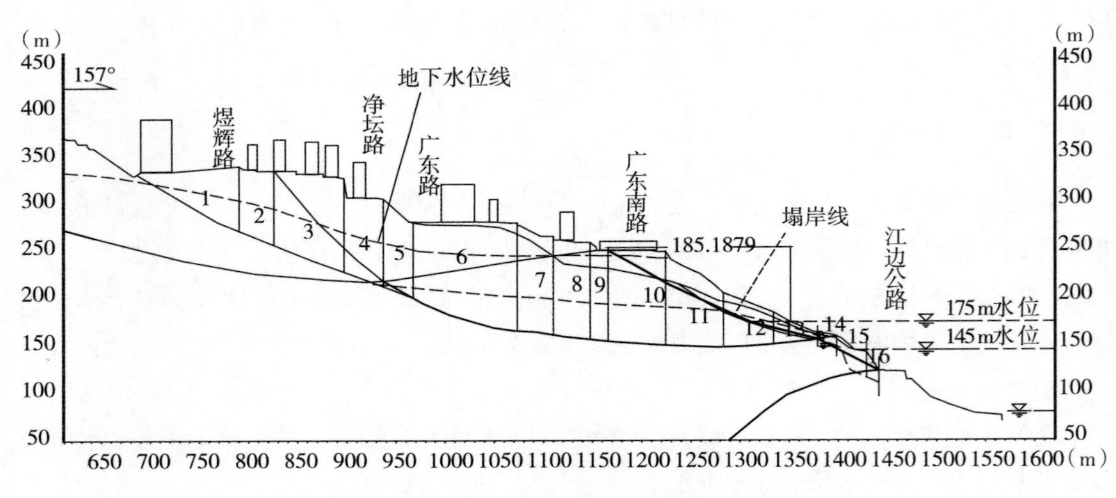

图 4-63　玉皇阁崩滑堆积体 2—2 工程地质计算剖面

⑦三峡水库蓄水后，175m 骤降至 145m 时(降速 1m/d)和地震(按基本烈度Ⅵ度，地震水平加速度 0.31m/s^2)的影响。

3)计算参数选取

稳定性计算参数主要根据以下 3 个方面确定：①滑体、滑带岩土室内与现场实验成果；②结合前期巫山地区勘探经验；③外围类似滑体进行比较参考。计算所采用的岩土参

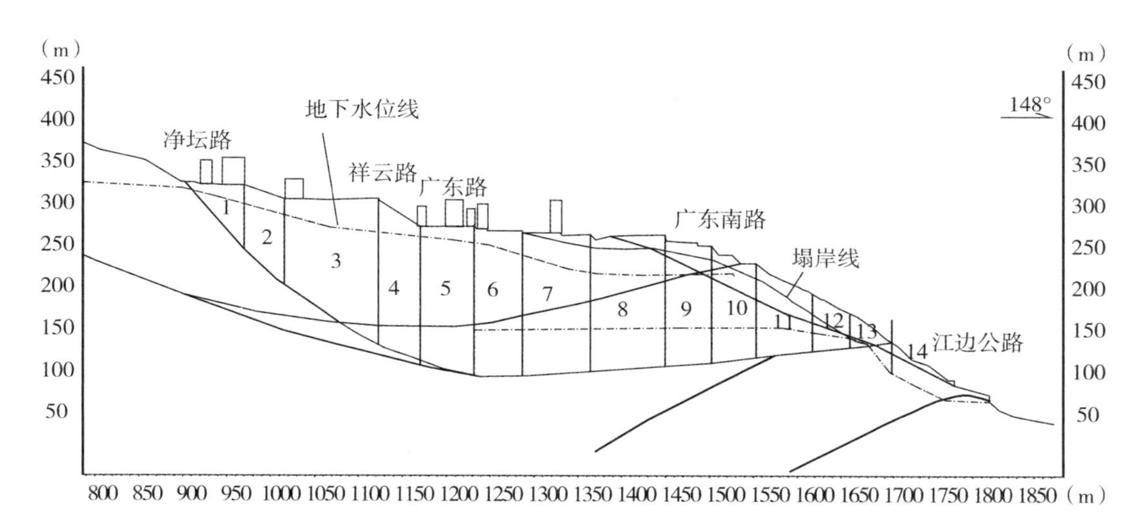

图 4-64　玉皇阁崩滑堆积体 3—3 工程地质计算剖面

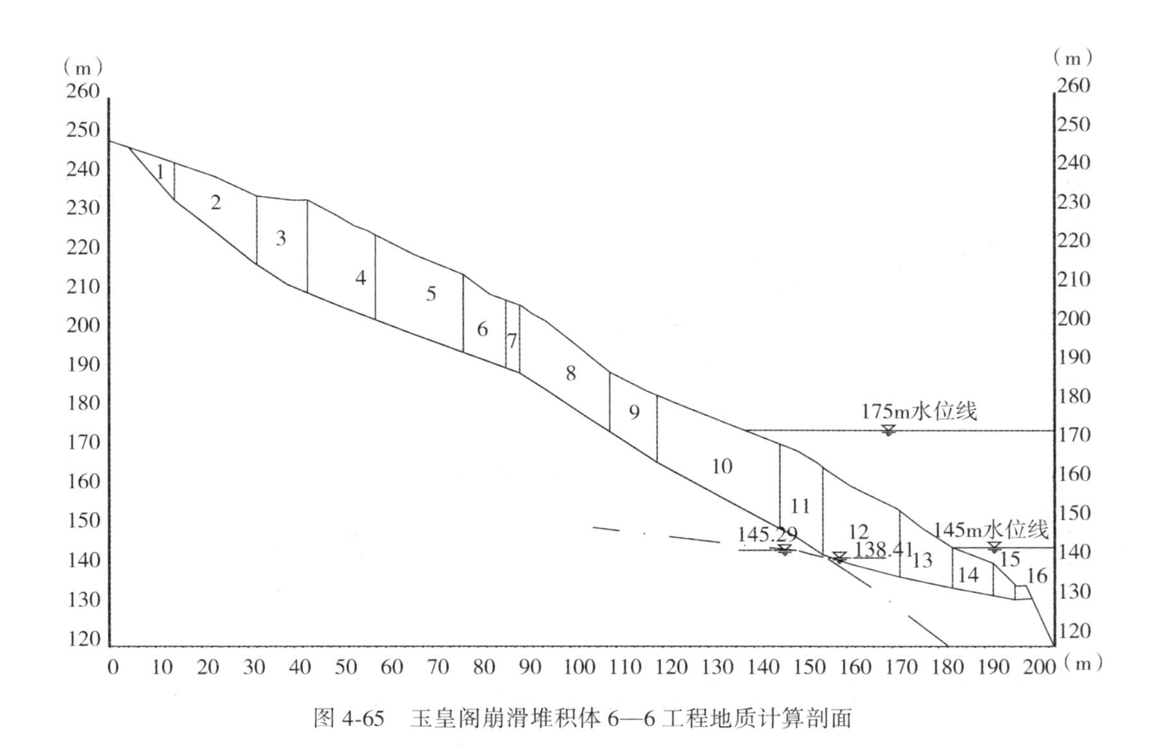

图 4-65　玉皇阁崩滑堆积体 6—6 工程地质计算剖面

数见表 4-57。对于玉皇阁崩滑堆积体上覆岩土体的参数，根据其存在较多软弱带，按 T_2b^3 物质组成的碎石土考虑。总的取值依据以现场实验为主，参考室内实验进行调整。

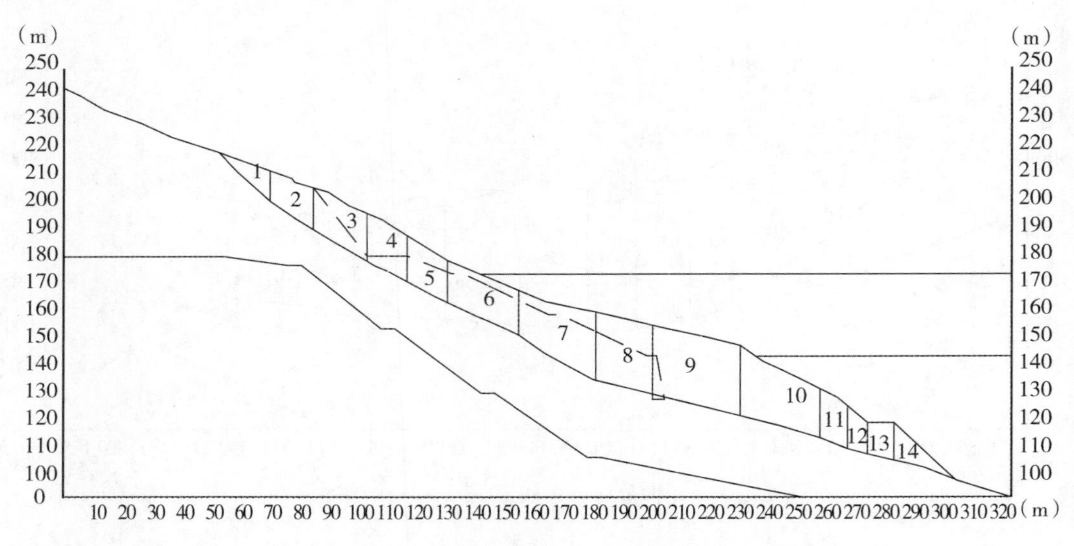

图 4-66　玉皇阁崩滑堆积体 7—7 工程地质计算剖面

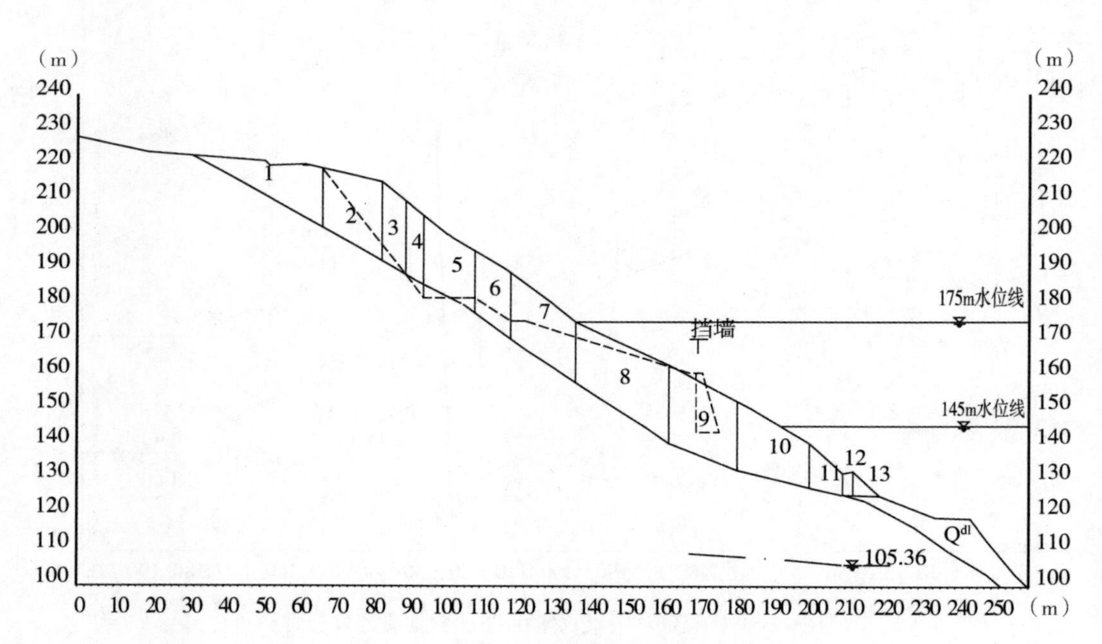

图 4-67　玉皇阁崩滑堆积体 8—8 工程地质计算剖面

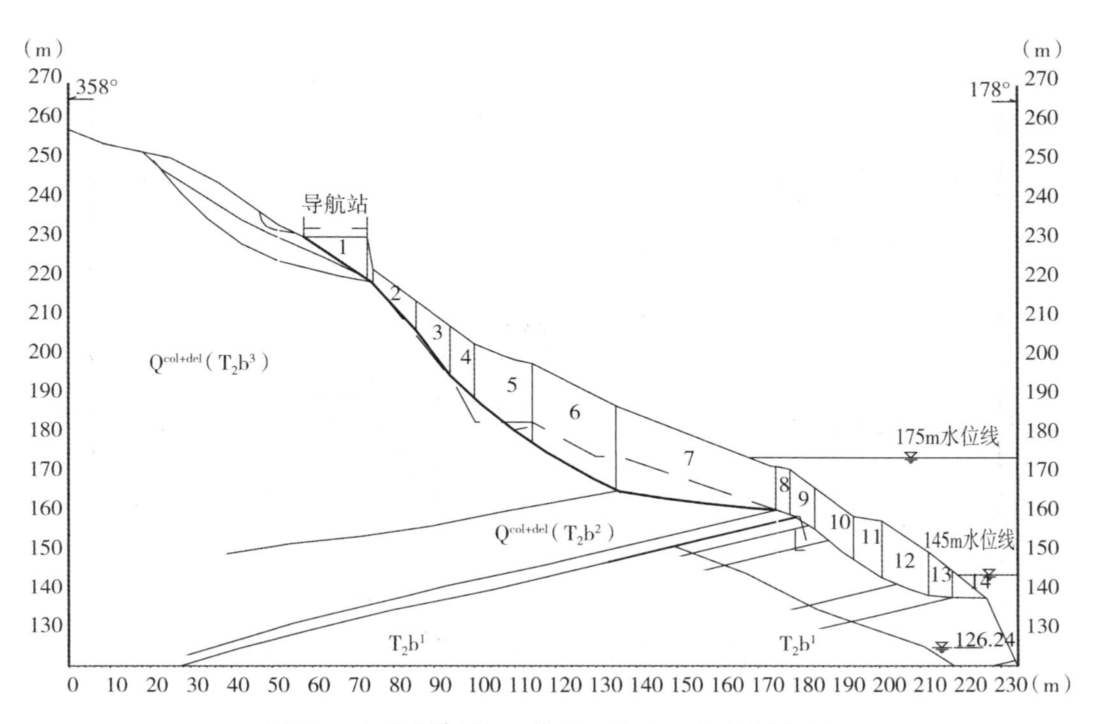

图 4-68　玉皇阁崩滑堆积体 12—12 工程地质计算剖面

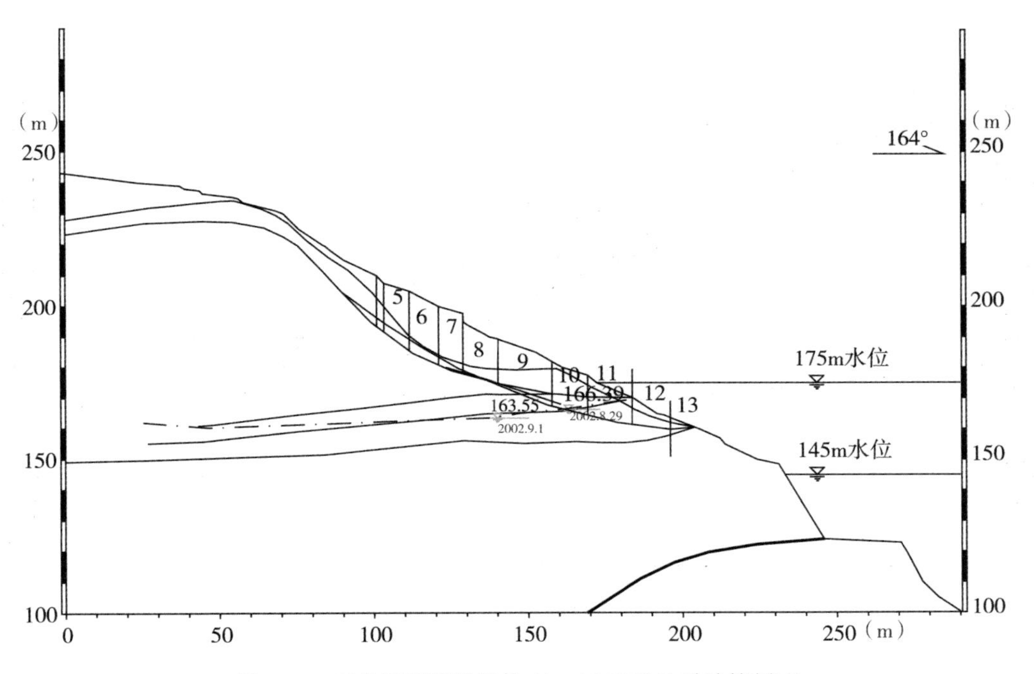

图 4-69　玉皇阁崩滑堆积体 13—13 工程地质计算剖面

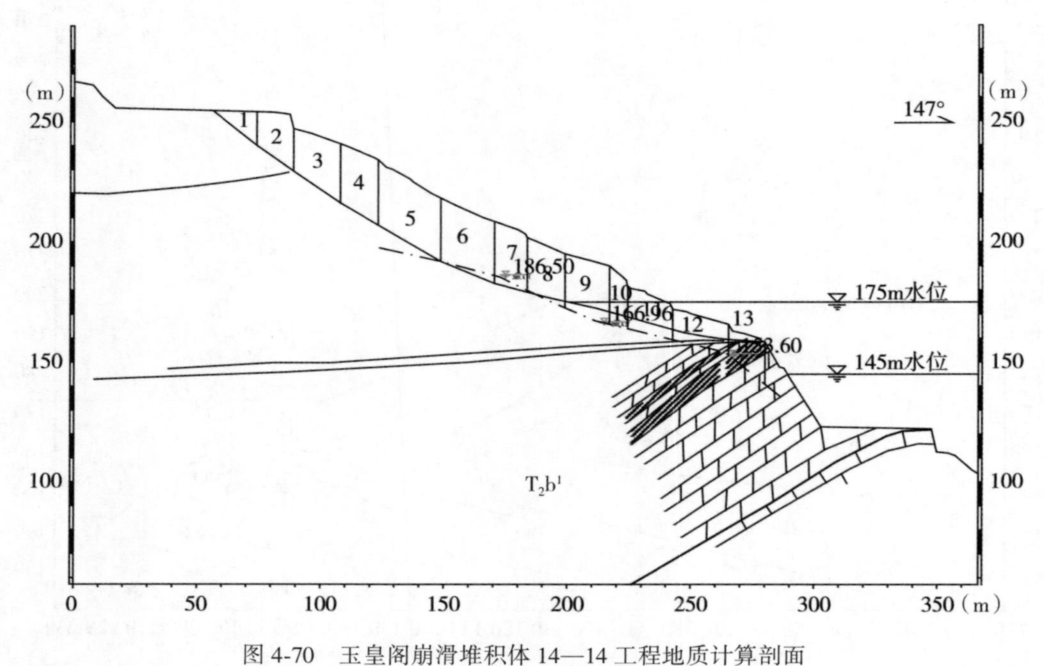

图 4-70　玉皇阁崩滑堆积体 14—14 工程地质计算剖面

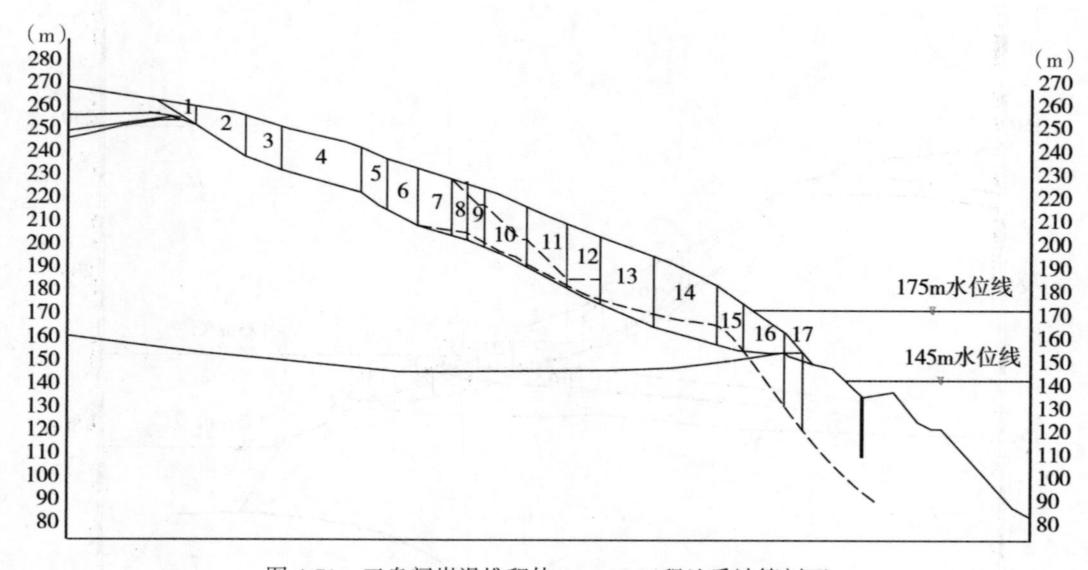

图 4-71　玉皇阁崩滑堆积体 15—15 工程地质计算剖面

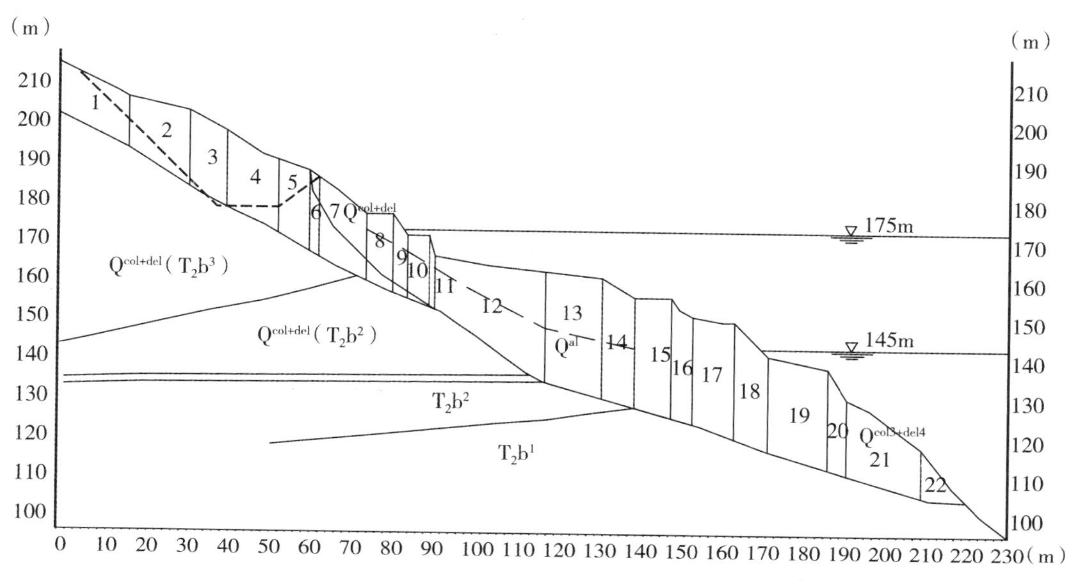

图4-72 玉皇阁崩滑堆积体33—33工程地质计算剖面

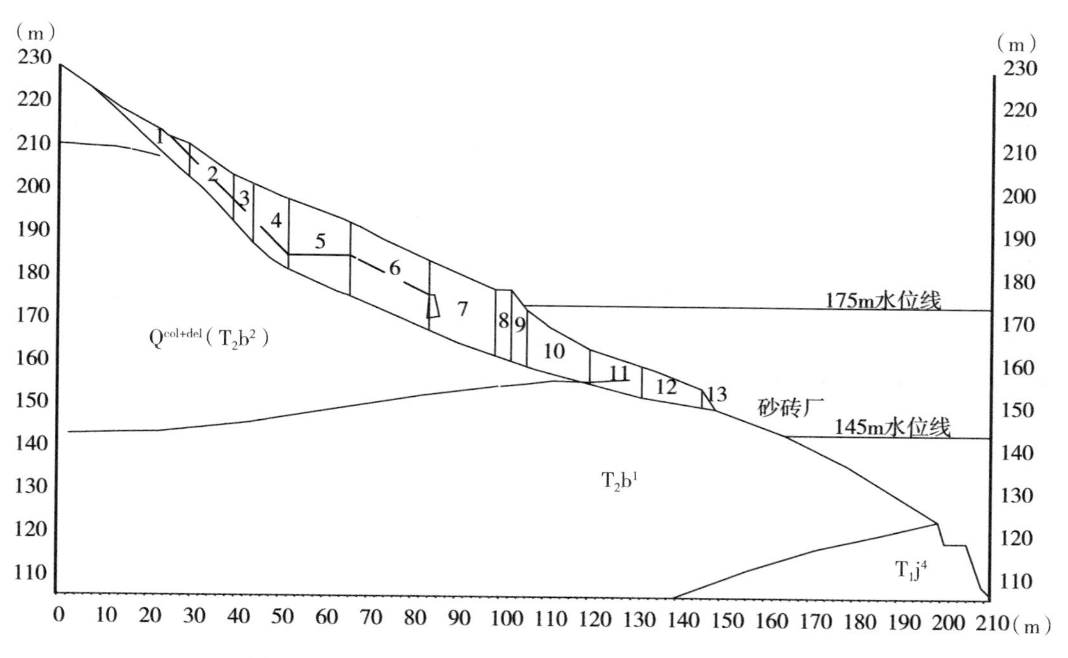

图4-73 玉皇阁崩滑堆积体35—35工程地质计算剖面

表 4-57　玉皇阁崩滑堆积体稳定计算参数采用值

岩土类型		稳定性计算采用值	
		天然	饱和
滑体土	(T_2b^3)碎石土	$w=21.0kN/m^3$　$c=23kPa$ $\phi=26.4°$	$w=21.4kN/m^3$　$c=15kPa$ $\phi=23.5°$
	(T_2b^3)块石(破碎岩体)	$w=25.0kN/m^3$　$c=50kPa$ $\phi=35°$	$w=25.4kN/m^3$　$c=30kPa$ $\phi=29°$
	(T_2b^2)碎石土	$w=20.9kN/m^3$　$c=17kPa$ $\phi=25.5°$	$w=21.0kN/m^3$　$c=10kPa$ $\phi=23.1°$
	(T_2b^2)块石(破碎岩体)	$w=25.4N/m^3$　$c=20\sim50kPa$ $\phi=28.80°$	$w=25.6kN/m^3$　$c=30kPa$ $\phi=26.5°$
	含砾粉质黏土	$w=17.5kN/m^3$　$c=18.1kPa$ $\phi=17.2°$	$w=19.0kN/m^3$　$c=19.5kPa$ $\phi=15.3°$
滑带土	深层主滑带	$w=20.7kN/m^3$　$c=40kPa$ $\phi=22.2°$	$w=21.0kN/m^3$　$c=25kPa$ $\phi=18.1°$
	上覆滑体滑带	$w=20.4kN/m^3$　$c=40kPa$ $\phi=22.1°$	$w=20.9kN/m^3$　$c=24kPa$ $\phi=18.1°$
	前缘次滑带(巴东组第三段物质内)	$w=20.5kN/m^3$　$c=20kPa$ $\phi=24.0°$	$w=20.0kN/m^3$　$c=15.3kPa$ $\phi=19.5°$
	前缘次滑带(巴东组第二段物质内)	$w=20.1kN/m^3$　$c=35kPa$ $\phi=22.6°$	$w=21.0kN/m^3$　$c=22kPa$ $\phi=18.3°$
	前缘次滑带(T_2b^3 与 T_2b^2 接触)	$w=19.5kN/m^3$　$c=35kPa$ $\phi=22.6°$	$w=20.4kN/m^3$　$c=23.00kPa$ $\phi=18.6°$

4)计算结果分析

(1)整体稳定性。

各剖面计算结果见表 4-58，计算结果表明，当前条件下玉皇阁崩滑堆积体总体处于稳定状态，稳定系数 F_s 为 1.83~3.04；假设其全饱水，稳定系数 K 为 1.13~1.85。

三峡水库蓄水后，崩滑堆积体的环境产生了改变，尤其是前缘滑动带长期浸泡在水下，与当前地下的浸润是有区别的：当前条件下地下水的给水度有限，不足以使滑带全部饱和，且堆积体有多层隔水带；这就使主滑带完全饱和的可能性减小，况且崩滑堆积体是非均质的，地下水的渗流有选择性地集中排泄。因而在计算中考虑蓄水后库水位以下滑带

表 4-58　玉皇阁崩滑堆积体稳定性计算结果

剖面号	滑动模型	F_s						
		工况 1	工况 2	工况 3	工况 4	工况 5	工况 6	工况 7
1—1	实测地形	1.83	1.54	1.13		1.38	1.40	1.33
	前缘塌岸后	1.50	1.35	0.99		1.21	1.21	1.17
	前缘次级土体	1.23	1.00	0.79	1.18	1.11	1.10	1.06
2—2	实测地形	1.89	1.57	1.23		1.52	1.52	1.47
	前缘塌岸后	1.55	1.40	1.04		1.37	1.36	1.32
	前缘次级土体	1.13	0.96	0.78	1.09	1.05	0.99	0.98
3—3	实测地形	3.04	2.59	1.85	2.47	1.91	1.91	1.79
	前缘塌岸后	2.54	2.25	1.61	1.98	1.63	1.89	1.80

强度的降低。计算结果表明 145m 水位时仅对三道沟以东至二道沟之间的崩滑堆积体有影响，3—3 剖面的稳定系数为 2.47；175m 水位时，玉皇阁崩滑堆积体稳定系数为 1.38～1.91；175m 水位骤降至 145m 水位时，玉皇阁崩滑堆积体的稳定系数为 1.40～1.91。

通过敏感性分析，对崩滑堆积体总体稳定性影响较大的是滑体的饱和状态，即地下水作用力的大小，包括地表降水与水库蓄水。滑动带强度中，c 值变化对稳定系数的影响不大，ϕ 值对稳定系数的影响敏感。净坛路以下建设加载对稳定性的影响不大，甚至有利；而在苟家坪(后部)等加载对总体稳定性不利，前缘失稳或大规模开挖也对总体稳定性不利。

(2)前缘局部稳定性。

前缘局部稳定性计算选取崩滑体前缘勘察剖面如图 4-73 所示，计算结果如表 4-59 所示。天然状态下玉皇阁次级崩滑体(S9)的稳定系数 F_s 为 1.22～1.29，砂砖厂后滑体(S121)稳定系数 F_s 为 1.15；其余部位松散土层稳定系数均为 1.12～1.32，大于 1，当浅层土体因降雨土体饱水达到 50%时，大部分剖面稳定系数为 0.89～1.09，即基本处于失稳与临界状态，这也是每年雨季玉皇阁至水厂南一带常发生变形、坍塌等现象的原因。完全饱水状态下各剖面稳定性系数为 0.70～0.88，说明水对滑体稳定性起到重要作用。

三峡水库蓄水后，崩滑堆积体前缘及次级玉皇阁崩滑体(S9)大部分被淹，145m 或 175m 水位时，大多数剖面的稳定系数为 1.01～1.09，如再遇暴雨即库水位以上浅层土体处于部分饱水或饱水状态时，所有剖面处于不稳定状态，说明浅层土体浸水后稳定性变差。当水位由 175m 骤降至 145m，各剖面稳定系数下降为 0.82～1.08。

表 4-59 玉皇阁崩滑堆积体前缘次级崩滑体及松散土体稳定性计算结果

剖面号	F_s						
	工况①	工况②	工况③	工况④	工况⑤	工况⑥	工况⑦
YH6—6	1.17	0.93	0.70	1.13	0.93	0.82	0.81
YH7—7	1.29	1.00	0.79	1.08	1.09	0.92	0.90
YH8—8	1.12	0.89	0.68	1.01	1.00	0.93	0.91
YH12—12	1.25	1.00	0.76	1.06	1.01	0.98	0.96
YH13—13	1.32	1.10	0.88		1.21	1.08	1.06
YH14—14	1.15	0.95	0.73		1.00	1.01	0.99
D15—15	1.28	1.06	0.78		1.06	1.09	1.07
33—33	1.22	0.97	0.74	1.03	1.03	0.88	0.86
35—35	1.24	1.01	0.76		1.05	1.00	0.98
YH8—8 沿江路开挖后边坡上土体	1.13	0.91	0.73				
D15—15 沿江路开挖后边坡上土体	1.17	0.95	0.73				
YH7—7 沿江路开挖后边坡上土体	0.92	0.78	0.62				

3. 稳定性综合评价

通过前面的分析表明，玉皇阁崩滑堆积体乃至苟家坪至长江岸边的整个斜坡的地质结构、地貌形态有利于滑坡事件的发生，冲沟的切割情况及测验结果等表明玉皇阁崩滑堆积体经受长期侵蚀改造，其总体是稳定的，且稳定时间较长，计算结果也是如此。在整个玉皇阁崩滑堆积体范围内，水厂南至玉皇阁一带(即前缘斜坡段)的地质条件相对较差。

在新县城建设以前局部的变形主要在冲沟及前缘的陡坡地带，近年来新县城的大规模建设对斜坡的改造在所难免，净坛路一带造成了较大范围的切脚，进而在净坛路至暮雨路之间产生了较大范围的古滑体(残联滑体)局部变形，使净坛路上方斜坡的稳定条件更加恶化。破碎岩体中广泛存在的软弱面与剪切带以及各种结构面的组合显示局部的滑移等斜坡破坏事件易于发生。许多地质灾害事件的发生是因未引起人们的警觉。

玉皇阁崩滑堆积体，早期以滑移堆积为主，之后经过侵蚀等改造作用，后期又有多期次堆积，其总体是稳定的。计算结果表明三峡水库蓄水前总体稳定条件较好，蓄水后各剖面总体计算结果仍是稳定的；前缘浅层土体稳定性计算表明前缘浅层土体在蓄水后稳定性差，稳定系数为0.70~1.00。

水库蓄水后，滑体(带)力学性质逐渐恶化，坡体地下水位抬高，在孔隙水压力及渗透压力作用下，前缘次级滑体将失稳。而且由于边坡陡，次级滑体土的物理力学性能差，在次级滑体内部存在不同深度的滑动面，形成了不稳定区，需采取可靠的措施治理。

4. 库岸塌岸预测

库岸预测方法采用作图法预测库岸最终塌岸宽度。最终塌岸预测宽度及后缘高程如表4-60所列。由表可知，水库蓄水后，玉皇阁崩滑堆积体前缘将产生严重的滑坡和崩塌型塌岸，玉皇阁斜坡塌岸方式以滑坡、崩塌为主，塌岸带宽度大，后缘可延伸至西坪职中一带。如不对库岸进行防护，必将影响到后部新城的安全，影响玉皇阁崩滑堆积体及整个斜坡的稳定性。

表4-60　玉皇阁斜坡最终塌岸宽度预测结果

剖面号	大值预测塌岸宽度(m)	小值预测塌岸宽度(m)	塌岸后缘高程(m)	塌岸方式
1—1	176	209	256	崩解、滑坡
2—2	150	185	250	崩解、滑坡
3—3	234	288	261	滑坡、崩塌
33—33	53	62.2	205.9	崩解、滑坡
YH13—13	180	211	246	崩解、滑坡
YH14—14	198	239	270	崩解、滑坡
D15—D15	188	238	263	崩解、滑坡
D16—D16	174	194	248.9	崩解、滑坡
YH5—5	188.5	370.6	268.7~270.8	崩解、滑坡
YH6—6	226	277.8	254.3~254.5	滑坡
YH7—7	117.7	360.8	229.7~230.8	滑坡
YH8—8	153	257	231~229.4	滑坡
YH9—9	99.7	360	229.6~283.3	滑坡、崩塌
YH12—12	150.9	391.4	252.5~280.6	崩解、滑坡

4.4.1.3 治理目标与原则

通过对玉皇阁崩滑堆积体前缘的工程治理，确保玉皇阁崩滑堆积体前缘稳定，为巫山县城沿江码头、沿江路、二道沟污水处理厂及污水管网等工程的建设提供稳定的地质条件，以保持新县城的城市功能。对于暴雨入渗工况下玉皇阁崩滑堆积体的整体稳定性问题，由于滑坡规模巨大，情况复杂，若要彻底解决稳定性问题，从技术和经济上来讲难度较大。因此，应加强对整个堆积体的安全监测，适时监控，以策安全。

参照《建筑地基基础设计规范》(GB 50007—2002)及重庆市国土房管局制定的《重庆市三峡库区滑坡及危岩防治工程设计技术规定》的有关规定，玉皇阁崩滑堆积体治理工程前缘稳定安全系数取1.15；鉴于玉皇阁崩滑堆积体规模巨大，地质条件复杂，设计对危险断面整体稳定性问题以不降低现有稳定性为目标，在暴雨入渗工况下整体稳定安全系数不小于1.05，其他工况下不小于1.15。

另外，治理方案要遵循以下原则：

(1)治理方案应考虑沿江路等工程建设的要求，为有关工程的建设创造稳定的场地条件，在不显著增加投资和工程难度的前提下，应选择有利于上述工程建设的设计方案；

(2)设计方案安全可靠、经济合理；

(3)充分考虑2003年三峡蓄水发电的控制时间，确保治理工程进度要求；

(4)考虑到当地的经济条件及交通条件，设计方案尽可能因地制宜、就地取材，少用或不用外运设备及大宗材料；

(5)尽可能不破坏玉皇阁崩滑堆积体一带的自然环境，减少玉皇阁崩滑堆积体的扰动，不干扰和破坏当地居民的生产和生活条件；

(6)加强对堆积体整体稳定及前缘次级滑体的安全监测，了解和掌握整个堆积体施工期及运行期的稳定状况。

4.4.1.4 崩滑堆积体治理方案

以下对三种治理方案进行比选，三种治理方案的主要思路均为对玉皇阁前缘次级滑体坡面通过适当开挖整修后采取锚固支挡措施来提高其稳定性。

1. 方案一

1)方案布置

坡面开挖及整修：沿江路以上，三道沟至四道沟之间路堑开挖坡比为1∶1，以免形成较陡边坡。三道沟至二道沟之间由于原地形较陡，沿江路以上放坡减载范围受新城移民迁建用地限制，为尽可能地减少路堑开挖边坡高度及开挖量，路堑开挖边坡坡比为1∶0.75，开挖边坡最大高度约 35m，边坡上布置二级马道，宽 3m，各级马道之间高差为 10~15m；沿江路以下坡面根据库岸稳定要求进行适当修整。

坡面开挖整修后无支挡措施情况下，前缘次级滑体沿底滑面稳定计算成果见表 4-61。通过搜索复核，沿江路以上边坡，在前缘次级滑体下部破碎岩体内各假设滑移面计算稳定安全系数均高于控制标准，即不存在从沿江路内侧坡脚剪出的深层稳定问题。

表 4-61　局部削坡后玉皇阁崩滑堆积体控制工况下前缘次级滑体稳定计算成果

剖面	稳定系数	单宽剩余下滑力(kN/m)
D15—15	1.16	
D16—16	1.11	499
YH14—14	1.05	1930
35—35	1.06	780
YH13—13	1.04	1100
YH12—12	0.97	1090
YH5—5	0.83	5800
YH6—6	0.67	6220
YH8—8	0.67	7460
33—33	0.92	4050
YH7—7	0.86	5390

抗滑桩布置：根据表 4-61 中稳定计算成果，四道沟(D16—16 剖面)至 YH12—12 剖面布置一排抗滑桩，抗滑桩布置在高程 175.54m 左右，桩间距为 7m，桩断面有 2m×3m(Ⅳ型)和 3m×4m(Ⅱ型)两种，桩深 26~34m；YH12—12 至 YH7—7 次级崩滑体沿江路以下布置两排抗滑桩，布置时考虑岸坡浅层滑体稳定及滑体不从桩顶剪出的要求，高程为 160~145m，桩间距为 6.5~7m，桩断面 3m×4.5m(Ⅰ型)，桩深 26~39m；三道沟至二道沟之间沿江路以上布置一排锚拉抗滑桩，位置视滑坡、边坡稳定及滑体不从桩顶剪出等需要确定，桩间距为 7m，桩断面 3m×4m(Ⅲ型)，桩深 25~31m，桩顶设两根 1000kN 级锚索。

坡面支护和防护：沿江路以上开挖边坡较陡，局部坡面稳定性低于安全标准，采取混凝土格构锚解决坡面浅层稳定和坡体越顶问题，格构框内设三维网撒草籽护坡。格构尺寸为 30cm×40cm，间距为 250cm×250cm，在砼格构交叉处设锚杆，锚筋直径 25mm，长 12~20m。沿江路至高程 175.54m 采用浆砌块石格构撒草籽护坡。高程 175.54m 以下水下岸坡坡面整修后根据不同的地形地质条件采取不同防护形式：当地形坡比缓于 1∶2 时，采取浆砌块石格构干砌块石护坡，干砌块石厚 30cm，碎石垫层厚 20cm，格构断面尺寸为 40cm ×60cm，间距 250cm×250cm；当地形坡比陡于 1∶2 时，采取混凝土格构锚加干砌块石护坡，干砌块石厚 40cm，碎石垫层厚 20cm，砼格构断面尺寸为 40cm×60cm，间距 250cm×250cm，在砼格构交叉处设锚杆，锚筋直径 25mm。桩前水下岸坡在基岩出露处布置浆砌石防淘坎。为提高锚杆的耐久性，对水下锚杆适当加大钻孔直径，并加强对中支架，保证握裹砂浆的厚度。

地表排水布置：在玉皇阁崩滑堆积体的周边及前缘开挖边界设置截水沟，其中东西两侧截水沟尽量与两侧已经设计的排水沟相结合。沿三道沟设钢筋砼排水沟，并设成台阶状以利于消能。

2)工程量

治理主要工程量见表 4-62。

表 4-62　玉皇阁崩滑体治理方案一工程量

分类	项目	单位	数量	备注
坡面挖填及防护工程	土方开挖	$\times 10^4 m^3$	25.47	
	浆砌块石	m^3	8306	M7.5
	格梁砼	m^3	4942	C20、二级配
	钢筋	t	550	
	护坡干砌块石	m^3	12729	厚 30~40cm
	碎石垫层	m^3	6925	厚 20cm
	撒草籽	m^2	14585	
	三维塑料网	m^2	7350	
	锚杆	根	810	ϕ25mm，$L=8$m
		根	4214	ϕ25mm，$L=12$m
		根	34	ϕ25mm，$L=13$m
		根	52	ϕ25mm，$L=14$m
		根	86	ϕ25mm，$L=15$m
		根	77	ϕ25mm，$L=16$m
坡面挖填及防护工程	锚杆	根	77	ϕ25mm，$L=17$m
		根	77	ϕ25mm，$L=18$m
		根	86	ϕ25mm，$L=19$m
		根	181	ϕ25mm，$L=20$m

续表

分类	项目	单位	数量	备注
阻滑工程	土方开挖	m^3	28011	含护壁
	岩石开挖	m^3	20252	
	抗滑桩砼	m^3	40219	C30、二级配
	钢筋制安	t	1402.4	Ⅰ、Ⅱ级
		t	2400.0	Ⅲ级
	护壁砼	m^3	8044	C20、含超挖超填
	锚索	根	46	L=35m，1000kN 级
地表排水	土方开挖	m^3	9317	
	浆砌块石	m^3	4570	M7.5
	砼	m^3	394	C20
	钢筋制安	t	49	
	砂浆抹面	m^2	13860	M10

2. 方案二

1) 方案布置

方案二除二道沟至三道沟之间沿江路以上坡面支护方案和沿江路以下Ⅰ型抗滑桩布置方案外，其他部位治理方案同方案一。

二道沟至三道沟之间沿江路以上支护布置：根据各剖面沿江路以上计算的单宽剩余下滑推力(1900~3000kN/m)，采用锚筋桩锚固支护，锚筋桩排数 10~18 排，间距 250cm×270cm，深度 17~40m。坡面采取混凝土格构锚撒草籽护坡，格构断面尺寸为 40cm×50cm，间距 250cm×270cm，在砼格构交叉处与锚杆连接。

二道沟至三道沟之间沿江路以下Ⅰ型抗滑桩布置：沿江路以上采用锚桩锚固后，各剖面沿江路以下剩余下滑推力见表 4-63，采用抗滑桩支挡，抗滑桩布置 2 排，考虑到岸坡浅层滑体稳定及滑体不从桩顶剪出的要求，高程为 160~145m，桩间距为 7~9m，桩断面 3m×4.5m(Ⅰ型)，桩深 26~39m。

2) 工程量

治理主要工程量见表 4-64。

表 4-63　二道沟至三道沟之间前缘次级滑体稳定计算成果

剖面	稳定系数	单宽剩余下滑力（kN/m）	沿江路以上支挡力（kN/m）	沿江路以下支挡力（kN/m）
YH12—12	0. 97	1090	580	510
YH5—5	0. 83	5800	3000	2800
YH6—6	0. 67	6220	3000	3220
YH8—8	0. 67	7460	2900	4560
33—33	0. 92	4050	1900	2150
YH7—7	0. 86	5390	1900	3490

表 4-64　玉皇阁崩滑体治理方案二工程量

分类	项目	单位	数量	备注
坡面挖填及防护工程	土方开挖	$\times 10^4 m^3$	25. 47	
	浆砌块石	m^3	8306	M7. 5
	格梁砼	m^3	5600	C20、二级配
	钢筋	t	753	Ⅰ、Ⅱ级
	护坡干砌块石	m^3	12729	厚 30~40cm
	碎石垫层	m^3	6925	厚 20cm
	撒草籽	m^2	15085	
	锚杆	根	810	ϕ25mm，L=8m
		根	2818	ϕ25mm，L=12m
	锚桩	根	1481	单根长 17~40m，总长 46000m
	三维塑料网	m^2	7500	
阻滑工程	土方开挖	m^3	21235	含护壁
	岩石开挖	m^3	14075	
	抗滑桩砼	m^3	29425	C30、二级配
	钢筋制安	t	1048. 0	Ⅰ、Ⅱ级
		t	1719. 6	Ⅲ级
	护壁砼	m^3	5885	C20、含超挖超填

续表

分类	项目	单位	数量	备注
地表排水	土方开挖	m^3	9317	
	浆砌块石	m^3	4570	M7.5
	砼	m^3	394	C20
	钢筋制安	t	49	
	砂浆抹面	m^2	13860	M10

3. 方案三

1)方案布置

方案三除二道沟至三道沟之间沿江路以上坡面支护方案外，其他部位治理方案同方案二。

二道沟至三道沟之间沿江路以上支护布置：考虑沿江路以上滑体和边坡的稳定性，同时尽量减小沿江路开挖引起上部边坡的变形，采取锚拉板桩的支挡措施，板桩设置2排，每排板桩深约30m，板桩厚1.5m，挡土高度12m，板桩前后均设置宽5~8m的平台，两板桩之间设一高差13m的斜坡。各排板桩在上部均布置4排锚索，锚索设计吨位900kN级，长度约35m。板桩支挡力为相应部位剩余下滑推力及土压力中的大值。

2)工程量

治理主要工程量见表4-65。

4. 方案比选

1)技术方案比选

三个设计方案总体治理思路相同，均是对玉皇阁前缘次级滑体坡面通过适当开挖整修后采取锚固支挡措施来提高其稳定性。三者之间的主要区别在于二道沟至三道沟之间沿江路以上滑坡和边坡的支挡方案不同。

方案一主要通过在边坡中下部设一排抗滑桩，防止沿江路以上滑体沿底滑面滑移破坏或从坡上剪出破坏，同时采用普通砂浆锚杆来提高抗滑桩上下边坡的稳定性。该方案以抗滑桩来提高滑体的整体稳定性，并将边坡划成两级，以锚杆来提高边坡的稳定性，抗滑桩和锚杆分别针对不同的稳定性问题，处理目的明确。主要缺点在于为防止滑体从桩顶剪出，抗滑桩布置在斜坡上，其桩后土体不能提供抗力且锚固段侧向允许抗力较小，因此抗滑桩埋深大。优点在于抗滑桩支挡结构提供的支挡力大，总体工程量较省。

表 4-65　玉皇阁崩滑体治理方案三工程量

分类	项目	单位	数量	备注
坡面挖填及防护工程	土方开挖	$\times10^4 m^3$	27.15	
	浆砌块石	m^3	9882	M7.5
	格梁砼	m^3	3886	C20、二级配
	钢筋	t	400	
	护坡干砌块石	m^3	12729	厚 30~40cm
	碎石垫层	m^3	6925	厚 20cm
	撒草籽	m^2	14585	
	锚杆	根	810	ϕ25mm，$L=8$m
		根	2818	ϕ25mm，$L=12$m
抗滑桩工程	土方开挖	m^3	21235	含护壁
	岩石开挖	m^3	14075	
	抗滑桩砼	m^3	29425	C30、二级配
	钢筋制安	t	1048.0	Ⅰ、Ⅱ级
		t	1719.6	Ⅲ级
	护壁砼	m^3	5885	C20、含超挖超填
连续板桩工程	土方开挖	m^3	13275	含护壁
	滑动岩石开挖	m^3	5730	
	砼	m^3	15838	C30、二级配
	钢筋制安	t	404	Ⅰ、Ⅱ级
		t	882	Ⅲ级
	锚索	根	256	$L=35$m，900kN 级
		根	464	$L=28$m，900kN 级
	护壁砼	m^3	3168	C20、二级配
地表排水	土方开挖	m^3	9317	
	浆砌块石	m^3	4570	M7.5
	砼	m^3	394	C20
	钢筋制安	t	49	Ⅰ、Ⅱ级
	砂浆抹面	m^2	13860	M10

方案二全部采取锚筋桩来锚固，既能提高滑坡的稳定性，又有利于边坡的稳定性。但由于滑体较厚且下滑推力大，要求锚筋桩设计吨位较大，且锚固段岩体破碎，孔壁黏结强度低，因此导致锚筋桩较长、桩孔直径大，锚固段需采取二次高压注浆来提高锚固力。

方案三采取两排多级锚拉板桩进行支挡，多级锚拉板桩全部承担滑坡剩余下滑推力，同时由于板桩的垂直支护可以放缓其上下边坡坡度，使边坡达到稳定标准。该方案主要优点是有利于控制因沿江路开挖引起的上部边坡变形，最大程度地减小开挖对坡上建筑物稳定的影响。缺点在于技术方案复杂，工程量较大。

三个方案均能解决沿江路以上滑坡和边坡的稳定性问题。由于坡顶为新县城移民迁建区，边坡开挖难免引起坡体变形，对坡顶建筑物产生一定程度的影响。各方案对控制坡体变形的能力各有不同。方案三以板桩墙挡土，预应力锚索提供抗力，可使板桩对坡顶土体抗力与现状条件下该部位坡体垂直截面上土压力相当，从而避免产生过大变形。方案二在沿江路以上以锚筋桩为主要支挡措施，锚筋桩作为被动受力结构体，横向变形刚度小，只有在边坡产生一定变形后，锚筋才能产生张力作用于坡体，因此控制变形能力差。方案一抗滑桩控制变形介于方案二、方案三之间。因此，从控制变形方面来看，方案三要优于前两种方案。

2)施工技术比选

方案一抗滑桩采取人工挖孔桩，施工技术相对简单，施工质量便于控制，工程效果较为可靠。边坡锚杆为普通砂浆锚杆，深度较后两种方案的锚筋桩或锚索短，施工难度较小。施工进度相对较快。

方案二主要为锚筋桩，钻孔直径不小于150mm，深度一般30~35m，最深达40m。由于岩层破碎，需套管跟进。钻孔水平夹角小、深度大，施工中还存在孔轴弯曲、卡钻等问题。根据目前一般企业施工水平，钻孔成孔困难较大。又因岩体透水性大，孔内注浆质量和成本较难控制。锚筋桩施工强度高，且因施工中不确定因素较多，工程进度不宜控制。

方案三首先必须施工板桩，然后边开挖边施工锚索。板桩施工技术等同抗滑桩，但临时支护工程量大。锚索施工问题基本同锚筋桩，但数量少。该方案施工技术要求高，要求工期较长。

3)推荐方案

通过比较，方案三虽比前两种方案在控制变形方面更有利，但技术复杂，施工工期相对较长，造价较高，不宜采用。

方案一和方案二在技术可靠性和造价方面基本相当，在施工技术、可靠性及施工进度控制方面，方案一要优于方案二。

综合分析比较，结合三峡水库蓄水进度要求，从降低施工难度和保障施工进度角度考虑，推荐方案一作为玉皇阁崩滑堆积体治理方案。

4.4.1.5 抗滑桩支档设计

1. 抗滑桩布置

根据玉皇阁崩滑堆积体前缘次级滑体的特点，抗滑桩按以下原则布置：

(1)在各种工况下要保证次级滑体的整体稳定性，滑体不从桩顶剪出。

(2)布置多排抗滑桩应考虑其变形协调关系。

(3)抗滑桩布置位置要有利于边坡支护设计。

(4)桩身要有足够的强度，满足截面内力要求。

(5)桩身要有足够的稳定性，桩的截面、间距、埋深适当，锚固段侧应力应小于容许值。

(6)保证安全，方便施工，经济、合理。

根据以上原则，在二道沟至三道沟之间，选取有代表性的剖面 YH6—6、YH8—8 等进行分析并确定桩位。沿江路开挖后，沿公路边坡坡脚形成部分临空，YH6—6 从坡脚剪出安全系数为 0.96(见图 4-74)，YH8—8 剖面验算滑坡从坡脚剪出安全系数为 1.08(见图 4-76)，均小于安全标准 1.15。方案一沿江路以上布置一排抗滑桩，经试算，为使滑体不从桩顶剪出破坏，YH6—6、YH8—8 剖面抗滑桩顶高程分别为 205.0m、190m，抗滑桩支挡力取整体稳定性分析得到的该部位对应的剩余下滑推力。

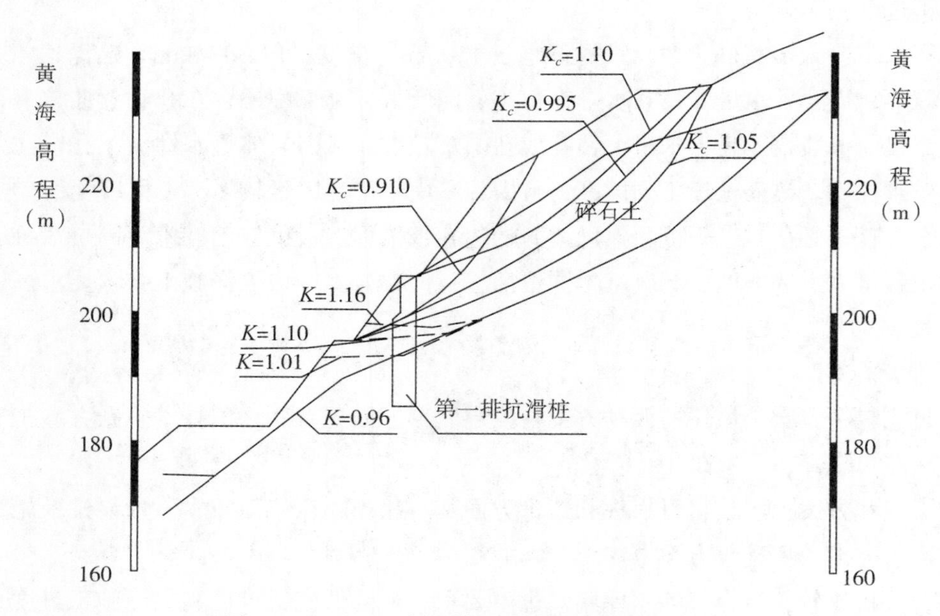

图 4-74 YH6—6 剖面第一排抗滑桩位置示意图

第二排桩的位置按滑体从桩顶(考虑第一排桩支挡后)剪出安全系数不小于1.15控制，YH6—6、YH8—8剖面计算成果见图4-75、图4-77，结合相应部位滑床的地质条件，考虑布置在高程160m左右。

第三排桩位置由考虑与第二排桩变形协调、锚固段基岩性状及桩间土体稳定性确定，桩顶高程约145m。

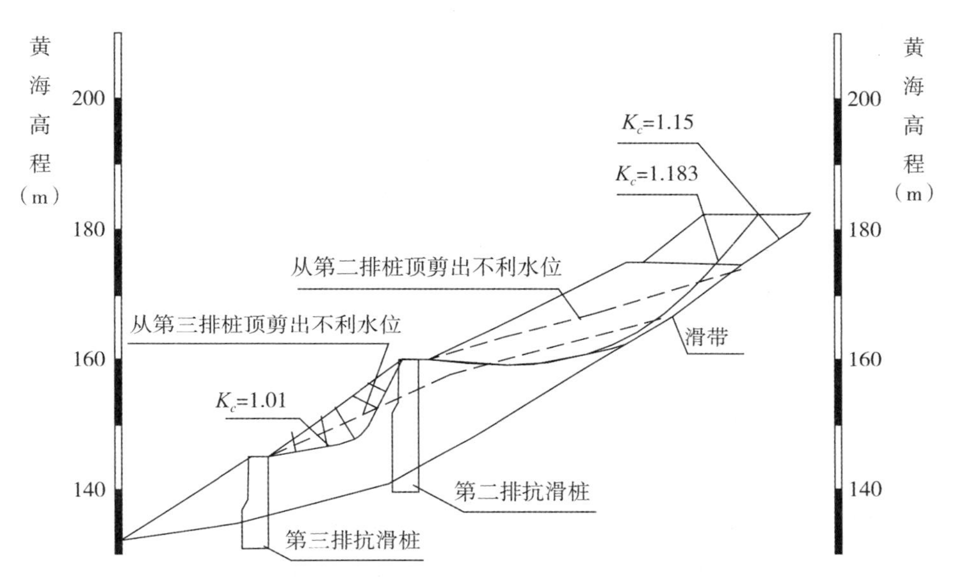

图4-75　YH6—6剖面第二、三排抗滑桩位置示意图

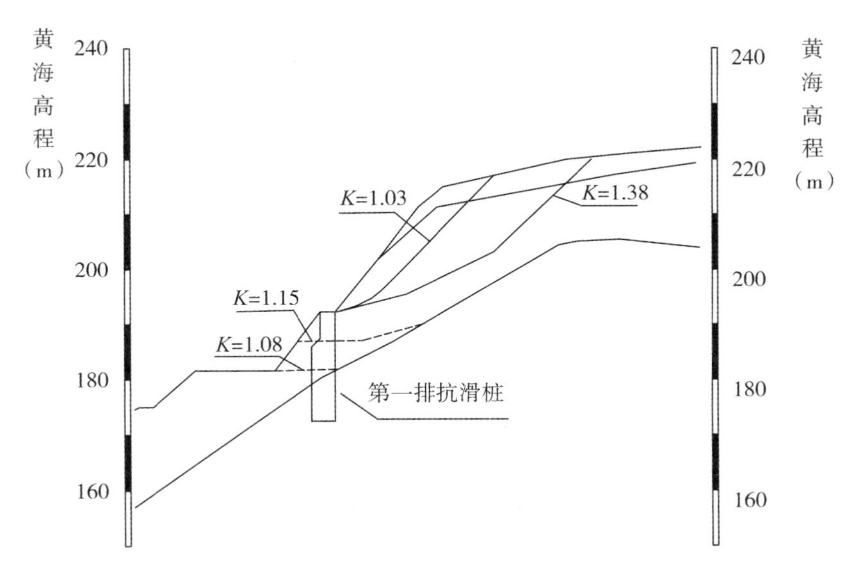

图4-76　YH8—8剖面第一排抗滑桩位置示意图

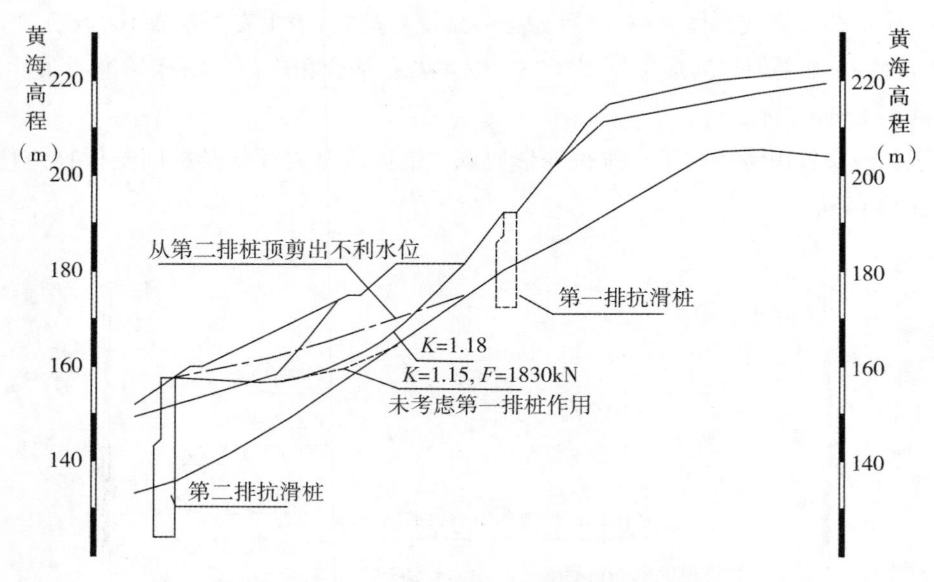

图 4-77　YH8—8 剖面第二排抗滑桩位置示意图

2. 抗滑桩截面优化

现有的抗滑桩统一采用等截面设计，其存在一定的问题：在弯矩较小的部位仍采用最大弯矩部位的断面尺寸设计，造成桩井土石方开挖和混凝土用量浪费并延长工期。特别对于断面大、深度大、数量多、工期紧的抗滑桩工程，这种问题所产生的影响尤为突出。

针对等截面抗滑桩与桩身弯矩变化不协调造成工程量增加、延长工期的问题，我们研发了新型三段式变截面抗滑桩(图 4-78)，根据抗滑桩弯矩不同，整个桩身按断面尺寸不同分为三段：桩身在滑面附近采用较大的矩形断面尺寸；桩两端一定范围内采用较小的矩形断面尺寸；大断面和小断面渐变过渡连接；整个抗滑桩桩身宽度相同且沿同一铅直面分布。该新型技术可以最优发挥钢筋混凝土的材料特性，最大限度地减少桩井土石方开挖和混凝土用量，减少浪费；桩身断面变化不改变桩身受力状态，不降低抗滑桩自身安全性，不影响配筋，有利于降低施工难度。

采用三段式变截面抗滑桩，较好地解决了目前等截面抗滑桩与桩身弯矩变化不协调所造成的工程量增加、延长工期问题。经三峡工程库区巫山县玉皇阁滑坡治理工程应用证明，三段式变截面抗滑桩具有以下突出优点：

(1)根据抗滑桩弯矩不同，分段采用不同的桩身断面，以最优发挥钢筋混凝土的材料特性，最大限度地减少桩身混凝土用量，抗滑桩结构设计更合理。

(2)桩身断面变化不改变桩身受力状态，不降低抗滑桩自身安全性，不影响配筋，有利于降低施工难度。

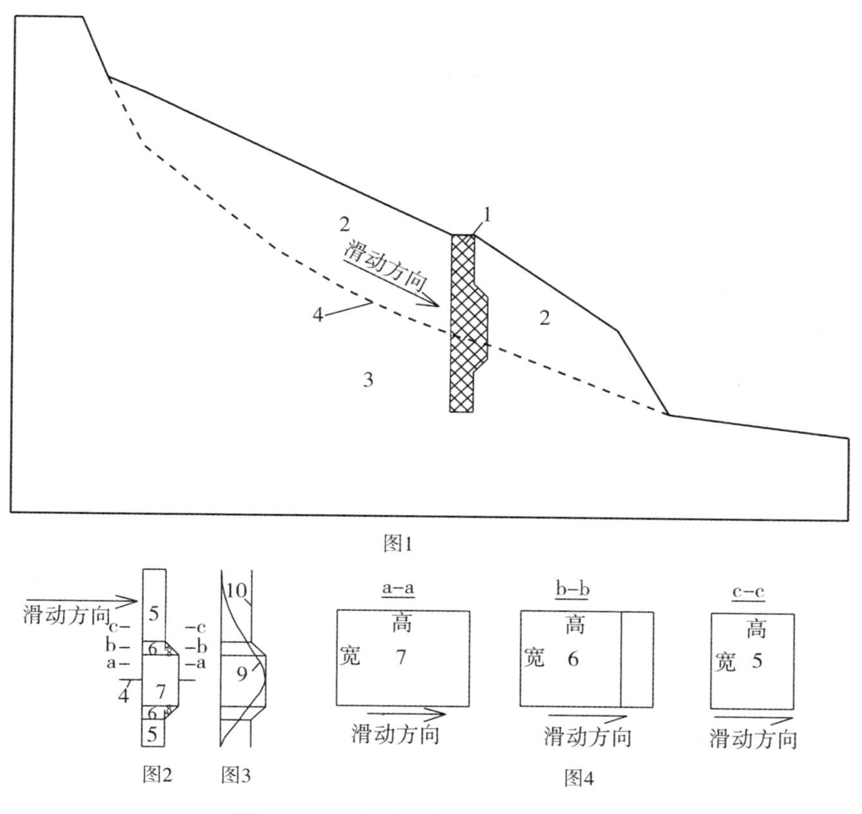

图 4-78　三段式变截面抗滑桩示意图

3. 新型抗滑桩施工

(1)新型抗滑桩桩身可分为三段，如图 4-78 所示，5 为桩顶或桩底一定长度范围内采用较小的矩形断面尺寸；7 为滑面附近一定范围内采用较大的矩形断面尺寸；6 为断面尺寸不同的 5 和 7 连接过渡段。

(2)不同截面的位置及所占的桩身长度通过以下方法确定：先根据等截面抗滑桩设计方法确定抗滑桩中部 7 部分的断面尺寸和桩身弯矩分布图，根据弯矩分布图、断面尺寸、地质条件、施工难度等综合确定设计弯矩包络线，进而确定抗滑桩 5 部分的断面尺寸、长度以及连接段 6 部分的高度。

(3)在实施步骤(2)过程中，5 和 7 的断面大小不能差距过大，5 的断面面积宜为 7 的断面面积的 2/3～1 倍；5 和 7 之间的变化不宜过快，过渡角 8 宜介于 0°～50°，具体根据地质条件及施工水平确定。

(4)整个抗滑桩桩身宽度相同且沿同一铅直面分布，仅通过抗滑桩高度调整来改变桩身截面尺寸。

(5)抗滑桩施工采用现有的常规工法施工。当滑体 2 沿滑面 4 滑动时，抗滑桩提供抗滑力平衡滑坡推力(图 4-78)。

4.4.1.6 边坡支护设计

1. 沿江路以上边坡支护设计

三道沟至四道沟之间路堑开挖坡比为 1∶1，最大坡高 20m，三道沟至二道沟段路堑边坡坡比为 1∶0.75，10~15m 设一马道，最大坡高 35m；在不同马道上布置了一排抗滑桩，将高边坡一分为二。经分析，抗滑桩上、下边坡安全系数均小于安全标准，但其滑弧深度及下滑力均较小(图 4-74)，采用砼格构锚护坡后均能满足安全要求。格构间距为 2.5m×2.5m，与锚杆间距一致，并通过锚杆锚固在坡面上，砼格构梁宽 30cm、高 40cm，嵌入坡面以下 20cm，格构间撒草籽护坡。锚杆采用 ϕ25mmⅢ级螺纹钢筋，布置方向与坡面垂直。

2. 沿江路以下岸坡防护设计

沿江路至高程 175.54m 之间边坡坡比为 1∶1.1~1∶1.5，高程 175.54m 以下至最前排抗滑桩之间水下边坡坡比一般为 1∶2，两排桩之间的坡比为 1∶1.5 左右，最后一排桩以下的坡比介于 1∶1.5~1∶2.5，布置抗滑桩后，沿江路库岸边坡被分成 3 段。

(1)第二排抗滑桩到沿江路之间边坡。第二排抗滑桩位于 160m 高程左右，由于受抗滑桩制约，滑体不可能剪断桩体，边坡一般会从桩顶破坏剪出，经稳定分析，其稳定安全系数为 1.18(见图 4-76)，满足设计要求。但由于坡面为粉质黏土层，为防止水流冲刷，需对坡面进行格构干砌石保护。

(2)两排抗滑桩之间的边坡。两排桩之间坡度较陡，计算安全系数 1.0 左右，但高差不大，滑动深度较浅(见图 4-75)，采用砼格构锚固干砌石护坡，可满足稳定性要求。

(3)抗滑桩以下岸坡较陡，一般陡于 1∶2，其稳定性对最下一级抗滑桩锚固段有较大影响，S9 次级滑体采用砼格构锚干砌块石护坡至岸坡防护下限高程 130m，S9 次级滑体以外范围在基岩出露处布置浆砌石防淘坎，防淘坎以下基岩岸坡暂不防护，防淘坎至抗滑桩之间采用砼格构锚干砌块石护坡。

关于水下锚杆防腐问题，主要通过加大锚杆砂浆握裹层厚度来解决。水下锚杆钻孔直径 80mm，杆体采用对中支架以确保居中，保证锚杆砂浆保护层厚度不小于 20mm。

3. 水下坡面防护设计

由于崩滑体前缘大部位于水位变幅区，为防止库水波浪冲刷淘蚀，需对库水以下坡面进行防护处理，防护型式采用干砌块石护坡型式。

4.4.1.7 治理效果分析

水库蓄水前玉皇阁崩滑堆积体前缘处于长江洪水位以上，长期受冲沟流水等侵蚀，但总体处于稳定状态。主要不利因素是地下水，降雨、后部地下水以及城市生活水是地下水的主要补给源，堆积体的饱水状态决定其稳定性。三峡水库蓄水后，对崩滑体整体稳定虽有一定影响，但主要影响前缘次级崩滑体及浅层土体的稳定性，且预测表明前缘塌岸强烈。因而对该崩滑堆积体尤其前缘进行治理是必要的。

玉皇阁崩滑体规模大，地质条件较为复杂，治理设计中以治理前缘稳定为主。设计标准为前缘稳定系数不低于1.15，为尽可能减少前缘次级滑体对整体稳定的影响，采取了以抗滑支挡为主，坡面防护及排水为辅的综合治理方案。

抗滑桩设计中为最优发挥钢筋混凝土的材料特性，最大限度地减少桩井土石方开挖和混凝土用量，减少浪费，采用三段式变截面抗滑桩。该技术不仅满足了三峡水库二期蓄水工期要求，而且缩短工期2个月，节约投资300余万元，社会效益和经济效益显著。

4.4.2 四道桥-邓家屋场滑坡

四道桥-邓家屋场滑坡位于巫山新县城西侧，以四道沟为界，西侧为四道桥滑坡，东侧为邓家屋场崩滑体(图4-79)。四道桥-邓家屋场滑坡体后部为新县城的迁建区及西坪居民区。由于场地限制，港口码头复建工程西坪港区(货运码头)规划于滑坡体上。崩滑体前缘地段，岸线弯曲，冲沟发育，地质条件复杂，崩滑体性状差。三峡水库蓄水后，四道桥-邓家屋场滑坡前部将被淹没，岸坡及滑体稳定问题突出。因此，对四道桥-邓家屋场滑坡的治理、库岸防护势在必行，同时要与港口码头、沿江路建设和冲沟治理相结合。

4.4.2.1 工程概况

1. 滑坡空间形态特征

四道桥滑坡沿四道沟呈近南北向展布，滑体主滑方向150°~170°。滑动面平均坡角20°左右，后缘平台较平缓。滑体前缘剪出口位于四道沟及长江岸边一带，高程100~150m，后缘高程330m左右。滑体东西宽100~250m，南北长约600m，厚14~43m，其后缘平台及中部厚度较大，前缘相对较薄，横向上呈现东厚西薄的特征。滑体面积1.1×

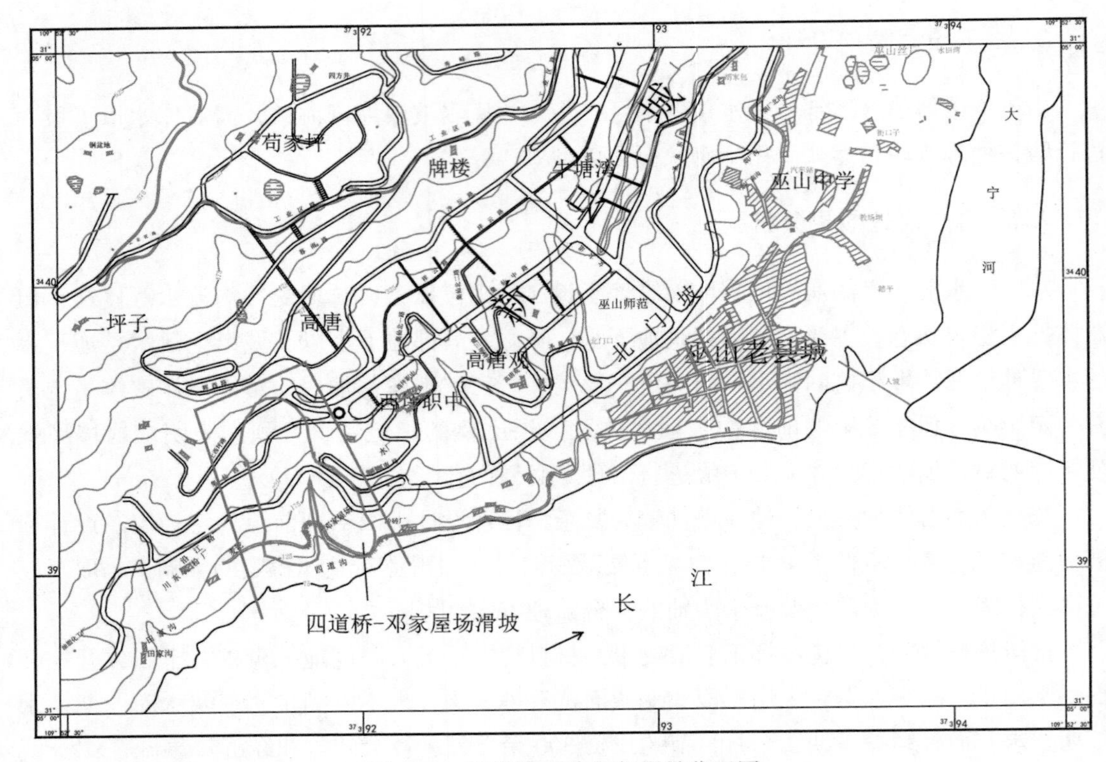

图 4-79　四道桥-邓家屋场滑坡位置图

10^5m^2，总方量为 $2.68\times10^6m^3$。

邓家屋场崩滑体毗邻四道桥滑坡，位于四道桥滑坡东侧，其前缘临空面即为四道沟及长江，崩滑体北东高、南西低，呈横展型。崩滑体滑动面平均坡角 25°，前缘高程 125m，后缘高程 230m，纵向长 150~220m，横向宽 300~350m，崩滑体中部厚，最厚 30 余米，前部和后部较薄，厚 15~20m，总面积 $4.65\times10^4m^2$，方量 $1.3\times10^6m^3$。

2. 工程地质条件

四道桥-邓家屋场滑坡位于长江左岸，以四道沟为界，西侧为四道桥滑坡，东侧为邓家屋场崩滑体。滑坡区出露地层由老到新为：下三叠统嘉陵江组第四段（T_1j^4），中三叠统巴东组第一段（T_2b^1）、第二段（T_2b^2）、第三段（T_2b^3），以及第四系上更新统和全新统。第四系松散堆积物按成因类型分为洪积、坡积、残坡积、崩坡积、人工堆积、滑坡堆积等。

四道桥滑坡体物质主要为滑动碎裂岩体、碎块石土、碎石土、砾质粉土或粉质黏土组成。总的分布特点是从上到下细粒物质逐渐减少，碎块石含量渐高。从空间上看，滑体后部与中前部物质组成两级特征明显。高程230~250m以上的后部平台滑体主要为T_2b^2紫红色泥岩与粉砂岩组成的破碎滑动岩体，厚12~30m。滑体中前部(高程230~250m以下)滑体物质上部以T_2b^2紫红色混合土碎块石为主，厚度5~25m，一般厚10余米，下部为灰黄色混合土碎块石。碎块石成分为T_2b^1黄灰色泥质灰岩、灰黄色泥灰岩及大量构造角砾岩，碎块石堆积杂乱，产状变化大，直径一般20~50cm；角砾直径1~5cm，呈棱角、次棱角状，少量有轻微磨圆，铁质浸染严重；碎块石间多充填灰黄色粉质黏土、粉土，呈干燥、可塑状，受滑体滑动挤压常形成擦痕及磨光面，局部遇水形成泥化带。

四道桥滑坡滑带物质主要成分为黄灰色、紫红色砾质黏土、粉质黏土、黏土质角砾及泥，呈可塑—软塑状。钻孔及竖井揭示，在高程250m以下普遍存在滑带物质，最为明显的滑带大致沿T_2b^2物质与T_2b^1物质界面分布。高程250m以上钻孔揭示的滑带物质不明显，但平台上各孔在孔深25~37m范围揭示的物质明显破碎、软弱。

邓家屋场崩滑体地表物质分为三个区，分别为块石土区、碎石土区和含碎石粉质黏土区。崩滑体物质在垂向上有一定的分层特征，表现为灰黄色泥质灰岩、浅灰色灰岩碎块石土、砾质土层与紫红色碎石土、砾质土呈互层状产出，后者相对软弱，为滑动面与潜在滑动面。崩滑体物质向深部细粒含量减少，碎块石块径增大，分为三层，由上至下为砾质土或碎石土、碎块石土、块石土或碎块石。

邓家屋场崩滑体在中部、前缘、侧缘与滑面及崩滑堆积体内均存在滑带或软弱带。滑带或软弱带厚度变化较大，为0.2~6.8m，成分为紫红色、灰黄色、深黄色、棕黄色砾质黏土、黏土质砾，角砾棱角状—次棱角状，少量次圆状，砾径0.2~4cm，黏土呈湿—稍湿，可塑—硬塑状，塑性高，滑腻、粘手，黏土中见磨光镜面及线性擦痕。

四道桥-邓家屋场滑坡滑带以下岩性主要分为四层。①嘉陵江组第四段(T_1j^4)：岩性以灰—黑色微晶—细晶灰岩为主，中厚层、块状结构。②中三叠统巴东组第一段(T_2b^1)：主要为灰黄色泥灰岩及黄灰色泥质灰岩，薄—中厚层状，总厚度50~80m；其天然容重24.5~26.5kN/cm^3，湿抗压强度20~40MPa，强度较低，抗水性差。③中三叠统巴东组第二段(T_2b^2)：主要出露于淀粉厂后山一带—上西坪中部，高程250~320m，岩性为紫红色泥质粉砂岩、泥岩，总厚度150~200m，属半坚硬—软质岩类，天然容重25.5~26.2 kN/cm^3，干抗压强度36.8~38.6MPa，湿抗压强度7.0~12.3MPa，其中泥岩具有较强崩解性。④中三叠统巴东组第三段(T_2b^3)为灰色、灰黄色白云质灰岩、泥质白云质灰岩，中厚—厚层状，总厚约300m，其工程地质性质同T_2b^1地层相近，主要出露于上西坪后山麓及水厂后一带，高程大于350m。

3. 水文地质条件

四道桥-邓家屋场滑坡区汇水面积约2.0×10^5m^2，滑坡区地表水排泄条件良好，崩滑体后部总体坡度稍陡，中部为一缓坡平台，地形坡角约15°，地表水多以面流形式排入四道沟，汇入长江。

崩滑体碎块石含量较高，但多充填粉土及粉质黏土，结构稍密，为中透水层，其渗透系数为$1.31\times10^{-4}\sim2.61\times10^{-4}$cm/s。滑带及软弱带为相对隔水层，施工中滑带及软弱带隔水作用明显，多处沿滑带或软弱带顶面见滴水或流水，局部滑带或软弱带上部地下水流量较大，地下水位较稳定，渗透系数为$1.28\times10^{-4}\sim7.24\times10^{-5}$cm/s。下伏$T_2b^2$紫红色泥岩、泥质粉砂岩为相对隔水层，其渗透系数类比周边同类岩体，为$3.54\times10^{-4}\sim9.0\times10^{-5}$cm/s。$T_2b^1$地层因受断层构造的影响，岩体破碎，风化加深，裂隙发育，岩体透水性好，局部泥灰岩含泥量较高，有隔水作用。

滑坡区及外围地下水根据赋存的介质可分为两种：松散介质孔隙水和基岩裂隙水。松散介质孔隙水主要赋存于崩坡积和滑坡堆积土层中，是区内主要地下水类型，均以下降泉的形式排泄，于地表出露。基岩裂隙水赋存于基岩裂隙中，由于岩体结构破碎，裂隙发育为地下水下渗提供了良好的通道。竖井开挖和钻孔钻进过程中，曾有大量涌水现象，造成施工中断。

滑坡区地下水埋深一般10~30m，尤以四道沟一带(即四道桥滑坡东部)地下水丰富，地下水位较为稳定。靠近四道沟部位滑体内的地下水既有降水补给、冲沟(尤其是四道沟)地表水补给，又存在后坡、东侧山体地下水的侧向补给。从崩滑体西侧泉水点、前缘剪出口浸润带及竖井泉水位置分析，地下水主要沿滑带或软弱带顶部自北东向南西渗流。

4.4.2.2 滑坡稳定性评价

1. 宏观地质判断

1)四道桥滑坡

根据野外地质测绘，近期未见大规模总体变形破坏，新近出现的变形破坏主要表现为滑坡堆积体的浅层滑动、土溜及前缘的局部崩塌，其中滑坡东侧临四道沟部分滑动变形尤为明显(如崩土湾新近崩滑体)。这些浅层变形破坏与冲沟冲刷作用关系密切，访问、调查居民结果显示四道沟西侧支沟属于近几十年形成的，尤其是巫山新城建设开始后，侵蚀、冲刷速度加剧。

从滑床形态上，四道桥滑坡后部为平台，地势较平缓，组成物质主要为滑动岩体，且滑动岩体分布较为连续，岩层产状与外围基岩基本一致。说明滑体解体不强，平台一带滑床平缓，有利于其稳定，从平台分布的连续性与地质测绘判断，平台处于基本稳定状态。前部滑床横向略有起伏，表现为分区、分段滑动模式。

滑体中前部(约高程250m以下部分)，被冲沟切割，前缘临空，堆积体极松散，架空现象明显，见空洞及鼠洞等，其变形方式主要表现为冲沟两侧的局部滑移、崩塌。四道沟两侧每次雨后均产生坍塌现象，崩土湾次级滑坡(方量约$5\times10^4m^3$)即是滑体解体与前部不稳的例证。从崩土湾崩滑体出露的滑体物质来看，其结构极其松散，有多级次级滑带，见多条泥化层及地下水浸润带，冲沟沟底见滑面(具擦痕)与滑带土，剪出口被冲沟切穿，加之有地下水的浸润，滑体中前部处于欠稳定状态。

2)邓家屋场崩滑体

邓家屋场崩滑体中部及南部分布较多居民房屋，地表测绘未发现崩滑体有明显总体变形破坏现象，现阶段崩滑体的变形破坏现象主要表现为地表裂缝、居民房屋开裂及局部的小型塌滑。

(1)表层塌滑。

崩滑体北西侧及后部斜坡，地形坡度陡，斜坡物质松散。新近产生了一处方量约$0.5\times10^4m^3$的塌滑，面积约1200 m^2，塌滑物质主要物质为T_2b^3泥质灰岩及灰岩，塌滑体沿下部T_2b^2紫红色泥岩、泥质粉砂岩碎块石土滑移、拉裂，地表裂缝宽20~100cm，有明显下错。

邓家屋场崩滑体前缘(既四道沟左岸)，坡度大，居民生活用水长期在前缘地表排放，前缘局部有地下水浸润，前缘地带时常产生小型土体塌滑。

(2)地表裂缝。

邓家屋场崩滑体北西侧缘伴随小型塌滑体(四道沟小支沟左岸)产生大量地表裂缝，分布高程195~219m。该小型塌滑体后部至前部分布多条平行的近SE向地裂缝，呈锯齿状，一般延伸4~10m，最长约20m，张开宽度12~100cm。

前缘SW侧田氏房屋及地基出现多处裂缝，裂缝走向近NE向，形态多不规则，一般呈锯齿状，少数稍直，张开宽度0.2~5cm，房屋前后坡局部出现土溜。其变形原因为崩滑体物质松散，下部块石局部有架空现象，前部四道沟及长江形成良好的临空面，在地下水活动影响下(雨季尤为严重)，易产生表层变形，形成一系列平行冲沟的拉张裂缝。另外，在邓家屋场崩滑体中部，部分民房及水泥地面也分布平行四道沟的细小裂缝。

2. 计算分析

1)计算方法

稳定性计算方法采用剩余推力法(或称传递系数法)。

2)计算考虑的荷载

①基本荷载为自重；②饱水条件下及正常蓄水位条件下的静水压力，库水位骤降及滑体饱水，地下水来不及排出时的动水压力，不考虑地震影响。

3)滑体岩土参数

稳定性计算的岩土参数取值见表4-66、表4-67。

表4-66 四道桥滑坡稳定性计算参数选用表

岩土类型	天然状态			饱和状态		
	容重(kN/m³)	c(kPa)	φ(°)	容重(kN/m³)	c(kPa)	φ(°)
紫红色碎石混合土	19.2	5	26	21.0	0	20
灰黄色混合土碎块石	21.5	5	29.5	22.5	0	24.4
碎块石(破碎岩体)	23.7	10	35	24.7	5	30
滑带土	19.5	13	23.3	20.7	6.5	20.5

表4-67 邓家屋场崩滑体稳定性计算参数选用表

岩土类型	天然状态			饱和状态		
	容重(kN/m³)	c(kPa)	φ(°)	容重(kN/m³)	c(kPa)	φ(°)
紫红色碎石混合土	19.2	5	26	21.0	0	20
灰黄色混合土碎块石	21.5	5	29	22.5	0	24
滑带土	19.5	17	24.0	20.7	8	20.8

4)工况选择

①天然状态下，钻孔地下水位；

②天然状态下，滑体遇特大连续暴雨时处于半饱水及饱和状态；

③三峡水库蓄水后，按145m、175m蓄水位及蓄水位从175m骤降至145m时对三种库水位进行验算；

④沿江道路在中部开挖，滑体后部饱和及半饱水状态；

⑤前部回填或部分挖除，在蓄水条件下的稳态。

5)计算剖面

四道桥滑坡验算选用S3—S3′、S4—S4′、S6—S6′、S7—S7′、S18—S18′剖面。对四道沟(剖面S9—S9′)的人工填土及覆盖层也进行了计算分析。如图4-80~图4-85所示。

邓家屋场崩滑体分别选取 D11—D11′、D13—D13′、D14—D14′、36—36′四条剖面。如图 4-86~图 4-88 所示。

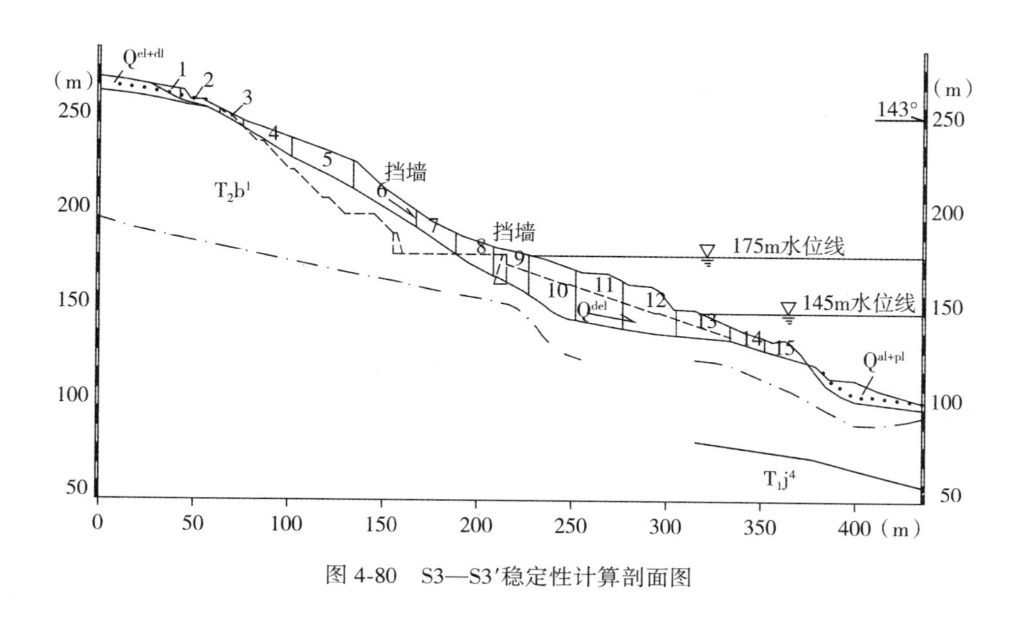

图 4-80 S3—S3′稳定性计算剖面图

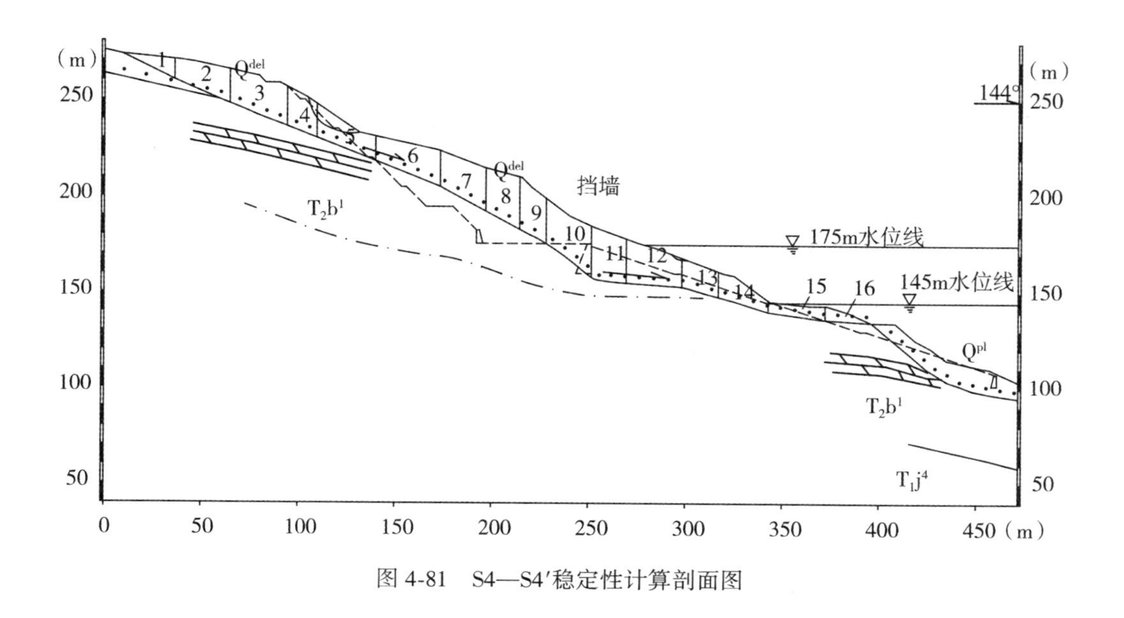

图 4-81 S4—S4′稳定性计算剖面图

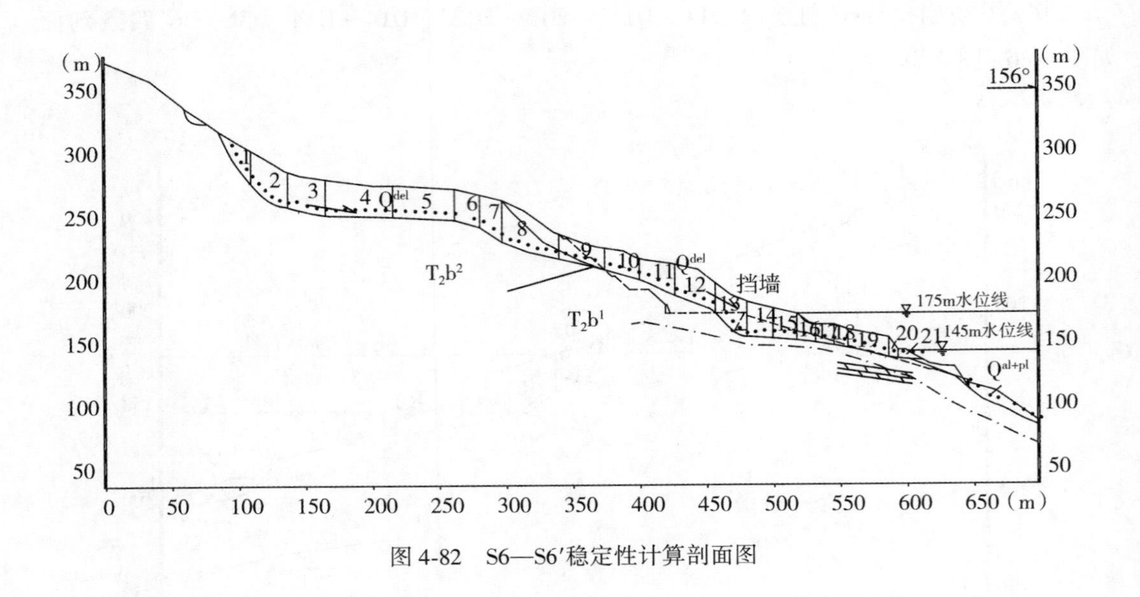

图 4-82　S6—S6′稳定性计算剖面图

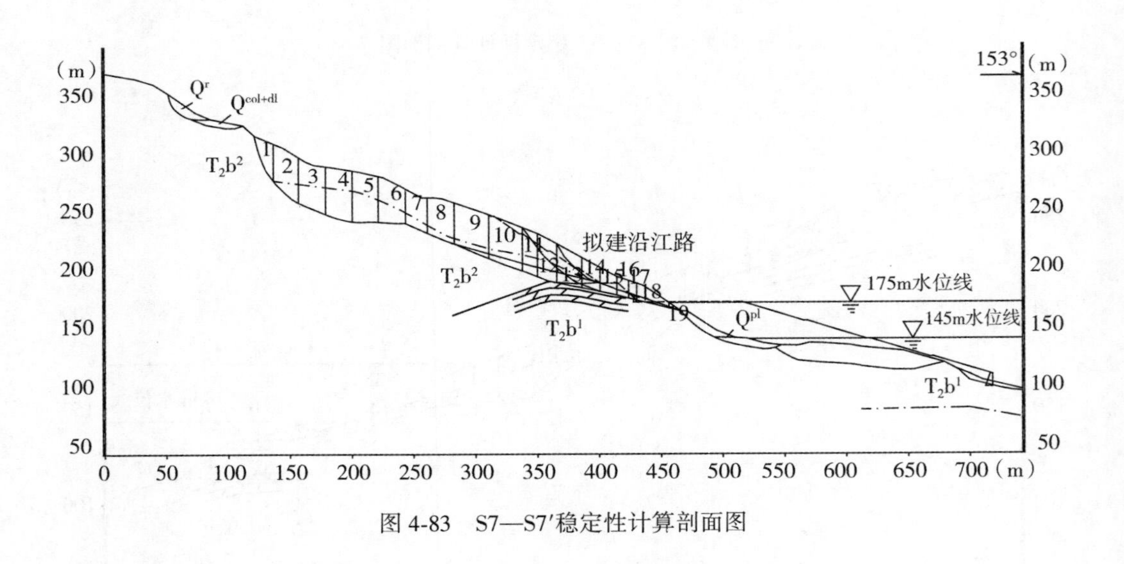

图 4-83　S7—S7′稳定性计算剖面图

3. 计算结果及其评价

1)四道桥滑坡的稳定性计算结果及评价

根据四道桥滑坡的分级特征及高程 250m 以上与以下滑体物质与滑床形态的不同，蓄水前工况主要对高程 250m 以上与以下分段进行计算；为与之比较，对滑体总体也进行计算。

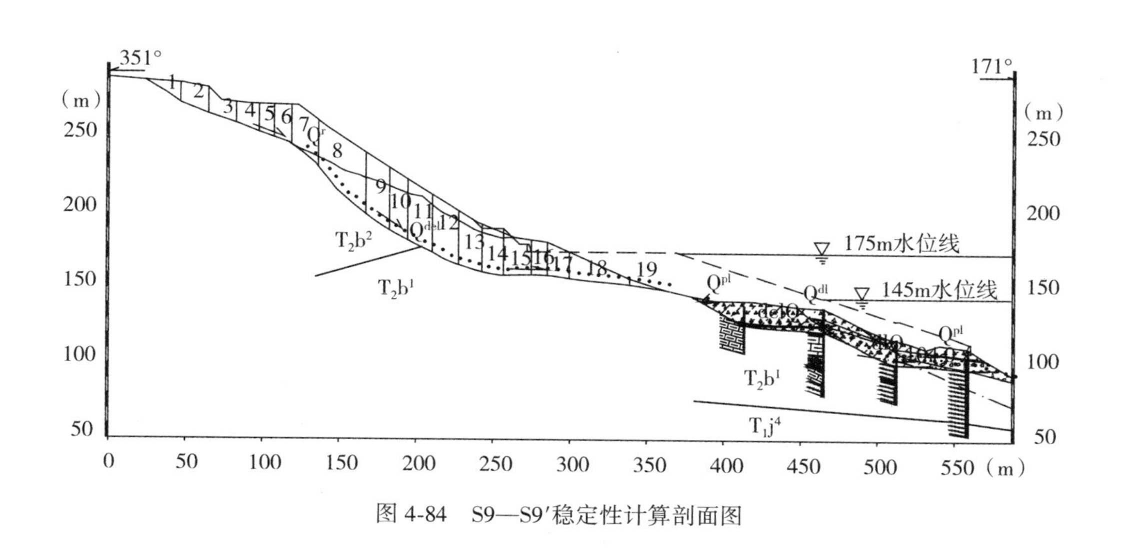

图 4-84　S9—S9′稳定性计算剖面图

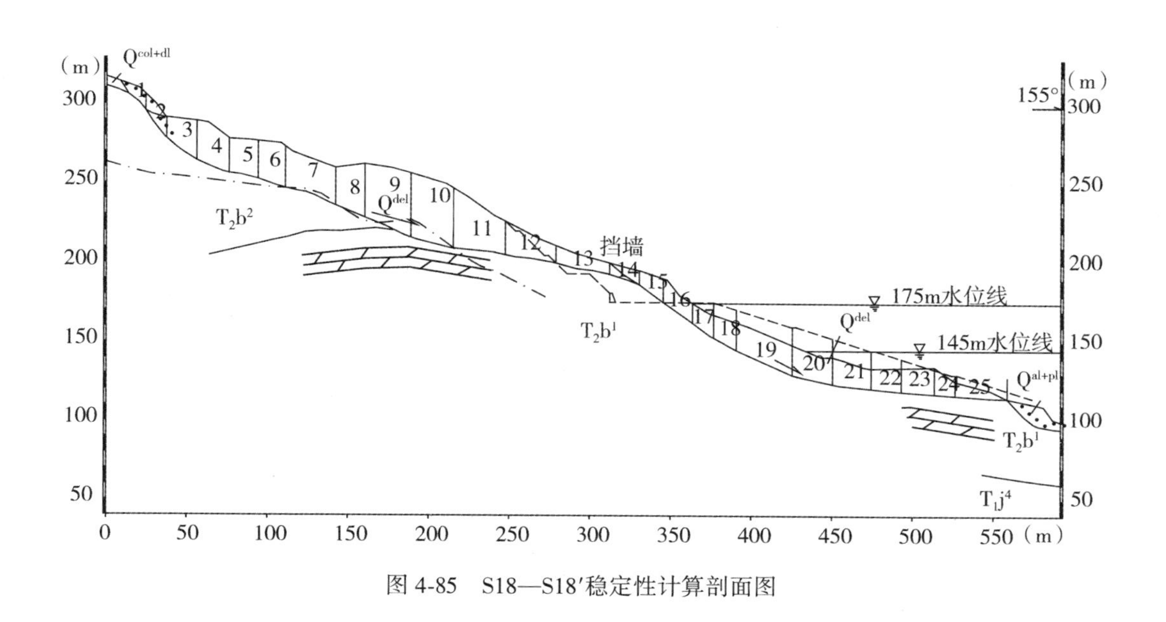

图 4-85　S18—S18′稳定性计算剖面图

根据沿江路建设及码头用地要求，对四道桥滑坡的治理方案主要采取清除四道桥滑坡的下滑体(高程 250m 以下)及在四道沟一侧进行回填压脚的方案。方案设计中，高程 250~175m 的滑体物质基本被清除，使滑体上部与下部相互独立。在高程 175.54m 设置平台作为货运码头场地，175m 库水位以下按 1∶3 的坡比进行削坡开挖。考虑工程设计方案，对开挖后上部滑体及下部削坡后的残留滑体分别进行计算，计算中考虑了天然状态、

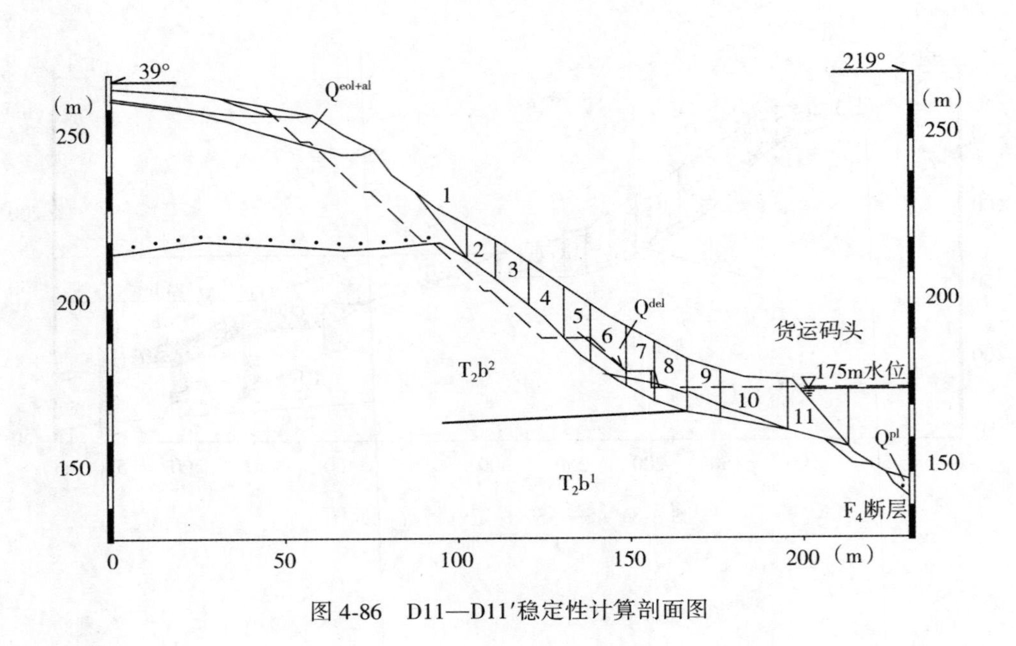

图 4-86　D11—D11′稳定性计算剖面图

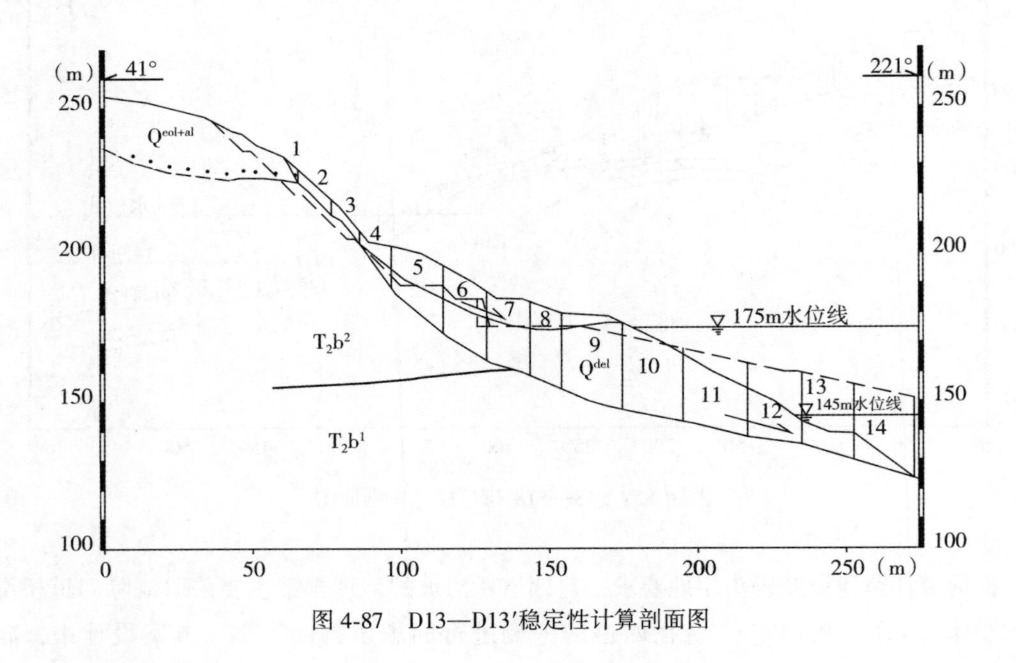

图 4-87　D13—D13′稳定性计算剖面图

减载削坡开挖、四道沟回填压脚及库水位的三种运行工况条件；在考虑工程方案条件下的滑体稳定性计算中未考虑工程措施支挡力作用。

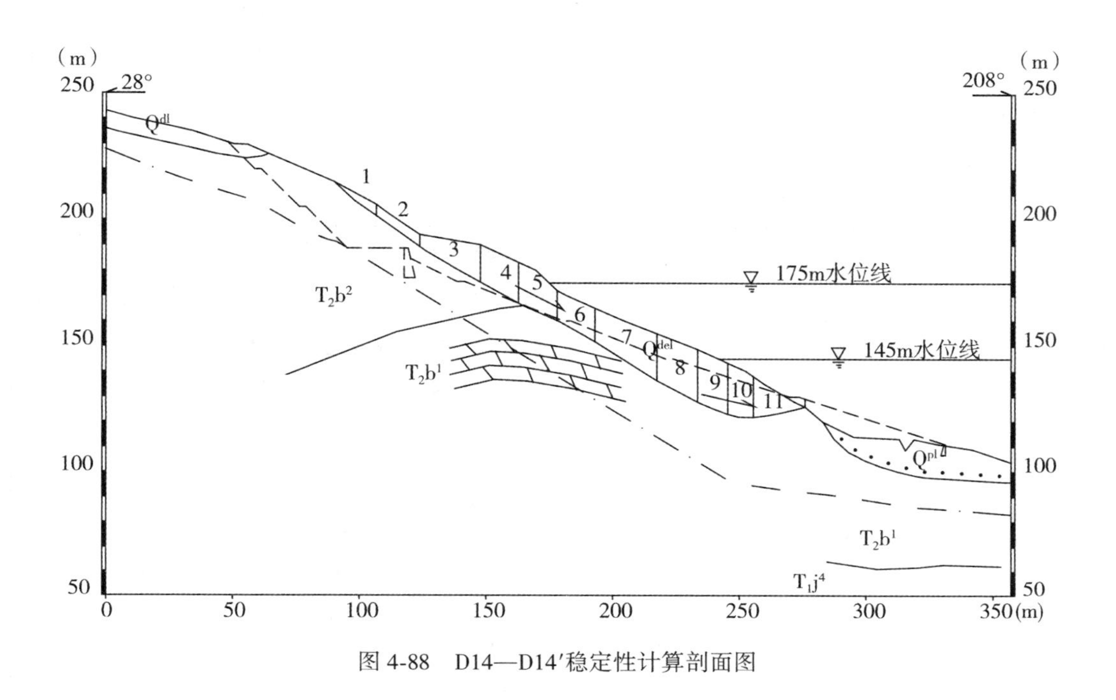

图 4-88　D14—D14′稳定性计算剖面图

(1)蓄水前稳定性计算结果及评价。

水库蓄水前计算了三种工况，计算结果见表 4-68。在采用钻孔地下水位条件下，剖面 S3—S3′、S4—S4′、S6—S6′、S18—S18′(四道沟支沟以西)的稳定系数(K)为 1.32～1.74，处于稳定状态；剖面 S7—S7′(即四道沟与其支沟之间)的稳定系数为 1.02～1.09，处于欠稳定状态，这与近期该处常产生崩塌等破坏现象一致；剖面 S9—S9′的稳定系数为 1.11，上覆填土稳定系数为 1.07，与填土常产生土溜一致。

各剖面中上滑体稳定系数明显比下滑体高，表明滑体上部稳定性较下部好。

在假定遇连续暴雨条件滑体达到半饱水甚至饱和条件下，半饱水时剖面 S3—S3′、S4—S4′、S6—S6′、S18—S18′的稳定系数(K)为 1.05～1.26，仍处于稳定状态或基本稳定状态，而剖面 S7—S7′、S9—S9′的稳定系数(K)为 0.84～0.98，处于不稳定状态；饱和时各剖面稳定系数(K)基本小于 1，即处于不稳定状态。水对滑体稳定性的影响非常敏感，滑体汇水面积有限，沟系发育，地表排水系统基本畅通，滑体物质渗透性强，难以达到完全饱和。

(2)蓄水后滑坡稳定性计算结果及评价。

表 4-68 表明，三峡水库蓄水后，上滑体不受库水影响。145m 水位时，下滑体稳定系数(K)均有不同程度的下降，稳定系数(K)为 1.25～1.30，处于稳定状态；175m 水位时，剖面 S3—S3′、S4—S4′、S6—S6′、S18—S18′的稳定系数(K)为 1.17～1.28，基本处于稳

定状态，剖面 S7—S7′、S9—S9′的稳定系数(K)为 1.00～1.09，处于极限状态；考虑从 175m 库水位骤降至 145m 时，下滑体稳定系数为 0.84～1.09，处于不稳定状态与极限状态。如在水库蓄水条件下，遇连续暴雨，滑体饱和，各剖面稳定系数均小于 1。

表 4-68　四道桥滑坡稳定性计算结果表

<table>
<tr><th colspan="2" rowspan="3">剖面号及
滑动块体</th><th colspan="9">稳定系数(K)</th></tr>
<tr><th colspan="3">蓄水前</th><th colspan="2">145m 水位</th><th colspan="2">175m 水位</th><th colspan="2">175m 骤降至 145m</th></tr>
<tr><th>钻孔地下水位</th><th>半饱和</th><th>饱和</th><th>钻孔地下水位</th><th>库水位以上饱和</th><th>钻孔地下水位</th><th>库水位以上饱和</th><th>钻孔地下水位</th><th>库水位以上饱和</th></tr>
<tr><td colspan="2">S3—S3′</td><td>1.34</td><td>1.07</td><td>0.81</td><td>1.27</td><td>0.81</td><td>1.27</td><td>1.02</td><td>0.98</td><td>0.98</td></tr>
<tr><td colspan="2">S4—S4′</td><td>1.32</td><td>1.05</td><td>0.80</td><td>1.30</td><td>0.77</td><td>1.17</td><td>0.78</td><td>1.04</td><td>0.71</td></tr>
<tr><td rowspan="3">S6—S6′</td><td>总体</td><td>1.61</td><td>1.25</td><td>0.94</td><td>1.58</td><td>0.94</td><td>1.54</td><td>0.94</td><td>1.44</td><td>0.91</td></tr>
<tr><td>下滑体</td><td>1.32</td><td>1.05</td><td>0.82</td><td>1.27</td><td>0.79</td><td>1.17</td><td>0.78</td><td>1.06</td><td>0.74</td></tr>
<tr><td>上滑体</td><td>1.74</td><td>1.38</td><td>1.04</td><td>无影响</td><td></td><td>无影响</td><td></td><td>无影响</td><td></td></tr>
<tr><td rowspan="5">S7—S7′</td><td>总体</td><td>1.15</td><td>1.06</td><td>0.78</td><td>无影响</td><td></td><td>1.13</td><td>0.78</td><td>1.13</td><td>0.78</td></tr>
<tr><td>上滑体(>265m)</td><td>1.19</td><td>1.14</td><td>0.86</td><td>无影响</td><td></td><td>无影响</td><td>0.86</td><td>无影响</td><td></td></tr>
<tr><td>下滑体(<265m)</td><td>1.09</td><td>0.98</td><td>0.70</td><td>无影响</td><td></td><td>1.09</td><td>0.70</td><td>1.09</td><td>0.70</td></tr>
<tr><td>下滑体浅表(红层)</td><td>1.06</td><td>0.84</td><td>0.65</td><td>无影响</td><td></td><td>1.02</td><td>0.65</td><td>1.02</td><td>0.65</td></tr>
<tr><td>下滑体松散层</td><td>1.02</td><td>0.89</td><td>0.66</td><td>无影响</td><td></td><td>1.00</td><td>0.66</td><td>1.00</td><td>0.66</td></tr>
<tr><td rowspan="3">S18—S18′</td><td>总体</td><td>1.50</td><td>1.19</td><td>0.91</td><td>1.44</td><td>0.89</td><td>1.43</td><td>0.86</td><td>1.28</td><td>0.85</td></tr>
<tr><td>下滑体</td><td>1.57</td><td>1.26</td><td>0.98</td><td>1.25</td><td>0.84</td><td>1.28</td><td>0.83</td><td>0.84</td><td>0.78</td></tr>
<tr><td>上滑体</td><td>1.45</td><td>1.15</td><td>0.88</td><td>无影响</td><td></td><td>无影响</td><td></td><td>无影响</td><td></td></tr>
<tr><td rowspan="2">S9—S9′</td><td>覆盖层</td><td>1.11</td><td>0.88</td><td>0.66</td><td>无影响</td><td></td><td>1.03</td><td>0.68</td><td>1.00</td><td>0.66</td></tr>
<tr><td>填土</td><td>1.07</td><td></td><td></td><td>无影响</td><td></td><td>无影响</td><td></td><td>无影响</td><td></td></tr>
</table>

(3)削坡减载开挖后滑体稳定性计算结果及评价。

根据滑坡的综合治理利用方案，即削坡减载方案将下滑体上部高程 250～175m 挖除至基岩，175m 以下削成 1∶3 的缓坡，削坡后的下滑体残留体及上滑体的稳定性计算结果见

表 4-69、表 4-70。开挖后上滑体稳定系数(K)为 1.21~1.74，对比表 4-68，剖面 S18—S18′、S7—S7′的稳定系数略有下降，其中剖面 S7—S7′的稳定系数(K)为 0.99，处于不稳定状态；剖面 S4—S4′、S6—S6′的稳定系数基本与开挖前相当。由此可见，开挖对剖面 S7—S7′的稳定性不利，即开挖对四道桥滑坡东部(四道沟及其支沟之间)的稳定性不利，对四道沟支沟以西上滑体稳定性基本无影响或影响轻微。

表 4-69　四道桥滑坡减载削坡方案滑体稳定性计算结果

剖面及滑块		稳定系数(K)						
		开挖后上滑体(175m 以上)			削坡后残留下滑体			
		钻孔地下水位	半饱水	饱和	天然	145m	175m	175~145m
S3—S3′	下滑体残留体				1.86	1.60	1.71	0.96
S4—S4′	上滑体	1.21	0.97	0.78				
	下滑体残留体				2.19	1.99	2.26	1.07
S6—S6′	下滑体	大部挖除						
	上滑体	1.74	1.37	1.03				
S18—S18′	上滑体	1.40	1.11	0.86				
S7—S7′	上滑体(>265m)	无影响						
	下滑体(<265m)	0.99	0.92	0.68				
	下滑体浅表红层	挖除						
	下滑体松散体							

表 4-70　四道桥滑坡压脚(四道沟填沟)稳定性计算结果

剖面及滑块		稳定系数(K)						
		钻孔地下水位	145m 水位		175m 水位		175m 水位骤降至 145m 水位	
			钻孔地下水位	库水位以上饱和	钻孔地下水位	库水位以上饱和	钻孔地下水位	库水位以上饱和
S18—S18′	下滑体	1.81	1.61	1.07	1.57	1.56	1.06	0.92
S9—S9′	覆盖层	1.37	1.34	0.79	1.20	0.99	0.99	0.79

滑体 175m 以下采用削坡，削坡后滑体大部分被挖除，剖面 S3—S3′、S4—S4′滑体残留厚度 4~14m，最大厚度 17m，残留方量 $2.0\times10^5\mathrm{m}^3$ 左右；靠近四道沟(剖面 S18—S18′)

采取填沟压脚。稳定性计算表明削坡后的下滑体残留体及压脚后的下滑体的稳定系数均明显提高。考虑水库蓄水三种工况，基本处于稳定状态，但剖面 S9—S9′在库水位以上饱水条件下的稳定系数小于 1，说明回填压脚后四道沟沟底覆盖层仍处于不稳定状态，应对四道沟沟底覆盖层采取工程措施。

2)邓家屋场崩滑体的计算结果及评价

邓家屋场崩滑体滑床形态较为连续，后部地形及滑面较陡，滑体大部分被淹没，设计治理方案采取在前缘四道沟进行回填压脚，后部开挖减载，回填后崩滑体无滑移临空面，而在靠近长江岸边一带则采取清除滑体措施，故不对综合设计方案进行稳定性计算。蓄水前稳定性计算考虑了钻孔地下水位、暴雨条件下半饱水及饱和状态三种工况，蓄水后考虑 145m 水位、175m 水位及 175m 骤降至 145m 三种工况，计算结果见表 4-71。

表 4-71　邓家屋场崩滑体稳定性计算结果表

剖面号	稳定系数(K)							
	蓄水前			145m 水位		175m 水位		175m 骤降至 145m
	钻孔地下水位	半饱水	饱和	钻孔地下水位	库水位以上饱和	钻孔地下水位	库水位以上饱和	钻孔地下水位
D11—D11′	1.00	0.85	0.66	无影响	0.66	0.94	0.74	0.93
D13—D13′	1.13	1.03	0.78	0.94	0.77	1.09	0.76	0.87
D14—D14′	1.21	0.97	0.75	1.13	0.79	1.21	0.92	0.90
36—36′	1.24	0.99	0.76	1.22	0.75	1.20	0.92	0.92

(1)蓄水前稳定性计算结果及评价。

水库蓄水前，表 4-71 中钻孔地下水位条件下，邓家屋场崩滑体总体稳定系数(*K*)为 1.00~1.24，处于基本稳定状态与极限状态，但安全余量不高。剖面 D11—D11′稳定系数为 1.00，处于极限状态，这与该剖面后部产生明显滑坍现象与拉张裂缝一致。比较各剖面稳定系数，从四道沟上游至下游到长江岸边崩滑体稳定系数增大，与崩滑体的地下水分布有关。当崩滑体处于半饱水状态，各剖面基本处于不稳定状态与极限状态，饱和时稳定系数(*K*)为 0.66~0.78，稳定系数很低。

(2)蓄水后稳定性计算结果及评价。

仅考虑三峡水库蓄水，145m 水位、175m 水位时崩滑体的稳定系数均有所下降，其中剖面 D11—D11′、D13—D13′的稳定系数为 0.94~1.09，处于极限状态与不稳定状态，剖面 D14—D14′、36—36′的稳定系数(K)为 1.13~1.22，处于基本稳定状态。如果蓄水后遇连续暴雨，库水位以上饱和，各剖面稳定系数(K)为 0.66~0.93，均处于不稳定状态。

4. 滑体稳定性评价

1)四道桥滑坡

结合地质宏观判断与稳定性计算分析，以高程 230~260m 为界，四道桥滑坡的上滑体与下滑体从空间特征、滑床形态及物质组成来看两级特征明显。

上滑体地表呈平台状，居住较多居民，民房未见明显变形破坏现象，滑床平缓，滑体物质为滑动岩体，其性状也相对较好。稳定性计算表明当前条件下其稳定系数(K)为 1.19~1.74，半饱水条件下稳定系数为 1.14~1.38，全饱和条件下稳定系数为 0.86~1.04。由于滑体汇水面积有限，地表排水较为畅通，滑体物质渗透性强，全饱和的可能性较小，故上滑体总体处于稳定状态。

下滑体地形坡度较陡，陡坡与缓坡相间，新近出现的变形破坏主要发生在下滑体，且主要分布于滑坡东侧四道沟及其支沟附近，如次级崩土湾崩滑体及冲沟两侧的崩塌现象。这些浅层变形破坏与冲沟冲刷作用关系密切，据访问当地居民，反映四道沟西侧支沟属于近几十年形成的，尤其是巫山新城建设开始后，侵蚀、冲刷速度明显加剧。地质勘察表明下滑体滑带、滑面明显，且为顺向坡构造，滑床形态上略有起伏，表现为分区、分段滑动模式，即下滑体整体性不强。四道沟支沟以西地下水不丰，滑体高程 180~200m 分布居民房屋，民房未见明显变形破坏，滑体物质遭剥蚀、侵蚀发育细小冲沟，滑体物质堆积较紧密，计算分析表明四道沟支沟以西的稳定系数(K)为 1.32~1.57，当前条件下处于稳定状态。四道沟主沟及其支沟之间，崩塌现象时有发生，近期冲沟侵蚀显得十分活跃，两侧均被冲沟切割，三面临空，堆积体极松散、架空明显，有鼠洞等；勘察表明松散体中有多级次级滑带，滑带有地下水浸润，冲沟沟底见滑面(具擦痕)与滑带土，剪出口被冲沟切穿，加之四道沟侧向补给地下水，地下水丰富；计算表明其稳定系数(K)为 1.02~1.09，处于欠稳定状态(处于滑移前的孕育阶段)。三峡水库蓄水后(尤其在库水位骤降条件下)下滑体处于不稳定状态与极限状态，对上滑体无影响。

2)邓家屋场崩滑体

邓家屋场崩滑体中部及南部分布较多居民房屋，地表测绘未发现崩滑体有明显总体变形破坏现象，现阶段崩滑体的变形破坏现象主要表现为地表裂缝、居民房屋开裂及局部的小型塌滑。崩滑体北西部、后部、前缘地形坡度陡，斜坡物质松散，地下水较丰，前缘地带居民生活用水长期在地表排放，在地下水活动影响下(雨季尤为严重)，易产生浅表层变形。计算分析表明邓家屋场崩滑体在当前条件下的稳定系数(K)为 1.00~1.24，局部处于不稳定状态。三峡水库蓄水后崩滑体大部分被淹没，考虑库水位骤降崩滑体处于不稳定状态。

综上所述，四道桥滑坡蓄水前，后部处于基本稳定状态，中前部处于欠稳定状态，局部滑移、崩塌。蓄水后，中下部整体处于不稳定状态，预测将产生较大规模的整体滑移失稳。

三峡水库蓄水前，邓家屋场崩滑体总体上处于基本稳定状态，变形破坏现象主要表现为地表裂缝、居民房屋开裂及局部的小型坍塌。蓄水后，四道桥-邓家屋场滑坡 1/3～1/2 位于水下，稳定性大幅降低，预测将产生整体滑移失稳。

4.4.2.3 滑坡治理方案

结合沿江路和西坪货运码头的布置，根据四道桥-邓家屋场滑坡的天然地形、地质条件，滑坡治理方案主要采取对中后部削坡减载和对四道沟回填压脚的措施，对仍不能满足稳定性要求的四道桥滑坡上滑体东侧局部增设抗滑桩支挡；同时采取地下和地表排水措施，以降低滑坡体的地下水位、拦截地表入渗，使滑坡体的运行环境满足设计条件。以下着重介绍排水设计方案。

4.4.2.4 原排水设计方案

1. 地表排水方案

设置地表排水系统的目的是汇集滑坡周边和滑坡体表面的大气降水，引出滑坡体外，尽量减少降水入渗至滑坡体内，影响滑坡体的稳定性。

根据四道桥-邓家屋场滑坡的边界形态、天然地形冲沟，并结合滑坡体外市政排水设施，地表设置了周边截水沟、坡面纵向排水沟、马道及公路排水沟、排洪沟等。地表水最终经五道沟和四道沟排洪沟汇入长江。

2. 地下排水方案

在四道桥-邓家屋场滑坡体治理初步设计阶段，在沿江路以上的滑体下伏基岩中布置地下排水工程，以降低滑体内地下水位，提高滑坡的稳定安全系数。地下排水工程由地下排水洞和排水孔幕组成。排水洞设于滑带下基岩内，由洞顶向上钻排水孔穿透滑带至滑体内地下水位线以上，对分布于滑体内的地下水进行疏排。

地下排水洞由 2 条排水主洞和 1 条排水支洞组成(图 4-89)。1#排水主洞(图 4-90～图 4-92)布置在滑坡体东侧及后部，洞顶排水孔形成排水幕，用来拦截滑坡体东侧坡体和后部山体的降雨入渗补给和地下水补给，洞底高程 186.5～227.3m；2#排水主洞布置在滑坡体前部，洞顶排水孔用来排泄滑坡体内分布的地下水和降雨入渗补给，洞底高程 193～

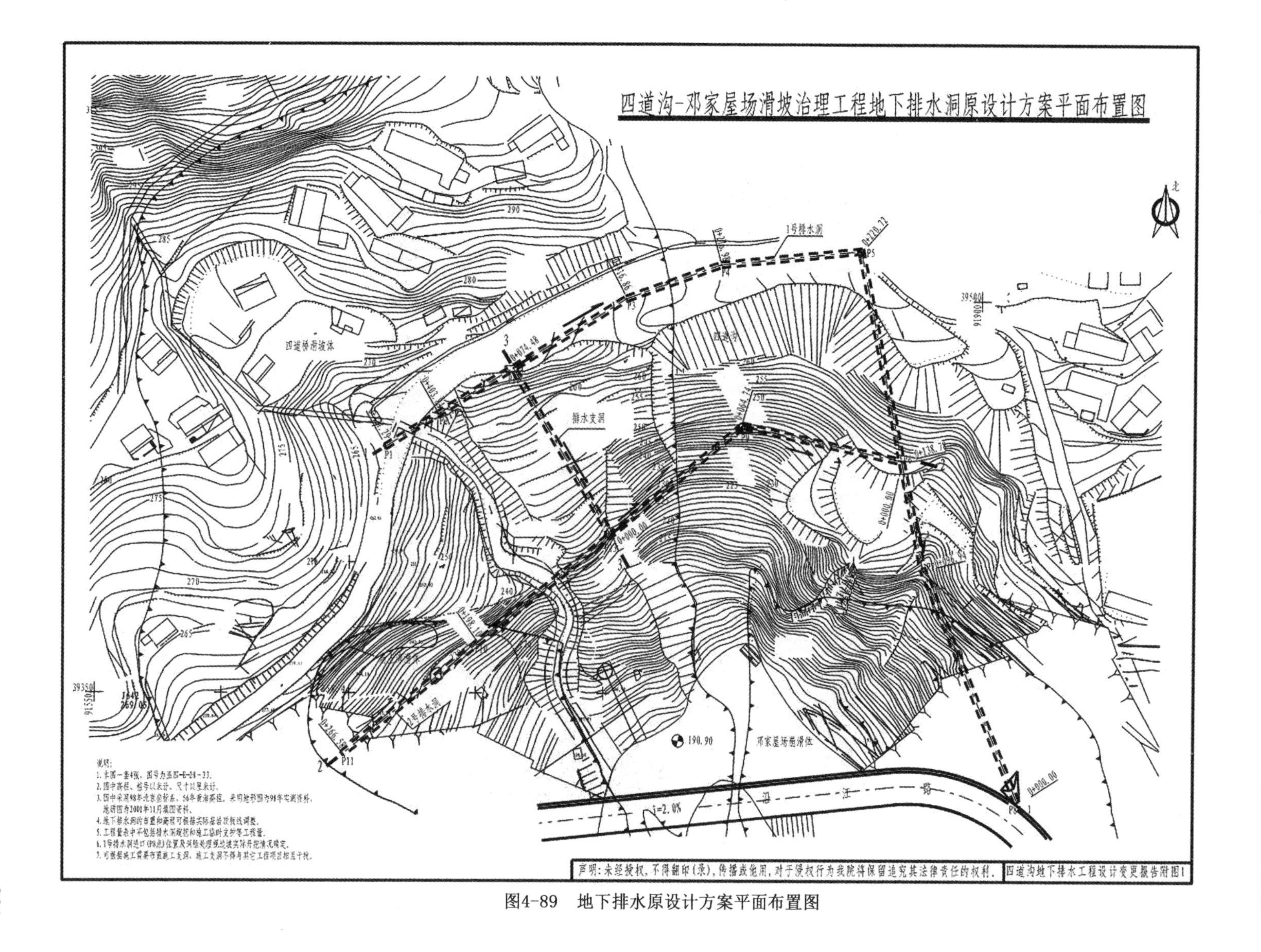

图4-89　地下排水原设计方案平面布置图

214.3m。排水支洞布置在四道沟附近，洞顶排水孔对四道桥滑坡上滑体稳定性最差、地下水丰富的部位加强排水。为便于成洞，排水洞均布置在滑床基岩面以下5~10m处，排水洞断面采用城门洞型，钢筋砼衬砌，净断面尺寸1.5m×2.0m，衬砌厚0.3m。

排水洞洞顶共设2排主排水孔，主排水孔一般深15m，局部孔深20m，排水孔孔距3m，孔径ϕ91mm；另外，为了减小排水洞衬砌边墙的外水压力、增加滑坡排水效果，在排水洞两边侧墙上各设置两排辅助排水孔，辅助排水孔入岩1m，排水孔孔距3m，孔径ϕ56mm。主排水孔内均采用孔径适宜的PVC塑料花管，外裹工业过滤布进行保护。

按照初步设计方案，设置四道桥-邓家屋场滑坡体地下排水后，四道沟底及两侧(S7—S7′剖面)地下水位降低50%(以滑床顶面为基准)。

图4-90　1#排水洞洞口

3. 存在的问题

四道桥-邓家屋场滑坡综合治理工程主要存在两个方面的问题：由于上西坪小区建设导致原滑坡顶部设计的周边截水沟无法实施；位于四道沟与四道沟西支沟之间的地下排水洞在施工过程中多次出现坍塌及冒顶事故。通过分析，引起上述问题的主要原因为地形条件、地质条件、施工因素等。

(1)地形条件：根据业主提供的资料，原滑坡顶部截水沟已纳入上西坪小区基础设施

图 4-91　1#排水洞前

图 4-92　向 1#排水洞望去

工程一并实施，其地表径流已归入管涵，缓解了地表水渗入滑坡体的潜在危害，上部周边截水沟不宜继续按原设计方案实施。

(2)地质条件：目前施工中所揭露的地质条件与地勘资料基本一致，开挖成洞条件差的原因可以归纳为：

①地下排水洞原设计位于滑床基岩，洞顶以上的基岩厚度5~10m。开挖揭露发现滑体下基岩受滑带扰动影响，岩体破碎，完整性较差，导致局部洞段施工困难。

②排水洞顶上覆围岩主要为滑带附近的泥质粉砂岩、泥岩，岩体破碎，遇水软化，具有较强的崩解性，排水洞洞壁出现崩解、塌方、掉块问题，成洞困难。

③地下水丰富，施工过程中上部隔水层被揭穿，容易产生涌水、塌方、冒顶等事故，存在一定安全隐患。

(3)施工因素：在地质条件不良的情况下，没有及时采取有效支护措施。

4.4.2.5 排水设计方案调整

1. 设计调整原则

针对四道桥-邓家屋场滑坡排水工程的现状，经分析研究，如果对排水设计方案进行调整，应遵循以下原则：

(1)不降低原设计方案的排水效果，以保证滑坡体稳定。

(2)方案应尽量简单可行，利于施工。

(3)尽量结合利用目前现场已施工的工程，节约投资。

2. 地表排水设计调整

根据业主提供的有关资料，地面排水工程仅坡顶截水沟未完工，但已纳入滑坡顶部西坪移民小区基础设施建设中，小区排水管网已经形成，坡顶地表径流已归入管涵。现根据业主要求对坡顶截水沟结合居民小区已建排水管网进行优化，取消居民小区范围内的坡顶截水沟。

3. 地下排水设计调整

依据原设计，四道桥-邓家屋场滑坡地下排水尚未施工的部位包括：1#排水洞D1点以西长约140m的排水洞、2#排水洞D5点以西长约170m的排水洞、连接1#和2#排水洞的排水支洞(长度75m)以及所有的排水孔。根据业主意见，需要对上述未施工部位进行调整或采取替代措施。经研究，确定采用地下排水洞、排水竖井和排水孔幕相结合的立体式排水方案。调整后的设计方案如下(图4-93~图4-95)。

四道桥—邓家屋场滑坡地下排水变更设计平面布置图（1:500）

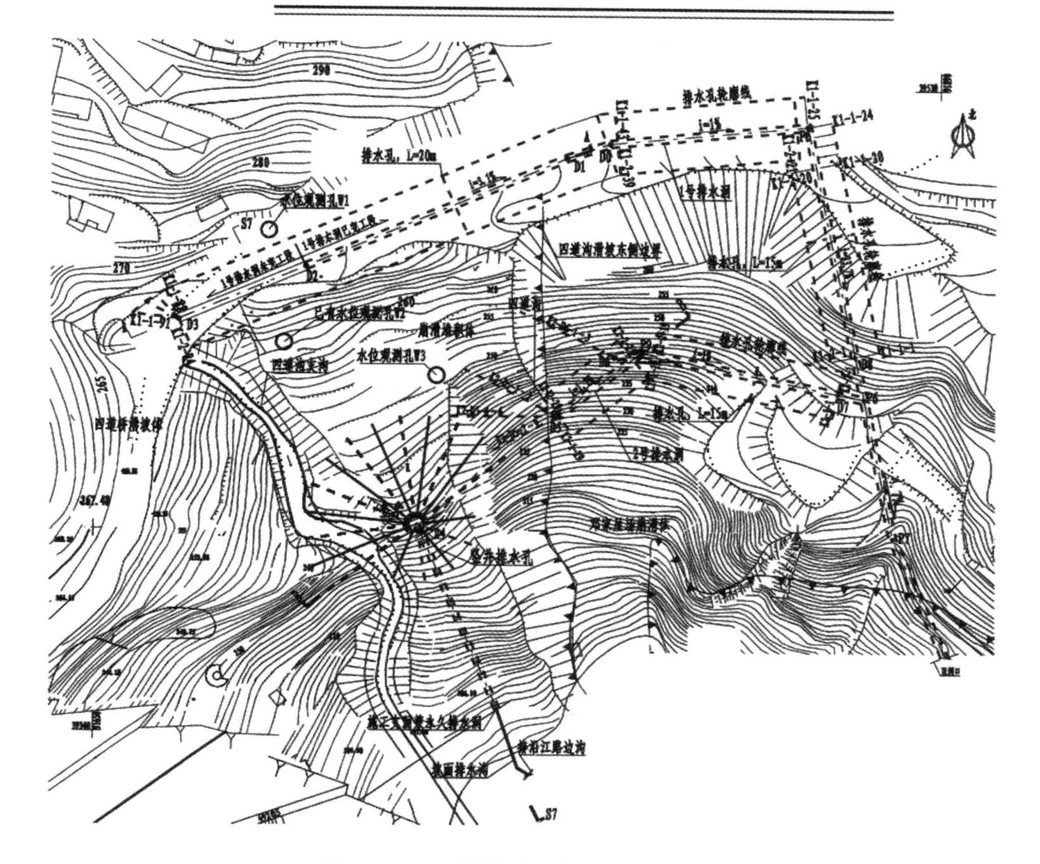

图 4-93　地下排水变更设计平面布置图

1)1#排水洞未开挖洞段继续实施

因为1#排水洞的主要作用是拦截后坡及东侧地下水，从而拦截四道沟与四道沟西支沟之间、1#排水洞 220m 高程以下至2#排水洞之间滑体内的地下水补给，是在滑体前缘降低地下水的第一道保障，所以1#排水洞未开挖洞段必不可少，需继续实施。

经研究，该段排水洞长度可以适当减少 20m 左右。断面型式为城门洞型，为便于后期排水孔施工，净断面尺寸调整为 2m×2.5m。钢筋砼衬砌厚度为 30cm，排水洞底板纵坡坡度不小于1%。

1#排水洞尚未开挖的洞段基岩受滑带扰动影响，岩体破碎，完整性较差，泥质粉砂岩或泥岩遇水软化，具有较强的崩解性。根据经验，如果及时采取支护措施或超前支护措施，则一般不会出现大规模的坍塌现象。例如：施工支洞完全处于四道桥滑坡体内，围岩条件不及1#排水洞，在及时采取支护措施的部位均未出现坍塌。

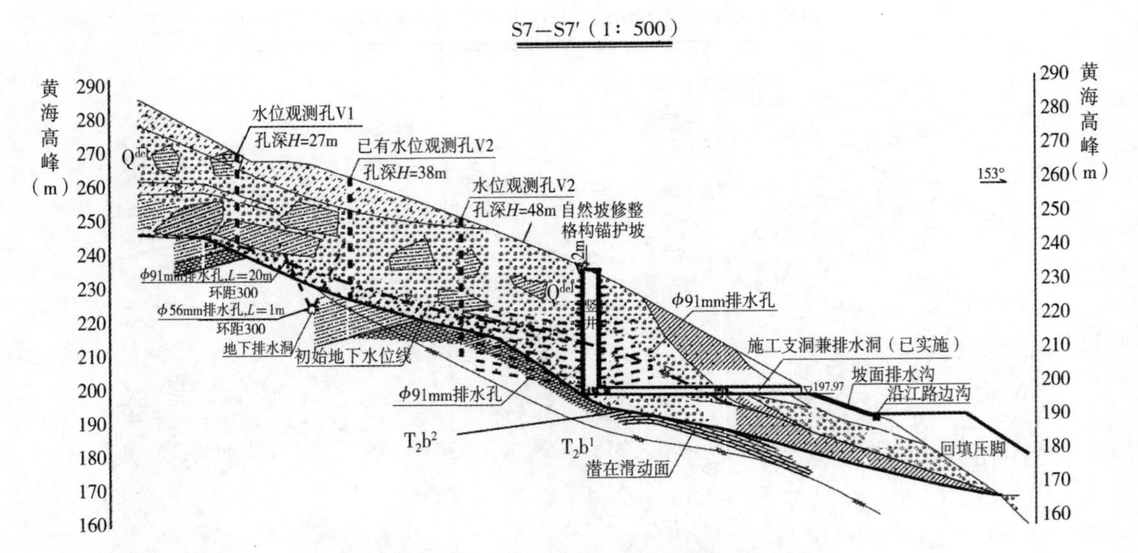

图 4-94　地下排水变更设计 S7—S7′剖面图

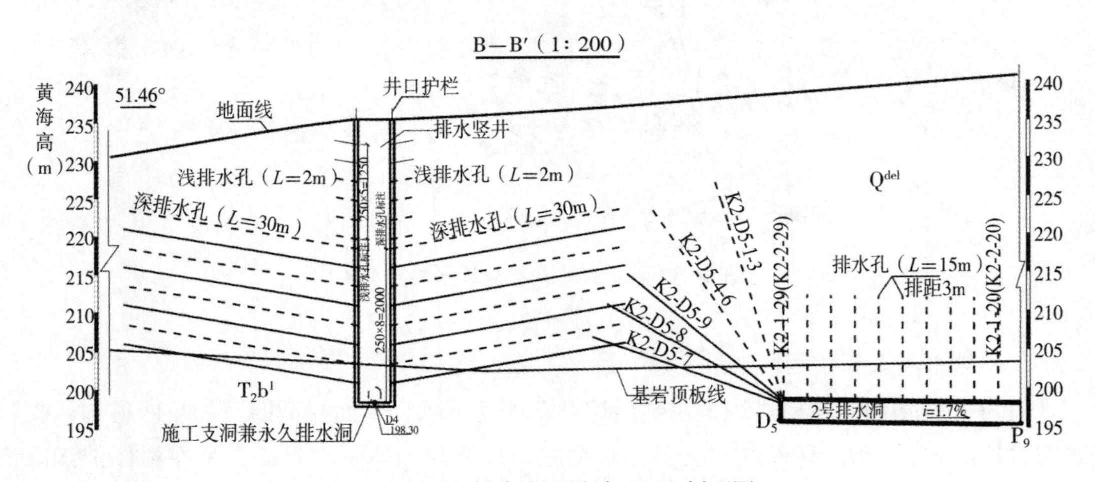

图 4-95　地下排水变更设计 B—B′剖面图

2) 2#排水洞未开挖洞段调整为排水竖井

根据四道桥滑坡抗滑桩施工过程中揭露的情况，四道沟西支沟西侧未见地下水出露。据此，取消 2#地下排水洞在四道沟西支沟以西尚未施工的部分洞段。同时，由于地质条件较差，取消西支沟以东 2#排水洞尚未施工的洞段及相应部位的排水孔。

为达到原设计的排水要求，充分降低四道沟与四道沟西支沟之间、1#排水洞 220m 高程以下至 2#排水洞之间滑坡体内的地下水，在施工支洞末端塌方冒顶部位，进行清挖和扩

图4-96　施工中的竖井

挖，形成一个排水竖井，井底与已形成的施工支洞相连通，排水竖井井壁四周钻设水平略上仰的深排水孔，将滑坡体一定范围内地下水导排入竖井中，通过施工支洞自流排出，达到降低地下水位的目的。

排水竖井开挖井径为5m，采用50cm厚钢筋砼衬砌，井壁设系统排水孔，排水孔纵向排距2.5m，同一平面高程上的排水孔孔口距离1.05m，入岩深30m，排水孔内均设MY8型复合土工塑料滤水管。为加强排水效果，在深排水孔中间增设伸入滑体3m的辅助排水孔。

排水竖井开挖过程中，应注意施工安全。为保证竖井稳定，可采取必要的喷锚支护、内支撑等临时支护措施；同时密切关注井内渗水或汇水情况，配备相应的抽水设备，及时抽取井内集水；并应采取可靠措施，防止井内陡然涌水时，危及施工人员、设备安全。

3)施工支洞兼作永久排水洞

采用竖井方案以后，可以利用已开挖形成的施工支洞作永久排水洞使用，但需要按照永久结构的要求加强支护。洞顶及两侧墙各设两排排水孔，排水孔深3m，孔距3m，两排错开呈梅花型布置，排水孔孔径ϕ56mm。

4)排水孔布置适当调整

为了疏排排水洞上部滑体内的地下水，需要在洞顶设置两排辐射仰孔。具体布置(图4-93~图4-96)如下：

排水洞主排水孔：1#排水洞 P5~D3 段排水仰孔深度为 20m，P5~D8 段排水仰孔深度为 15m，取消 P6~P8 段原设计排水孔；2#排水洞 D5~D7 洞段排水孔深度为 15m，排水洞末端 D5、D6 点共增设 12 个辐射状排水孔，孔深 30m，孔径 ϕ91mm。

竖井排水孔主排水孔：孔径 ϕ91mm，入岩 30m，上倾 10°。

主排水孔内均为 MY8 型复合土工塑料滤水管，并设孔内保护。

浅排水孔：沿排水洞壁或竖井壁每 3m 间距环形布置一排浅排水孔，孔深 1m，孔径为 ϕ56mm。

5)其他调整

由于 1#排水洞 P5~P6 坡度较陡，为便于施工出渣和安全，底板增设钢轨道，洞壁增设钢筋扶手，后期在底板设置人行踏步。

4.4.2.6 排水效果分析

1. 定性分析

排水竖井深 35m 左右，贯穿了基岩面以上的整个含水层，有利于彻底释放滑体内部可能存在的滞水。

竖井直径 4m，井壁设系统排水孔，排水孔纵向排距 2.5m，同一平面高程上的排水孔孔口距离 1.05m，入岩深 30m。

从平面上看：竖井排水孔东侧末端距离 2#排水洞端部 D5 点的最短距离为 19m。由于滑体为松散结构的碎石土，渗透系数为 10^{-3}~10^{-4}cm/s，属于中等—强透水地层，所以竖井排水孔对于距离竖井中心 30~50m 范围的地下水仍应有一定的疏排作用。但是，为了确保排水效果，在 2#排水洞端部 D5 点增设 3 个方向共 9 个深 20m 的排水孔，以便和竖井排水孔形成连续的排水幕。

竖井西侧的排水孔已经覆盖了四道沟西支沟的沟底范围，对西支沟一定范围的地下水具有一定的疏排作用。

竖井底部高程 198.3m，1#排水洞的底板高程在 220m 左右，竖井中心距离 1#排水洞的水平距离为 75m，水力坡降接近 30%。而且，根据 S7—S7′剖面，靠山体侧的 9 排竖井排水孔中有 5 排位于基岩面以下。竖井排水孔已经完全贯穿地下含水层较厚的部位，而竖井排水孔 30m 范围以外与 1#排水洞之间基岩面以上的稳定含水层厚度仅 5m 左右；加之，1#排水洞对山体来水已经拦截和疏排，所以 1#排水洞以下部位的地下水位将有很大程度的降低。根据工程经验，只要排水孔不发生堵塞，竖井加排水孔的联合排水能力足以将四道沟与四道支沟间以及位于原 1#、2#排水洞之间的滑坡体地下水位疏排至基岩面以下。

2. 渗流数值模拟

1)计算模型及参数

根据滑坡体的地层结构、岩性特征和水文地质条件，选取典型S7—S7′剖面作为计算剖面进行概化。

边界条件：坡面形态按S7—S7′剖面实际地形简化，山体侧边界距离2#排水洞的水平距离100m，底板边界在竖井底部高程以下50m。由于地下水补给稳定，故假定地下水流动类型为定水头稳定流。根据地质剖面，稳定水位取钻孔实测地下水位。竖井和排水洞壁按出溢面考虑。

渗透性分区及参数：根据岩性特点及工程结构，渗透性可以简化为3个区，即滑体松散碎石土、滑体内排水孔区和滑床透水基岩。对于有排水措施的部位，如果完全按实际边界条件考虑，计算十分困难。为简化计算，将排水洞、竖井及排水孔作用的岩土体等效换算成渗透系数大的岩土体。根据地质报告，渗透系数计算取值见表4-72。

表4-72 渗透系数取值

区 域	渗透系数(cm/s)	
	水平方向 K_x	竖直方向 K_y
滑体松散碎石土	$i\times10^{-3}$	$i\times10^{-3}$
滑体内排水孔区域	5×10^{-3}	5×10^{-3}
滑床透水基岩	$i\times10^{-4}$	$i\times10^{-4}$
基岩排水孔区域	5×10^{-4}	5×10^{-4}

2)计算方法与内容

本研究采用实际应用较多的多孔介质模型，计算软件采用应用较广的理正渗流分析软件。

计算的主要目的是对比分析施加排水措施前、后地下水位，论证排水措施的合理性和必要性，计算内容包括流量和水位计算。

3)计算结果分析

渗流计算结果显示：

(1)四道桥-邓家屋场滑坡S7—S7′剖面山体补给的地下水单宽流量为4.0m³/d，四道沟与四道沟西支沟之间靠山体侧的平面距离为100m，所以山体地下水补给的总量为400m³/d。

(2)四道沟地下水流经1#排水洞前后的单宽流量由4.0m³/d降低至1.74m³/d，所以，1#排水洞拦截的地下水流量为226m³/d，占总流量的56%。

(3)增加竖井及排水孔以后，地下水单宽流量由1.74m³/d降低至1.02m³/d，所以，竖井及排水孔疏排的流量为72m³/d。

(4)地下水位大部分降至基岩面以下，靠近竖井部位的地下水位虽在基岩面以上，但较原始水位已经大幅度降低，降低幅度超过80%。

结果表明(计算成果见图4-97～图4-98)：

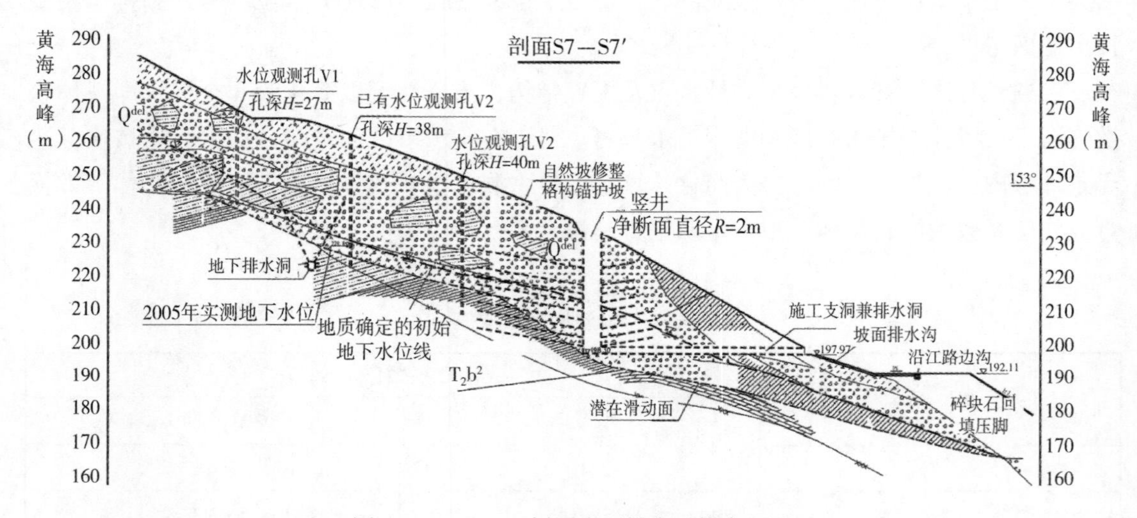

图4-97　S7—S7′剖面地下排水系统布置图

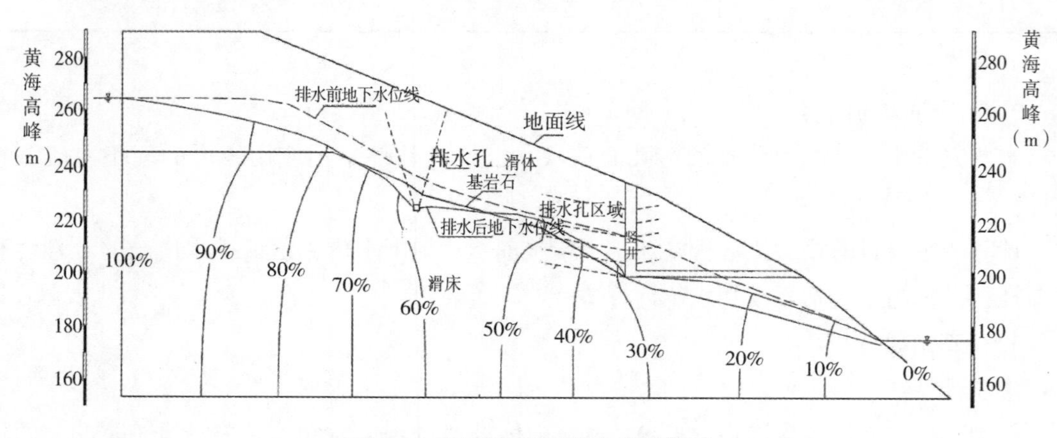

图4-98　四道沟地下排水效果简图

(1)在1#排水洞、排水孔及竖井排水的联合作用下，疏排四道沟附近地下水298m³/d，占总流量的75%左右，S7—S7′剖面附近地下水位降低至预定目标。

(2)仍有一部分流量可能来自邓家屋场东侧地下水补给，所以，在1#、2#排水洞顶设置深排水孔以疏排来自邓家屋场东侧地下水的措施仍然十分必要。

(3)设计调整后的地下排水方案是合理、安全的。

四道桥-邓家屋场滑坡由于地质条件复杂，地下排水工程施工难度极大。通过设计方案优化，最终采用竖井、排水洞与排水孔相结合的立体网络排水。该设计方案有效保证了施工安全，滑坡地下水位降低至预定目标，缩短工期近3个月，节约工程直接投资90万元。

4.5　奉节猴子石滑坡治理

4.5.1　工程概况

猴子石滑坡位于重庆市三峡库区奉节县，其所处的三马山小区是奉节县新城的行政、商贸和经济中心。猴子石滑坡位于三马山小区下三马山平台的斜坡地带，东西长320m，南北宽360m，面积$1.219\times10^5m^2$，体积$4.5\times10^6m^3$，平均厚度45~60m，最厚处66m。

猴子石滑坡为一基岩切层蠕变型滑坡，原始的滑体形态平面呈扇形，在两侧及后缘均有中小型冲沟围切，后缘圈椅地形与滑坡平台特征明显，滑体中部发育小型冲沟，即步云街沟。滑坡坡面在高程137~139m、226~234m发育两级缓倾长江的平台，平均倾角10°~11°，平台的前后缘地形坡度明显变陡。其中，226m平台至沿江大道段平均地形坡角23°~24°；沿江大道以下地形坡角32°~33°，局部可达45°(高程158~137m段)；高程137m以下因塌岸形成陡坎，地形平均坡角达34°。猴子石滑坡在地貌上具备滑坡平台、滑坡后壁、前缘鼓丘和冲沟围切等特征，一期治理工程实施前的滑坡形态如图4-99所示，现状猴子石滑坡形态如图4-100所示。

猴子石滑坡一期治理工程主要采取在滑体前缘回填压脚措施，回填压脚体顶面高程150m，坡面坡比1∶2，在高程115m、130m、140m均设有3m宽马道，回填料为碎石土。一期治理工程实施后的滑坡空间形态如图4-101所示。

虽然已明确提出为保证滑坡体的稳定安全，不能再在滑坡体上新增重要建筑，但在猴子石滑坡一期治理工程实施过程中及实施后，滑坡体上地表建筑不断增加、城市功能持续扩展，滑坡原始的地形地貌已发生巨大的变化。目前滑坡体上建筑密布，人口众多，根据有关资料，猴子石滑坡体上有奉节客运中心港、汽车运输公司、集贸市场、妇幼保健站、人民法院、步云街、卫校门诊、粮油储运公司、乘龙大酒店、天然居宾馆和综合广场等近20个迁建单位和大量居民住宅楼及永安路、明良街、沿江大道、九号桥等重要通道，涉及人口约5000人，建筑房屋面积约 $1.9\times10^5m^2$(一期治理工程实施前相应的建筑房屋面积为 $9.5\times10^4m^2$)。由于滑坡体上建筑密布，居民众多，且位于中心城区，其保护对象极端重要。

图 4-99　治理工程实施前猴子石滑坡形态(2001 年 9 月)

图 4-100　现状猴子石滑坡形态(2004 年 6 月)

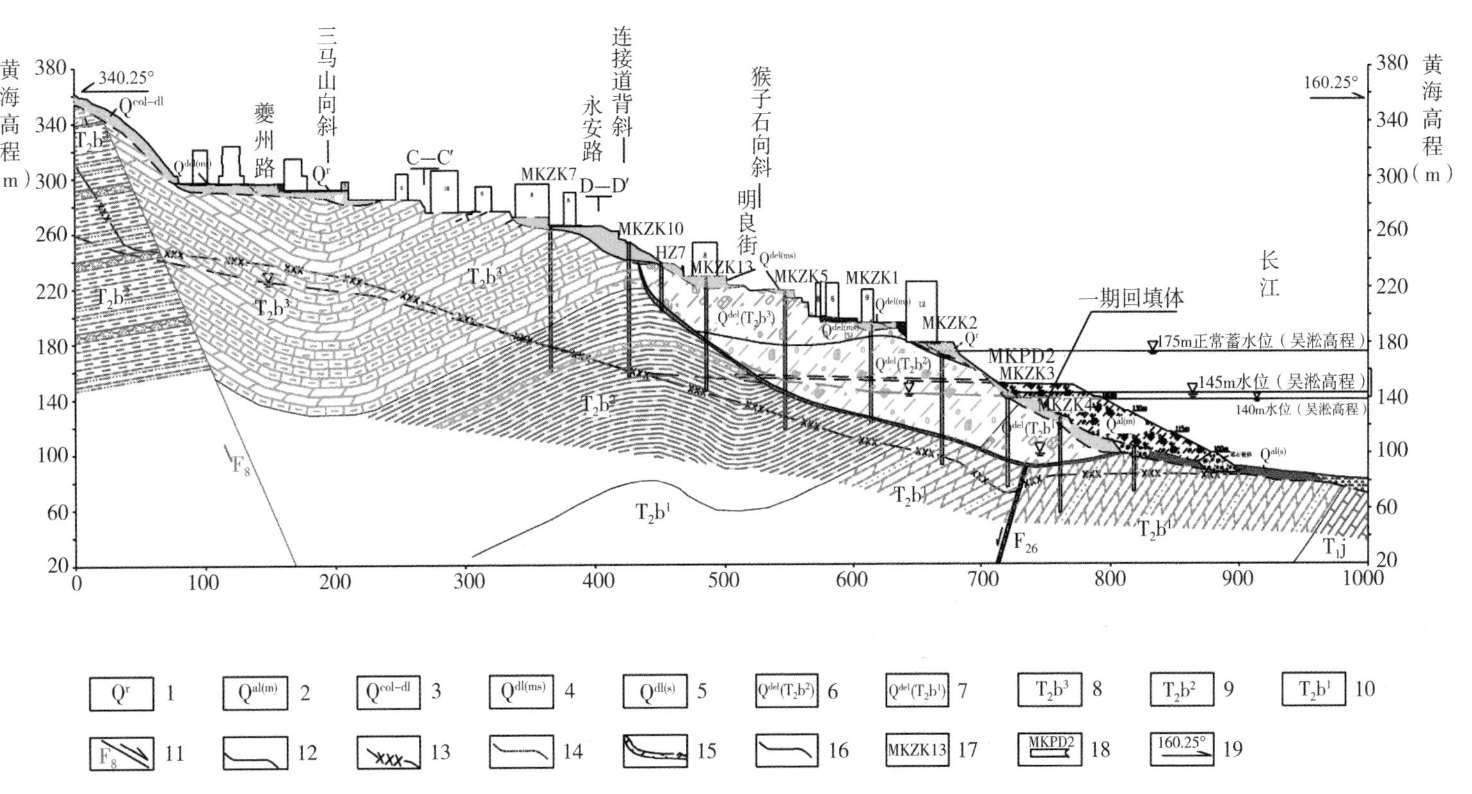

1.人工堆积；2.河流冲积物；3.崩坡积堆积；4.坡积堆积；5.坡积堆积；6.滑坡堆积：物质成分为巴东组第二段；7.滑坡堆积：物质成分为巴东组第一段；8.巴东组第三段岩层；9.巴东组第二段岩层；10.巴东组第一段岩层；11.断层及编号；12.岩性整合界线；13.强风化带下限；14.岩性不整合界线；15.滑动带；16.物质岩性分界线；17.钻孔及编号；18.勘探平洞与编号；19.剖面方向

图4-101 一期治理工程实施后滑坡形态

4.5.2 滑坡物质组成

1. 滑体

滑体厚度一般45~60m，最厚处66m。组成物质：原岩为巴东组第一至第三段。因其为一蠕变型基岩滑坡，物质仍具一定的成层性，自上(地表)而下可分4层：

第一层：土夹块石碎石层或块石碎石夹土层($Q^{del(ms)}$)，不连续分布于滑坡表部，主要分布于明良街以上、步云街以西地段。一般厚2~7m。该层物质主要为黄色黏土夹泥灰岩块石碎石，局部为泥灰岩块石碎石夹黄色黏土，结构较松散。

第二层：略具层序的似基岩破裂块体层($Q^{del}(T_2b^3)$)，分布连续，物质为巴东组第三段含泥质灰岩、泥灰岩，层面倾向山里，倾角30°~50°，岩体破碎，风化强烈，钻孔揭露该层物质分布于高程188m以上，堆积厚度25~33m。该层物质结构较松散。

第三层：具层序特征的大块石层($Q^{del}(T_2b^2)$)，主要分布于高程188m以下，堆积厚度20~43m。该层物质上部为紫红色粉砂质黏土岩与黏土质粉砂岩互层(厚层、中厚层)的大块石(原岩为巴东组第二段中上部物质)，由于滑移距离较短，且岩性相对坚硬，保持了较完整结构；下部岩体十分破碎，呈碎石碎屑土特征。沿江公路外侧的客运码头等建筑物的基础即置于该层上部滑体物质上。

第四层：灰绿色泥灰岩、钙质页岩及灰黑色炭质页岩碎块石层($Q^{del}(T_2b^1)$)，主要分布于高程137m以下，堆积厚度20~33m。该层物质岩性软弱，十分破碎。

2. 滑带

通过钻孔和平洞勘探及一期治理工程施工的前缘基槽开挖，均揭示了滑带的分布，表明猴子石滑坡为一滑带贯穿性较好的滑坡。

地勘揭示的滑带厚度一般为1.3~3m，为含黏性土砾砂、粉砂、含黏土砾石与粉质黏土。其中，粉粒以下颗粒含量一般为40%~50%，滑坡前缘主滑线上最高可达67%，滑坡侧缘最低为22%；角砾以上颗粒含量一般为18%~27%，最低仅为9%，其中碎石、砾石多呈次圆状。位于白杨坪沟内的勘探平洞揭露滑带厚度一般为1.3~1.9m，主要可见五个带，其中第②、③层中见明显的光面，光面波状起伏，面上擦痕明显，倾伏向145°，倾伏角8°~10°，如图4-102所示。

在步云街沟及一期治理工程施工时滑坡前缘剪出口的开挖基槽中也见有明显光面，但光面多较短小，延续性较差。

滑带土矿物成分鉴定成果显示，其黏土矿物成分中蒙脱石可达10%~15%，滑带土具有较高的膨胀性，遇水后力学性状将变得更差。

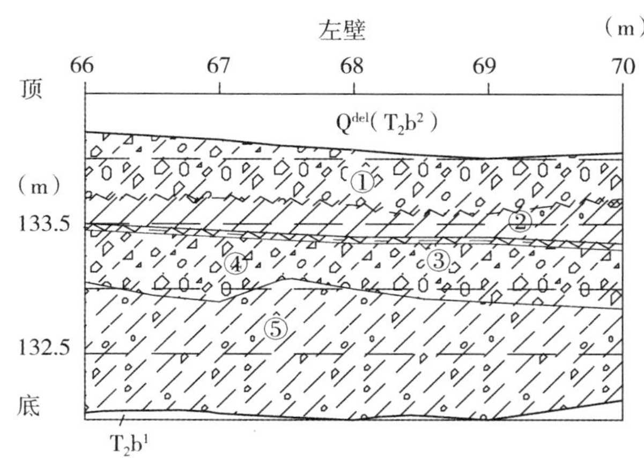

①厚5～10cm，为青灰色、灰绿色碎石土。为泥灰岩受挤压或牵动破碎而成。
②厚40～50cm，为棕黄色、棕红色黏土夹碎石，结构紧密。黏土为主，少量碎石，呈泥包砾。黏土呈可塑状，碎石为紫红色粉砂岩，浑圆状，粒径一般1～3cm；该层下界面隐约可见少量错动擦痕。
③厚2～12cm，为灰、灰绿、灰白色黏土，结构紧密，呈香肠状或不规则透镜状，可见磨擦光面，光面上可见近水平擦痕。
④厚40～50cm，为棕黄色、灰黄色碎石土，结构中密。碎石呈浑圆状，少量呈次棱角状。
⑤厚50～110cm，为灰绿、青灰色碎屑土，结构密实。

图 4-102　平洞揭示的滑带特征

3. 滑床

猴子石滑坡滑床基岩面总体上陡、下缓，靠近前缘趋平或局部反翘，其中上部滑床坡角 35°～40°，最陡达 45°；中部坡角 13～22°。除步云街沟东侧次级滑体滑床基岩面缓倾坡外，平均坡角 10°，前缘无明显反翘。

滑体下伏基岩为巴东组第一至第三段岩层，其中高程 205～210m 以上为巴东组第三段泥质灰岩、泥灰岩，高程 205～110m 间为巴东组第二段紫红色黏土质粉砂岩、黏土岩，高程 110m 以下为巴东组第三段灰绿色泥灰岩、钙质页岩及灰黑色炭质页岩。滑床基岩表层一般有厚 1～25m 的牵动破碎带，岩体破碎，风化强烈，部分已风化呈土状。牵动破碎带以下为相对完整基岩，呈顺—逆向坡结构，其中高程 200m 以上呈缓倾顺向坡，以下岩层又转而倾向山里，因而总体仍属逆向坡，局部顺向，该滑坡以切层滑动为主。

从猴子石滑坡滑床基岩钻孔揭露的情况来看，岩体风化特征自上而下可划分为全强、弱、微风化带。其中，全强风化带主要位于地表浅层和滑带附近，岩体结构与构造已遭破坏，强度较低。弱风化带位于全强风化带以下，岩体大部分为新鲜状，仅沿大多数层面、裂隙面有色变，由于风化裂面的切割，岩体强度明显降低。微风化带岩体新鲜，仅沿少数裂隙面风化色变，岩体强度基本不变。

4.5.3　稳定性地质宏观判断

1. 与三峡水库蓄水位的关系

猴子石滑坡前缘高程 100m，后缘高程 250m。三峡水库二期蓄水位 135m 时，滑坡前缘沿竖直方向有近35m高的滑体物质被淹，库水浸没滑体的水平宽度245m(以滑坡前缘剪出口起算)。水库初期运行156m水位时，库水浸没滑体宽度300m。水库以正常蓄水位175m运行时，库水浸没滑体宽度达330m，即2/3的滑体长期被库水浸泡，且大部分处于水库水位变幅区。滑坡东侧的次级滑体全部淹没于库水位以下。

三峡水库二期蓄水(现状135m)，滑坡整体基本稳定。

2. 三峡水库正常蓄水运行后

(1)因水库蓄水导致滑坡体地下水位抬升，滑体及滑带的抗剪强度降低：①阻滑段滑面正应力减少；②岩土体将长期泡水，力学参数降低。

(2)三峡水库调度水位变幅大，变动频繁。水库水位降落过程中滑坡体内渗透水压力增大，滑坡稳定性明显降低。

4.5.4 稳定性数值计算分析

4.5.4.1 计算方法

稳定性计算采用刚体极限平衡分析方法中的推力传递系数法。

4.5.4.2 设计参数取值

滑坡各岩土体的物理力学参数设计取值主要根据地质建议值确定，同时考虑到工程实际运用条件，对部分岩土体参数进行了修正，如表4-73所示。

表4-73 滑坡岩土体物理力学指标设计取值

材料名称	抗剪强度地质参数		抗剪强度设计取用参数			容重(天然/饱和)(kN/m³)
	c 水上/水下(kPa)	ϕ 水上/水下(°)	依据	c 水上/水下(kPa)	ϕ 水上/水下(°)	
主滑带	20/15	21/19	地质	20/15	21/19	
次滑带	20/15	2120	地质	20/15	21/20	
滑体(T_2b^2、T_2b^1)	15/10	28/26	地质	15/10	28/26	23/23.5
滑体(T_2b^3)	5/0	30/28	地质	5/0	30/28	23/23.5

续表

材料名称	抗剪强度地质参数		抗剪强度设计取用参数			容重(天然/饱和)(kN/m³)
	c 水上/水下(kPa)	φ 水上/水下(°)	依据	c 水上/水下(kPa)	φ 水上/水下(°)	
一期回填碎石土	15/10	26/24	分析选用	15/10	26/24	21.5/22.5
一期堆石棱体	5/0	30/28		/5	/28	21.5/22.5
滑体粉质黏土	20/15	20/18		20/15	20/18	20.1/20.1
滑体粉细砂	5/0	14/12		5/0	25/23	20.1/20.1
水下抛石				/0	/28	/18
滑床 T_2b^3	100~500	28~35	地质	300	31	22
滑床 T_2b^2	100~600	25~35	地质	350	30	22
滑床 T_2b^1	50~100	20~25	地质	75	22	21

4.5.4.3　工况及荷载组合

猴子石滑坡稳定性计算的设计工况及相应荷载组合如表4-74所示。其中，建筑物附加荷载根据现状地表建筑分布情况并考虑建筑分布的不均一性及后期增加的可能性按 $40kN/m^2$ 考虑。

表4-74　设计工况及荷载组合

计算工况			荷载组合
基本组合	水库平水运行	①	自重+建筑物附加荷载+坝前135m正常蓄水位+地下水位(现状)
		②	自重+建筑物附加荷载+坝前145m正常蓄水位+地下水位
		③	自重+建筑物附加荷载+坝前156m正常蓄水位+地下水位
		④	自重+建筑物附加荷载+坝前175m正常蓄水位+地下水位
	水库水位降落	⑤	自重+建筑物附加荷载+坝前水位156m降至135m+地下水位
		⑥	自重+建筑物附加荷载+坝前水位175m降至145m+地下水位
特殊组合	地震	⑦	基本组合中最不利工况+地震

4.5.4.4　滑坡稳定判据拟定

滑坡稳定性设计标准或安全判据(即滑坡抗滑稳定安全系数)，基本组合为1.15，特殊组合为 1.05。

4.5.4.5 滑坡整体稳定性计算

1. 计算模型选取

对地质勘察部门提供的 5 个地质剖面均进行稳定性验算，并根据各剖面的地质条件进行了相应分析。其中，1—1、2—2、3—3 和 5—5 剖面均按三种滑动破坏模式进行稳定性计算，相应的计算模型如图 4-103 所示。

滑动破坏模式分别为：①滑坡体沿滑带从一期回填体中剪出破坏，如图 4-103 中的滑动模式 1；②滑坡体和一期回填体沿滑带与回填体回填界面滑动破坏，如图 4-103 中的滑动模式 2；③一期回填体自身沿回填界面滑动破坏，如图 4-103 中的滑动模式 3。

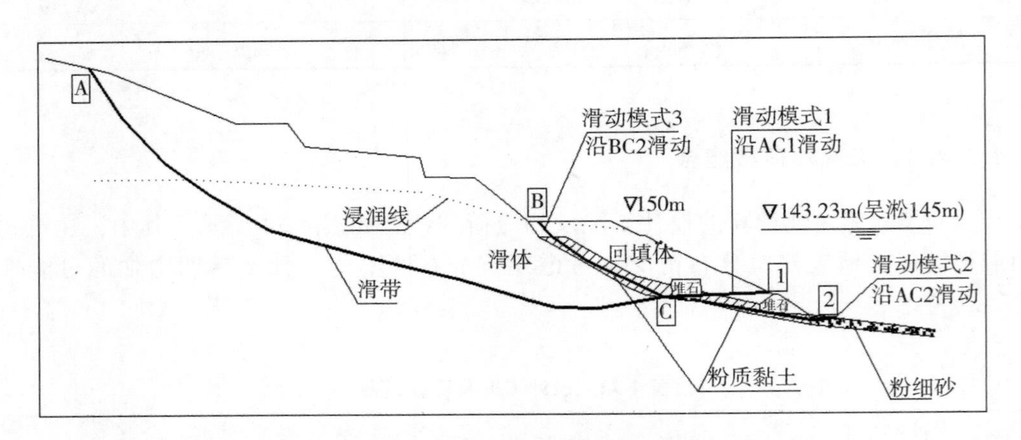

图 4-103 猴子石滑坡整体稳定性计算模型 1

4—4 剖面因发育次级滑带，因此其计算模型如图 4-104 所示。相应的滑动破坏模式也分为三种：①滑坡体沿滑带从一期回填体中剪出破坏，如图 4-104 中的滑动模式 1；②滑坡体沿主、次复合滑带滑动破坏，如图 4-104 中的滑动模式 2；③次滑体沿次滑带滑动破坏，如图 4-104 中的滑动模式 3。

2. 计算条件拟定

1) 岩土体抗剪强度指标取值

对应于各破坏模式，根据滑动面所穿越的不同岩土体，抗剪强度指标分段取值，同时根据滑体内的地下水位分布条件，地下水位线以下岩土体抗剪强度取饱和值，地下水位以上岩土体抗剪强度取天然值。

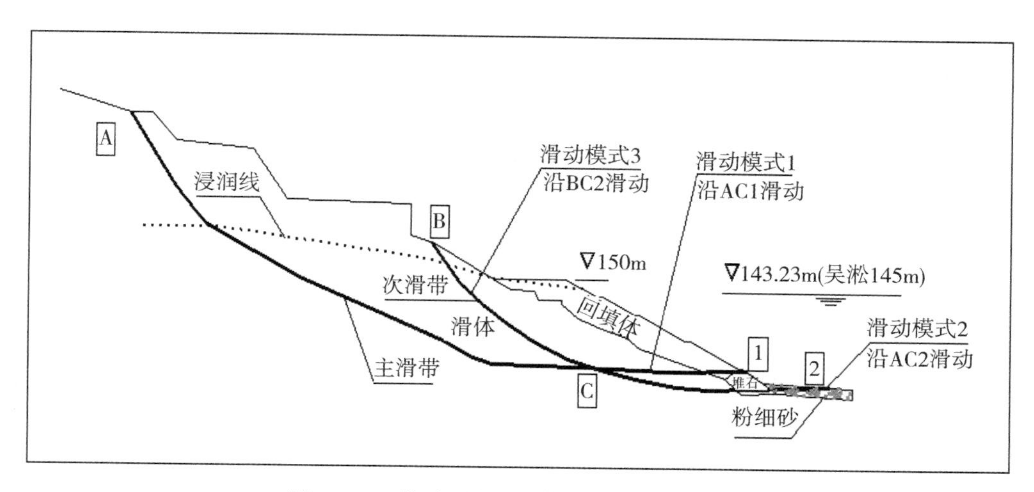

图4-104　猴子石滑坡整体稳定性计算模型2

2)滑体内地下水位的概化

(1)水库平水运行。

考虑了水库初期和后期的四种正常平水运行条件，分别对应135m、145m、156m和175m特征水位。

根据地质勘探成果及前期工作原则，水库正常运行期的滑体内地下水位概化原则为：滑体表面对应水库蓄水位，滑坡体内水位线为2°上仰接地勘揭示的地下水位线，详见图4-105。

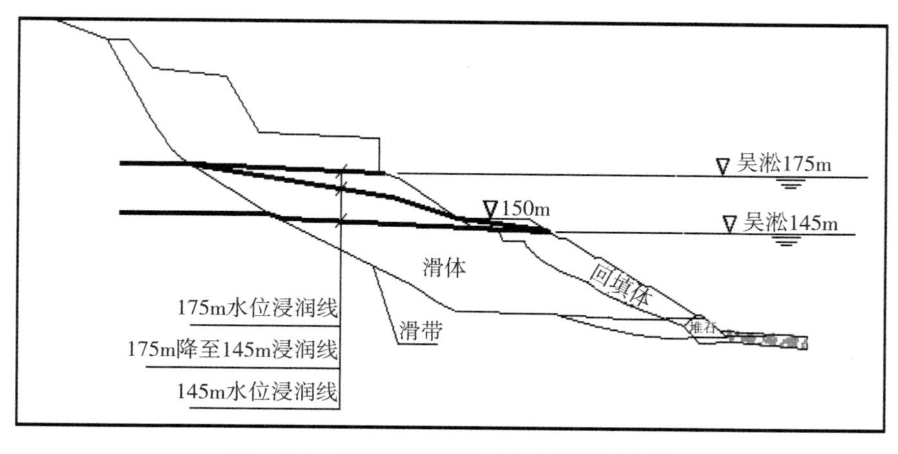

图4-105　猴子石滑坡地下水位概化示意图

(2)水库水位降落。

主要考虑水库初期运行期库水位从坝前156m降至135m和水库正常运行时库水位从坝前175m降至145m两种工况进行计算。

根据地质勘探成果和前期工作原则，并结合数值分析成果，库水位降落期地下水位概化原则为：滑体表面对应水库蓄水位，滑体内地下水位滞降率按55%~60%考虑，详见图4-105。

3. 计算结果

滑坡稳定性计算结果详见表4-75。根据计算结果分析可知：最危险的计算控制工况为工况⑥，即库水位从坝前175m降至145m的情况；而除1—1剖面的控制破坏模式为滑坡体沿滑带从回填体中剪出(模式1)外，其余剖面的控制破坏模式均为滑坡体和回填体沿滑带与回填体回填界面滑动的破坏情况，即模式2。

4.5.4.6 稳定性分析主要结论

(1)猴子石滑坡现状整体基本稳定。

(2)三峡水库正常蓄水运行后，滑体稳定性明显下降，不能满足设计安全标准。

(3)滑坡现状稳定性计算的控制工况为库水位从坝前175m降落至145m工况。

4.5.5 治理设计方案

4.5.5.1 治理续建工程的必要性

猴子石滑坡一期治理工程实施后，三峡水库二期蓄水135m水位运行期间，滑坡的整体稳定安全系数满足设计要求；但水库初期运行期及正常运行期，在库水位降落工况下，滑坡整体稳定安全系数不能满足设计要求。为保护滑坡体上及其影响区内的居民生命和财产安全，保障滑坡体上城市基础设施的安全，维护正常的城市功能，对猴子石滑坡进行续建治理是非常必要的。

4.5.5.2 设计标准

作为一期治理工程的延续，猴子石滑坡治理续建工程的设计标准与一期治理工程保持一致，即猴子石滑坡治理续建工程等级取2级，滑坡抗滑稳定安全系数取值为基本组合1.15，特殊组合1.05；设计年限为50年，其主要建(构)筑物应满足在此年限内正常工作；护岸工程的边坡稳定安全系数与滑坡抗滑稳定安全系数相同。

表 4-75 猴子石滑坡现状整体稳定计算结果

破坏模式	设计工况		1—1剖面		2—2剖面		3—3剖面		4—4剖面		5—5剖面		平均值	
			安全系数	单宽下滑力(kN/m)	安全系数	单宽下滑力(kN/m)	安全系数	单宽下滑力(kN/m)	安全系数	单宽下滑力(kN/m)	安全系数	单宽下滑力(kN/m)	安全系数	单宽下滑力(kN/m)
1	正常组合	135m	1.2172	0	1.216	0	1.2464	0	1.1777	0	1.1746	0	1.2064	0
		145m	1.1866	0	1.1944	0	1.2066	0	1.1368	820	1.1229	2040	1.1695	572
		156m	1.1565	0	1.186	0	1.1943	0	1.153	0	1.1051	3239	1.1590	647.8
		175m	1.1604	0	1.1785	0	1.188	0	1.1504	0	1.1113	2555	1.1577	511
		156m—135m	1.1100	2190	1.1517	0	1.1519	0	1.097	3380	1.0782	5567	1.1178	2227.4
		175m—145m	1.0261	6580	1.087	5550	1.0912	5200	1.0328	7320	1.0128	10450	1.0500	7020
	特殊组合	不利工况+地震	1.0076	2500										
2	正常组合	135m	1.2152	0	1.2171	0	1.243	0	1.1266	1735	1.1386	1000	1.1881	547
		145m	1.1843	0	1.1809	0	1.2036	0	1.0948	4080	1.1061	3710	1.1539	1558
		156m	1.1546	0	1.1616	0	1.1913	0	1.0935	3970	1.0828	5530	1.1368	1900
		175m	1.1553	0	1.1558	0	1.186	0	1.0987	3330	1.0793	5390	1.1350	1744
		156m—135m	1.1154	2250	1.1395	1056	1.1495	50	1.0305	9230	1.0517	8620	1.0973	4241.2
		175m—145m	1.0339	7480	1.0592	8985.6	1.0892	5546	0.9981	11230	1.0045	12530	1.0370	9154.32
	特殊组合	不利工况+地震			1.0094	4550	1.0424	770	0.9581	7610	0.9442	10290		

续表

破坏模式	设计工况		1—1剖面		2—2剖面		3—3剖面		4—4剖面		5—5剖面		平均值	
			安全系数	单宽下滑力(kN/m)	安全系数	单宽下滑力(kN/m)	安全系数	单宽下滑力(kN/m)	安全系数	单宽下滑力(kN/m)	安全系数	单宽下滑力(kN/m)	安全系数	单宽下滑力(kN/m)
3	正常组合	135m	1.2671	0	1.1034	825	1.2111	0	1.2409	0	1.1334	230	1.1912	211
		145m	1.3299	0	1.1642	0	1.2504	0	1.2709	0	1.2054	0	1.2442	0
		156m	1.3883	0	1.2322	0	1.3632	0	1.3699	0	1.2805	0	1.3268	0
		175m	1.4191	0	1.255	0	1.4172	0	1.4272	0	1.2812	0	1.3599	0
		156m—135m	1.1871	0	1.0707	1373	1.1536	0	1.1615	0	1.1008	737	1.1347	422
		175m—145m	1.3165	0	1.141	138	1.2983	0	1.2027	0	1.195	0	1.2307	27.6
	特殊组合	不利工况+地震												

4.5.5.3　设计原则

(1)确保滑坡在正常蓄水运行期间不产生整体滑动破坏及库岸再造。

(2)治理方案技术上成熟可靠，经济上合理。

(3)尽量考虑与周围建筑物的协调，工程措施应尽量减少对当地居民生产生活的干扰和影响，不影响航运与行洪。

(4)必须布置适量的安全监测设施，以监测防治工程实施后的效果，掌握滑坡变形、受力及地下水运动状态，确保人民生命、财产安全。

(5)滑坡上进行的其他建设活动应服从于滑坡治理工程。

4.5.5.4　设计制约因素分析

猴子石滑坡治理工程分两期实施，由于一期治理工程是按仅保证滑坡在三峡水库初期蓄水 135m 水位时稳定的原则进行设计的，未能充分考虑滑坡在水库正常运行期的稳定要求，因此续建工程治理方案的选择需重新进行研究、确定。

对治理续建工程的方案选择而言，其设计条件已较一期治理工程发生很大变化，出现许多不利的因素，最突出的问题有如下四个方面。

(1)一期治理工程施工揭示出滑坡前缘剪出口高程较原地勘报告中的剪出口下移了 2~3m，平面位置相应向河床方向有所延伸。由于地质条件的不利变化，使前部滑体的阻滑效果大大降低，在一期回填体上继续向上回填已无法满足滑坡整体稳定的要求，同时考虑到一期回填体存在的施工质量隐患，继续加载，对回填体自身稳定也会造成不利影响。

(2)三峡水库二期蓄水淹没了滑体前缘，而且由于奉节客运港的建设，在滑体前部进行大规模回填压脚的治理方案的实施相当困难，同时回填施工也不具备干地施工条件。

(3)在一期工程施工期间和完工之后，滑坡体上又新增了大量建(构)筑物，并有众多人员居住，不仅对滑坡造成了加载，更严重的是增加了滑坡失稳破坏的风险(如果滑坡万一失稳，灾害更大)；同时由于滑坡体上建筑密布，在地表采取治理措施的条件已不具备，而且大量建筑的桩基直接伸入滑坡体中，对地下治理工程的布置也会造成干扰。

(4)治理续建工程的施工工期直接受三峡水库三期蓄水时间的制约。

4.5.5.5　初步设计方案

以上这些不利因素均对治理续建工程设计方案的选择造成了很大的限制，因此猴子石滑坡治理续建工程与一期治理工程并不是简单的衔接与顺延的关系，续建工程的设计方案需在对众多制约因素分析研究的基础上综合比选确定。

选定的初步设计方案为置换阻滑键结合抛填压脚及地下排水方案，即通过沿滑带设置置换阻滑键的方式来有效提高沿滑带滑动的安全值，并结合滑体前缘少量抛石来有效防止滑坡从阻滑键顶滑体内滑动破坏的可能性。

在175m、160m和145m高程滑床基岩内沿滑带走向各开挖1条主平洞，然后从主平洞顺滑动方向隔段开挖水平支洞打穿滑带，再在水平支洞前端向下开挖竖井，三级高程设置的平洞与竖井相互贯通，在各竖井和水平支洞内浇注钢筋混凝土形成连续的阶梯型滑带置换阻滑键(简称梯键)。

梯键的竖直段长度为15m，滑带上下各7.5m，水平段长度根据不同位置处滑面形态进行确定，长20~50m。梯键平行布置，间距7~13m，整个滑坡共布置38排。梯键的典型剖面布置如图4-106所示。

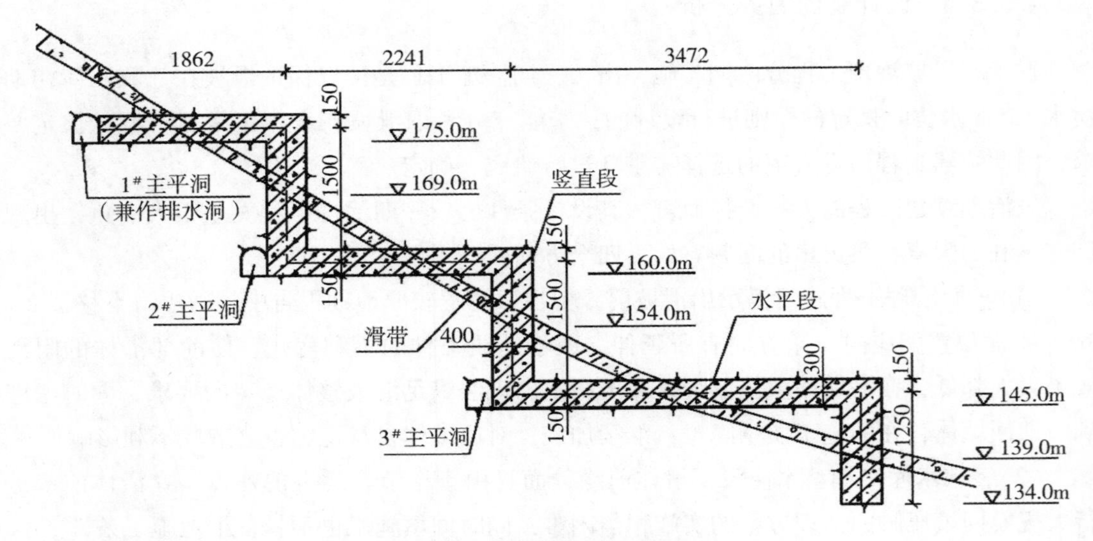

图4-106　梯键的典型剖面布置图(单位：cm)

为防止滑坡越过梯键顶部从滑体中剪切滑动，在滑体前缘一期回填体外水下抛填块石进行压脚，设计压脚体顶高程为125m，抛填体顶宽度20m，坡比1∶2.5。

设计方案的典型剖面布置如图4-107所示。

4.5.5.6　优化方案

优化方案为“阶梯型置换阻滑键+水下抛石+地下排水+岸坡防护+安全监测”方案。主要工程措施包括阶梯型钢筋混凝土置换阻滑键洞井系统开挖及钢筋混凝土回填浇筑、水下抛石、排水洞井及岸坡排水系统、岸坡防护、安全监测工程等。以下重点介绍梯键和水下抛石。

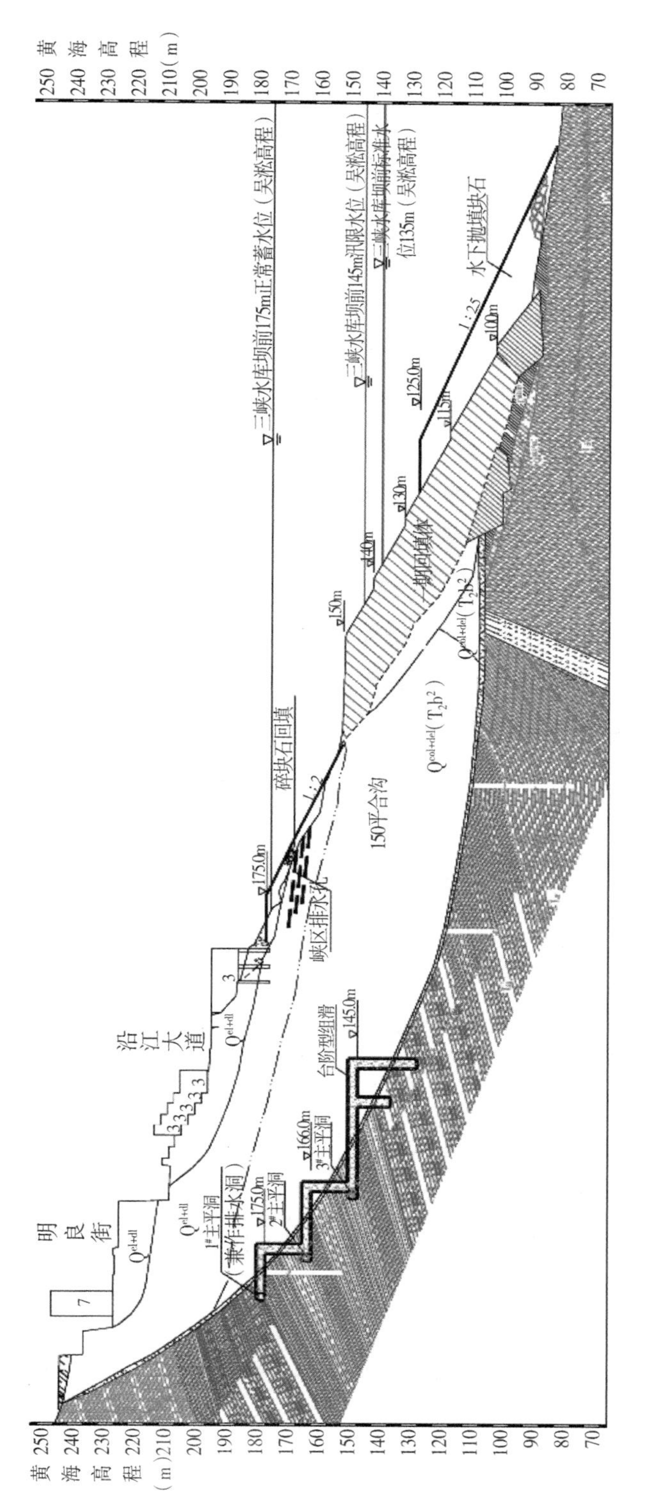

图4-107　设计方案的典型剖面布置图

1. 调整优化方案设计

1) 梯键

梯键的主要作用是用混凝土材料置换性状相对软弱的滑带土，提高滑移面的抗剪强度，从而起到阻滑作用，保证滑坡沿地质滑带滑动的稳定安全性。梯键结构沿滑带纵横布置，使置换范围形成了整体的加固区域，梯键并非完整意义的阻滑键或抗滑桩，但兼具阻滑键和抗滑桩功能。

梯键在 139~176m 高程范围内骑滑带布置，通过沿滑动方向(南北向)连续开挖平洞和竖井并置换钢筋混凝土连接形成，整个滑体共布置 38 榀，中心距 7~15m。

形成梯键的洞井系统由三级平洞和四条竖井、起定位和施工通道作用的 142 勘探导洞及 156、166 和 176 施工主洞组成。

三级平洞分别简称为 156 平洞、166 平洞和 176 平洞，与平洞相对应的竖井也分三级，分别简称为 1#竖井、2#竖井、3#竖井和 4#竖井，平洞和竖井构成了置换结构的主体。

142 勘探导洞在整个梯键工程中起地质先导作用，沿 142m 高程追踪滑带开挖，从而准确定位 156 施工主洞和 1#竖井的位置，也相应地对后续梯键洞井的施工提供了定位指导。

施工主洞沿滑带走向分三级设置，分别为 156、166 和 176 施工主洞，对应的洞底高程分别为 156m、166m 和 176m，其中 156 施工主洞在滑体中开挖，166 和 176 施工主洞沿滑带开挖。

优化调整后的梯键典型剖面布置如图 4-108 所示。

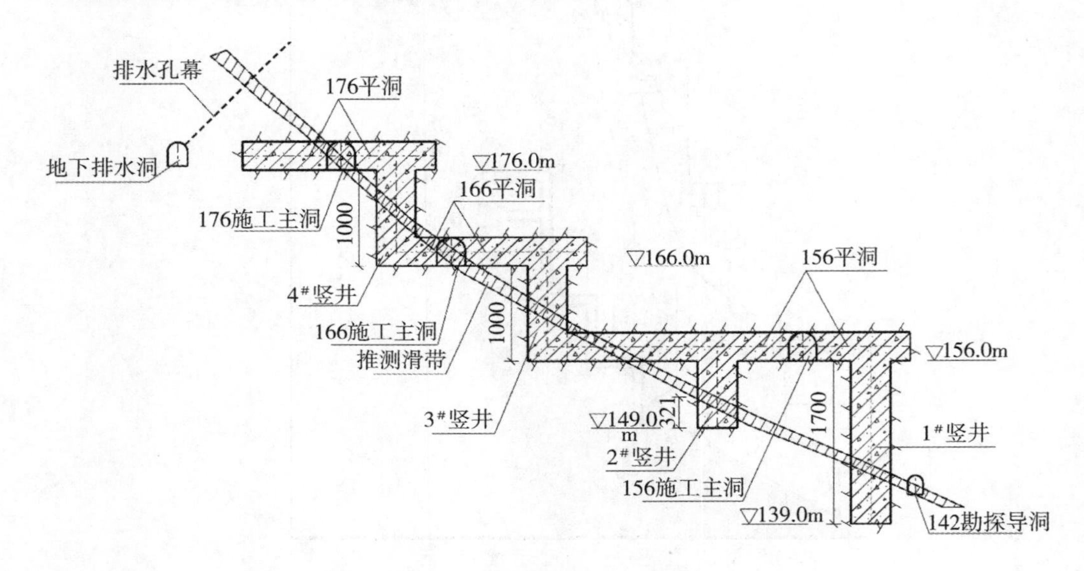

图 4-108　优化调整后梯键典型剖面布置图

2)水下抛石

为防止梯键设置后滑坡沿地质滑带的剪切滑移路径产生变化，而出现越过梯键顶部从滑体中剪切破坏和浅层滑动的可能性，在滑体前部一期治理工程的回填体外进行水下抛填块石压脚。抛填体顶高程为125m，顶宽28~45m，抛填坡比为1∶2.5。

调整优化方案的典型剖面布置如图4-109所示。

2. 调整优化的内容

1)对梯键布置的优化

(1)调整了施工主平洞位置及置换范围：为保证置换效果，并避免在现库水位以下进行竖井施工及确保设计工程量不被突破，同时考虑到三峡水库三期蓄水至156m水位时对工程施工的影响，将原布置于滑床基岩内的145、160和175三条施工主平洞位置进行了调整。其中，将145平洞调整至滑体156高程处，作为156m以下工程的施工专用通道。160和175施工主平洞分别调整至沿166m和176m高程追踪滑带开挖，其功能包括两个：一是精确定位滑带；二是作为同高程梯键洞、井开挖及浇筑混凝土的施工通道。相应的置换范围由原设计的125~175m调整至139~176m。

(2)减少了梯键水平段长度：由于置换范围的调整，相应缩短水平段长度13~26m。

(3)调整梯键方向：为加强置换阻滑效果，对各排阻滑结构的设置方向和位置进行了调整，使其大体对应于滑坡各处的主滑方向并分布均匀，在下滑力较大的部位应适当加强。

(4)调整了对梯键洞井开挖施工期的临时措施及锚固布置支护：为加快施工进度，确保施工安全，优化了开挖支护型式，将原衬砌支护改为格栅钢架+挂网+锚杆+喷砼支护，并增加了锚杆的密度和长度。为确保锚杆注浆密度，并结合围岩加固的要求，顶拱支护锚杆由普通砂浆锚杆改为中空注浆锚杆。

(5)为确保梯键平洞混凝土回填体顶拱支护结构与围岩的传力效果，增加了平洞混凝土回填体顶拱的回填灌浆措施。

(6)增设142勘探导洞：为了精确定位梯键洞井系统位置，增设了142勘探导洞，先期沿142m高程追踪滑带开挖，导洞需快速贯通，快速回填。

2)对水下抛石的调整

由于梯键置换区域上移，使总的置换范围相对减少，作为弥补，适当增加了水下抛石范围。抛填顶高程仍维持125m，但顶宽适当加大，以避免出现滑坡穿越键顶滑动破坏。

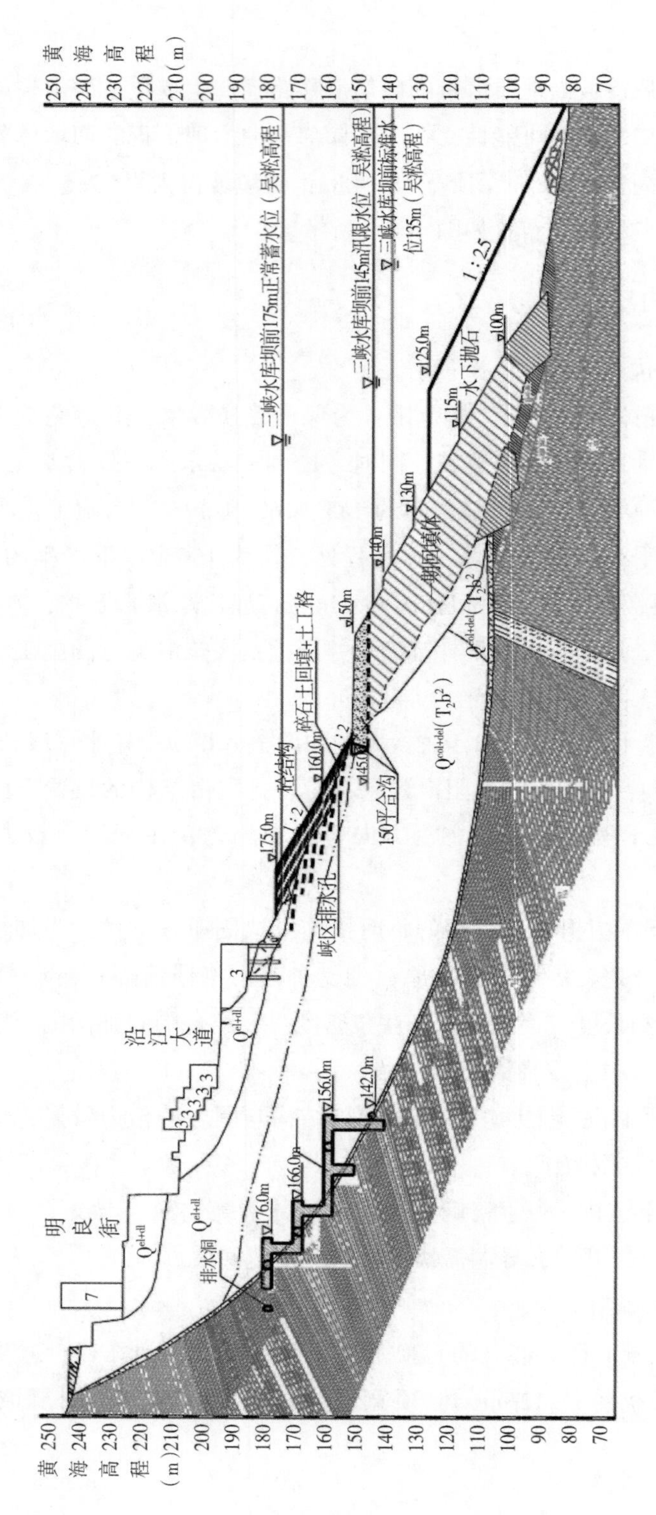

图4-109 调整优化方案的典型剖面布置图

4.5.5.7 分项工程设计

1. 设计思路

猴子石滑坡治理续建工程所采取的综合治理方案是保证滑坡在设计条件下不产生整体滑动破坏及库岸再造。其中，梯键设置的目的是防止滑坡沿地质滑带产生剪切滑移的可能性；同时考虑到设置梯键后滑坡的剪切滑移路径可能发生变化，在滑体前缘进行水下抛石压脚，以防止滑移面越过梯键顶部从滑体中剪切破坏和浅层滑动。

各分项工程设计根据治理方案布置后的滑坡稳定验算确定。首先根据前述滑坡稳定性计算所得的各剖面最大剩余下滑推力，初步拟定滑坡各对应部位梯键的榀数和截面尺寸；其次梯键布置好后，验算滑坡沿地质滑带剪切破坏的安全系数应达到设计标准，同时梯键自身不会发生结构破坏。

由于梯键的置换阻滑作用，使滑坡在置换区域的剪切滑移路径发生变化，可能出现梯键部位越顶或越底滑动(在梯键部位滑面上移或下移)的滑移面。对这种滑移破坏也进行稳定性验算，若稳定安全系数不能满足设计要求，则进行滑体前缘水下抛石，通过调整抛石体型和方量对稳定安全不足部分进行弥补。由于水下抛石同样也对滑坡沿地质滑带的滑动起有效的阻滑作用，因此再根据计算抛石阻滑作用后的各剖面最大剩余下滑推力，对梯键截面尺寸和榀距进行相应调整，以达到最优设计效果。

对浅层滑移破坏型式进行复核验算。

岸坡防护工程设计标准与滑坡整体稳定的设计标准相同，通过对穿越防护工程的滑坡浅层滑动破坏及防护工程自身稳定的验算来确定岸坡防护工程体型及其结构型式。

2. 梯键设计

1) 梯键布置

根据稳定性分析，梯键布置的位置高程越低，阻滑效果越好。但由于目前库水位以139m左右为主，同时考虑到三峡水库三期水位升至156m日益临近，因此，为尽量使梯键工程具备干地施工条件，将最下一级平洞布置于156m高程，并将最下级竖井底高程控制在139m高程。

每榀梯键由三级平洞和四条竖井首尾相接而成：三级平洞分别为156平洞、166平洞和176平洞；与平洞相对应的竖井也分三级，分别为1#竖井、2#竖井、3#竖井和4#竖井。

1#竖井设置于156平洞南端，长17m，井底高程为139m；2#竖井设置于156平洞中部，长度分3m和7m两种，井底高程分别为153m和149m；3#竖井设置于166平洞南端，长10m，井底高程156m；4#竖井设置于176平洞南端，长10m，井底高程166m。

142勘探导洞沿142m高程追踪滑带开挖，精确定位滑带，从而对整个梯键的定位起地质先导作用。

施工主洞的作用主要是为洞、井开挖和钢筋混凝土回填浇筑提供施工通道。为加快156m高程以下工程的施工进度，156施工主洞布置在滑体中，作为156m以下工程的施工专用通道。166和176施工主洞分别沿166m和176m高程追踪滑带开挖，其功能包括两个：一是精确定位滑带；二是作为同高程梯键洞、井开挖及浇筑混凝土的施工通道。同时施工主洞后期用混凝土回填，可起各榀梯键的横向联系作用，使梯键形成空间结构。

2)梯键截面尺寸

梯键截面设计首先要根据滑坡沿地质滑带滑动的稳定安全要求进行，即用键体混凝土置换滑带土后，沿地质滑带滑动的稳定安全系数应满足设计要求。同时基于梯键的阻滑作用，通过对梯键布置和受力的分析，其破坏形态主要为剪压破坏，截面尺寸可根据滑坡剩余下滑推力计算确定，并按斜截面受剪承载力设计。

设置梯键后，对滑坡沿地质滑带滑动的稳定安全系数进行了计算，结果表明，梯键断面尺寸满足设计要求。

根据计算结果，确定三级平洞均采用城门洞型断面，净断面尺寸为2.5m×3.0m(宽×高，下同)；竖井断面为矩型，按尺寸的不同分为A型和B型两种类型，其中A型竖井净断面尺寸为1.8m×2.8m，设置于第1~19榀和第38榀梯键；B型竖井净断面尺寸为2.3m×3.3m，设置于第20~37榀梯键。

滑坡各部位的梯键榀数及截面尺寸如表4-76所示。

表4-76 梯键特征值

分段位置	长度(m)	榀距(m)	榀数	平肢净截面(m)	竖肢净截面(m)
白杨坪沟段	30	15	2	2.5×3	1.8×2.8
1—1剖面	60	12	5	2.5×3	1.8×2.8
2—2剖面	64	8	8	2.5×3	1.8×2.8
3—3剖面	32	8	4	2.5×3	1.8×2.8
5—5剖面	60	6.6	10	2.5×3	2.3×3.3
4—4剖面	60	7.5	8	2.5×3	2.3×3.3
水井沟段	12	12	1	2.5×3	1.8×2.8
合计	324		38		

142 勘探导洞起地质先导追踪滑带作用，采用城门洞型断面，净断面尺寸为 1.5m×2.0m。

施工主洞作为梯键洞井系统开挖和材料进出的通道，其断面应满足现场施工组织和施工进度的要求。主洞均采用城门洞型断面，净断面尺寸为 2.8m×3.0m。156 施工主洞进口段分别设置于白杨坪沟侧和水井沟侧，166 和 176 施工主洞进口段设置于白杨坪沟侧，其中 176 施工主洞进口段利用了排水洞进口段。

3) 梯键洞、井配筋

由于梯键结构的特殊性及其与岩土相互作用的复杂性，难以准确确定其受力模型，无法进行精确的配筋设计，因此梯键结构的配筋主要通过简化模型计算并根据工程经验和构造要求进行设计。

梯键简化模型计算包括斜截面抗剪强度验算和悬壁梁抗弯强度验算，其中梯键结构各肢的箍筋布置通过斜截面抗剪强度计算确定，纵向受力钢筋则根据梯键最下级的平肢(156 平洞)和竖肢(1#竖井)的简化模型计算分析确定，模型将平肢、竖肢简化为带水平拉杆的悬壁梁模型，通过梁身弯矩和拉杆的水平拉力确定纵向受力钢筋截面积。

同时考虑到滑坡地质的不均一性及施工因素等影响，为保证梯键的置换阻滑作用和结构的适用性及耐久性，根据工程经验和构造要求对梯键结构的配筋进行了相应的优化调整，在平肢、竖肢相邻部位设置了构造加强措施，以保证梯键结构安全、稳定。

设计的梯键结构各洞井的配筋如表 4-77 所示。

表 4-77　梯键结构配筋

钢筋 部位	纵向受力钢筋 HRB335		箍筋 HPB235
	直径 32mm(根)	直径 28mm(根)	直径 16mm(间距)
156、166 和 176 施工主洞	32	4	350mm
156、166 和 176 平洞	32	4	350mm
A 型竖井	30	8	350mm
B 型竖井	42	8	350mm

4) 梯键洞、井开挖支护

梯键洞井系统开挖时应采取及时、有效的支护措施。

142 勘探导洞和施工主洞进口段采用先挂网锚喷支护、再全断面钢筋混凝土衬砌的支护型式，洞身段对应于不同的围岩类别分别采用格栅钢架+挂网锚喷支护(Ⅴ类围岩)和挂网锚喷支护(Ⅳ类围岩)。

平洞支护方式与施工主洞洞身段相同；竖井采用锚杆支护和现浇钢筋混凝土护壁衬砌。

进口段喷混凝土厚度为5cm，锚杆设置于顶拱处，采用中空锚杆，呈梅花型布置；混凝土衬砌厚30cm。

洞身段格栅钢架沿洞轴向间隔布设，锚杆设置于边墙和顶拱处，呈梅花型布置，其中边墙处采用普通砂浆锚杆，顶拱处采用中空锚杆。格栅钢架和锚杆的间距一般为1m；勘探导洞喷混凝土厚15cm，锚杆长1~1.5m；施工主洞喷混凝土厚20cm，锚杆长2~3.5m。

平洞支护分为标准段和加强段，其中加强段布置在与竖井相交处。标准段的格栅钢架和锚杆的间距一般为1m，加强段的格栅钢架和锚杆的间距一般为0.5m。

平洞标准段的典型支护布置图如图4-110所示。

竖井支护采用普通砂浆锚杆，长1.5m，间距1m；钢筋混凝土护壁衬砌应分节浇筑，分节长1~2m，厚35cm。

洞井系统支护采用的中空锚杆外径为25mm，内径为14mm；普通砂浆锚杆采用直径25mm的Ⅱ级螺纹钢筋，锚孔直径均为70mm。衬砌混凝土和喷混凝土的强度均为C25。

为加快梯键洞、井的开挖进尺，对于地质条件破碎的Ⅴ类围岩可采用超前小导管支护措施。

5)梯键洞、井混凝土回填

平洞和竖井开挖后应及时进行钢筋混凝土回填浇筑，三级平洞和竖井的混凝土应浇筑成整体而形成连续的梯键。为加强各榀梯键间的横向刚度，在洞、井开挖并完成混凝土回填后将三条施工主洞用钢筋混凝土回填与各榀梯键连接成整体。142勘探导洞贯通并完成地质勘测之后也应尽早用混凝土回填。

平洞、竖井和梯键范围内的施工主洞洞段采用C25钢筋混凝土回填，梯键范围外的施工主洞洞段和142勘探导洞采用C15素混凝土回填。

各级平洞、142勘探导洞和施工主洞混凝土回填浇筑完成后，均应进行洞顶回填灌浆。回填灌浆采用预埋管方式，在浇筑混凝土前布设灌浆管路，对于采用喷混凝土及衬砌进行永久支护的洞段，预埋管嘴应通过钻孔穿过衬砌层进入喷混凝土层；对于采用喷混凝土进行临时支护的洞段，预埋管嘴应伸入喷混凝土层15cm以上。应在回填混凝土达到70%设计强度之后再进行灌浆。

3. 水下抛石设计

在滑体前部一期治理工程回填体外水下抛填块石进行压脚，抛填体顶高程为125m，顶宽28~45m，坡比1∶2.5，抛石最前缘河床高程为79m，抛填最大水深为60m。抛填块石$6.9\times10^5m^3$。

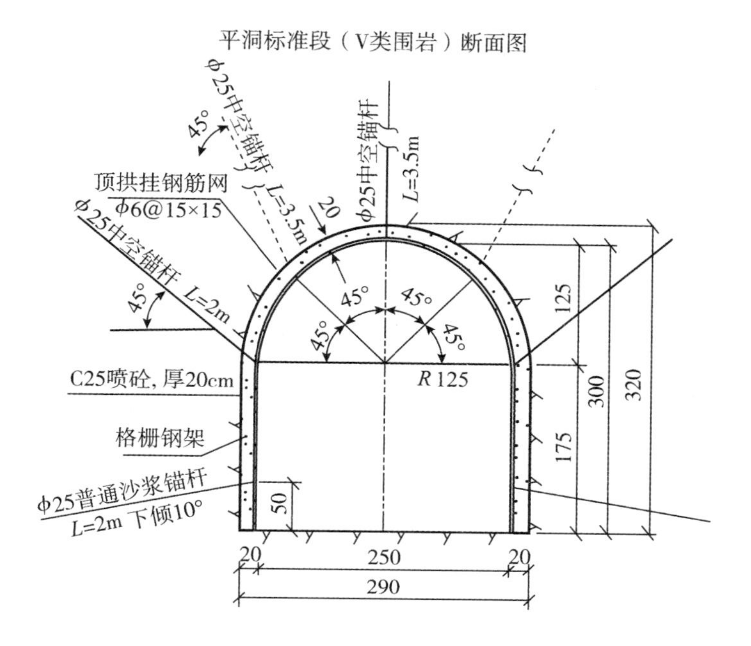

平洞标准段（IV类围岩）断面图

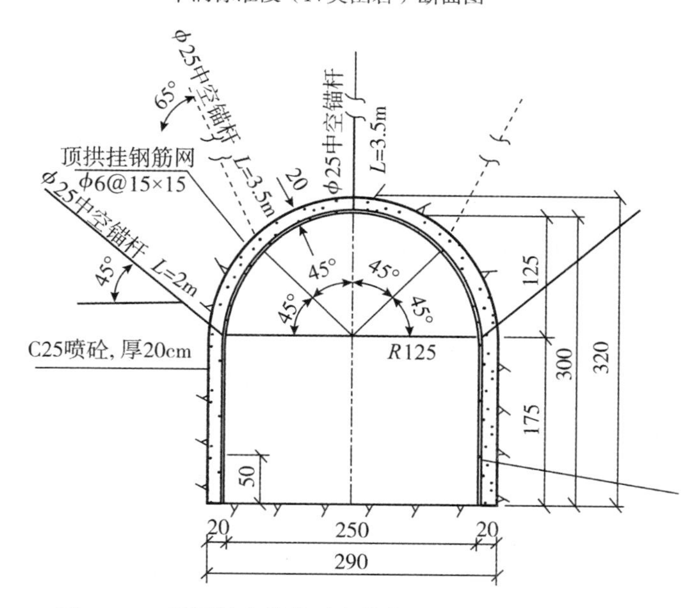

图 4-110　平洞标准段典型支护布置图(单位：cm)

块石应选用比重较大、石质坚硬、强度高，不易破碎与水解的岩石，块石级配应均匀、连续，控制个别超大块径尺寸。

4.5.6 治理后稳定性评价

4.5.6.1 刚体极限分析

1. 计算模式

对采取治理措施后的滑坡进行稳定、安全验算，根据滑坡现状稳定计算结果，考虑到设置梯键后滑坡剪切滑移路径的可能变化情况，对工程治理后的滑坡按四种滑动破坏模式进行稳定性计算，相应的滑动破坏模型如图 4-111 所示。

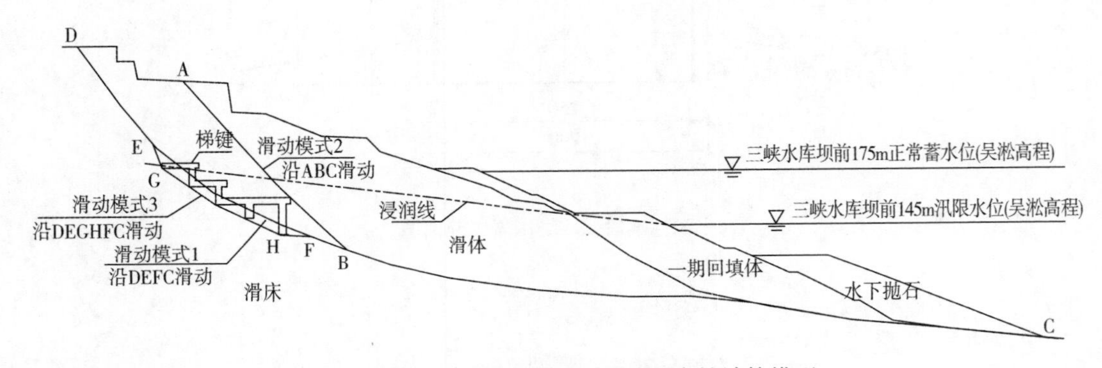

图 4-111　治理续建后猴子石滑坡稳定性计算模型

四种滑动破坏模式分别为：

(1)滑坡体沿地质滑带滑动，即滑面在置换部位剪切梯键，如图 4-111 中的滑动破坏模式 1；

(2)滑坡体从滑体中滑动，即滑面穿越梯键顶部从滑体中滑动或浅层滑动，如图 4-111 中的滑动破坏模式 2；

(3)滑坡体从梯键底部的滑床基岩中滑动，如图 4-111 中的滑动破坏模式 3；

(4)滑坡体从梯键间剪切滑动，即底滑面沿地质滑带滑动，侧滑面沿各榀梯键侧面滑动，为滑动破坏模式 4。

如图 4-111 中所示的滑动破坏模式 2 的临界滑面位置只是示意，计算时由程序自动搜索完成，也包括浅层滑移范围。

采取工程措施后滑坡稳定性计算的计算剖面、计算工况及计算参数等与现状滑坡稳定分析条件相同。

以下着重对库水位从坝前 175m 降落至 145m 的控制工况下各滑动破坏模式的稳定性

计算结果进行分析。

2. 计算结果

1) 滑动破坏模式 1

梯键设置区域内的滑动面抗剪强度参数取置换后的综合参数，置换参数根据梯键布置按混凝土与滑带土的面积比取综合值。根据《混凝土结构加固技术规范》，混凝土抗剪强度黏聚力为 1800kPa，内摩擦角为 0°。

各剖面对应的置换区域综合抗剪强度参数和对应控制工况的稳定性计算结果如表 4-78 所示。

表 4-78　175m 降落至 145m 工况下，对应于滑动模式 1 的稳定性计算结果

项　目	1—1 剖面	2—2 剖面	3—3 剖面	4—4 剖面	5—5 剖面
置换区域综合黏聚力(kPa)	290	370	370	360	480
置换区域综合内摩擦角(°)	16	15	15	15	14
安全系数	1. 3228	1. 2242	1. 2949	1. 2578	1. 2675

2) 滑动破坏模式 2

为找到对应于滑动破坏模式 2 的临界滑动面，采用中国水利水电科学院的边坡稳定计算程序 STAB2005 进行了最不利滑面的搜索。搜索到最不利滑面后，再根据剩余推力法计算其对应的稳定安全系数。

对应于控制工况的破坏模式 2，即滑面穿越梯键顶部从滑体中滑动的稳定性计算结果见表 4-79。

表 4-79　175m 降落至 145m 工况下，对应于滑动模式 2 的稳定性计算结果

项　目	1—1 剖面	2—2 剖面	3—3 剖面	4—4 剖面	5—5 剖面
安全系数	1. 1492	1. 1704	1. 18	1. 1649	1. 1517

通过对各剖面计算模式 2 最危险滑弧的搜索结果，包括浅层滑动，可知对于穿越键顶的最不利滑面基本是上部从滑体中剪切，穿过梯键后下接滑带的剪切滑移面，如图 4-112 所示。

3) 滑动破坏模式 3

对应于控制工况的破坏模式 3，即滑坡体从梯键底部的滑床基岩中滑动的稳定性计算

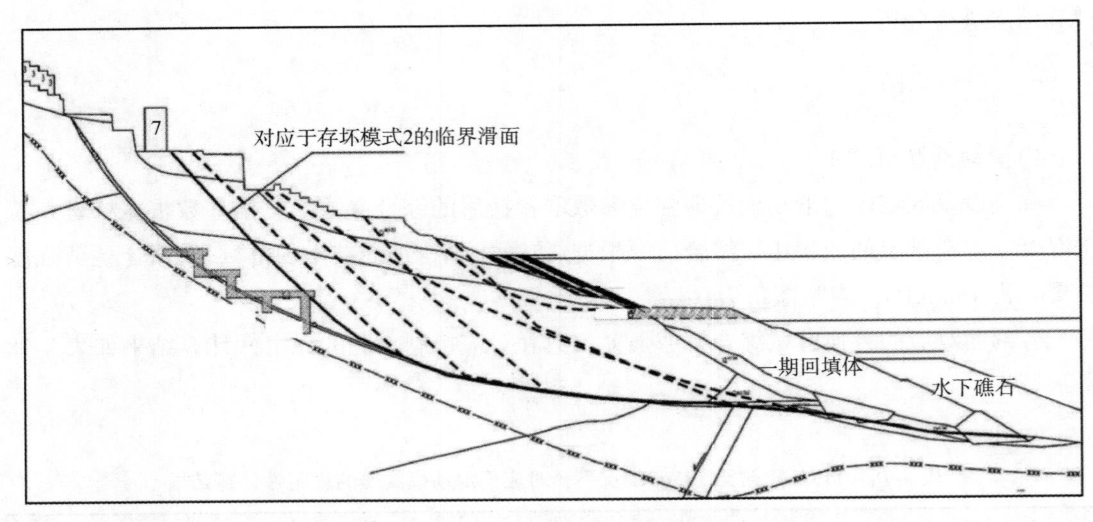

图 4-112　对应于滑动破坏模式 2 的临界滑弧

结果见表 4-80。

表 4-80　175m 降落至 145m 工况下，对应于滑动模式 3 的稳定性计算结果

项　目	1—1 剖面	2—2 剖面	3—3 剖面	4—4 剖面	5—5 剖面
安全系数	1. 4518	1. 5995	1. 6215	1. 5298	1. 5983

4) 滑动破坏模式 4

对于滑动破坏模式 4，即从两榀梯键之间滑动，取两榀梯键间滑块进行分析计算，滑块上的下滑力根据对应剖面的剩余下滑推力值分配，阻滑力由底滑面和梯键置换区域侧滑面的摩阻力提供。为简化计算，仅计算梯键置换区所提供的侧摩阻力，根据相应位置岩土体的抗剪强度指标确定，对应于控制工况的稳定性计算结果见表 4-81。

表 4-81　175m 降落至 145m 工况下，对应于滑动模式 4 的稳定性计算结果

项　目	1—1 剖面	2—2 剖面	3—3 剖面	4—4 剖面	5—5 剖面
剩余下滑力(kN)	39600	43200	11280	54970	62500
侧滑面摩阻力(kN)	155430	204300	176570	173650	173750
安全系数	3. 9252	4. 7293	15. 6534	3. 1587	2. 7800

3. 计算结果分析

由四种破坏模式的稳定性计算结果可知，采取续建治理措施后猴子石滑坡的滑动稳定安全系数均可满足设计要求，说明对滑坡所采用的综合治理方案是合适的。

在四种破坏模式中，最危险的是滑动模式2，即在梯键区域剪切滑动面穿越梯键顶部从滑体中滑动的情况。由于破坏模式2为控制破坏模式，因此针对于模式2，又对滑坡各剖面进行了其他设计工况的稳定验算，结果如表4-82所示。

从计算结果可以看出，采取工程治理措施后，滑坡稳定安全系数可满足设计标准要求，达到了工程治理目的。

表4-82 各剖面控制破坏模式稳定计算结果

工 况		1—1剖面	2—2剖面	3—3剖面	4—4剖面	5—5剖面	平均值
正常组合	135m	1.3089	1.1057	1.2886	1.2578	1.2777	1.2477
	145m	1.2914	1.1732	1.2616	1.2641	1.2585	1.2498
	156m	1.3005	1.2957	1.2783	1.2701	1.2330	1.2755
	175m	1.4321	1.4121	1.3209	1.3450	1.2514	1.3523
	156m—135m	1.1798	1.1011	1.2214	1.1854	1.1886	1.1753
	175m—145m	1.1492	1.1704	1.1800	1.1649	1.1517	1.1632
特殊组合	175m—145m遇地震	1.1012	1.1213	1.1296	1.1106	1.0955	1.1116
	控制破坏模式	模式2	模式2	模式2	模式2	模式2	

4.5.6.2 FLAC2D数值分析

鉴于猴子石滑坡的地质复杂性、治理重要性及工程措施的尚无先例，为了对常规计算结果进行验证、补充和完善并进一步研究猴子石滑坡的滑移形态、变形特性和稳定状况，特别是分析梯键的阻滑效果及其结构受力及变形特点，采用FLAC2D数值计算方法对猴子石滑坡治理续建措施进行深入分析。

1. 计算方案

选取5—5剖面作为数值计算的典型剖面。计算工况选取了现状水位140m和库水位由坝前175m降至145m的降落工况，重点对降落工况进行了分析计算。

计算剖面的数值模型的地质信息如图 4-113 所示，其中梯键布置的模拟如图 4-114 所示。

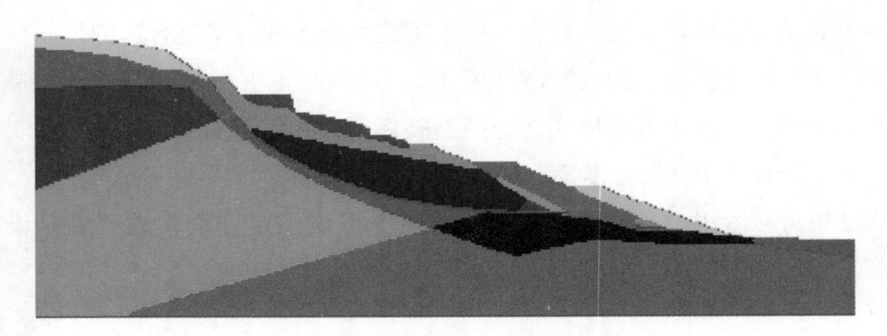

图 4-113　数值计算模型示意图

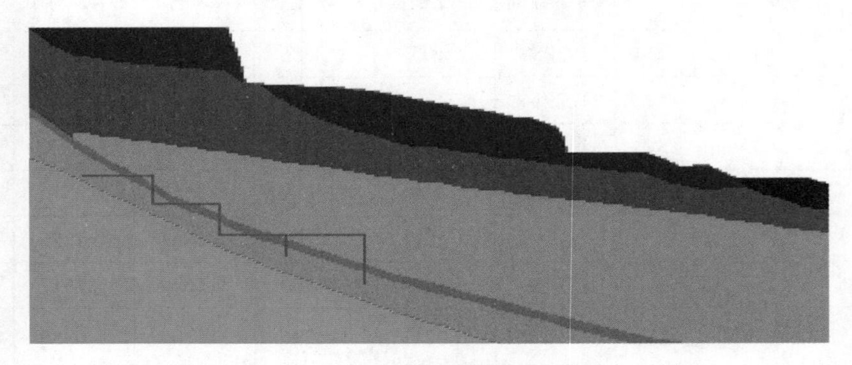

图 4-114　梯键布置模型示意图

选取 5—5 剖面进行数值分析主要基于以下两点考虑：

(1)5—5 剖面位于滑坡中部，是滑坡的主滑部位；

(2)采用推力传递系数法进行稳定性分析计算时，对应于 5—5 剖面的安全系数最小，剩余下滑推力最大，是确定设计方案的控制性计算剖面之一。

为重点研究梯键对于滑坡治理的效果，特别选取了不设置梯键与设置梯键两种方案的对比分析(其他工程治理措施均施加)。计算方案与计算内容如表 4-83 所示。

2. 计算程序简介

计算程序采用国际上流行的岩土工程分析软件 FLAC2D。该程序已成功地应用于三峡船闸高边坡、水布垭马崖高边坡、构皮滩导流洞进出口边坡、隔河岩水库杨家槽滑坡及三峡库区奉节白衣庵滑坡等工程的分析计算。

表 4-83　数值分析计算方案

序号	计算方案	计算内容		计算目的
		滑坡整体稳定性分析	梯键受力状态与变形分析	
1	140m 水位工况，不采取工程措施	✓		根据滑坡稳定现状，分析验证计算取用参数的合理性及计算结果的合理性
2	140m 水位工况，不设置梯键	✓		分析水下抛石和岸坡防护工程对滑坡治理的效果
3	140m 水位工况，设置梯键	✓	✓	分析梯键结构对滑坡治理的效果及梯键结构受力、变形状态
4	175m→145m 工况，不设置梯键	✓		
5	175m→145m 工况，设置梯键	✓	✓	

3. 计算模型选取

计算模型的岩土体材料采用莫尔-库仑模型，滑体安全系数的计算采用强度折减法，通过最大剪应变或剪应变率集中区来寻求滑坡潜在的滑移通道，即临界失稳时对应的滑移面。

计算模型中梯键结构采用桩单元进行模拟，桩单元在每个节点处具有三个自由度。桩单元与岩土介质之间的相互作用是通过剪切和法向的耦合弹簧来实现的，耦合弹簧为非线性、可滑动的连接体，能够在桩单元节点和实体单元节点之间传递力和运动。桩身反应包括作用在桩身上的内力、应力、位移以及法向和切向耦合弹簧中的屈服。

4. 计算条件拟定

计算模型根据 5—5 工程布置剖面进行简化。在计算模型中，滑体地下水位和建筑物附加荷载的概化与常规剩余推力法的计算条件相同。数值分析采用的滑坡各岩土体及回填体、梯键等的抗剪强度和容重指标与常规计算采用的参数一致，其他计算参数根据地勘资料和工程经验加以确定，数值分析所采用的材料参数如表 4-84 所示。

表 4-84　数值分析材料参数

部位	岩土材料	天然/饱和容重(kN/m³)	变模 E(MPa)	泊松比 μ	黏聚力 c(kPa) 天然/饱和	内摩擦角 ϕ(°) 天然/饱和	抗拉强度 R_t(kPa)
滑体	Q^{el-dl}残坡积堆积	20	50	0.45	20~50	21/23	0
	$Q^{del}(T_2b^3)$滑体中似基岩块体	23/23.5	1000	0.42	5/0	30/28	20
	$Q^{del}(T_2b^1、T_2b^2)$	23/23.5	1000	0.42	15/10	28/26	20
	$Q^{del(ms)}$滑体中土夹碎石层	20.5	500	0.45	80	25	0
	$Q^{al(m)}$冲积堆积	20	300	0.45	50	23	0
	Q^{al}冲积堆积	20	50	0.45	50	23	0
	粉质黏土	20.1/20.1	50	0.45	20/15	20/18	0
	粉细砂	20.1/20.1	50	0.45	5/0	25/23	0
滑带	滑带土	20	20	0.45	20/15	21/19	0
滑床	风化 T_2b^3	21.5	2000	0.38	250	32	80
	风化 T_2b^2	22	3000	0.35	300	35	100
	风化 T_2b^1	21	2000	0.40	200	30	50
	T_2b^3	23.5	3000	0.35	350	37	150
	T_2b^2	24	5000	0.32	500	40	200
	T_2b^1	23	3000	0.38	300	35	100
治理措施	护坡回填碎石土	21.5/22.5	500	0.40	5/0	30/28	0
	一期回填碎石土	21.5/22.5	500	0.40	15/10	26/24	0
	水下抛石	18	1000	0.35	5	28	0
	一期堆石棱体	21.5/22.5	500	0.40	5	28	0
	梯键混凝土	24.5	30000	0.167	1800	0	1000

5. 计算内容与结果

数值分析计算内容包括滑坡的最大剪应变区域、整体安全系数、坡体变形形态和梯键结构的变形及内力分布。数值计算成果显示，无论是内力或变形，库水位由坝前 175m 降落至 145m 工况均为计算的控制性工况。

1) 最大剪应变区域

对库水位由坝前 175m 降落至 145m 工况，计算方案 5 的数值分析结果如图 4-115~图 4-116 所示。

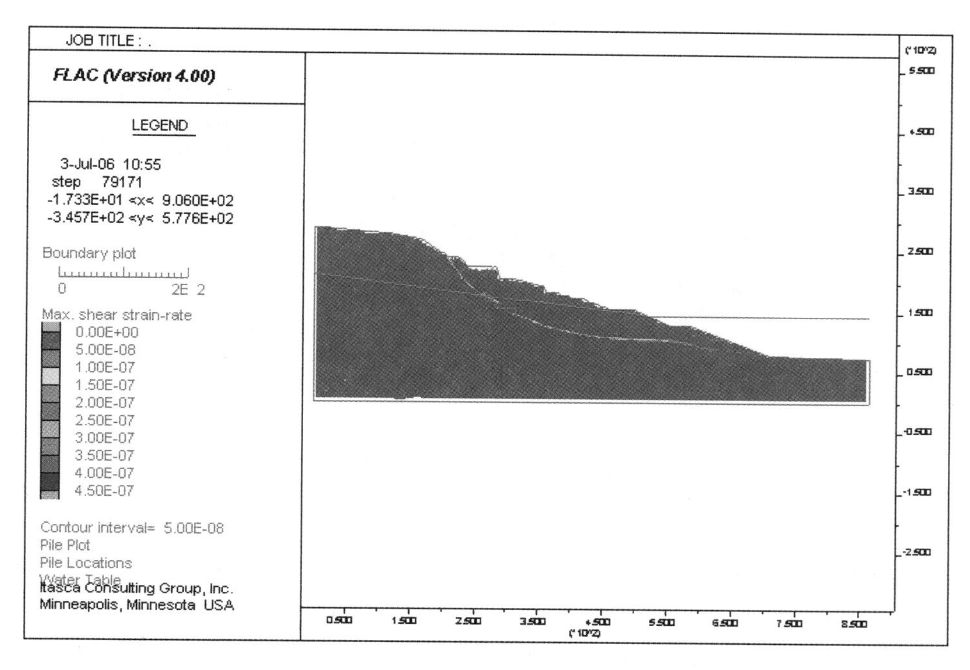

图 4-115 计算方案 5(水位 175m→145m，采取工程措施)的最大剪应变区域

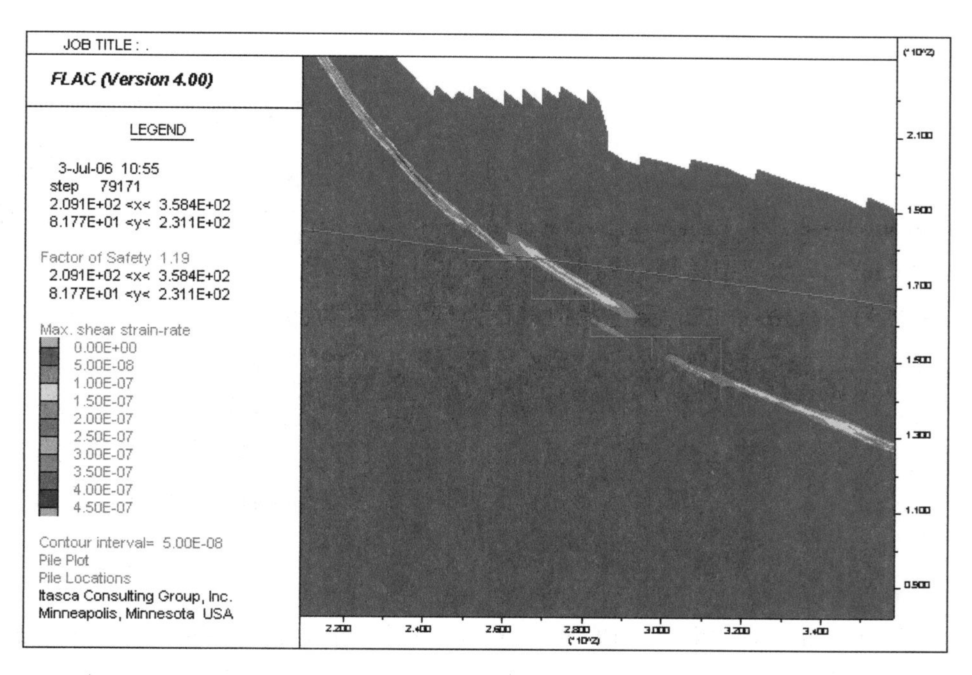

图 4-116 计算方案 5 的梯键部位最大剪应变区域大样图

从图示结果可看出，对应于库水位从坝前 175m 降落至 145m 的控制工况，计算方案 5 显示的滑坡的最大剪应变区域也主要分布于地质滑带部位及回填体回填界面。其中梯键部位的最大剪应变区域由于梯键的置换作用而上移至上部滑体区域内，剪切路径的改变趋势也是明显的，说明梯键的阻滑效果是明显的。但与对应于现状工况的计算方案 3 结果相比，发生于滑体内的最大剪应变区域未形成连贯的剪切路径，这也说明滑坡最主要的潜在剪切滑动面仍是在地质滑带部位，因此置换结构的设置是相当必要的。

2) 滑坡整体稳定安全系数

滑坡整体稳定安全系数的数值计算采用强度折减法，对应于各计算方案的稳定安全系数数值计算结果如表 4-85 所示。

表 4-85　滑坡整体稳定安全系数数值分析结果

序号	计算方案	滑坡整体稳定安全系数
1	140m 水位工况，不采取工程措施	1. 11
2	140m 水位工况，不设置梯键	1. 19
3	140m 水位工况，设置梯键	1. 34
4	175m→145m 工况，不设置梯键	1. 05
5	175m→145m 工况，设置梯键	1. 19
6	156m→135m 工况，不设置梯键	1. 15
7	156m→135m 工况，设置梯键	1. 28

由表 4-85 的数据可知，对于现状工况，治理前的滑坡整体稳定安全系数为 1. 11；仅采取水下抛石、护岸及排水措施，滑坡整体稳定安全系数提高至 1. 19；再加上梯键措施后，滑坡整体稳定安全系数提高至 1. 34。对于库水位从坝前 175m 降落至 145m 的控制工况，仅采取水下抛石、护岸及排水措施，滑坡整体稳定安全系数为 1. 05；再加上梯键措施后，滑坡整体稳定安全系数为 1. 19。

计算结果表明在采取了工程措施后，滑坡整体稳定安全系数有了较大的提高，说明治理措施的效果是明显的。特别是通过不设置梯键与设置梯键的对比性分析，显示设置梯键后滑坡的整体稳定系数有了显著的提高，说明了梯键设置的必要性及其对提高滑坡整体稳定性的突出作用。

3) 滑坡变形形态分析

为研究滑坡和梯键结构的变形特点，对滑坡整体及梯键结构在临界失稳的极限状态的变形特性进行了分析计算。对库水位由坝前 175m 降落至 145m 工况，滑坡整体位移矢量图如图 4-117、图 4-118 所示。

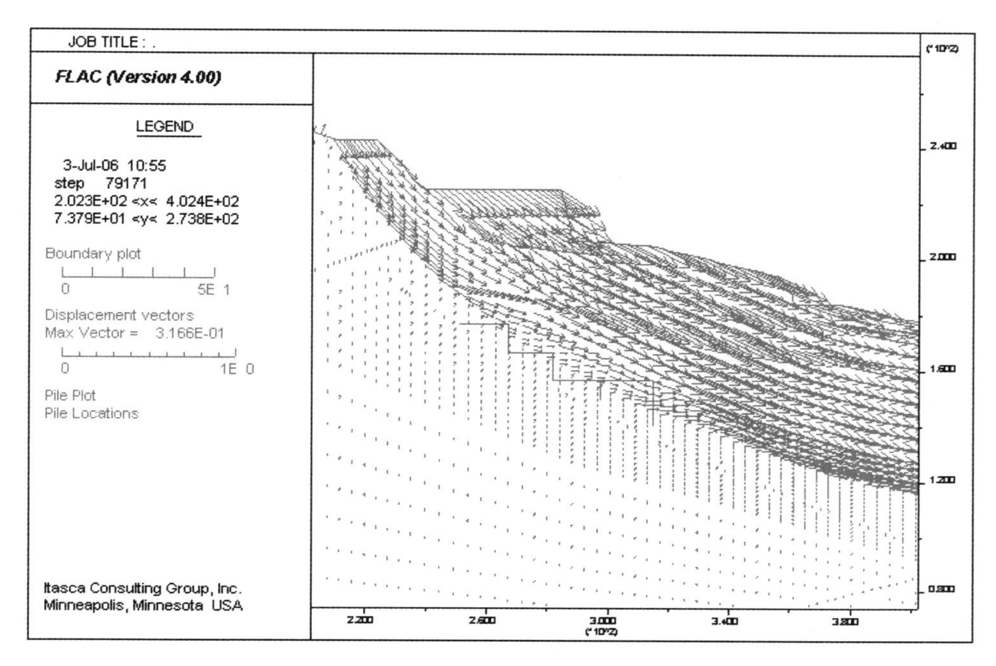

图 4-117　计算方案 5 的极限状态滑坡整体位移矢量图

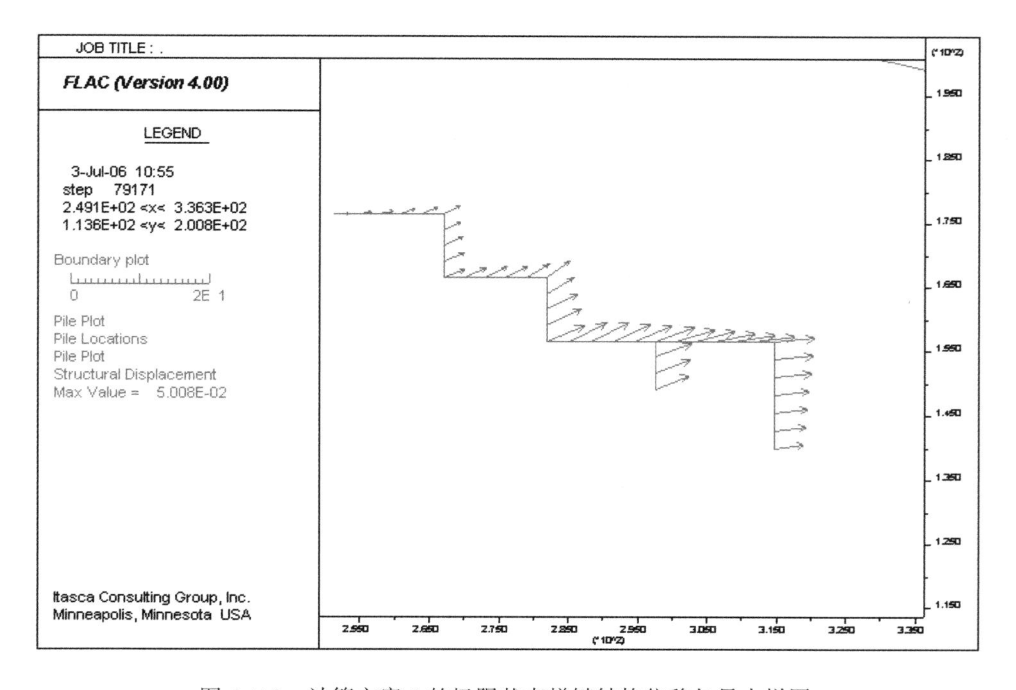

图 4-118　计算方案 5 的极限状态梯键结构位移矢量大样图

从图示结果可看出，对应于库水位从坝前175m降落至145m的控制工况，计算方案5显示的滑坡整体位移矢量也同样反映出向下和向外的整体位移趋势，梯键结构的变形量也很小，极限状态时梯键的最大位移矢量为5cm。与对应于现状工况的方案3结果相比，梯键有向上位移的趋势，其原因可能是在水位降落时的滑体内浸润线的变化，使坡体局部位置的位移趋势有所改变而造成的。

通过对现状工况和控制工况的滑坡变形形态分析，在极限状态时，滑坡将产生整体滑移趋势，但由于梯键结构的整体性较好，变形量很小，不会产生随滑床滑移破坏的可能。说明其结构型式是合适的，运用条件是安全的。

4)梯键结构受力特点

梯键作为猴子石滑坡综合治理方案中最重要的工程措施，通过对其结构受力状态的分析将有助于检验梯键的结构型式、布置方式及断面尺寸等设计参数的合理性。梯键结构受力状态的计算内容包括弯矩、剪力和轴力。对应于方案3、方案5和方案7的滑坡处于极限状态时的梯键结构内力计算结果如表4-86所示。

表4-86　梯键结构极限状态内力计算结果(绝对值)

计算方案	最大弯矩(kN·m)	最大剪力(kN)	最大轴力(kN)
方案3(140m工况，设置梯键)	6410	1120	7160
方案5(175m→145m工况，设置梯键)	6540	1150	7140
方案7(156m→135m工况，设置梯键	6120	1060	6870

对应于方案5的梯键结构的弯矩、剪力和轴力分布图分别如图4-119、图4-120和图5-121所示。需要特别说明的是，三个图中所示的内力分布图是按计算程序内定的结构内力正负号的规定进行绘制的，与结构力学中将弯矩画在结构受拉侧的表述是不一致的。

根据梯键内力计算结果可知，对应于不同的计算方案，梯键结构内力结果差别较小，而梯键不同部位的受力状态差异较大。针对于计算方案5，对梯键的受力状态进行分析如下。

(1)弯矩：为便于说明问题，根据方案5的弯矩计算结果，按结构力学方法的图示方式将梯键结构弯矩图示意于图4-122中。

从图4-122中可知梯键结构的弯矩作用区域主要分布于156平洞北段、3#竖井和166平洞，其中最大弯矩出现在156平洞北段和3#竖井底相交的端部，相应的计算值为6540kN·m，平洞下侧受拉。其他平洞和竖井的弯矩值则较小。

(2)剪力：与弯矩计算结果相同，梯键结构的剪力作用区域也主要分布于156平洞北

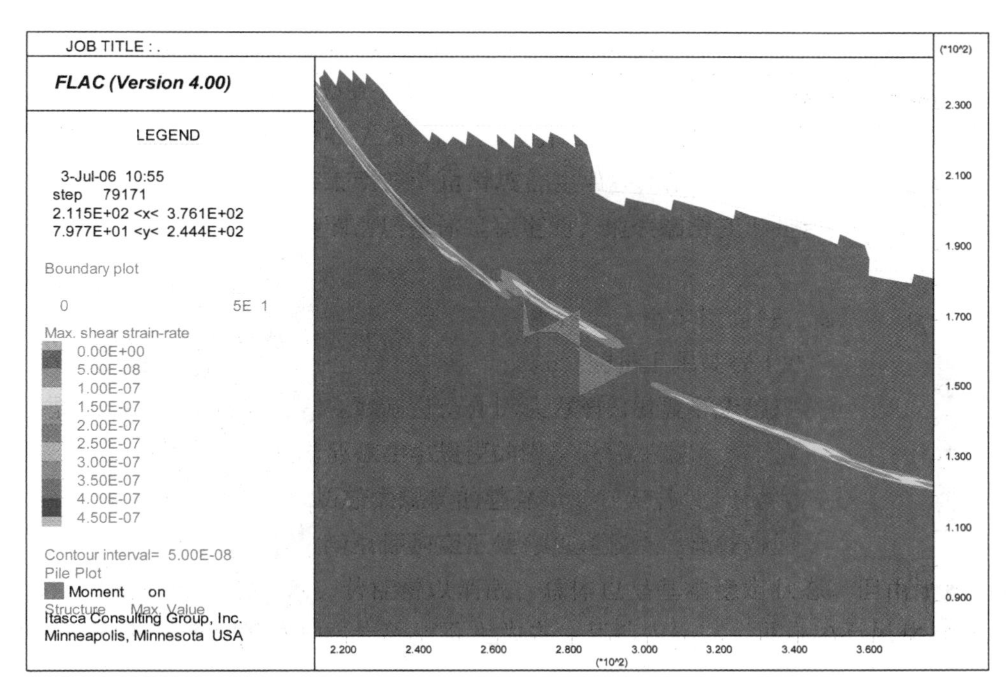

图 4-119　计算方案 5 的极限状态梯键结构弯矩图

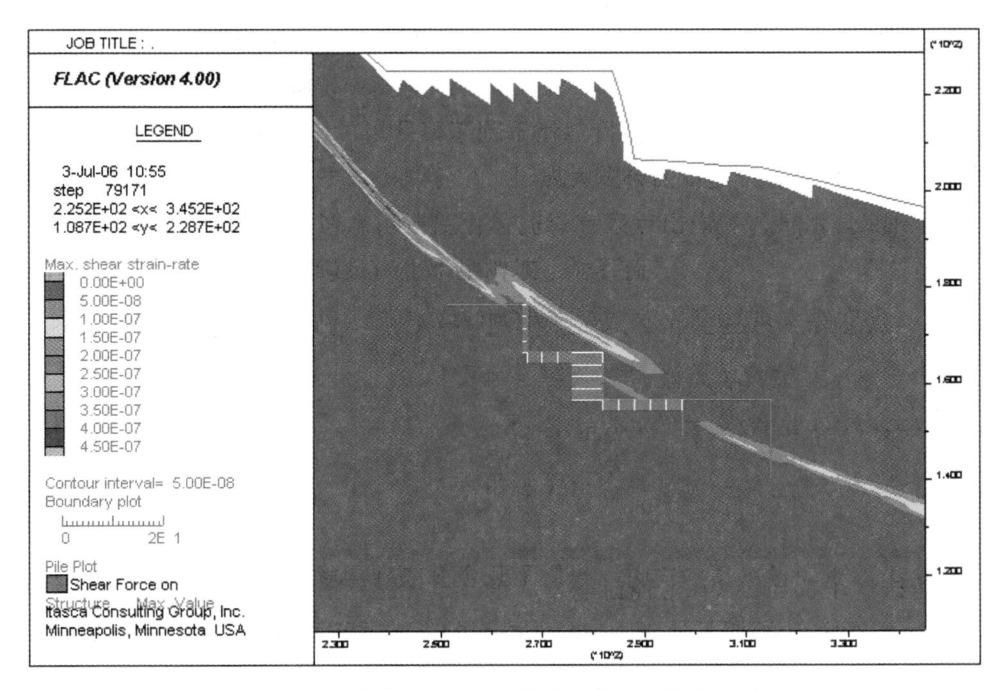

图 4-120　计算方案 5 的极限状态梯键结构剪力图

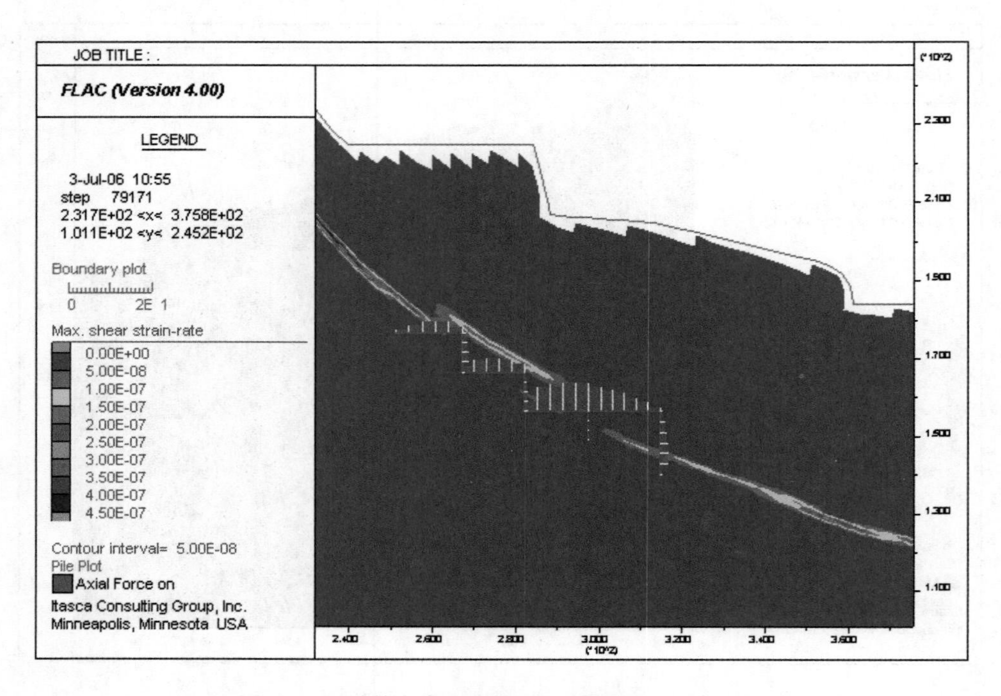

图 4-121 计算方案 5 的极限状态梯键结构轴力图

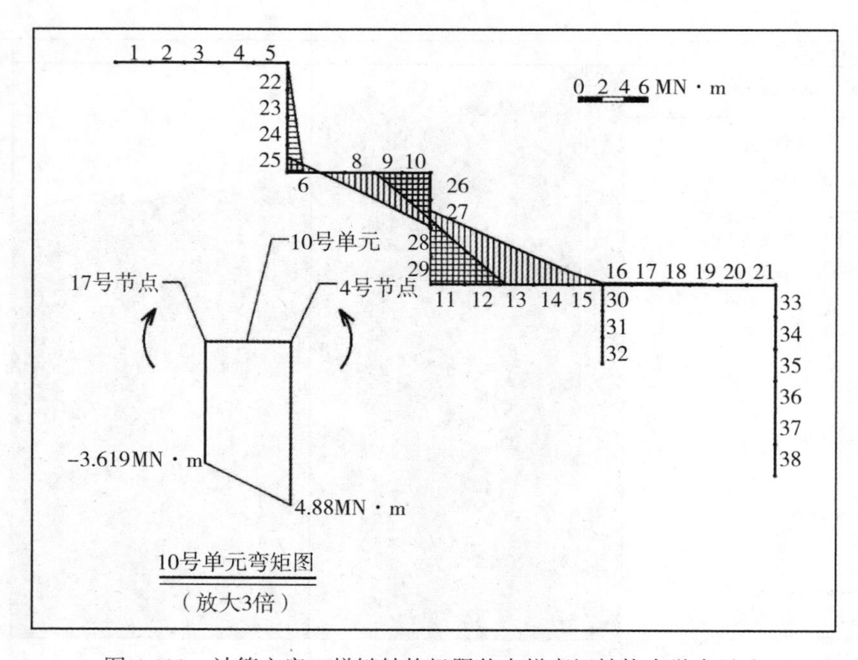

图 4-122 计算方案 5 梯键结构极限状态梯弯矩结构力学表示法

段、3#竖井和166平洞，其中最大剪力出现在3#竖井，相应的计算值为1150kN，其他平洞及竖井所受剪力普遍较小。

(3)轴力：由轴力分布图可知，梯键结构的轴力作用区域主要分布于156平洞、166平洞和176平洞，均为轴向受拉，且具有中部大、两端小的分布趋势。三级平洞的轴力分布由低到高逐渐减小。最大轴力出现在156平洞与2#竖井相交附近，相应的计算值为7140kN。1#、2#、3#和4#竖井的轴力值均较小，且均处于轴向受压状态，其中最大轴力位于1#竖井底部，相应的计算值为2130kN。

根据梯键结构受力分析可知，在极限状态下，梯键结构各部位的内力分布差异性较大，主要受力部位集中于梯键中部，即156平洞、3#竖井和166平洞部位。数值计算显示梯键各部位的内力值并不大，反映出梯键结构的受力状态良好，同时内力计算值也在梯键结构常规计算的控制范围内，说明梯键的结构型式、布置方式及断面尺寸是合适的，不会产生梯键结构的强度破坏。

6. 数值分析结论

根据滑坡的最大剪应变区域、整体安全系数、坡体变形形态和梯键结构的变形及内力分布等工程特性的数值分析计算成果，滑坡的潜在滑移趋势与常规计算的结果是一致的；在采取了治理工程措施，特别是梯键设置后，将显著提高滑坡的整体抗滑稳定效果；同时梯键结构受力与变形计算数据也反映出梯键结构的受力状态良好，结构的内力与变形均在常规计算的控制范围内，从而进一步验证和补充了常规计算的结论。

猴子石滑坡治理续建方案为“阶梯型置换阻滑键+水下抛石+地下排水+岸坡防护+安全监测”方案。主要工程措施包括阶梯型钢筋混凝土置换阻滑键洞井系统开挖及钢筋混凝土回填浇筑、水下抛石、排水洞井及岸坡排水系统、岸坡防护、安全监测工程等。根据工程治理前、后的滑坡稳定性分析计算，在一期治理和续建治理工程实施后，滑坡整体稳定性可满足设计要求，达到了工程治理的目的。

4.6 白马羊角滑坡治理

4.6.1 工程概况

羊角滑坡位于白马坝址上游约6.5km处乌江左岸的羊角镇，属近坝库岸崩滑堆积滑坡群，滑坡前缘剪出口高程150~250m，后缘高程约570m；纵向长1880m，横向宽2300m，总面积$2.6\times10^6m^2$，总体积约$9.15\times10^7m^3$。其物质来源主要为二叠系崩塌堆积灰岩，其次为志留系残坡积砂页岩。

根据形成机制、地貌特征、堆积形态，滑坡群体自西向东(自下游向上游)依次划分为羊角滩滑坡($1.0\times10^7m^3$)、羊角镇滑坡($2.95\times10^7m^3$)、苏家坡滑坡($1.1\times10^7m^3$)、曹家湾滑坡($1.7\times10^7m^3$)和秦家院子滑坡($2.4\times10^7m^3$)。羊角滑坡全貌及分区示意图如图 4-123 所示。

图 4-123　羊角滑坡全貌及分区示意图

羊角滑坡规模巨大，地质条件十分复杂。白马建坝后，羊角滑坡局部失稳或前缘库岸再造可能影响下游白马电航枢纽工程运行、水库通航、319 国道正常通行及羊角镇居民的生命财产安全。

因此，为确保白马电航枢纽工程正常运行、水库通航、319 国道及羊角镇安全，对羊角滑坡进行稳定性分析与评价，并采取针对性的工程措施进行治理防护是必要的。

4.6.2　地质条件

4.6.2.1　滑坡分区

羊角滑坡是以崩滑堆积为主、后期经过多期次滑动的巨型滑坡群，其物质来源主要为二叠系下统灰岩崩塌堆积，其次为志留系砂页岩残坡积。滑坡前缘最低高程 150～160m(乌江水边)，后缘高程一般 360～570m，滑坡面积约 $2.6\times10^6m^2$，体积约 $0.915\times10^8m^3$。滑坡外围崩塌堆积区高程一般为 540～670m，面积约 $1.07\times10^6m^2$，体积约 $0.50\times10^8m^3$。

羊角滑坡群为深层堆积层滑坡群，由多个不同时期形成的滑坡组成，堆积厚度大，地形地貌复杂，再加上后期地貌改造作用，部分边界特征已不明显。根据对堆积体地形地貌特征、物质成分、结构特征、覆盖层厚度特征和基岩面形态的综合分析，确定羊角滑坡群由羊角滩滑坡、羊角镇滑坡、苏家坡滑坡、曹家湾滑坡和秦家院子滑坡组成。

1. 羊角滩滑坡

羊角滩滑坡位于羊角滑坡群西部，边界特征明显。西侧大致以硫铁矿厂至三间坟一带冲沟为界，呈南北向延伸；东侧大致以夹在石英沟和豆芽湾沟之间的地表物质分界线为界，向乌江与豆芽湾沟口相接；后缘位于三间坟一带斜坡陡、缓相接部位，最高高程为360m；前缘滑舌进入乌江河床，占据主泓线，形成羊角滩外碛坝。主滑方向NNE，剪出口高程156~160m。滑坡在平面上呈以上窄下宽的长条舌形，东西宽170~550m，南北长约1080m。

羊角滩滑坡的西侧和后缘边界明显，东侧边界主要根据地表物质分区和滑床基岩面形态来确定。羊角滩滑坡地表物质主要为含灰岩碎石的粉质黏土，而羊角镇滑坡的地表物质主要为页岩碎石土。从基岩顶板等高线图来看，靠西侧滑床相对内凹，而东侧滑床略微凸起。这与羊角滩滑坡西侧可能为古冲沟有关。

2. 羊角镇滑坡

羊角镇滑坡西侧边界约在高程315m处与羊角滩滑坡东侧边界相接，呈NNE向延伸；东侧以苏家坡西侧2号冲沟为界，呈南北向延伸；后缘最高高程为420m，圈椅状地形特征明显；滑坡前缘形成宽缓的滑坡平台伸入乌江，为羊角古镇所在地，房屋密集。剪出口高程150~162m，西高东低。在滑坡西侧，受后期滑动的羊角滩滑坡的滑移改造作用，形成上宽下窄的平面形态。滑坡东西宽500~680m，南北长约1080m。与地表地形相似，羊角镇滑坡滑床基岩面形态整体上两侧及后缘高、中部内凹，呈圈椅状负地形。

3. 苏家坡滑坡

苏家坡滑坡位于滑坡群的中部，地貌上为南北向突出地表的脊状山梁，中间高、两侧低。东侧与曹家湾滑坡相接，西侧与羊角镇滑坡相邻。滑坡后缘边界不明显，根据钻孔揭露的滑带分布情况，推测其后缘边界位于狮子岭平台中后部，高程约430m处。剪出口高程180~200m，东高西低。滑坡东西宽190~250m，南北长约800m，平面上呈长条形。

4. 曹家湾滑坡

曹家湾滑坡夹于苏家坡滑坡和秦家院子滑坡之间，西侧与苏家坡滑坡相接，东侧以大块田平台西侧台坎为界，后缘边界位于田坪西侧垭口一带，高程550~580m；前缘剪出口位于319国道上方，高程200~250m，东高西低。滑坡在平面上呈一长形喇叭形，后缘东西宽180m，前缘东西宽720m，纵长1180m。滑坡上陡下缓，圈椅状地形特征明显。主滑方向略有转折，后部主滑 NNE 向，中前部向 SN 向偏转。

在曹家湾滑坡堆积体中前部又发育次级滑坡，圈椅状负地形特征明显。次级滑坡西侧边界与曹家湾滑坡西边界重合，东侧以秦家院子平台台坎为界，后缘位于蚂蟥田，高程约350m；剪出口与曹家湾滑坡剪出口一致，基本上沿基岩面剪出；东西宽 240~540m，南北长 560m，主滑方向近 SN，平面形态呈上窄下宽的半椭圆形。与地表地形相似，曹家湾次级滑坡滑床基岩面内凹，呈明显的圈椅状负地形。

5. 秦家院子滑坡

秦家院子滑坡位于羊角滑坡群东部。东侧以望儿岩基岩顺向坡坡脚冲沟为界，西侧与曹家湾滑坡相接；后缘位于田坪外侧斜坡陡缓相接部位，最高高程 560m；前缘剪出口位于 319 国道上方，高程 250~290m，总体东高西低。秦家院子滑坡形成时期较早，受后期曹家湾滑坡的滑移改造作用，形成上宽下窄的平面形态。前缘宽 480m，后缘宽 690m，纵长约 1000m。与地表台阶状坡面地形不同，滑床基岩面两侧高、中间低，呈圈椅状特征。

4.6.2.2 羊角滩滑坡地质特征

1. 形态特征

羊角滩滑坡位于滑坡群西部，平面上呈长舌形，主滑方向 NE14°，后缘高程 360m 左右；前缘高程 156~160m；纵向长 1080m，平均宽 370m，面积 $3.99\times10^5 m^2$，平均厚度约 25.4m，体积 $1.014\times10^7 m^3$。

滑坡纵向总体平均坡角约 15°，由后缘到前缘有三级缓坡平台(见图 4-124)，由高到低分别是：高程 300~352m 的三间坟缓坡平台，台面宽 270m，坡角 6°；高程 205~220m 的朝阳村居民区平台，台面宽 220m，坡角 5°；高程 175m 左右为羊角滩平台，为羊角滩滑坡滑落的土石体在原乌江河道中堆积而成，地表似一椭圆形，沿滑坡主滑线方向纵向长约 250m，顺乌江河道横向宽约 670m，面积约 $1.7\times10^5 m^2$。滩顶最高高程 181.2m，靠河岸一侧顺乌江方向为近 EW 向的槽谷，谷底高程 165m 左右。除羊角滩平台外，其他缓坡台地已全部梯田化。滑坡后缘为高程 435~455m 的李家湾台地，为厚层崩坡积层，厚度达 60~80m。各级平台间以 18°~25°的斜坡相接。

2. 滑体物质组成及结构特征

羊角滩滑坡堆积物的物质成分以含碎石粉质黏土、黏土为主，前缘碎块石土、含碎石粉质黏土、黏土和灰岩块石土混杂堆积。滑坡前缘一带超覆于漫滩相粉土夹砂和河床相砂卵砾石层之上。羊角滩地表为灰岩块石堆积，块石直径一般为 1~3m，大者可达 10 余米。

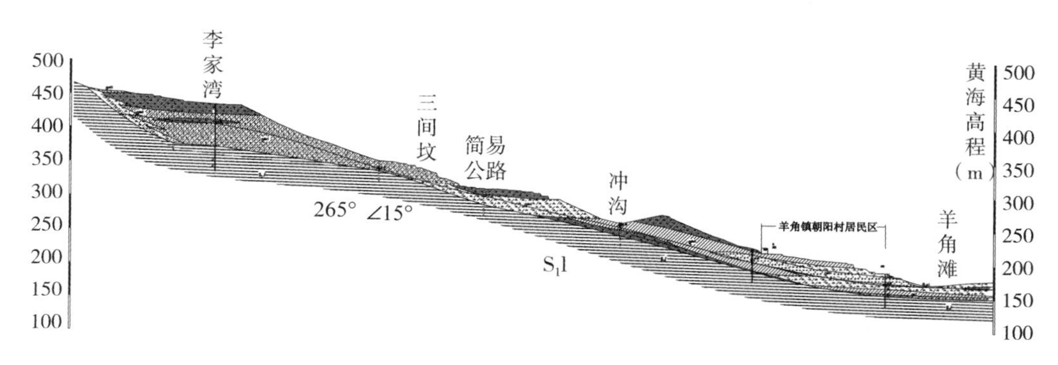

图 4-124 Ⅰ—Ⅰ′剖面地形地貌示意图

据钻孔、探坑和竖井揭露，羊角滩滑坡物质物质结构具有以下特征：

(1)滑体物质具有一定分区特性。黄褐色页岩碎石土主要分布在三间坟 315m 高程以上斜坡，红褐色含灰岩碎石粉质黏土分布在三间坟至 319 国道之间的地表，而灰岩碎石土夹灰岩大块石主要分布在 319 国道以下滑坡平台之上。

(2)具有一定成层性。红褐色含灰岩碎石粉质黏土主要分布在地表，灰岩碎石土与灰岩大块石呈透镜状，分布在滑体中下部，滑体下部为含碎石粉质黏土、黏土层。

(3)滑坡前缘的底部，可见一层分布较连续的漫滩相砂卵砾石层，厚度 4m 左右，滑体物质超覆于其上。

(4)越靠近滑坡前缘，滑坡堆积物类型越多，空间结构越复杂。

(5)横向上，从东至西，灰岩块石含量逐渐增多。

3. 滑带特征

根据滑坡形态特征及勘探资料分析，羊角滩滑坡系崩坡积碎石土沿志留系罗惹坪组页岩接触界面产生的滑移破坏，滑带厚 2.2m，由灰绿色黏土、粉质黏土夹碎石及角砾组成。粉质黏土质纯，可塑状，可见清晰擦痕及磨光面，碎石及角砾有一定磨圆，显示遭受强烈挤压的特征。据室内分析结果，滑带土粉粒含量为 40.2%，黏粒含量为 41.2%，具微透水性，遇水后易软化，使其工程地质性质恶化。

4.6.2.3 羊角镇滑坡地质特征

1. 形态特征

羊角镇滑坡在平面上呈半椭圆形，主滑方向 NE14°，后缘高程 400~420m，前缘剪出口高程 150~162m；南北纵向长 1080m，东西宽 670m，分布面积约 $6.76\times10^5m^2$，滑体平均厚度约 43.6m，体积约 $2.95\times10^7m^3$。

纵向上，斜坡总体坡角15°。从上至下大致呈三级陡缓相接的台阶状地貌。第一级平台位于后缘新房子—团坝子一带，高程360~400m，平均坡角5°，往下坡度渐陡，为一段坡角为20°的斜坡；第二级平台位于滑坡中部，高程250~300m，坡角10°；第三级平台为滑坡堆积平台，位于长兴街以下，高程190~215m，台面宽约150m，坡角5°。云子山变位岩体耸立于羊角镇滑坡后缘斜坡上。

横向上，由于滑坡体中部产生了次级滑移，因此中部地势稍低，两侧地势稍高，呈明显的圈椅状形态特征。

滑坡后期滑移改造明显，地表浅层滑移、变形普遍，地形较破碎。在滑坡中部的缓坡平台上，人工改造作用强烈，地表多被改造为水田。地方政府在高程约300m处修建了一条横贯滑坡东西的上山公路，在滑坡西部石英沟侧大面积开挖形成了高达20m的路堑边坡，由于开挖面揭穿了次级滑带，诱发了局部边坡失稳。同时，大量弃渣堆弃在石英沟内，影响了石英沟的过水断面。

2. 滑体物质组成及结构特征

据地质测绘、钻孔、平洞和竖井揭露，滑体物质具有一定成层性，从上至下具有如下特征：

(1)滑坡表层主要以黄褐色页岩碎石土为主，厚10~30m不等，主要为云子山解体页岩崩塌堆积形成；滑坡西部Ⅷ—Ⅷ′剖面以西，地表主要分布灰岩大块石和灰岩碎块石土。

(2)滑体中部，主要为含碎石粉质黏土层与灰岩碎石土层交互堆积。如滑坡中后部的YJ61孔，孔深10.5~44.2m段为含碎石粉质黏土与灰岩碎石土成层交互堆积。

(3)滑体下部，以页岩碎石土或含砾粉质黏土、黏土层为主，成层性较好，分布较连续。滑坡后部至前部的YJ31、YJ61、YJ和YJ15孔都揭露了含砾粉质黏土、黏土层或页岩碎石土层。

(4)滑坡前缘的底部，分布漫滩相砂卵砾石层。滑体物质超覆于该层之上。

滑体物质成分在空间分布呈现一定规律性，主要表现在：纵向上，越靠近前缘，滑体物质结构越复杂，呈多种物质成分交互堆积现象；竖向上，越靠近滑体底部，黏土含量越高；横向上，越靠近西侧，黏土含量越高，物质结构类型越简单。从滑体东侧至西侧，滑体中灰岩碎块石粒径逐渐减小，含量逐渐降低，滑体土逐步由灰岩大块石和灰岩碎石土过渡到含灰岩碎石的粉质黏土、黏土。

3. 滑带特征

根据钻孔、平洞和竖井揭露，滑带主要有以下两种类型。

(1)主滑带，分布于滑床基岩面底部，滑带厚0.5~1.2m，由黄褐色、灰黄色粉质黏土夹碎石组成。粉质黏土潮湿可塑，较密实，碎石含量为30%左右，成分以页岩为主，夹少量灰岩碎石，粒径为2~5cm，稍有磨圆。见挤压擦痕及磨光面，显示遭受强烈挤压的力学特征。据室内分析结果，滑带土粉粒含量为27.2%，黏粒含量为32.7%，具弱透水性，遇水后易软化，使其工程地质性质恶化。主滑带在滑坡中分布连续性较好，往往成层分布，为滑坡整体滑动所形成。

(2)次级滑带，分布于滑体表层页岩碎石土的底部不同物质分界面处，主要分布在含碎石粉质黏土之上，揭露深度10~20m，厚度较小，一般为0.5~0.8m。物质成分为含少量碎石及角砾的黏土，质纯，黏性强，可塑状，可见清晰光面和擦痕，碎石及角砾有一定磨圆。据室内分析结果，粉粒占31.86%，黏粒占49.16%。从颗粒成分来看，羊角镇次级滑带土的粉粒、黏粒含量达81%，明显高于深层滑带土及羊角镇滑坡前缘滑带土的粉粒、黏粒含量。

4.6.2.4　苏家坡滑坡地质特征

1. 形态特征

苏家坡滑坡位于羊角滑坡群的中部，地貌上呈微凸出地表的脊状地形，纵向上跨狮子岭、苏家坡两级平台。滑坡在平面上呈长条形，主滑方向近南北向。后缘位于狮子岭平台高程约490m处，前缘直抵长兴街，前缘剪出口高程180~200m；纵向长960m，横向宽250m，面积$2.04\times10^5m^2$，平均厚度约51.9m，体积约$1.056\times10^7m^3$。

纵向上平均坡角约为20°，苏家坡滑坡区内分布狮子岭、苏家坡两级缓坡平台，后缘还分布火石寺台地，各级平台间以相对较陡的斜坡相接，如图4-125所示，各平台特征见表4-87。

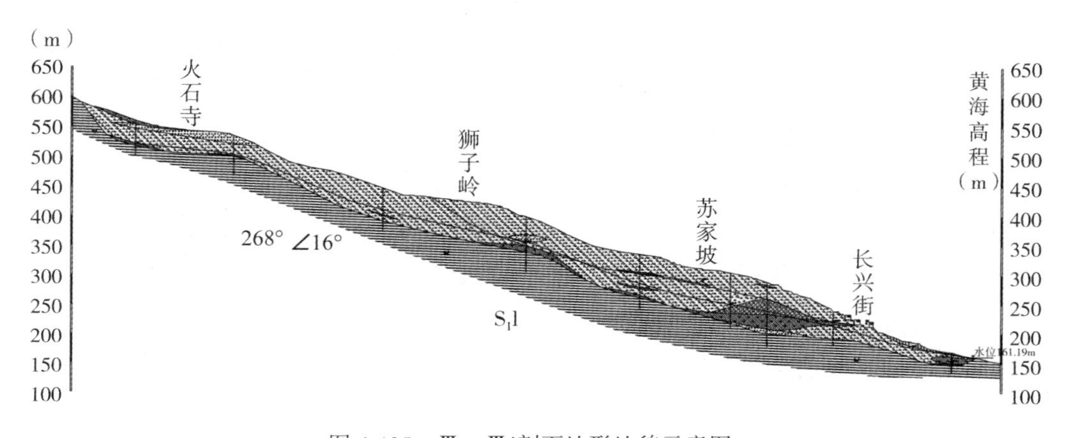

图4-125　Ⅲ—Ⅲ′剖面地形地貌示意图

表 4-87 Ⅲ—Ⅲ′剖面上三级台地特征统计

台地名称	纵向长(m)	横向宽(m)	分布高程(m)	相对高差(m)
苏家坡	190	150	340~315	25
狮子岭	150	140	440~420	20
火石寺	150	200	552~545	7

火石寺台地位于苏家坡滑坡后缘，平面上近椭圆形，中间高，四周低，纵长 150m、横向宽 200m、面积约 $3.0\times10^4m^2$，一般高程 552~545m，顶部最高点高程 584.6m。其南面为基岩陡壁，火石寺台地与陡壁之间地势稍低，呈沟槽状地貌，最低高程 550m。

狮子岭缓坡平台平面上近方形，纵长 150m、横向宽 140m，面积约 $2.10\times10^4m^2$。后沿高程约 440m，前沿高程 420m，平台外侧为坡角约 30°的斜坡。

苏家坡缓坡平台平面上呈长方形，纵长 190m、横向宽 150m、面积约 $2.75\times10^4m^2$。后沿高程约 340m，前沿高程 315m，平台外侧以坡角约 25°的斜坡与乌江相接。

从基岩面形态上看，与地表形态相对应，狮子岭一带为一明显基岩突起梁子，中间高、两侧低；至苏家坡中部 YJ39 孔一带基岩突起逐步放缓；至苏家坡前缘 YJ19 孔附近，基岩面则明显向西凹向羊角镇滑坡一侧，形成斜向西侧冲沟的基岩低洼地形。

2. 滑体物质组成及结构特征

苏家坡滑坡滑体厚度大，但物质成分较单一，80%的堆积物为灰岩碎块石土，只在 YJ39 孔以下斜坡见以页岩碎石土和含碎石粉质黏土。以位于苏家坡滑坡中前部的 YJ59 孔为例，该孔揭露的覆盖层厚度为 77.5m，其中上部 54.5m 为灰岩碎块石土，碎块石直径一般在 3~8cm，大者达到 20cm，呈棱角状—次棱角状，含量在 80%以上，土质含量少，黏性差，局部孔深段夹灰岩大块石透镜体；54.5~67.3m 为灰黄色页岩碎石土，结构较密实，稍湿，碎石含量约占 60%，成分以页岩为主，碎石直径一般在 3~5cm，多呈强风化状，偶夹灰岩碎石；67.3~73.0m 为灰黄—黄褐色碎块石土，碎块石含量约占 50%，成分以灰岩为主，混杂有少量的灰绿色粉砂质页岩砾石，粒径一般在 0.5~1.0cm，个别大者有 3cm，次棱角—次圆状，见挤压迹象；73.0~75.5m 为黄褐色黏土夹碎石，结构密实，碎石成分以灰岩为主，含量在 10%左右，直径 2~3cm，次棱角状，黏土土质较纯，可塑状；75.5~77.5m 段为灰色碎块石夹土，碎块石含量约占 85%，成分以灰岩为主，直径一般在 5~10cm，多呈棱角状—次棱角状，土质含量较少。

从该孔揭露的物质结构来看，滑体上部主要以灰岩崩塌堆积为主，下部混有页岩崩塌堆积透镜体。越靠近滑坡前缘，滑体物质结构越复杂；滑体下部黏土含量比上部高。

3. 滑带特征

苏家坡滑坡从后缘至前缘一线的4个钻孔YJ20、YJ39、YJ19和YJ40皆揭露了滑带。滑带共同特征为：

(1)滑带位于滑体内部不同岩性分界面附近，滑带上部一般为灰岩碎石土，下部一般为黏土含量较高、透水性较弱的含碎石粉质黏土层或页岩碎石土层。其中后缘YJ20孔滑带埋深最大，约52m；前缘YJ40孔埋深最浅，约18m；YJ39和YJ19揭露的滑带深度都在30m左右。

(2)滑带物质成分多以灰褐色或黄褐色含碎石及角砾的黏土为主，碎石和角砾含量不高，一般为15%左右，碎石粒径一般为1~3cm，呈次棱角—次圆状，成分以灰岩为主；角砾直径一般为0.2~0.5cm，成分以页岩为主。黏土较纯，呈可塑状。

(3)滑带土都可见清晰滑动面，擦痕明显；碎石表面光滑，磨圆度好。土体挤压现象明显，结构密实。

(4)滑带土含水量普遍比较高。

4.6.2.5 曹家湾滑坡地质特征

1. 形态特征

曹家湾滑坡由两期滑坡组成。曹家湾主滑坡西侧与苏家坡滑坡相接，东侧以大块田平台与秦家院子平台之间的阶梯状台坎为界，后缘边界位于田坪西侧垭口一带，高程550~580m；前缘剪出口高程200~250m，东高西低。滑坡在平面上呈一长形喇叭形，后缘东西宽180m，前缘东西宽720m，纵长1180m。面积$5.68\times10^5m^2$，平均厚度约30.1m，体积约$1.711\times10^7m^3$。

曹家湾次级滑坡位于曹家湾滑坡的中前部靠近苏家坡一侧。次级滑坡西侧边界与曹家湾滑坡西边界重合，东侧以秦家院子平台与曹家湾平台之间的阶梯状台坎为界，后缘高程约350m，前缘剪出口高程200~250m；横向平均宽340m，纵向长560m，面积$2.24\times10^5m^2$，平均厚度35.1m，体积$7.87\times10^6m^3$。

纵向上，滑坡总体呈上陡下缓的圈椅状地形，大致以蚂蟥田附近高程360m处为界，上部为坡角28°的斜坡，下部为曹家湾滑坡堆积平台，平均坡角8°。由于斜坡上部较陡，大部分坡积物已经滑走并堆积于下方缓坡平台，仅残留少量残余体，局部甚至滑床基岩已经出露，因此形成长条状内凹的弧形洼地，并在垭口附近形成地形“缺口”，地表、地下水易在此汇集和出露，逐步发育成3号冲沟。由于流水冲刷及后部二叠系灰岩陡崖的崩塌堆积，滑床被灰岩大块石、碎石覆盖，特征已不明显。

横向上，受基岩面形态控制，曹家湾滑坡沿西侧边界产生了次级滑移，原曹家湾滑坡堆积平台被错开并形成跌坎，形成了向西临空的秦家院子平台及曹家湾次一级滑坡负地形。

2. 滑体物质组成及结构特征

曹家湾滑坡滑体物质主要由灰岩碎块石土组成。在滑坡的底部、滑床基岩面的顶部，连续分布一层含碎石黏土层，厚度较均匀，约5m，碎石成分以页岩为主，表面较光滑，有挤压、磨圆迹象，土体结构密实。在滑体内部还夹数层含碎石粉质黏土、页岩碎石土透镜体。

3. 滑带特征

曹家湾滑坡滑带土特征较明显。YJ24和YJ62两个钻孔揭露了滑带，皆位于基岩面顶部的含碎石黏土层中，且主要位于黏土层的上部。

YJ62孔揭露的滑带土为灰黑色含砾粉质黏土，土呈硬可塑状，砾石直径一般为0.5~2.0cm，成分以灰岩为主，夹少量页岩，磨圆度较好，可见清晰镜面、擦痕。

YJ24孔揭露的滑带土为灰绿色土夹碎石，其中碎石成分为灰黑色灰岩及灰黄色页岩，粒径较小，灰岩碎石为2~4cm，页岩碎石为0.5~1.0cm，碎石表面较光滑，磨圆度较好，有被挤压的痕迹，土呈硬塑状。

4.6.2.6 秦家院子滑坡地质特征

1. 形态特征

秦家院子滑坡位于羊角滑坡群东部，后缘高程500~560m，前缘剪出口位于319国道上方，高程250~290m。前缘宽480m，后缘宽690m，平均宽600m，纵长约1000m，面积$6.56\times10^5m^2$，平均厚度约36.9m，体积$2.419\times10^7m^3$。

秦家院子滑坡区台阶状地貌明显，由上到下分布两级台地：第一级自吴基坪至宝上，高程415~480m，纵向长约270m，横向宽320m，相对高差65m；第二级位于刘家屋基—大块田，高程380~410m，纵向长约180m，横向宽310m，相对高差30m。田坪堆积平台位于秦家院子滑坡后缘斜坡的上部，与上述滑坡区内两级平台组成崩滑堆积区三级台阶状斜坡地貌。

顺坡向，从后缘到前缘的地貌主要表现为上下较陡、中间稍缓的台阶状地形。自后缘至吴基坪地形坡度较陡，平均坡角约24°；吴基坪和大块田两级平台坡度较缓，平均坡角约8°；两级平台间以28°的斜坡相接；大块田以下部分地形坡度较陡，平均坡角约25°(图4-126)。

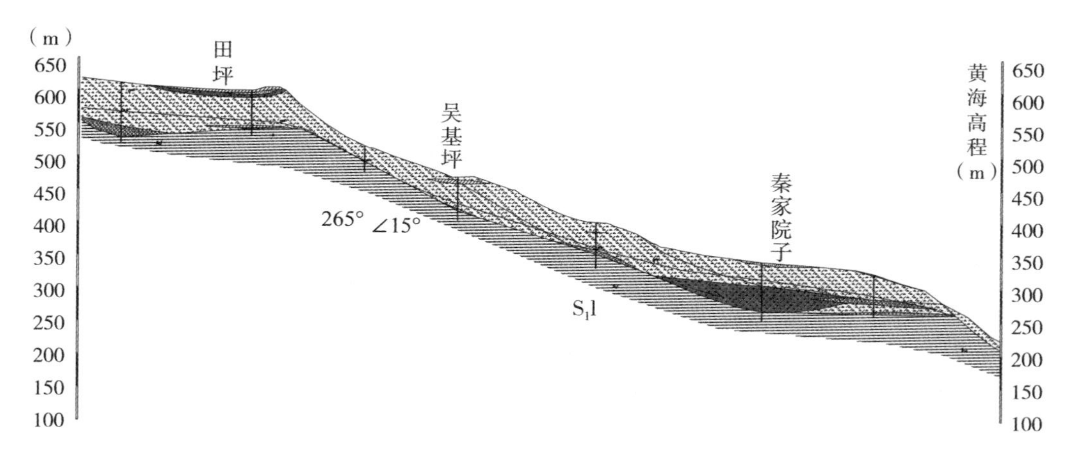

图4-126　秦家院子滑坡纵向地形地貌示意图

滑坡区存在大量经后期人工改造后的梯田，多分布于滑坡台地上。梯田坎为人工堆砌的堡坎，一般高0.5~3.0m。由于滑坡前缘高程约230m一带基岩出露，下伏基岩为不透水的页岩，致使滑坡前缘有部分泉点出露。在泉水长期侵蚀作用下，加上雨季短期地表汇水的冲刷，在前缘滑坡堆积体上形成多处凹槽，呈锯齿状地貌特征。

横向上，总体地势东高西低，东部地形较平缓，而向西则逐步转为多级陡缓相间的台阶状地形。

2. 滑体物质组成及结构特征

秦家院子滑坡的滑体物质组成比较单一，约90%由灰岩碎块石土夹灰岩大块石组成，仅在滑坡底部见薄层含碎石粉质黏土层，在滑坡中前部见含碎石粉质黏土、页岩碎石土透镜体。

以滑坡前部的YJ27孔为例，该孔孔深74.8m，揭露的覆盖层厚度71.2m。除了孔深15.5~28.4m段夹透镜状分布的黄褐色含碎块石粉质黏土层，57.2~61.1m段夹页岩碎石土以外，其余孔深段全部为灰褐色灰岩碎块石土，块石平均含量可达75%；局部孔深段夹灰岩大块石，含量可达90%，块径一般较大。

由此可以看出，秦家院子滑坡滑体物质主要以崩积成因的灰岩碎块石土为主；越靠近滑坡前缘，滑体物质结构越复杂；滑体下部黏土含量比上部高。

3. 滑带特征

据钻孔资料，秦家院子滑坡区仅有中前部YJ27和YJ28两个钻孔揭露了滑带，都分布在孔深大约60m处，厚度均很薄，0.5~0.8m。YJ27孔揭露的滑带物质为灰褐色页岩碎石土，碎石含量占30%~45%，碎石成分以青灰色页岩为主，粒径一般为3~5cm，表面较光滑，有挤压、磨圆痕迹；YJ28 孔揭露的滑带物质为黄褐色黏土夹碎石，碎石成分以灰岩为主，粒径一般为 2~3cm，碎块石表面较光滑，有挤压、磨圆迹象，黏土含水量明显高于上层，土体内部局部可见擦痕。

从滑带揭露的部位来看，滑带主要位于堆积层内部不同岩性物质分界面处：YJ27 孔揭露的滑带位于页岩碎石土与灰岩碎块石夹土的接触部位，YJ28 孔揭露的滑带位于灰岩碎石土层与黄褐色含碎石黏土层的接触部位。

从滑带的特征来看，秦家院子滑坡的滑移剪切特征没有羊角滑坡群其他滑坡明显，未见明显光面，只具有挤压摩擦特征，且分布较零散，规律性不强。

4.6.2.7 主要地质结论

(1)羊角滑坡是早期以崩滑堆积为主，后期在自重、降雨、河流侵蚀等内外因素作用下沿堆积层内部软弱带产生多层次、多期次滑移改造的巨型滑坡群。

(2)堆积区后缘圈椅状槽谷不是“滑坡陷落槽”，基本可以排除羊角滑坡群沿基岩弱面产生整体滑移拉裂的可能性。通过对钻孔揭露的基岩面形态、物质结构进行对比研究，认为后缘为“陷落槽”的可能性不大，火石寺后缘经云子山后缘至云子山西侧的原始基岩面可能为一古冲沟，大致沿羊角滑坡群西侧边界一直延伸到乌江边。

(3)根据地貌特征及堆积形态，羊角滑坡群在平面上可依次划分为羊角滩滑坡、羊角镇滑坡、苏家坡滑坡、曹家湾滑坡及秦家院子滑坡。

(4)根据地表调查及监测资料(详见第 4 章内容)，羊角滑坡群近期未出现大规模变形迹象，仅局部存在小规模的浅表变形，总体处于基本稳定—稳定状态。

(5)羊角滩滑坡、羊角镇滑坡、苏家坡滑坡前缘剪出口高程位于当前江水位附近，羊角镇主要街道和建筑物位于滑坡前缘堆积平台之上，水库蓄水后涉水滑坡前缘受到库水影响，应采取相应的工程处理措施予以防护。

(6)曹家湾滑坡、秦家院子滑坡前缘剪出口高程均远高于库水位，水库蓄水对其稳定性无直接影响。

4.6.3 失稳模式分析

4.6.3.1 滑坡变形特征分析

1. 监测点布置

羊角崩滑堆积区现阶段共布置了 25 个地表位移监测点，5 个深部位移监测孔，具体分布如图 4-127 所示。

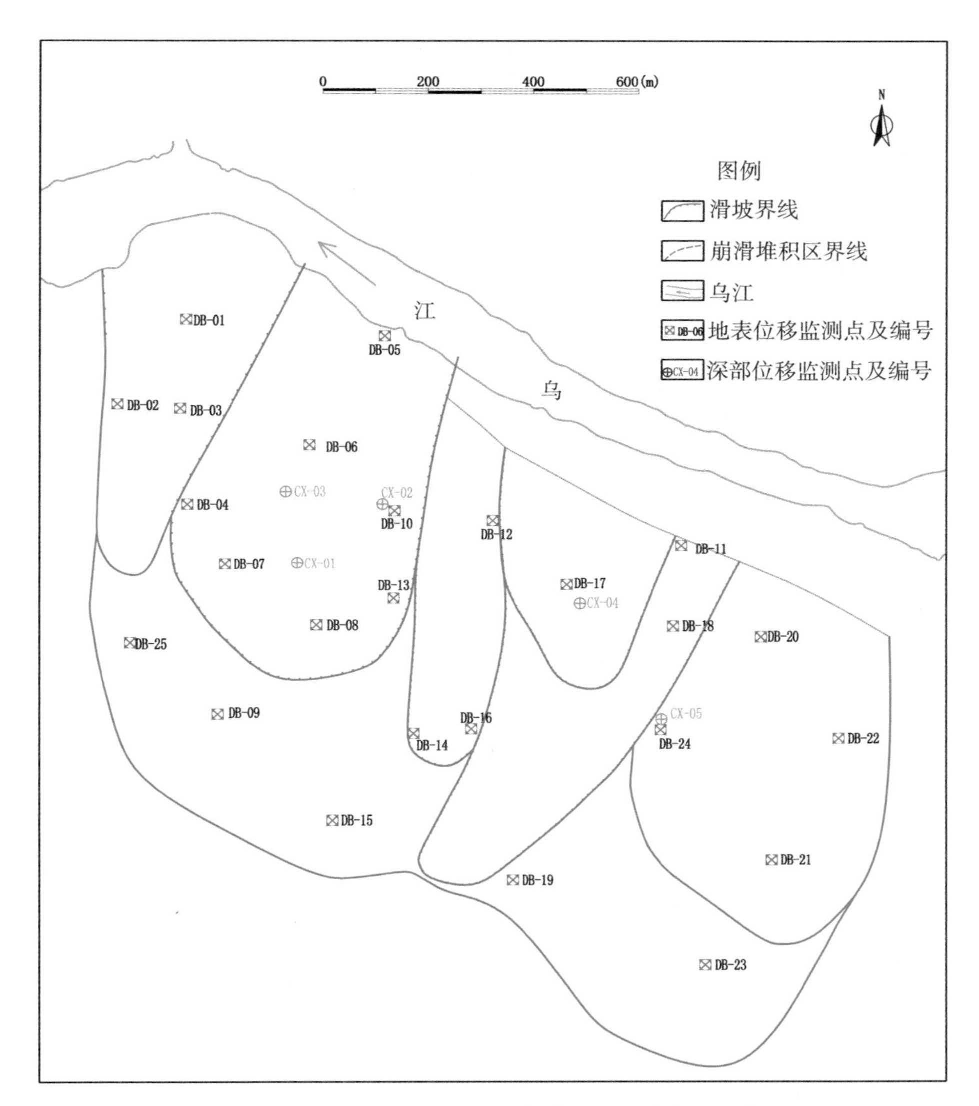

图4-127　羊角滑坡群地表及深部位移监测点布置示意图

2. 滑坡变形特征分析

滑坡的变形是受一定内、外因素共同作用的结果。不同滑坡、不同部位的物质组成与结构不同，受外在因素影响的响应特性也不同，具有明显的与内在地质条件和外在作用因素相适应的变形特点。

1)滑坡变形特征

根据滑坡变形监测，羊角滑坡群的变形主要呈现以下特征：

(1)主要以浅表蠕滑变形为主，无明显剪切滑移带，也未见明显深部位移，说明羊角滑坡群整体处于稳定状态。根据地表位移监测，滑坡群总体具有 X 轴方向(顺坡向)水平位移不断增大的趋势，最大累计位移 25.7mm，位于羊角镇滑坡后部，月平均位移速率约为 2.6mm，属于蠕变。

(2)地表变形受地形坡度影响。一般陡坡部位变形较大，如变形较大的 DB-07 位于羊角镇滑坡后部新房子一带、石英沟东侧的土梁之上，三面临空；DB-08 位于羊角镇滑坡后部团坝子一带，受云子山崩塌堆积影响，地势较陡；DB-24 位于秦家院子后部陡坡之上。

(3)地表变形受与地表物质分布有关。一般页岩碎石土分布区的测点的变形相对较大，如位于羊角镇滑坡中后部的 DB-07、DB-08 和 DB-10。

(4)地表变形还与地表水有关。地表水越丰富的部位，地表位移越明显。如位于秦家院子滑坡东侧田坎脚一带的 DB-22、位于羊角镇滑坡中后部靠近苏家坡一侧的 DB-13 附近，都有大片水田分布。

(5)观测初期变形不稳定，后期趋于平缓。由于受监测仪器施工扰动影响，观测初期变形量值出现跳跃，观测后期逐渐趋于收敛稳定。

2)滑坡变形因素分析

滑坡的物质组成、结构及其物理力学性质，是控制滑坡变形和稳定的内在条件，而边界条件改变、荷载变化、降雨、地下水和人类工程活动是引起滑坡变形的主要诱发因素。引起羊角滑坡群变形的主要条件和因素如下：

(1)羊角镇滑坡表层分布的页岩碎石土，由于富含黏土矿物，具有强度低、易风化的特点，风化成黏土后相对隔水，常构成滑体内部的软弱带，在水的作用下易产生表层蠕滑变形。

(2)由于在滑坡内部产生了次级滑移，在次级滑坡的后部形成了地形相对较陡的斜坡，再加上后缘源源不断的崩塌堆积加载作用，在卸荷及滑体自重作用下，易向临空面产生蠕滑变形。

(3)滑坡群由于次级滑移改造作用强烈，在坡面形成了多个地势较低的负地形洼地，地表水易于汇集，且多被改造为水田，在水的长期浸泡作用下，土体强度不断软化降低，易发生滑坡浅表蠕滑变形。

(4)大气降雨是引起滑坡表层蠕滑的主要原因之一。在羊角镇滑坡中后部，滑体上部为相对隔水的页岩碎石土，根据地下水长期观测，滑坡具有多个含水层，其中潜水层地下水位较低，受大气降雨影响较小，地下水位季节性变幅较小，水位较稳定；而滑坡上部存在上层滞水，受大气降雨影响大。因此，大气降雨在滑坡表层隔渗带内聚集，软化土体，降低了土体强度并产生孔隙水压力，易产生浅层蠕滑变形，而深部则基本不受降雨影响。

(5)人类工程活动加剧，改变了滑坡的边界条件及受力状态，也是引起滑坡变形的诱发因素。

综上所述，变形监测成果表明，羊角滑坡群主要在中后部产生了局部浅层蠕滑变形，而深部未见明显剪切位移，表明滑坡整体是稳定的，地表蠕滑变形是河谷岸坡浅表改造作用的结果。

4.6.3.2　稳定性现状宏观评价

根据监测成果，结合地表变形调查，分析认为羊角滑坡群未出现整体变形迹象，整体处于基本稳定—稳定状态，局部存在小规模的浅层滑移变形。

(1)羊角滩滑坡由于已经历较大规模的整体滑移，滑体物质已大部分进入乌江，目前的稳定状态较好，仅在石英沟与豆芽沟交汇处存在局部小规模的垮塌变形。

(2)羊角镇滑坡滑移以后，势能得以消散，总体也呈基本稳定状态。但由于该滑坡地表堆积物以后期云子山解体的页岩碎块石土为主，其结构松散，页岩块石风化成黏性土，其透水性差，且地表也被人类活动改造，以水田种植为主，受地表灌溉，长期饱水，因此局部陡坡段常形成浅层变形。勘察期间在羊角镇滑坡中部，由于修路时人为切坡揭穿了羊角镇滑坡浅层滑带，引发了浅层滑移变形，虽然规模均不大，但说明浅层变形改造仍然存在；石英沟两侧，因冲沟深切，已形成高陡的土质边坡，在水流掏蚀下，可能产生垮塌；后缘新房子—团坝子一带因地势较陡，存在局部滑移改造的可能。

(3)苏家坡滑坡、曹家湾滑坡以及秦家院子滑坡目前均处于基本稳定—稳定状态。其中，秦家院子滑坡两侧冲沟宽浅，不易淤塞，形成大规模泥石流的可能性也不大。由于滑坡前缘基岩出露，下伏基岩不透水，致使滑坡前缘有泉点出露，在泉水长期侵蚀作用下，加上雨季地表汇水的冲刷，前缘易产生小型滑坡、泥石流。

4.6.4　稳定性分析计算

4.6.4.1　计算条件

1. 边坡类别和级别划分

综合考虑羊角滑坡与水工建筑物、羊角镇、水库通航、319国道的相关关系后，根据《水电水利工程边坡设计规范》(DL/T 5353—2006)相关规定及上阶段中咨公司的咨询意见，研究确定该滑坡群(包括羊角滩滑坡、羊角镇滑坡、苏家坡滑坡、曹家湾滑坡、秦家院子滑坡)为Ⅱ级B类水库边坡。

2. 设计安全标准

根据《水电水利工程边坡设计规范》(DL/T 5353—2006)要求，结合本工程实际，参考类似工程经验，确定羊角滩滑坡、羊角镇滑坡、苏家坡滑坡、曹家湾滑坡、秦家院子滑坡设计安全系数标准如表4-88所示。

表4-88 设计安全系数

边坡类别与级别划分		持久状况	短暂状况	备注
羊角滩滑坡	Ⅱ级B类水库边坡	1.10	1.05	地震基本烈度为Ⅵ度，不考虑地震作用
羊角镇滑坡				
苏家坡滑坡				
曹家湾滑坡				
秦家院子滑坡				

3. 物理力学参数取值

1)滑带土

结合土工实验样点选择、现场大剪实验及室内实验成果，综合考虑滑带土分布特征、颗粒组成、物理性质以及地下水、反演分析结果、地质建议值等，确定羊角各滑坡滑带土有效应力抗剪强度综合参数取值见表4-89。

表4-89 滑带土物理力学参数

名称		γ(kN/m³)		饱和有效应力抗剪强度参数	
		天然	饱和	c(kPa)	ϕ(°)
羊角滩滑坡	主滑带	21.2	23.3	22.0	17.0
羊角镇滑坡	主滑带	21.2	23.3	22.0	17.0
	次滑带			24.0	15.0
苏家坡滑坡	主滑带	21.4	23.6	20.0	20.5
	次滑带			21.7	18.8
曹家湾滑坡	370m以下滑带	21.4	23.6	24.0	15.0
	370m以上滑带			21.7	18.8
秦家院子滑坡	滑带	21.4	23.6	21.7	18.8

2)滑体土

滑体物质组成以碎块石土为主，含砾粉质黏土、粉土夹粉砂为辅。根据室内物理力学实验成果，滑体土物理力学参数取值见表4-90。

表4-90 滑体土物理力学参数

名称	类型	变形模量(GPa)	泊松比 μ	容重		有效应力抗剪强度参数	
				天然(kN/m^3)	饱和(kN/m^3)	c(kPa)	ϕ(°)
滑体土	含砾粉质黏土	0.4	0.34	20.5	21.0	21.5/25.5	17.9/19.5
	页岩碎块石土	0.6	0.32	21.4	23.2	21.5/26.5	21.5/23.2
	灰岩碎块石土	0.8	0.32	21.6	23.6	21.5/26.5	23.4/25.4
	粉土夹粉砂	0.2	0.31	16.8	19.3	10.3/10.3	29.2/29.2
	粉质黏土夹砂卵砾石	0.8	0.32	19.9	20.2	24.3/26.5	24.8/26.0

注：表中斜线“/”上面数值为饱和状态强度参数，斜线“/”下面数值为天然状态强度参数。

3)滑床岩体

滑床岩体主要为粉砂质页岩和页岩。强风化层岩体较破碎，厚度一般为2~7m，其下中等风化岩体较完整，裂隙中等发育，裂面多附氧化铁渲染。对中风化的页岩进行了原位剪切实验和室内物理力学实验。根据实验成果，滑床岩体物理力学参数取值见表4-91。

表4-91 滑床岩体物理力学参数

名称	类型	单轴极限抗压强度(MPa)	变形模量(GPa)	泊松比 μ	容重		有效应力抗剪强度参数	
					天然(kN/m^3)	饱和(kN/m^3)	c(kPa)	ϕ(°)
滑床基岩	强风化	8.5	1.3	0.31	24.5	25.6	696	30.0
	中风化	16.5	4.4	0.28	25.8	26.5	2320	40.7

4. 计算方法

依据《水电水利工程边坡设计规范》(DL/T 5353—2006)规定，结合羊角滑坡结构类型、可能的失稳模式，选取典型剖面，采用刚体极限平衡法(基于严格条分的摩根斯坦-普莱斯法、不平衡推力传递隐式法)，综合评价各滑坡体变形与抗滑稳定安全性。

5. 作用及荷载组合

1)涉水滑坡

在荷载组合中除按规范要求考虑常规组合外，还从偏安全的角度考虑了校核洪水位降落至正常蓄水位状态、设计洪水位降落至死水位状态、三峡回水降落至天然水位状态三种非常降落工况。另外，针对暴雨(久雨)工况，参考类似工程经验，采用正常运行期坡外184.0m正常蓄水位与暴雨(久雨)组合。

全部计算荷载组合具体为：①白马建坝前考虑天然状态(不受三峡回水影响)以及三峡回水状态(受三峡回水影响)；②白马建坝后正常运行条件下，考虑坡外正常蓄水位状态和设计洪水位状态；③建坝后短暂运用条件下，分别考虑坡外校核洪水位状态、校核洪水位降落至正常蓄水位状态、设计洪水位降落至死水位状态、暴雨(久雨)状态；④白马施工期，考虑三峡回水降落至天然水位状态。

计算荷载组合详见表4-92。

表4-92　计算荷载组合

滑坡状态	工　况	荷载组合	安全标准	备　注
天然状态	天然工况①	自重+坡外天然水位160m+地下水位	—	
三峡回水	天然工况②	自重+坡外三峡回水位174.19m+地下水位	—	
白马建坝后	持久工况①	自重+坡外正常蓄水位184m+地下水位	1.10	正常蓄水位工况
	持久工况②	自重+坡外设计洪水位194.36m+地下水位	1.10	设计洪水位工况
白马建坝后	短暂工况①	自重+坡外校核洪水位201.93m+地下水位	1.05	校核洪水位工况
	短暂工况②	自重+坡外校核洪水位201.93m降落至正常蓄水位184m+地下水位	1.05	水位降落工况
	短暂工况③	自重+坡外设计洪水位194.36m降落至死水位180m+地下水位	1.05	水位降落工况
	短暂工况④	自重+坡外正常水位184m+天然地下水位抬升5m	1.05	暴雨(久雨)工况
施工期	短暂工况⑤	自重+三峡回水174.19m降落至天然水位160m+地下水位	1.05	水位降落工况

2)非涉水滑坡

曹家湾滑坡、秦家院子滑坡前缘剪出口高程 230~250m，基岩出露，剪出口高程远高于目前 160m 江水位、三峡回水 174.19m，未来也不受白马建坝后库水影响。荷载组合较为简单。根据规范要求，考虑自重+坡外无水+实测天然地下水位、自重+坡外无水+实测天然地下水位抬升 5m(暴雨、久雨)两种荷载组合。计算荷载组合详见表 4-93。

表 4-93　计算荷载组合

滑坡状态	工　况	荷载组合	安全标准	备 注
持久工况	天然工况	自重+坡外无水+实测天然地下水位	1.10	天然地下水位
暴雨(久雨)状态	短暂工况	自重+坡外无水+实测天然地下水位抬升 5m	1.05	暂态高水位

4.6.4.2　羊角滩滑坡稳定性分析

1. 破坏模式

羊角滩滑体物质成分以页岩碎块石土为主，前缘、中部揭示出滑带，其破坏模式应以滑动为主，具体表现为前缘、中部、后缘、整体滑动破坏。羊角滩滑坡破坏模式及计算简图见图 4-128 所示。

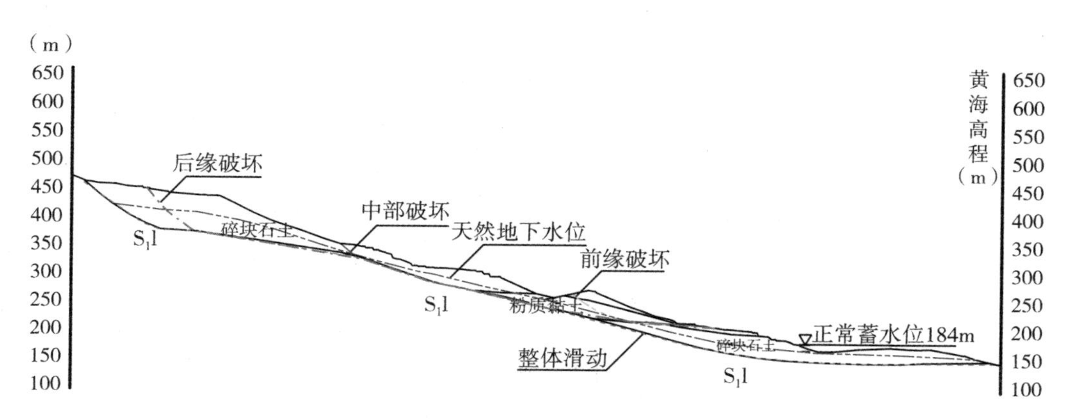

图 4-128　羊角滩滑坡破坏模式及计算简图(Ⅰ—Ⅰ′剖面)

2. 稳定性计算分析

针对羊角滑坡破坏模式，采用基于严格条分法的摩根斯坦-普莱斯法(M-P 法)和不平衡推力传递隐式法(推力法)，选取Ⅰ—Ⅰ′面进行二维刚体极限平衡分析，计算成果见表4-94~表4-95。

表 4-94　Ⅰ—Ⅰ′剖面计算成果(M-P 法)

工况组合			计算稳定系数				安全标准
			整体滑动	前缘破坏	中部破坏	后缘破坏	
天然工况	①	天然水位 160m	1.386	1.262	1.389	1.269	—
	②	三峡回水 174.19m	1.364	1.253	1.388	1.268	
持久工况	①	正常水位 184m	1.354	1.242	1.384	1.265	1.10
	②	设计洪水位 194.36m	1.364	1.231	1.382	1.265	
短暂工况	①	校核洪水位 201.93m	1.372	1.223	1.384	1.261	1.05
	②	校核洪水位 201.93m 降落至正常蓄水位 184m	1.327	1.217	1.379	1.245	
	③	设计洪水位 194.36m 降落至死水位 180m	1.324	1.231	1.385	1.252	
	④	暴雨(久雨)	1.279	1.167	1.281	1.184	
	⑤	施工期三峡回水 174.19m 降落至 160m	1.188	1.262	1.396	1.256	

表 4-95　Ⅰ—Ⅰ′剖面计算成果(推力法)

工况组合			计算稳定系数				安全标准
			整体滑动	前缘破坏	中部破坏	后缘破坏	
天然工况	①	天然水位 160m	1.419	1.263	1.404	1.309	—
	②	三峡回水 174.19m	1.397	1.254	1.403	1.307	
持久工况	①	正常水位 184m	1.387	1.245	1.406	1.307	1.10
	②	设计洪水位 194.36m	1.397	1.233	1.398	1.302	
短暂工况	①	校核洪水位 201.93m	1.406	1.224	1.397	1.302	1.05
	②	校核洪水位 201.93m 降落至正常蓄水位 184m	1.358	1.218	1.393	1.279	
	③	设计洪水位 194.36m 降落至死水位 180m	1.368	1.233	1.398	1.302	
	④	暴雨(久雨)	1.309	1.169	1.287	1.219	
	⑤	施工期三峡回水 174.19m 降落至 160m	1.227	1.262	1.403	1.307	

由稳定性计算成果(表4-94~表4-95)可以看出：Ⅰ—Ⅰ′剖面前缘局部、中部、后缘局部以及整体稳定安全系数在各工况下均满足规范要求，说明羊角滩滑坡稳定性较好。

4.6.4.3　羊角镇滑坡稳定性分析

1. 破坏模式

羊角镇滑坡为典型的堆积层滑坡，早期以崩塌堆积为主，后期在自重、风化及乌江下切等内外因素下，沿堆积体内部软弱带产生了滑移变形。钻孔揭露的滑动面(主滑带、次滑带)明显，其可能的破坏模式应为沿主滑带、次滑带或内部软弱层面的组合滑动破坏形式。羊角镇滑坡破坏模式及计算简图见图4-129、图4-130。

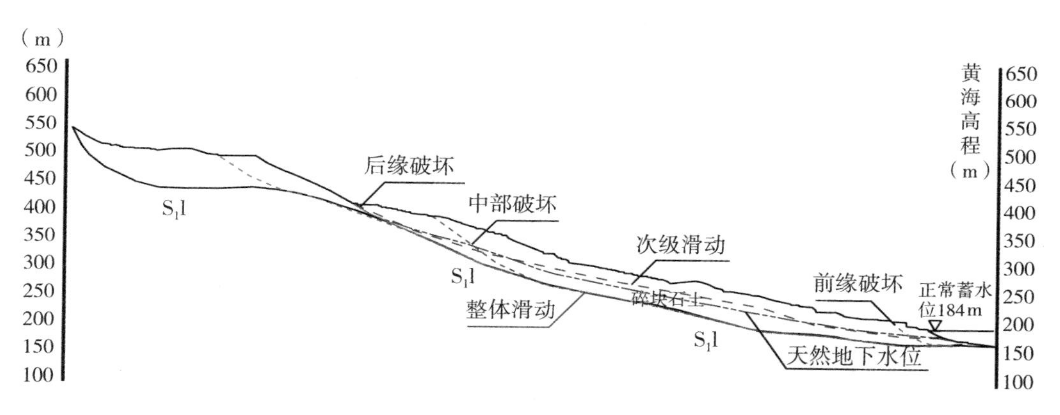

图4-129　羊角镇滑坡破坏模式及计算简图(Ⅱ—Ⅱ′剖面)

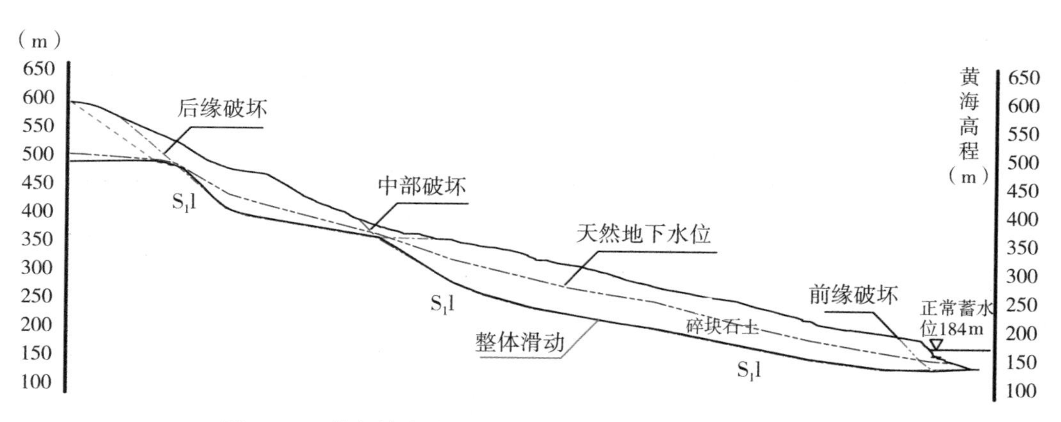

图4-130　羊角镇滑坡破坏模式及计算简图(Ⅷ—Ⅷ′剖面)

2. 稳定性计算分析

羊角镇滑坡稳定性计算选取Ⅱ—Ⅱ′、Ⅷ—Ⅷ′地质剖面作为典型剖面，计算简图分别见图4-130、图4-131。Ⅱ—Ⅱ′剖面计算成果见表4-96、表4-97。Ⅷ—Ⅷ′剖面计算成果见表4-98、表4-99。

表4-96　Ⅱ—Ⅱ′剖面计算成果(M-P法)

工况组合			计算稳定系数					安全标准
			整体滑动	次级滑动	前缘破坏	中部破坏	后缘破坏	
天然工况	①	天然水位160m	1.232	1.253	1.137	1.226	1.099	—
	②	三峡回水174.19m	1.233	1.239	1.128	1.228	1.115	
持久工况	①	正常水位184m	1.234	1.232	1.119	1.229	1.100	1.10
	②	设计洪水位194.36m	1.232	1.220	1.108	1.203	1.112	
短暂工况	①	校核洪水位201.93m	1.238	1.222	1.101	1.216	1.086	1.05
	②	校核洪水位201.93m降落至正常蓄水位184m	1.205	1.180	0.976	1.188	1.052	
	③	设计洪水位194.36m降落至死水位180m	1.213	1.197	1.004	1.179	1.092	
	④	暴雨(久雨)	1.173	1.181	1.069	1.152	1.056	
	⑤	施工期三峡回水174.19m降落至160m	1.224	1.237	1.005	1.198	1.106	

表4-97　Ⅱ—Ⅱ′剖面计算成果(推力法)

工况组合			计算稳定系数					安全标准
			整体滑动	次级滑动	前缘破坏	中部破坏	后缘破坏	
天然工况	①	天然水位160m	1.261	1.259	1.139	1.227	1.107	—
	②	三峡回水174.19m	1.262	1.245	1.130	1.264	1.123	
持久工况	①	正常水位184m	1.263	1.237	1.121	1.265	1.108	1.10
	②	设计洪水位194.36m	1.264	1.225	1.110	1.259	1.120	

续表

工况组合			计算稳定系数					安全标准
			整体滑动	次级滑动	前缘破坏	中部破坏	后缘破坏	
短暂工况	①	校核洪水位201.93m	1.267	1.228	1.103	1.233	1.095	1.05
	②	校核洪水位201.93m降落至正常蓄水位184m	1.237	1.184	1.000	1.202	1.060	
	③	设计洪水位194.36m降落至死水位180m	1.243	1.201	1.030	1.213	1.099	
	④	暴雨(久雨)	1.199	1.185	1.070	1.165	1.064	
	⑤	施工期三峡回水174.19m降落至160m	1.254	1.243	1.006	1.250	1.114	

表4-98 Ⅷ—Ⅷ′剖面计算成果(M-P法)

工况组合			计算稳定系数				安全标准
			整体滑动	后缘破坏	中部破坏	前缘破坏	
天然工况	①	天然水位160m	1.104	1.097	1.149	1.097	—
	②	三峡回水174.19m	1.107	1.097	1.154	1.079	
持久工况	①	正常水位184m	1.108	1.097	1.155	1.066	1.10
	②	设计洪水位194.36m	1.109	1.097	1.158	1.058	
短暂工况	①	校核洪水位201.93m	1.110	1.097	1.160	1.049	1.05
	②	校核洪水位201.93m降落至正常蓄水位184m	1.087	1.097	1.124	0.804	
	③	设计洪水位194.36m降落至死水位180m	1.096	1.097	1.137	0.951	
	④	暴雨(久雨)	1.063	1.040	1.110	1.044	
	⑤	施工期三峡回水174.19m骤降至160m	1.099	1.097	1.141	0.996	

表 4-99 Ⅷ—Ⅷ′剖面计算成果(推力法)

工况组合			计算稳定系数				安全标准
			整体滑动	后缘破坏	中部破坏	前缘破坏	
天然工况	①	天然水位 160m	1.145	1.149	1.163	1.098	—
	②	三峡回水 174.19m	1.149	1.149	1.170	1.080	
持久工况	①	正常水位 184m	1.150	1.148	1.171	1.069	1.10
	②	设计洪水位 194.36m	1.152	1.149	1.173	1.060	
短暂工况	①	校核洪水位 201.93m	1.153	1.149	1.176	1.053	1.05
	②	校核洪水位 201.93m 降落至正常蓄水位 184m	1.127	1.149	1.139	0.807	
	③	设计洪水位 194.36m 降落至死水位 180m	1.137	1.149	1.151	0.954	
	④	暴雨(久雨)	1.104	1.096	1.124	1.046	
	⑤	施工期三峡回水 174.19m 骤降至 160m	1.140	1.149	1.156	1.002	

综合羊角镇滑坡 2 个典型剖面的成果(表 4-96~表 4-99)可以看出:

(1)天然情况:羊角镇滑坡在乌江天然水位 160m、三峡回水 174.19m 工况下,整体、后缘、中部、前缘各滑动破坏模式的安全系数为 1.08~1.26,处于稳定—基本稳定状态。与地质勘测作出的“未出现整体变形迹象,目前处于基本稳定—稳定状态”的宏观判断基本一致。

(2)持久设计工况:羊角镇滑坡在正常蓄水位 184m、设计洪水位 194.36m 及其与死水位之间的经常性水位下,整体、后缘、中部、前缘各滑动破坏模式的安全系数均大于 1.10,满足规范要求。

(3)短暂设计工况:水位降落工况下,羊角镇滑坡前缘局部处于不稳定—临界稳定状态,抗滑稳定难以满足规范要求。

4.6.4.4 苏家坡滑坡稳定性分析

1. 破坏模式

苏家坡滑坡可能的破坏模式应为沿主滑带、次滑带或内部软弱层面的组合滑动破坏,具体表现为前缘局部破坏、次级滑动、后缘滑动以及整体滑动等形式。计算典型剖面为Ⅲ—Ⅲ′剖面,其破坏模式及计算简图见图 4-131 所示。

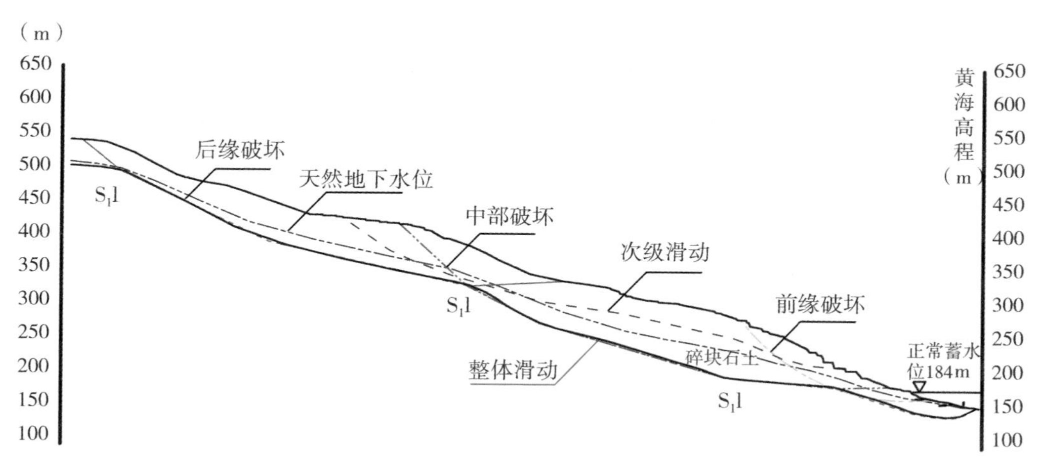

图 4-131　苏家坡滑坡破坏模式及计算简图(Ⅲ—Ⅲ′剖面)

2. 稳定性计算分析

苏家坡滑坡稳定性计算选取Ⅲ—Ⅲ′地质剖面作为典型剖面。计算成果见表 4-100、表 4-101。

表 4-100　Ⅲ—Ⅲ′剖面计算成果(M-P 法)

工况组合			计算稳定系数					安全标准
			整体滑动	次级滑动	后缘破坏	中部破坏	前缘破坏	
天然工况	①	天然水位 160m	1.178	1.255	1.360	1.166	1.107	—
	②	三峡回水 174.19m	1.184	1.254	1.360	1.166	1.102	
持久工况	①	正常水位 184m	1.187	1.254	1.360	1.166	1.096	1.10
	②	设计洪水位 194.36m	1.192	1.254	1.360	1.165	1.087	
短暂工况	①	校核洪水位 201.93m	1.196	1.254	1.360	1.163	1.078	1.05
	②	校核洪水位 201.93m 降落至正常蓄水位 184m	1.178	1.254	1.360	1.160	1.029	
	③	设计洪水位 194.36m 降落至死水位 180m	1.181	1.254	1.360	1.164	1.041	
	④	暴雨(久雨)	1.136	1.229	1.297	1.120	1.036	
	⑤	施工期三峡回水 174.19m 降落至 160m	1.175	1.254	1.360	1.166	1.076	

表 4-101　Ⅲ—Ⅲ′剖面计算成果(推力法)

<table>
<tr><th colspan="3" rowspan="2">工况组合</th><th colspan="5">计算稳定系数</th><th rowspan="2">安全标准</th></tr>
<tr><th>整体滑动</th><th>次级滑动</th><th>后缘破坏</th><th>中部破坏</th><th>前缘破坏</th></tr>
<tr><td rowspan="2">天然工况</td><td>①</td><td>天然水位 160m</td><td>1.185</td><td>1.263</td><td>1.376</td><td>1.179</td><td>1.109</td><td rowspan="2">—</td></tr>
<tr><td>②</td><td>三峡回水 174.19m</td><td>1.193</td><td>1.263</td><td>1.376</td><td>1.179</td><td>1.103</td></tr>
<tr><td rowspan="2">持久工况</td><td>①</td><td>正常水位 184m</td><td>1.196</td><td>1.263</td><td>1.376</td><td>1.179</td><td>1.097</td><td rowspan="2">1.10</td></tr>
<tr><td>②</td><td>设计洪水位 194.36m</td><td>1.201</td><td>1.263</td><td>1.376</td><td>1.177</td><td>1.089</td></tr>
<tr><td rowspan="5">短暂工况</td><td>①</td><td>校核洪水位 201.93m</td><td>1.205</td><td>1.263</td><td>1.376</td><td>1.176</td><td>1.079</td><td rowspan="5">1.05</td></tr>
<tr><td>②</td><td>校核洪水位 201.93m 降落正常蓄水位 184m</td><td>1.186</td><td>1.263</td><td>1.376</td><td>1.171</td><td>1.027</td></tr>
<tr><td>③</td><td>设计洪水位 194.36m 降落至死水位 180m</td><td>1.189</td><td>1.263</td><td>1.376</td><td>1.177</td><td>1.047</td></tr>
<tr><td>④</td><td>暴雨(久雨)</td><td>1.145</td><td>1.238</td><td>1.313</td><td>1.132</td><td>1.036</td></tr>
<tr><td>⑤</td><td>施工期三峡回水 174.19m 降落至 160m</td><td>1.182</td><td>1.263</td><td>1.376</td><td>1.179</td><td>1.078</td></tr>
</table>

由表 4-100、表 4-101 的计算成果可以看出：

(1)天然情况：苏家坡滑坡在乌江天然水位 160m、三峡回水 174.19m 工况下，整体及局部稳定性较好。整体、次级、后缘、中部、前缘各滑动破坏模式的稳定安全系数均大于等于 1.10。

(2)持久设计工况：在正常蓄水位 184m、设计洪水位 194.36m 及其与死水位之间的经常性水位下，苏家坡滑坡整体、次级、后缘、中部滑动破坏模式的安全系数均大于 1.10，前缘局部稳定安全系数略小，为 1.087~1.096，基本满足规范要求。

(3)短暂设计工况：水位降落工况(校核洪水位 194.36m 降落至正常蓄水位 184.0m)及暴雨(久雨)工况下，苏家坡滑坡前缘局部处于临界稳定状态，安全系数为 1.027~1.036，抗滑稳定难以满足规范要求。

其余短暂设计工况，苏家坡滑坡各破坏模式稳定系数均能满足规范要求。

4.6.4.5　曹家湾滑坡稳定性分析

1. 破坏模式

曹家湾滑坡可能的破坏模式应为沿前缘局部、低高程滑动、高高程滑动以及后缘局部

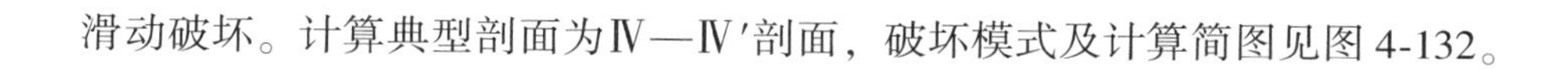

滑动破坏。计算典型剖面为Ⅳ—Ⅳ′剖面，破坏模式及计算简图见图4-132。

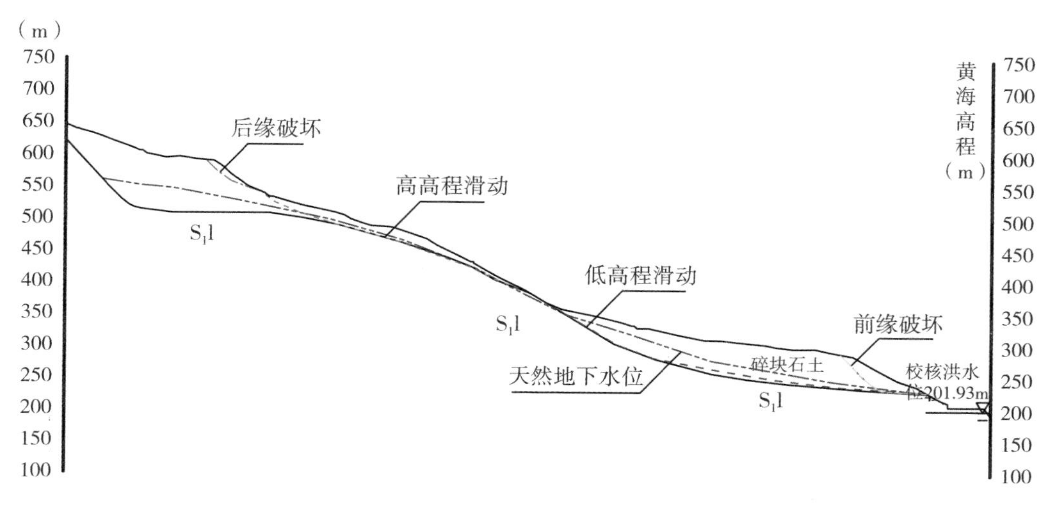

图4-132 曹家湾滑坡破坏模式及计算简图(Ⅳ—Ⅳ′剖面)

2. 稳定性计算分析

曹家湾滑坡稳定性计算选取Ⅳ—Ⅳ′地质剖面作为典型剖面。计算成果见表4-102、表4-103。

表4-102 Ⅳ—Ⅳ′剖面计算成果(M-P法)

工况组合		计算稳定系数				安全标准
		前缘局部	低高程滑动	高高程滑动	后缘局部	
持久工况	天然地下水位	1.127	1.313	1.142	1.101	1.10
短暂工况	暴雨(久雨)	1.065	1.242	1.055	1.101	1.05

表4-103 Ⅳ—Ⅳ′剖面计算成果(推力法)

工况组合		计算稳定系数				安全标准
		前缘局部	低高程滑动	高高程滑动	后缘局部	
持久工况	天然地下水位	1.168	1.333	1.143	1.118	1.10
短暂工况	暴雨(久雨)	1.107	1.262	1.056	1.118	1.05

由表4-102、表4-103的计算成果可以看出：Ⅳ—Ⅳ′剖面前缘局部、低高程整体、高高程整体及后缘局部稳定安全系数均满足规范要求，说明曹家湾滑坡稳定性较好。

4.6.4.6 秦家院子滑坡稳定性分析

1. 破坏模式

秦家院子滑坡抗滑稳定性计算选取Ⅵ—Ⅵ′、Ⅶ—Ⅶ′剖面作为代表性剖面。可能的破坏模式应为前缘局部、中部、低高程滑动、高高程滑动以及后缘局部滑动破坏。破坏模式及计算简图见图4-133、图4-134。

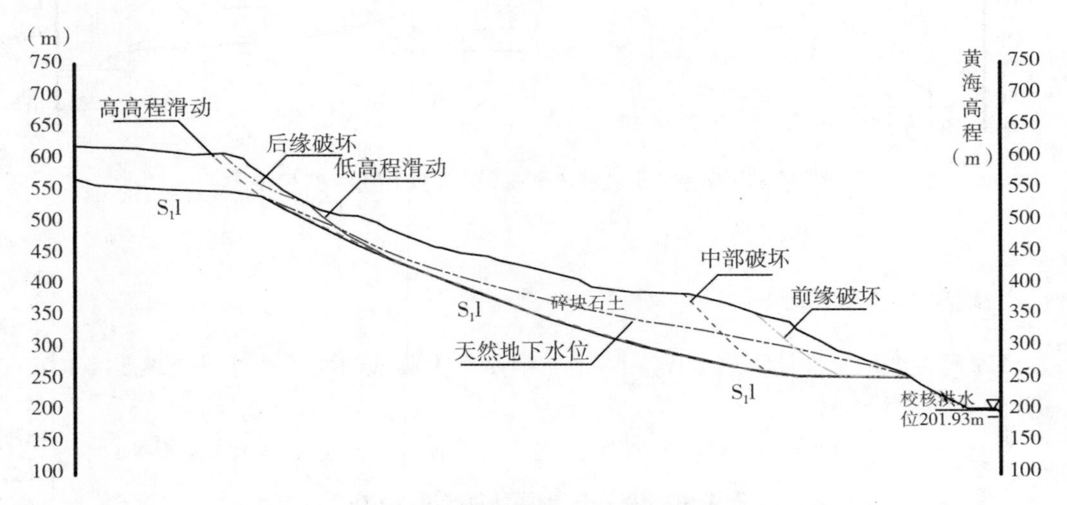

图4-133 秦家院子滑坡破坏模式及计算简图(Ⅵ—Ⅵ′剖面)

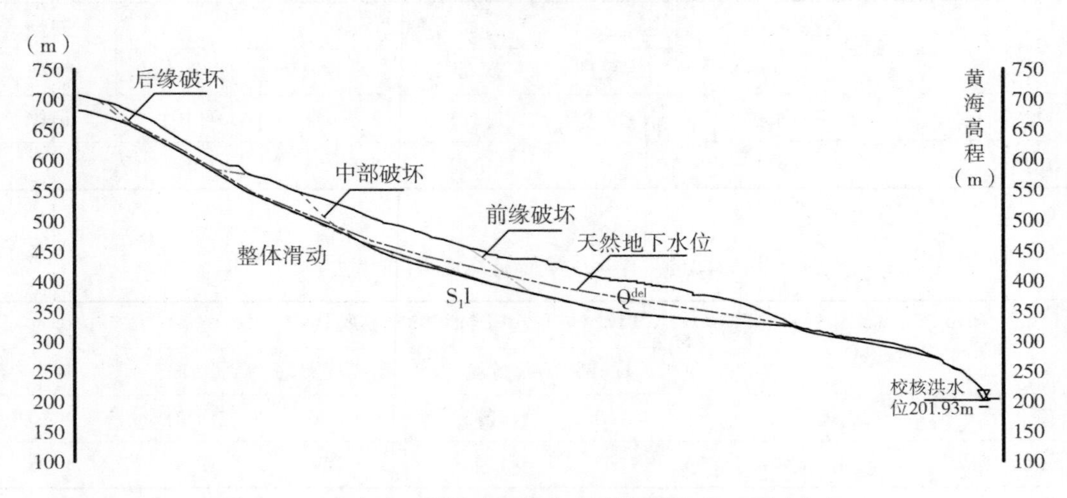

图4-134 秦家院子滑坡破坏模式及计算简图(Ⅶ—Ⅶ′剖面)

2. 稳定性计算分析

针对秦家院子滑坡破坏模式，采用基于严格条分法的摩根斯坦-普莱斯法(M-P 法)和不平衡推力传递隐式法(推力法)，选取Ⅵ—Ⅵ′、Ⅶ—Ⅶ′典型剖面进行二维刚体极限平衡分析，计算成果见表 4-104～表 4-107。

表 4-104　Ⅵ—Ⅵ′剖面计算成果(M-P 法)

工况组合		计算稳定系数					安全标准
		前缘局部	中部	低高程滑动	高高程滑动	后缘局部	
持久工况	天然地下水位	1. 115	1. 137	1. 140	1. 102	1. 078	1. 10
短暂工况	暴雨(久雨)	1. 082	1. 095	1. 096	1. 057	1. 078	1. 05

表 4-105　Ⅵ—Ⅵ′剖面计算成果(推力法)

工况组合		计算稳定系数					安全标准
		前缘局部	中部	低高程滑动	高高程滑动	后缘局部	
持久工况	天然地下水位	1. 156	1. 184	1. 142	1. 103	1. 082	1. 10
短暂工况	暴雨(久雨)	1. 121	1. 141	1. 098	1. 058	1. 082	1. 05

表 4-106　Ⅶ—Ⅶ′剖面计算成果(M-P 法)

工况组合		计算稳定系数				安全标准
		前缘局部	中部	整体	后缘局部	
持久工况	天然地下水位	1. 542	1. 233	1. 237	1. 117	1. 10
短暂工况	暴雨(久雨)	1. 465	1. 168	1. 156	1. 092	1. 05

表 4-107　Ⅶ—Ⅶ′剖面计算成果(推力法)

工况组合		计算稳定系数				安全标准
		前缘局部	中部	整体	后缘局部	
持久工况	天然地下水位	1. 588	1. 249	1. 241	1. 120	1. 10
短暂工况	暴雨(久雨)	1. 508	1. 183	1. 157	1. 099	1. 05

由表 4-104～表 4-107 的计算成果可以看出：

(1)Ⅵ—Ⅵ′剖面前缘局部、中部、低高程滑动、高高程滑动稳定安全系数均满足规范要求，后缘局部稳定安全系数略偏低。

(2)Ⅶ—Ⅶ′剖面前缘局部、中部、整体、后缘局部稳定安全系数均满足规范要求。

4.6.4.7 滑坡稳定性分析结论

(1)羊角滑坡群目前整体处于基本稳定—稳定状态。根据地质宏观判断及监测资料，结合稳定性计算成果，分析认为，羊角滑坡群未出现整体变形迹象，目前处于基本稳定—稳定状态。

(2)库水变化对涉水滑坡整体稳定性影响较小。计算表明，白马电航枢纽建成蓄水后，库水变化对涉水滑坡(羊角滩滑坡、羊角镇滑坡、苏家坡滑坡)的整体稳定性影响较小，各工况均满足规范要求。

(3)库水变化对涉水滑坡前缘局部稳定影响明显，影响范围包括319国道及羊角镇。在水位降落及暴雨(久雨)工况下，羊角镇滑坡、苏家坡滑坡前缘局部处于不稳定—临界稳定状态，稳定系数难以满足规范要求。

(4)涉水滑坡失稳模式主要表现为前缘局部滑动破坏，进而可能牵动319国道内侧大范围破坏。因此，前缘局部的治理加固至关重要。

(5)各工况下，曹家湾滑坡、秦家院子滑坡整体稳定性与局部稳定性较好，满足规范要求。

(6)计算表明，涉水滑坡羊角镇滑坡、苏家坡滑坡危险程度最高，前缘破坏的可能性最大。因此，应重点针对涉水滑坡进行治理设计。

4.6.5 治理设计方案

4.6.5.1 治理方案选取

1. 治理方案选取原则

根据地质宏观判断、监测资料以及稳定计算成果，羊角滩滑坡、羊角镇滑坡、苏家坡滑坡整体稳定，受江水(库水)影响的前缘局部(纵向200~300m范围)稳定性不够，需要治理；曹家湾滑坡与秦家院子滑坡整体稳定及局部稳定性基本满足设计要求，可以维持现状并适当改善排水条件。曹家湾—秦家院子一线前缘库岸受江水(库水)影响，应进行库岸防护。

综合各因素，羊角滑坡群总体治理设计采取如下原则：

(1)以防为主。防止滑坡区的环境和条件进一步恶化，使滑坡所处现状能得到维持并有所改善。

(2)有针对性治理。抓住重点和关键地段(主要是涉水滑坡前缘局部),有针对性地及早采取可行有效的措施进行防治。

(3)减少干扰。防治方案尽可能避免对滑坡区的自然环境、当地居民生产和生活条件造成干扰和破坏,尽量不占用或少占用林地、耕地、居民用地。

(4)简单易行。采取的防治措施要因地制宜,就地取材,简单易行,技术可靠。

2. 治理方案选取

在考虑总体治理设计原则的前提下,对羊角滑坡群防治可能采用的方案进行了初步筛选。

1)削坡减载

削坡减载可有效降低滑坡体下滑力,提高滑坡的稳定性,是一般滑坡整治常用而有效的措施。但是羊角镇滑坡及苏家坡滑坡前缘局部(距离剪出口200~300m)在水位降落工况、暴雨工况下稳定性不足,难以满足规范要求,而中部、后部、整体破坏模式计算安全系数均满足规范要求。显然,在滑坡中、后部削坡减载无助于前缘局部稳定系数的提高,只能增加整体稳定安全裕度。

2)抗滑桩支挡

抗滑桩支挡也是广泛应用于滑坡治理工程中的有效措施之一,具有设桩位置灵活、开挖土石方量少、对滑坡扰动小、施工便捷等优点。

经分析认为,羊角滑坡群若全线采用抗滑桩支挡,存在以下两点不足。

(1)经济上不占优。

根据羊角滑坡群稳定分析成果,羊角镇滑坡前缘—苏家坡滑坡前缘局部(距离剪出口100~120m范围)稳定性不足,为达到设计安全标准,需1500~1700kN/m的抗滑力。经初步估算,若采用抗滑桩进行支挡,羊角镇—苏家坡前缘一线应布置1排共计80根3m×4m的抗滑桩(桩距10m,桩长40~50m),仅此一项则需5000万~6000万元,代价高昂。显然,采用抗滑桩支挡,经济上不具备优势。

(2)技术上不可靠。

羊角镇滑坡以及苏家坡滑坡前缘均低于天然江水位160m高程。根据前缘抗滑支挡要求,若在滑坡前缘布置抗滑桩,施工期挖孔桩开挖将受到江水入渗影响(枯水期受三峡174.19m回水影响,汛期受乌江洪水影响),防渗、抽排难度极大,人工挖孔施工困难,技术上不可靠。

综上所述,抗滑桩支挡在经济上不占优,技术上不可靠,不宜采用。

3)地表排水

工程经验表明，地表排水系统的布置是滑坡综合治理的重要组成部分，同时也是最简单可行的治理措施之一，应予以采用。通过改善目前羊角滑坡体地表排水系统，可以有效防止滑坡区的环境和条件进一步恶化，使滑坡所处现状能得到维持并有所改善。粗略规划，采取后缘截水沟、6 条纵向排水沟、坡面支沟拦截地表水，汇集导引至天然溪沟，再排泄入乌江。

4) 前缘压脚

经初步分析比较，前缘回填压脚措施(主要针对羊角镇滑坡、苏家坡滑坡)不仅满足前缘抗滑稳定要求，而且还具有简便易行、造价低廉(回填土石方可利用白马电航开挖料)、兼顾前缘库岸防护等优点，应优先考虑采用。

通过以上的初步比较和筛选，认为羊角滑坡群防治：①不宜采用削坡减载、抗滑桩支挡等措施；②应以地表排水、前缘回填压脚为主。

根据总体治理设计原则以及方案初步筛选结果，统筹考虑前缘库岸防护需要，确定羊角滑坡群治理措施主要包括：地表排水(含冲沟防护)、前缘回填压脚、塌岸治理。其中，回填压脚(兼顾考虑该段塌岸治理)措施主要针对羊角滩滑坡、羊角镇滑坡、苏家坡滑坡；塌岸治理主要针对曹家湾—秦家院子段前缘库岸。

4.6.5.2 地表排水

通盘考虑羊角滩滑坡、羊角镇滑坡、苏家坡滑坡、曹家湾滑坡、秦家院子滑坡的地表排水功能规划，在滑坡区天然排水沟网的基础上，按 20 年一遇暴雨强度、滑坡区降雨汇水面积及其所需排出的地表径流，进行整个滑坡区地表排水工程设计和布置，且尽量利用天然排水沟溪和已有人工排水沟渠的作用。地表排水工程主要包括：周边截水沟、纵向主排水沟(纵向冲沟)、辅助排水沟、前缘排水沟(涵)、引水沟渠修补等。地表排水布置如图 4-135 所示。

1. 周边截水沟

为防止后缘山体坡面来水渗入滑体，沿崩滑体后缘(崩滑堆积区边界)布置 1 条周边截水沟，将崩滑区周边汇水引至纵向主排水沟或直接截排坡面来水。周边截水沟排水系统具体布置如下：出水坡以东截水沟顺秦家院子外侧(东侧)边界布置，水流汇入 4# 排水沟；出水坡以西至小尖角段水流汇入 3# 排水沟，小尖角以西经田坪至梅家湾段水流汇入 2# 排水沟，梅家湾以西至火石寺段水流汇入 1# 排水沟；火石寺以西截水沟顺羊角滩滑坡的外侧(西侧)边界布置，水流在火石寺西侧汇入石英冲沟，在冷家井汇入石英冲沟支流，在三间坟汇入豆芽湾冲沟，在朝阳村汇入羊角滩滑坡外侧的天然大冲沟，穿过 319 国道，流入乌江。

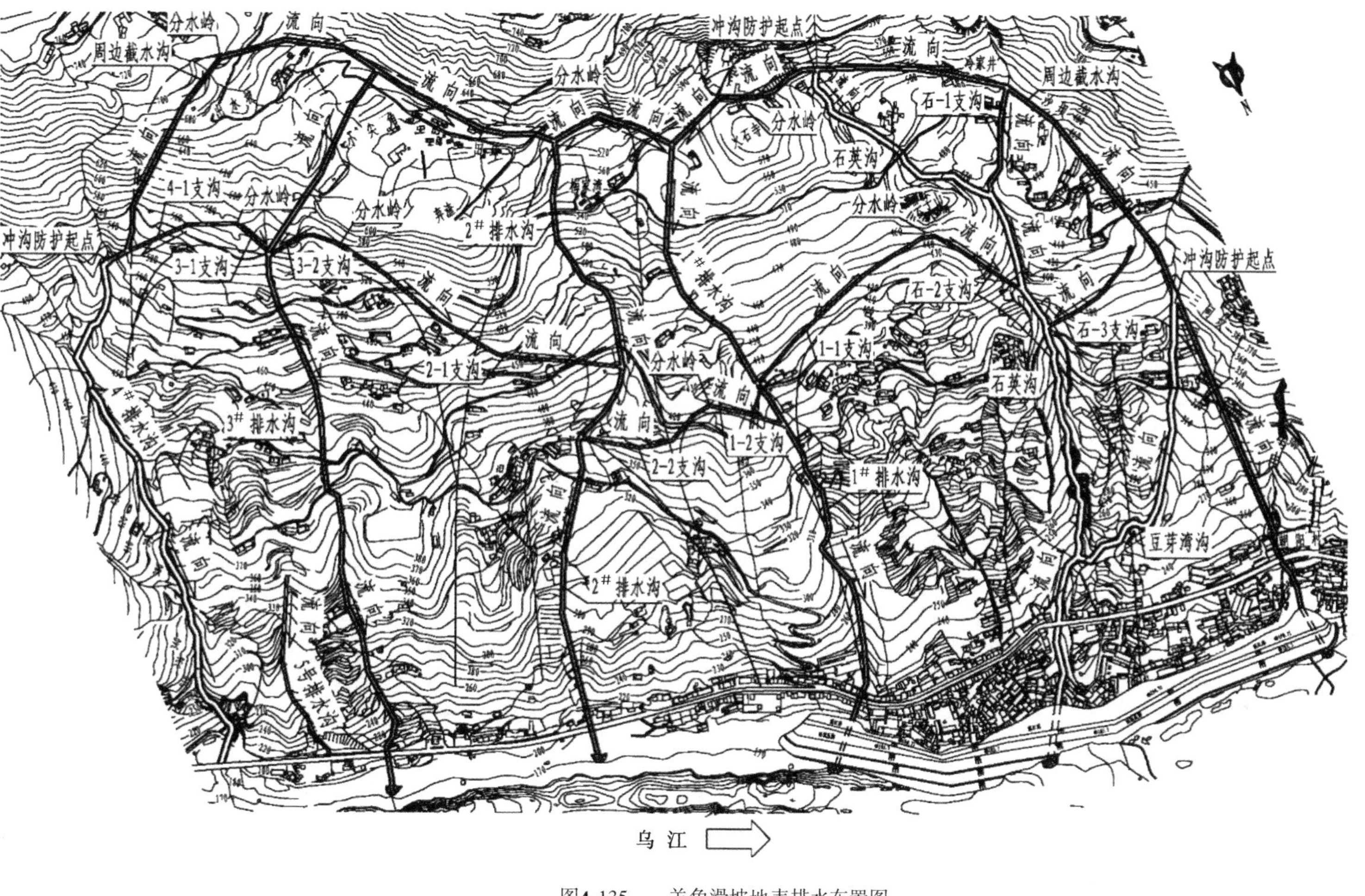

图4-135 羊角滑坡地表排水布置图

周边截水沟(不包括结合利用的纵向冲沟)一般为梯形断面，净底宽 1.8m，净顶宽 3.5m，净高 1.7m，M7.5 浆砌石砌筑，内表面抹 3cm 厚 M10 砂浆，典型断面如图 4-136 所示。

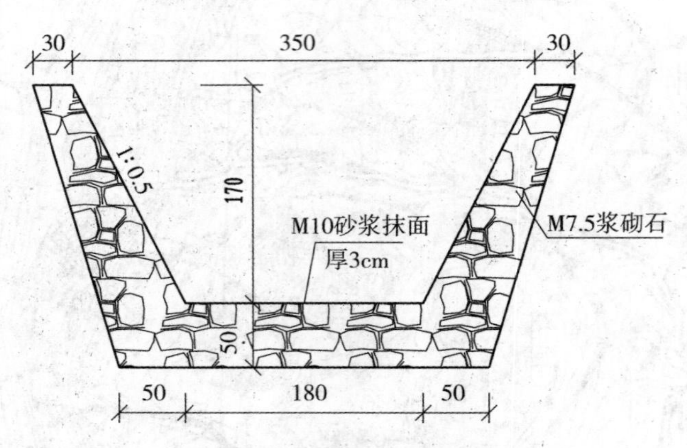

图 4-136　周边截水沟典型断面(单位：cm)

对局部地形坡度陡峭的截水沟段，一般应设置消能台阶，每级台阶高度为 0.2~0.3m。此外，每 30~50m 高差设一级消力池，尺寸一般为 3m×5m×3m~6m×8m×3m。消力池的布置除满足消能功能外，还兼有集水功能，以方便居民引水灌溉。

2. 纵向主排水沟

纵向主排水沟的主要作用：一是疏排周边截水沟、各排水支沟汇水；二是快速疏排后缘、两侧坡面泥石流。根据排水分区，羊角滑坡群共布置 6 条纵向主排水沟，分别为豆芽湾沟、石英沟、1#~4#排水沟。这些纵向主排水沟均利用天然冲沟扩大、修整、渠化而成，因势利导地就近与周边截水沟连通。其中，羊角滩滑坡和羊角镇滑坡内布置豆芽湾沟、石英沟，苏家坡滑坡与羊角镇滑坡交界处布置 1#排水沟，曹家湾滑坡内布置 2#排水沟，秦家院子滑坡内以及上游侧布置 3#排水沟与 4#排水沟。

纵向主排水沟断面根据地形地质条件选择采用不同型式，1#~3#排水沟一般为梯形断面，结构与周边截水沟典型断面相同，局部深切冲蚀部位采用冲沟防护断面；豆芽湾沟、石英沟、4#排水沟采用冲沟防护断面。

纵向主排水冲沟防护典型断面见图 4-137。

3. 排水支沟

排水支沟的主要作用是导排滑体区域坡面汇水，将汇水引至纵向主排水沟内。排水支

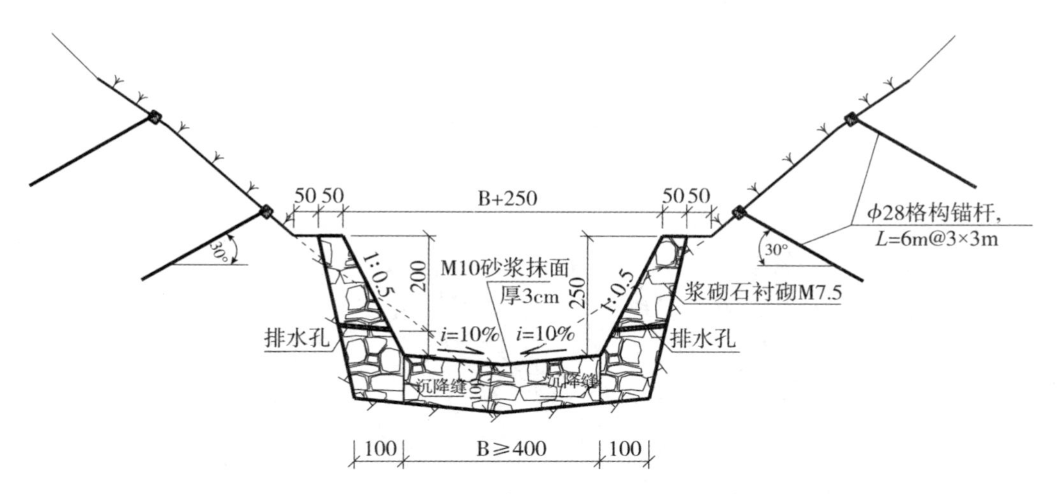

图 4-137 纵向主排水沟(冲沟)防护典型断面(单位：cm)

沟一般布置在纵向主排水沟分区内的汇水低洼处，或沿等高线布置，以汇集坡面来水。

辅助排水沟一为梯形断面，两侧坡比均为 1∶0.5，浆砌块石砌筑，3cm 厚 M10 砂浆抹面，净底宽 0.8m，净顶宽 1.6m，净高 0.8m，典型断面如图 4-138 所示。

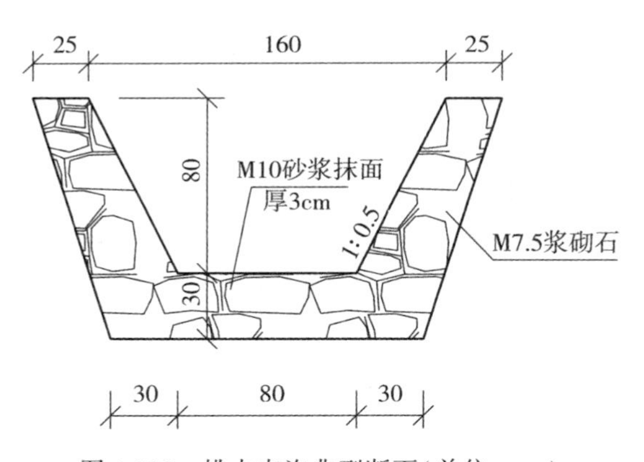

图 4-138 排水支沟典型断面(单位：cm)

4.6.5.3 回填压脚设计

羊角滩滑坡、羊角镇滑坡至苏家坡滑坡一线前缘基岩平缓，地形坡度不大，河道较开阔，具备回填反压的条件。回填压脚方案除应能满足滑坡前缘稳定性要求外，还须满足塌岸治理要求，应防护至塌岸治理的上限高程。

1. 回填压脚设计

回填压脚范围自羊角滩滑坡下游侧边界至苏家坡上游侧边界，顺河向长约 1200m，平面布置见图 4-139，典型断面见图 4-140～图 4-141。

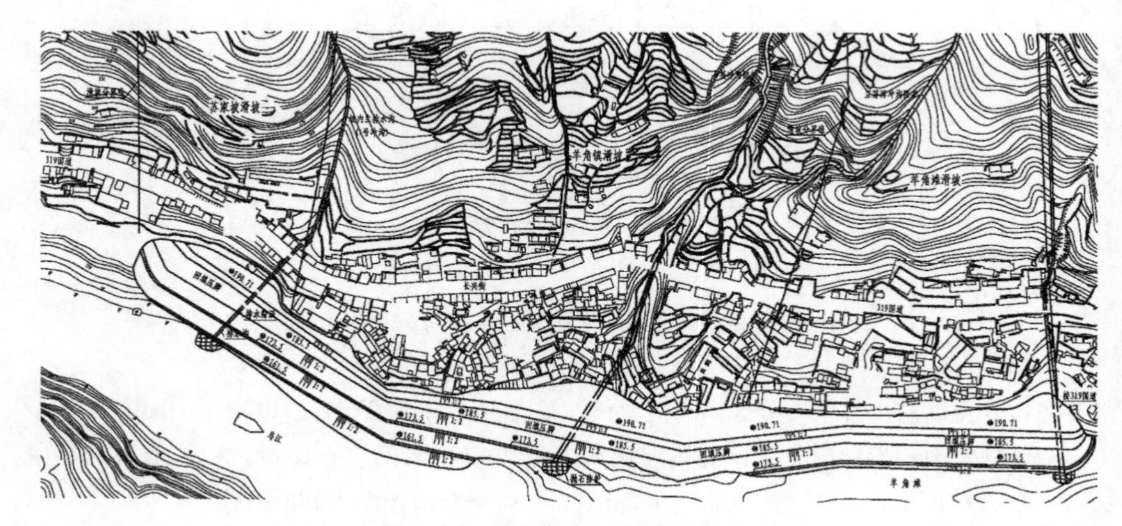

图 4-139　羊角滑坡回填压脚布置面

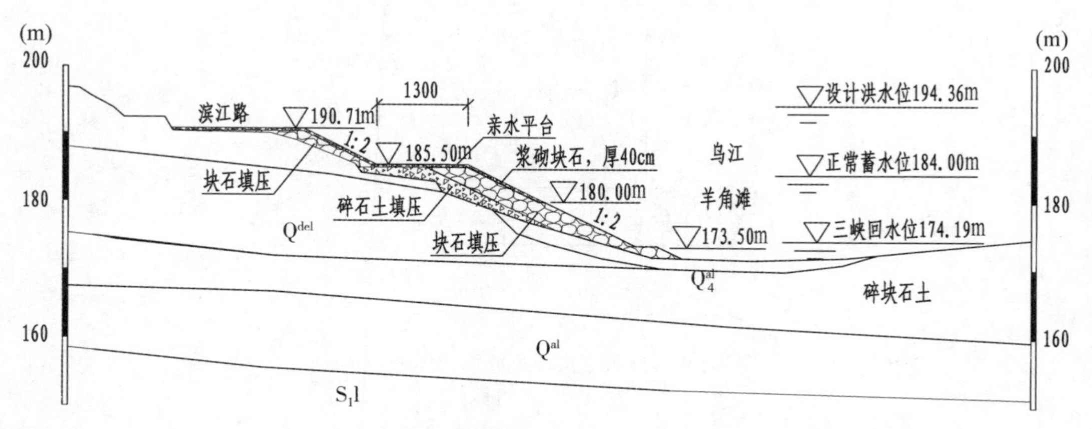

图 4-140　羊角滩前缘回填压脚典型断面(Ⅰ—Ⅰ′剖面)(单位：cm)

1)高程 185.5m 以下回填压脚

在满足稳定要求的前提下，考虑白马电航枢纽正常蓄水位 184.0m 回水及一定安全超高后，回填坡顶高程设为 185.5m，坡顶预留亲水宽平台，净宽 13～30m，供后期羊角镇居

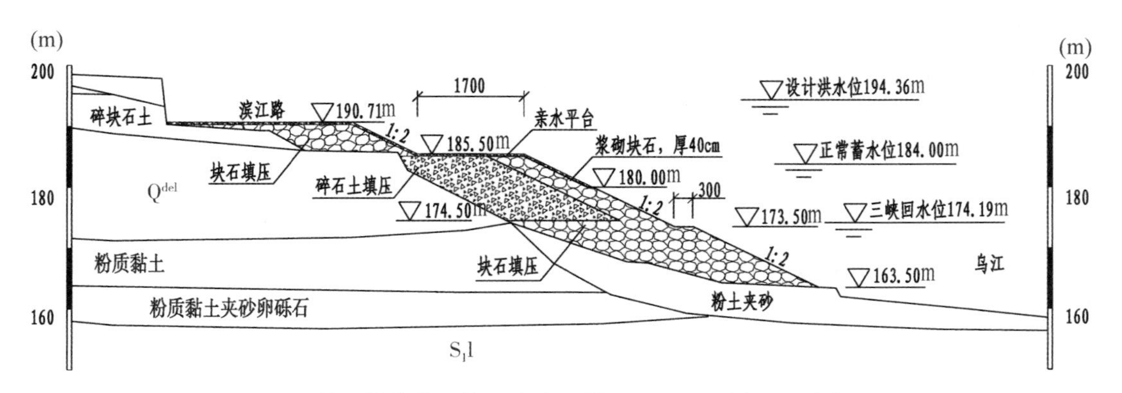

图4-141　羊角镇前缘回填压脚典型断面(Ⅱ—Ⅱ′剖面)(单位：cm)

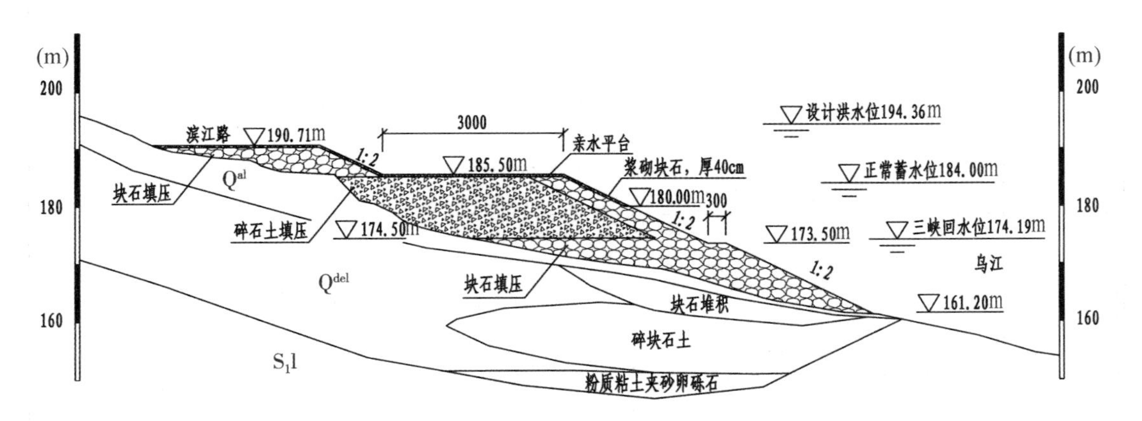

图4-142　苏家坡前缘回填压脚典型断面(Ⅲ—Ⅲ′剖面)(单位：cm)

民休憩用。坡腰在高程 173.5m 设一级 3m 宽马道，坡脚高程 161～165m，回填坡比1：2.0。

根据三峡工程枢纽运行调度安排，每年汛期6月中旬—9月底，水库按防洪限制水位145m(吴淞高程)运行，汛后蓄水至175m(吴淞高程)。因此，为避免前缘回填压脚在水下施工，高程174.5m以下全断面直接采用粒径 $d \geqslant 60$mm 的块石土在汛期回填，以加快汛期施工进度。高程174.5m以上(三峡回水174.19m以上)则采用碎石土回填碾压密实，压实度 $D_r \geqslant 0.92$，以节约块石工程量。碎石土外顺坡面回填2.6m厚的块石，坡顶平台以及死水位180m以上坡面采用40cm厚浆砌块石保护。

2)高程185.5m以上库岸防护

根据塌岸治理要求，羊脚滩—苏家坡前缘应进行库岸防护至上限高程190.71m。结合库区羊角集镇建设需要，在羊角滑坡前缘压脚段布设滨江路堤，与319国道衔接，兼具塌岸防护与交通功能。路堤顶高程190.71m(迁移线淹没水位)，堤顶面宽度不小于5m，堤身填筑块、碎石土，坡比 1∶2.0。

经统计，本方案回填土石方(包括块石、碎石土等)合计约 $7.07\times10^5 m^3$。

2. 回填压脚后稳定系数

前缘回填压脚后，羊角滩、羊脚镇、苏家坡各典型剖面前缘局部稳定安全系数见表 4-108。从表中计算结果可以看出，采用前缘回填压脚措施后，各剖面稳定安全系数均可以满足设计要求。

表 4-108　各典型剖面回填压脚后前缘局部稳定安全系数

工况组合		前缘压脚后				安全标准
		羊角滩	羊角镇		苏家坡	
		Ⅰ—Ⅰ′	Ⅱ—Ⅱ′	Ⅷ—Ⅷ′	Ⅲ—Ⅲ′	
持久工况	正常水位 184m	1.281	1.247	1.254	1.151	1.10
	设计洪水位 194.36m	1.273	1.223	1.237	1.139	
短暂工况	校核洪水位 201.93m	1.263	1.205	1.209	1.137	1.05
	校核洪水位 201.93m 降落至正常蓄水位 184m	1.248	1.113	1.100	1.077	
	设计洪水位 194.36m 降落至死水位 180m	1.251	1.137	1.126	1.110	
	暴雨(久雨)	1.186	1.149	1.135	1.085	
	施工期三峡回水 174.19m 降落至 160m	1.271	1.124	1.121	1.166	

注：表中仅给出 M-P 法计算成果，略去推力法计算成果。

4.6.5.4　塌岸治理设计

本节“塌岸治理设计”专指曹家湾—秦家院子段前缘库岸的防护设计，羊角滩—苏家坡前缘塌岸治理由回填压脚设计一并考虑。

1. 防护高程

根据白马水库人口、房屋淹没处理范围规定，人口、房屋等的迁移线高程为：坝前 185.0m 高程(正常蓄水位 184.0m 高程加 1m 高的风浪浸没、船行波影响)水平按 20 年一遇设计洪水回水水面线。

经计算，羊角新滩附近 BM31 断面 20 年一遇人口、房屋迁移线高程为 190. 71m，因此，库岸防护上限高程取为 190. 71m。白马电航枢纽死水位 180. 0m。考虑适当安全裕度，防护下限高程取为 178. 0m。

2. 塌岸治理设计

考虑到该段库岸边坡物质成分主要为灰岩块石土，稳定性尚好，参考类似工程经验，仅对水位变幅区进行防护。防护下限高程 178. 0m，防护上限高程 190. 71m。

防护型式选择格构锚+干砌块石护坡方案。具体布置：沿防护下限高程 178. 0m 设 80cm×60cm 混凝土脚槽，槽基设 ϕ32@ 2m，L=3m 的固脚锚杆；清理坡面后采用浆砌石格构锚支护，格构断面 50cm×50cm(宽×深)；格构锚杆 ϕ28，L=6m@ 3m×3m；格构内采用 30cm 厚干砌块石进行护坡，块石下依次铺设 10cm 厚碎石垫层以及一层过滤土工布(图5-143)。

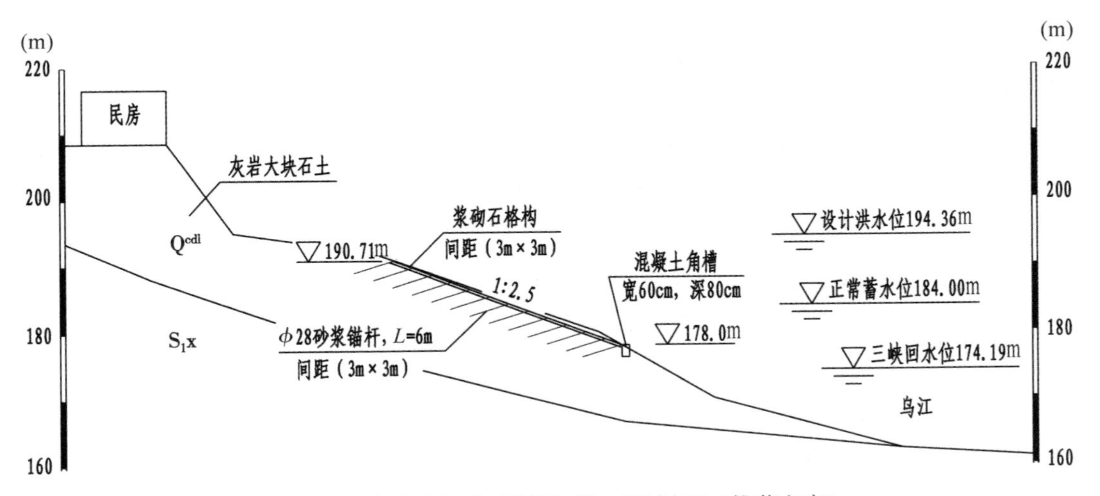

图 4-143　库岸防护典型断面(Ⅳ—Ⅳ′剖面)(推荐方案)

4.7　小　　结

本章基于清江水布垭滑坡群、乌东德金坪子滑坡、构皮滩石棺材崩坡积体、三峡库区巫山玉皇阁崩滑堆积体及四道桥-邓家屋场滑坡、奉节猴子石滑坡及白马羊角滑坡等大(巨)型滑坡治理工程实践，系统总结了大(巨)型滑坡失稳模式、滑坡稳定计算方法、滑坡治理成套技术，可为其他工程面临的大(巨)型滑坡治理难题提供参考。

第5章 总　　结

大(巨)型滑坡体，动辄数千万立方米甚至上亿立方米，形成机理极其复杂，一旦失稳，工程危害巨大。长江设计集团滑坡设计团队立足工程实践，历经数十年技术攻关，在滑坡安全控制标准、立体式排水、沉头桩及钢轨抗滑桩设计、多排抗滑桩受力分配、新型锚固结构、阶梯型阻滑键布置等方面取得了一系列新技术。

(1)针对目前大(巨)型滑坡排水方式单一且施工难度较大、排水效果无法保障致使地下水位无法降低至预定目标等难题，研发了“大口径排水竖井及周边分层深排水孔+排水洞及仰式排水孔”的立体式排水技术；针对滑坡体排水孔施工存在的深排水孔孔内保护装置安装困难及不能适应蠕滑型滑坡滑带处大变形等难题，分别研发了深排水孔搭接组合式孔内保护装置、俯式深排水孔可适应变形的孔内保护装置、仰式深排水孔可适应变形的孔内保护装置等新型结构，成功应用于巫山滑坡群四道桥-邓家屋场滑坡的治理中，取得了良好的经济效益和社会效益。

(2)开发了沉头桩新技术，充分发挥了岩土体本身的抗滑潜力，厘清了沉头桩计算理论，提出沉头桩内力计算方法。该理论与技术在水布垭水电站大岩淌滑坡、马岩湾滑坡及构皮滩水电站石棺材滑坡治理中全面推广应用，效果显著。

(3)解决了大截面钢轨抗滑桩应用中钢轨强度取值、钢轨加糙、钢轨连接工艺等关键技术问题。提出旧钢轨根据钢排号不同，设计抗拉强度可取为369~537MPa，比常用的HRB400的Ⅲ级钢筋抗拉强度高2.50%~49.17%；旧钢轨采用焊接加糙工艺，简单易行、经济适用；专用钢轨连接器施工简单快捷、连接牢固可靠，且连接刚度大。钢轨抗滑桩具有抗滑能力强、施工工艺简单、工程费用省及施工难度与普通抗滑桩相当等突出优点，目前已经在构皮滩石棺材崩坡积体治理中得到应用。

(4)揭示了多排抗滑桩间剩余下滑力和弯矩最大值的分配规律，得出了双排桩桩后推力、桩前抗力的分布形态，为多排桩布置提供了理论依据。多排抗滑桩中前排桩(或第1排桩、第2排桩)的存在只是增加了后排桩(或第3排桩)的抗滑作用，主要承担剩余下滑力的还是后排桩(或第3排桩)。双排桩支挡情况下，当桩间距在2~4倍桩宽、桩排距在1~8倍桩高范围内变化时，前、后排桩的最大弯矩比值基本在4∶6和3∶7之间变化；当桩间距较大(5倍桩宽)时，前、后排桩的最大弯矩比值则接近甚至大于1∶1。三排桩支挡情况下，第 3 排桩所承担弯矩的最大值基本上都达到了第 1 排桩的 2 倍，第 2 排桩所承担弯矩的最大值介于其间。这与传统多排桩设计中假定分担比对等的理念有较大差别。研究成果已经在水布垭水电站大岩淌滑坡及构皮滩水电站石棺材滑坡治理中推广应用，取得了良好效果。

(5)针对锚索施工中卡索及预应力损失、运行中水泥砂浆拉裂、锚索耐久性无法保证等问题，研发了新型锚索对中支架装置，极大地降低了对中支架与钻孔孔壁的摩擦阻力，保证了锚索能够顺利推送至设计预埋深度，提高锚索施工效率；提出了多层嵌套、同轴分序组装式锚索结构及安装方法，通过分序嵌套安装方式，从结构上降低了锚索的安装难度，提高了锚索一次安装成功率及施工功效；发明了锚索外锚头钢绞线新型保护装置，确保了外锚头钢绞线可随时进行补偿张拉与放松，提高了锚索使用寿命；研发了孔底反向牵拉装置，利用孔底的定滑轮装置，通过反向牵拉的方法将锚索安装由尾部的“推送”改为头部的“牵引”，避免弯曲、扭转现象及安装困难，提高锚索施工效率。新型锚索结构已经在乌东德水电站锚索施工中应用，应用效果良好。

(6)创新了阻滑键结构型式，提出了新型“梯键”结构，揭示了该结构复杂的、综合性的抗滑机理及相关影响因素，为大型滑坡加固设计提供了新思路。基于数值分析方法，论证了“梯键”结构的断面、间距及总体布置等设计参数与影响因素，确保了工程措施的可靠性和有效性。基于施工揭示的滑带空间展布与性状，提出并贯彻了通过追踪定位滑带优化调整“梯键”结构布置的“动态设计、信息化施工”指导原则，有效保障了实施效果和实施进度，节省了大量宝贵工期和工程投资。提出并有效落实了“梯键”结构实施的布置型式、施工工艺等关键技术，为复杂地质环境下工程施工质量、施工进度和施工安全提供了重要技术支撑。阶梯型阻滑键结构已被成功应用于三峡库区猴子石滑坡治理续建工程。

(7)大(巨)型滑坡治理新技术在水布垭滑坡群、乌东德金坪子滑坡、构皮滩石棺材崩坡积体、巫山玉皇阁崩滑堆积体、四道桥-邓家屋场滑坡、奉节猴子石滑坡及白马羊角滑坡等大(巨)型滑坡治理中得到广泛应用，并经充分的实践检验，部分成果进入国家和行业规程规范，获得数十项发明专利及多项国家和省部级奖励，有力推动了滑坡治理技术进步。

参考文献

陈育民，徐鼎平. FLAC/FLAC3D 基础与工程实例[M]. 北京：中国水利水电出版社，2009.

陈祖煜，弥宏亮，汪小刚. 边坡稳定三维分析的极限平衡方法[J]. 岩土工程学报，2001，23(5)：525-529.

陈祖煜. 土质边坡稳定分析：原理 · 方法 · 程序[M]. 北京：中国水利水电出版社，2003.

长江勘测规划设计研究院. 乌江构皮滩水电站石棺材崩坡积堆积体治理工程设计报告[R]. 武汉：长江勘测规划设计研究院，2003.

代贞伟，殷跃平，魏云杰，等. 三峡库区藕塘滑坡变形失稳机制研究[J]. 工程地质学报，2016，24(1)：44-55.

董志明. 钢轨抗滑桩安全性分析[J]. 中国科技信息，2007(2)：52-54.

樊启祥，王义锋，裴建良，等. 大型水电工程建设岩石力学工程实践[J]. 人民长江，2018，49(16)：76-86.

方坤，景明. 滑坡防治常用方法简述[J]. 四川地质学报，2011，31(4)：452-456.

傅兴安，闫福根，谭海. 孤山航电枢纽工程罗行滩滑坡稳定性分析与治理设计[J]. 水利水电快报，2023，44(6)：42-47.

葛修润. 抗滑稳定分析新方法——矢量和分析法的基本原理及其应用[C]//第十一次全国岩石力学与工程学术大会. 武汉：湖北省科学技术出版社，2010.

郭长宝，吴瑞安，李雪，等. 川西日扎潜在巨型岩质滑坡发育特征与形成机理研究[J]. 工程地质学报，2020，28(4)：772-783.

国家标准化管理委员会. 滑坡防治设计规范：GB/T 38509—2020[S]. 北京：中国标准出版社，2020.

郝宇萌，金红举. 巨型牵引式滑坡灾变与稳定性分析及防治技术研究[J]. 湖南城市学院学报(自然科学版)，2023，32(2)：12-18.

贺可强，陈为公，张朋. 蠕滑型边坡动态稳定性系数实时监测及其位移预警判据研究[J]. 岩石力学与工程学报，2016，35(7)：1377-1385.

贺可强，郭栋，张朋，等. 降雨型滑坡垂直位移方向率及其位移监测预警判据研究[J]. 岩土力学，2017，38(12)：3649-3659，3669.

洪火林，王文金，邹定安，等. 地质灾害治理工程中的滑坡治理措施研究[J]. 山西冶金，2023，46(1)：223-224，227.

黄润秋. 20世纪以来中国的大型滑坡及其发生机制[J]. 岩石力学与工程学报，2007，182(3)：433-454.

江亚鸣，杨永，陈敏，等. 湖北省恩施市保扎特大型滑坡特征及防治对策[J]. 资源环境与工程，2015，29(4)：454-458.

李安旺，师伟雄，张永康. 兰州市某滑坡成因分析与工程防治[J]. 路基工程，2018(6)：226-229.

李广信. 关于《GB 50330—2013 建筑边坡工程技术规范》的讨论[J]. 岩土工程学报，2016，38(12)：2322-2326.

李明，魏真，朱新平，等. 钢轨抗滑桩卡具[P]. 辽宁：CN205894076U，2017-0118.

刘传正，崔原，陈春利，等. 辽宁抚顺西露天矿南帮滑坡成因[J]. 地质通报，2022，41(5)：713-726.

刘科，周小棚，施炎，等. 金沙江杀威台子巨型堵江古滑坡基本特征与成因机理研究[J]. 水利水电技术(中英文)，2023，54(8)：167-177.

刘莉，张丽萍，李萍，等. 金沙江巧家巨型古滑坡发育特征及其形成条件[J]. 人民长江，2022，53(1)：118-125.

马春，张娇阳，肖山喜，等. 通透式截水墙桩及其在特大型滑坡治理工程中的应用分析[J]. 工程与建设，2022，36(6)：1667-1670.

全国钢标准化技术委员会. 钢筋混凝土用钢　第1部分：热轧光圆钢筋：GB/T 1499. 1—2017[S]. 北京：中国标准出版社，2017.

全国钢标准化技术委员会. 钢筋混凝土用钢　第2部分：热轧带肋钢筋：GB/T 1499. 2—2018[S]. 北京：中国标准出版社，2018.

全国钢标准化技术委员会. 铁路用每米38～50公斤钢轨技术条件：GB 2585—1981[S]. 北京：中国标准出版社，1981.

邵兵，徐青，邬爱清. 复杂水工边坡稳定性研究方法探讨[J]. 长江科学院报，2013，30(7)：69-74.

宋二祥，孔郁斐，杨军. 土工结构安全系数定义及相应计算方法讨论[J]. 工程力学，2016，33(11)：1-10.

孙建平. 对滑坡推力安全系数及抗滑桩配筋钢轨设计强度取值的探讨[J]. 路基工程，2000(3)：4-5.

孙平. 基于非相关联流动法则的三维边坡稳定极限分析[D]. 北京：中国水利水电科学研究院，2005.

孙芝琼. 益州水库输水涵管进口滑坡治理工程[J]. 云南水力发电，2012，28(5)：37-39.

庹世华. 瓦房城水库滑坡治理预应力锚索锚固试验[J]. 甘肃水利水电技术，2004(3)：257-259.

王文沛，殷跃平，王立朝，等. 排水抗滑桩技术研究现状及展望[J]. 水文地质工程地质，2023，50(2)：73-83.

魏永幸，李天斌. 浅析巨型滑坡防治技术体系框架[J]. 高速铁路技术，2019，10(2)：1-5.

徐青，陈士军，陈胜宏. 滑坡稳定分析剩余推力法的改进研究[J]. 岩土力学，2005，26(3)：465-470.

徐胜林，贾义斌. 锚索抗滑桩加锚索地梁在滩坪特大型复杂滑坡治理工程中的应用[J]. 探矿工程(岩土钻掘工程)，2005(10)：36-41.

殷跃平，于文贞，陈宝荪，等. 三峡移民安置区松散堆积体灌浆加固试验研究[J]. 土木工程学报，2000(4)：101-104.

张环春. 特大型滑坡群地质灾害治理研究[J]. 建筑与预算，2023(9)：32-34.

张继周，缪林昌. 岩土参数概率分布类型及其选择标准[J]. 岩石力学与工程学报，2009，28(S2)：3526-3532.

张银花，陈朝阳，周清跃. 钢轨屈服强度指标取值研究[J]. 铁道建筑，2006(3)：92-94.

郑宏. 严格三维极限平衡法[J]. 岩石力学与工程学报，2007，26(8)：1529-1537.

郑洪，杨志明，詹双桥，等. 雾江大型滑坡体治理及涌浪分析[J]. 水利与建筑工程学报，2019，17(3)：83-88.

郑颖人，陈祖煜，王恭先，等. 边坡与滑坡治理[M]. 北京：人民交通出版社，2007.

中国工程建设标准化协会. 混凝土结构加固技术规范：CECS 25—1990[S]. 北京：中国计划出版社，1990.

中华人民共和国国家发展和改革委员会. 水电水利工程边坡设计规范：DL/T 5353—2006[S]. 北京：中国电力出版社，2006.

中华人民共和国国家经济贸易委员会. 水电枢纽工程等级划分及设计安全标准：DL 5180—2003[S]. 北京：中国电力出版社，2003.

中华人民共和国国家能源局. 水电工程边坡设计规范：NB/T 10512—2021[S]. 北京：中国电力出版社，2021.

中华人民共和国国土资源部. 滑坡防治工程设计与施工技术规范：DZ/T 0219—2006[S]. 北京：中国标准出版社，2006.

中华人民共和国建设部. 建筑边坡工程技术规范：GB 50330—2002[S]. 北京：中国建筑工业出版社，2002.

中华人民共和国交通运输部. 公路工程抗震规范：JTG B02—2013[S]. 北京：人民交通出版社，2018.

中华人民共和国交通运输部. 公路滑坡防治设计规范：JTG/T 3334—2018[S]. 北京：人民交通出版社，2018.

中华人民共和国水利部. 水工建筑物抗震设计规范：SL 203—1997[S]. 北京：中国水利水电出版社，1997.

中华人民共和国水利部. 水利水电工程边坡设计规范：SL 386—2007[S]. 北京：中国水利水电出版社，2007.

中华人民共和国铁道部. 43kg/m～75kg/m 钢轨订货技术条件：TB/T 2344—1993[S]. 北京：中国铁道出版社，1993.

中华人民共和国铁道部. 43kg/m～75kg/m 钢轨订货技术条件：TB/T 2344—2003[S]. 北京：中国铁道出版社，2003.

中华人民共和国铁道部. 43kg/m～75kg/m 钢轨订货技术条件：TB/T 2344—2012[S]. 北京：中国铁道出版社，2012.

中华人民共和国住房和城乡建设部. 工程结构可靠性设计统一标准：GB 50153—2008[S]. 北京：中国建筑工业出版社，2008.

中华人民共和国住房和城乡建设部. 混凝土结构设计规范：GB 50010—2010[S]. 北京：中国建筑工业出版社，2011.

中华人民共和国住房和城乡建设部. 建筑地基基础设计规范：GB 5007—2002[S]. 北京：中国建筑工业出版社，2002.

中华人民共和国住房和城乡建设部. 水利水电工程结构可靠性设计统一标准：GB 50199—2013[S]. 北京：中国计划出版社，2013.

周思峰，徐宜慧，项建光，等. 复杂地质构造下大范围深层多滑带巨型滑坡体综合治理技术[J]. 施工技术，2019，48(5)：94-100.

朱大勇，钱七虎. 三维边坡严格与准严格极限平衡解答及工程应用[J]. 岩石力学与工程学报，2007(8)：1513-1528.

朱镇江，高友芳，胡菱. 水布垭古树包滑坡治理[J]. 湖北水力发电，2003(3)：48-51.

Chen R H, Chameau J L. 3-Dimensional limit equilibrium-analysis of slopes [J].

Geotechnique, 1983, 33(1): 31-40.

Chen Z Y, Morgenstern N R. Extensions to the generalized-method of slices for stability analysis[J]. Canadian Geotechnical Journal, 1983, 20(1): 104-119.

Chen Z, Wang J, Wang Y, et al. A three-dimensional slope stability analysis method using the upper bound theorem Part II: numerical approaches, applications and extensions [J]. International Journal of Rock Mechanics and Mining Sciences, 2001b, 38(3): 379-397.

Chen Z, Wang X, Haberfield C, et al. A three-dimensional slope stability analysis method using the upper bound theorem: Part I: Theory and methods[J]. International Journal of Rock Mechanics and Mining Sciences, 2001a, 38(3): 369-378.

Donald I B, Giam P. Improved comprehensive limit equilibrium stability analysis [M]. Monash University, 1989.

Glastonbury J, Fell R. Geotechnical characteristics of large slow, very slow, and extremely slow landslides[J]. Canadian Geotechnical Journal, 2008, 45(7): 984-1005.

Hoek E, Brown E. Underground excavation in rock[M]. England Hertford, Stephen Austin and Sond Ltd, 1980.

Hovland H J. Three-dimensional slope stability analysis method [J]. Journal of the Geotechnical Engineering Division, 1979, 103(9): 971-986.

Hutchinson J N. Morphological and geotechnical parameters of landslides in relation to geology and hydrogeology [C]//The Fifth International Symposium on Landslides. Lausanne, AA, 1988.

Scoular R E G. Limit equilibrium slope stability analysis using a stress analysis [D]. Saskatoon, Sask: University of Saskatchewan, 1997.

Sloan S W. Lower bound limit analysis using finite-elements and linear-programing [J]. International Journal for Numerical and Analytical Methods in Geomechanics, 1988, 12(1): 61-77.

Sloan S W. Upper bound limit analysis using finite-elements and linear-programing [J]. International Journal for Numerical and Analytical Methods in Geomechanics, 1989, 13(3): 263-282.

Vames D. Slope movement types and process [J]. Landslide Analysis and Control Spec. Rep., 1978, 176: 295-332.